机械制造实训教程

程 亮 尹文锋 主 编
游 丽 副主编

化学工业出版社
·北京·

内 容 简 介

《机械制造实训教程》是高等学校工科实践教学教材，内容包括工程材料的基本知识；铸造、锻压、焊接等常见热加工工艺；车削、铣削、磨削、钳工等常规切割加工工艺；数控车削、数控铣削等常规数控加工工艺；电火花加工、激光加工、增材制造等特种加工技术；两种实训产品的制造案例以及竞赛规则。《机械制造实训教程》注重对基础技能训练和基础工艺知识的介绍，涉及典型零件加工工艺综合性较强，提供了指导性较强的较详细操作流程。

《机械制造实训教程》可供高等学校机械类、非机械类专业教学使用，也可供机械制造相关工作人员参考。

图书在版编目（CIP）数据

机械制造实训教程/程亮，尹文锋主编. —北京：化学工业出版社，2021.8（2023.5重印）

ISBN 978-7-122-39178-0

Ⅰ. ①机… Ⅱ. ①程… ②尹… Ⅲ. ①机械制造-高等学校-教材 Ⅳ. ①TH

中国版本图书馆 CIP 数据核字（2021）第 096958 号

责任编辑：李玉晖　金　杰　杨　菁　　文字编辑：吴开亮

责任校对：张雨彤　　装帧设计：刘丽华

出版发行：化学工业出版社（北京市东城区青年湖南街 13 号　邮政编码 100011）

印　　装：大厂聚鑫印刷有限责任公司

787mm×1092mm　1/16　印张 $16^1/_2$　字数 408 千字　　2023年 5 月北京第 1 版第 3 次印刷

购书咨询：010-64518888　　售后服务：010-64518899

网　　址：http://www.cip.com.cn

凡购买本书，如有缺损质量问题，本社销售中心负责调换。

定　　价：39.00 元

前言

本书依据教育部工程训练教学指导委员会课程建设组《高等学校工程训练类课程教学质量标准（整合版本 2.0）》，结合近年来有关高校工程实践的教学改革和实践经验，由西南石油大学长期从事机械制造工程实践教学的教师编写而成。

本书是学生学习机械制造基本知识，认识常用工程材料，熟悉机械制造基本设备、工具和方法的基础教程，也是学生开展机械加工基本技能操作训练的指导书。本书可供普通高等学校机械类、非机械类各专业教学使用，也可供有关工程技术人员参考。

本书对传统机械加工内容进行了优化，增加了现代制造技术及特种加工的部分内容；针对主要的机械加工工种有详细的训练内容，对学生需要掌握的基本知识、技能和安全操作做出了明确要求，提供了可参照执行的训练图纸、工艺流程或操作步骤，为学生循序渐进的学习和训练提供指导。

此外，为了有机联系学生在各个工种训练所掌握的知识和技能，形成对机械制造的整体概念，培养工程意识，书中专门设计有产品制造训练案例，学生在掌握部分主要加工工种的基本技能后，可依次将涉及产品制造训练的零件按图加工出来，通过装配、调试形成一个功能完整的产品，最后采取比赛的形式对产品功能和性能进行考评，不仅加深学生对机械制造一般过程的了解，而且还能促使学生不断改进、精益求精。同时，也激发学生参与实训的热情，提高实训的挑战度和兴奋度，有效地提升学生实训质量。

本书注重系统性、科学性、实践性和先进性，力求做到基本概念清晰，重点突出，简明扼要，图文并茂，形象生动。

本书共 16 章，第 1 章介绍工程材料的基本知识；第 2~4 章介绍了铸造、锻压、焊接等常见热加工工艺；第 5~9 章介绍了车削、铣削、磨削、钳工等常规切削加工工艺；第 10~12 章介绍了数控车削、数控铣削等常规数控加工工艺；第 13~15 章介绍了电火花加工、激光加工、增材制造等特种加工技术；第 16 章提供了两种实训产品的制造案例以及比赛规则。

本书由西南石油大学程亮、尹文锋主编，西南石油大学游丽为副主编。程亮负责第

1章、第5章、第6章、第9~11章的编写，其中西南石油大学刘科参与了第11章内容的编写；尹文锋负责第2章、第12~15章的编写；游丽负责第3章、第4章的编写；刘德明负责第7章、第8章的编写；第16章由程亮、尹文锋共同编写。本书在编写和定稿过程中，得到西南石油大学杨建忠、赖天华、成芋霖、王萍、陈劲松、刘豫川、敬爽、刘辉、赵冬、王正友、向子谦、何小波、朱利锷、赵红、周勤、包泽军、黄建明、孙茜、汪浩瀚、陈超、杨林君、杜超、任治胜、郭艳、程海霞等老师的热情帮助，在此一并感谢。

由于时间较紧，加之编者水平所限，书中难免有不当之处，恳请读者批评指正。

编　者

2021.6

目录

第1章

工程材料及热处理

1.1 常用工程材料

1.1.1 工程材料的分类

材料是人类文明的物质基础，在人类生产、生活的各个领域都离不开对各种材料的应用。我们要认识材料、开发材料，更要利用好材料，以更高的生产力水平为国民经济发展助力。

一般情况下，通过工业生产过程获得的、用于生产和生活的固体类材料称为工程材料。如图 1-1 所示是根据化学成分不同划分的工程材料类型，其中金属材料和非金属材料是机械制造常用的工程材料，而金属材料是最主要的工程材料。随着现代机械制造的发展，对复合材料的使用也在逐步增多。

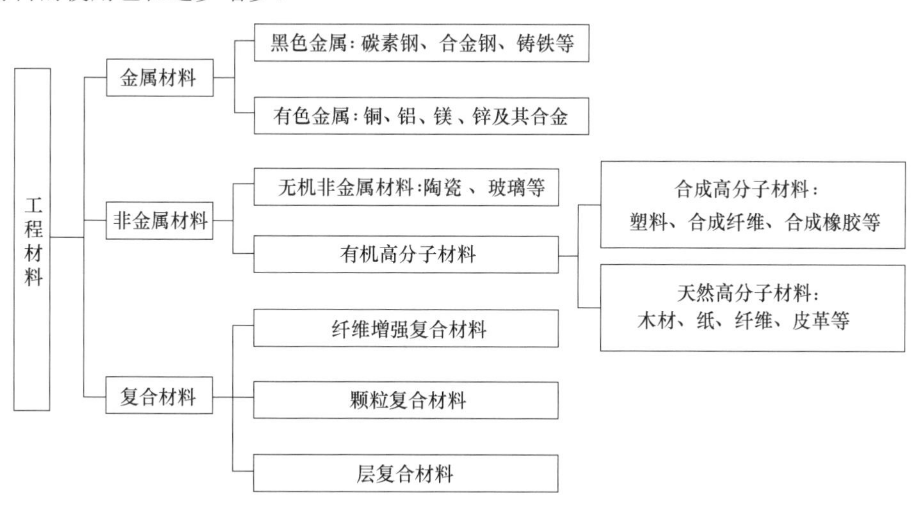

图1-1　常用工程材料的分类

1.1.2 工程材料的性能

工程材料的用途取决于材料的性能，工程材料的性能包含使用性能和工艺性能两个方面。

（1）使用性能　工程材料的使用性能是指由材料制成的零件在正常工作状态下所具备的物理、化学和力学性能。其中，物理性能包括密度、熔点、导热性、导电性、热膨胀性和导磁性等；化学性能是指耐腐蚀性、抗氧化性等；力学性能又称机械性能，主要包括强度、硬度、刚度、弹性、塑性、韧性等。这些指标是进行机械设计时选用材料的基本依据，对机械产品及零部件的性能、质量、加工的工艺性及成本都有着关键的影响。

（2）工艺性能　工艺性能是指在制造机械零件的过程中，材料适应各种冷、热加工和热处理的性能，主要包含铸造性能、锻造性能、焊接性能、切削加工性能和热处理性能等。材料的工艺性能不同，加工制造的工艺方法、设备工装、生产效率及成本效益都不相同，因此，在机械产品开发时，必须对设计进行工艺性分析和审查，既要考虑产品和零件结构的工艺性，又要考虑材料的工艺性。

1.1.3　金属材料

1.1.3.1　黑色金属

黑色金属是以铁为基体金属，以碳为主要合金元素形成的合金材料，通常分为钢和铸铁，统称为钢铁材料。从理论上讲，含碳量低于 0.02%的称为纯铁，含碳量为 0.02%~2.11%的称为钢，含碳量高于 2.11%的称为铸铁，此外，在钢铁冶炼时都会含有很少量的硅、锰、硫、磷等杂质。

（1）钢　我国对钢的分类方法有很多，按化学成分分为碳素钢和合金钢两大类；按含碳量分为低碳钢（含碳量低于 0.25%）、中碳钢（含碳量 0.25%~0.6%）和高碳钢（含碳量高于 0.6%）；按在机械工程中的用途可分为结构钢、工具钢和特殊性能钢三大类；按钢中所含硫、磷等有害杂质多少作为质量标准，可分为普通钢、优质钢和高级优质钢三大类等。为了改善钢材的性能，冶炼时特意加入一种或几种其他合金元素的钢称为合金钢，常用的合金元素有硅、锰、铬、镍、铜、钒、钛和稀土元素等。合金钢具有耐低温、耐腐蚀、高耐磨性、高电磁性等特殊的物理化学性能，在制造工具或力学性能、工艺性能要求高的、形状复杂的大型截面零件或在特殊性能要求的零件方面有广泛的应用。如图 1-2 所示为机械产品常用钢的分类。

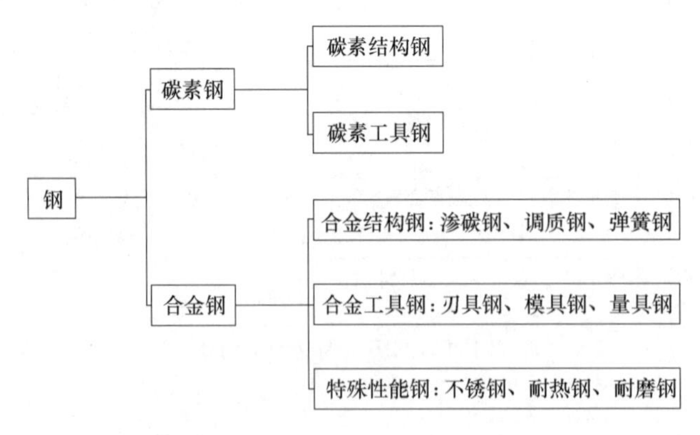

图1-2　机械产品常用钢的分类

不同类型的钢铁产品要用牌号来区分，钢铁产品的牌号一般采用汉语拼音字母、化学元素符号和阿拉伯数字相结合的方法表示，其中汉语拼音字母用来表示产品的名称、用途、特性和工艺方法，数字用来表示屈服点数值或合金元素的含量，但是钢材类型不同，表示方法有一定的差异，表 1-1 为部分常用钢材的牌号、性能及用途。

⊡ 表 1-1　部分常用钢材的牌号、性能及用途

名称	牌号	牌号含义	性能和用途
碳素结构钢	Q235	该类钢材用字母Q和数字表示，Q代表材料的屈服强度，后面的数字为屈服强度数值（单位 MPa），必要时在牌号后标注质量等级或脱氧方法。质量等级代号分为 A、B、C、D 四个级别，脱氧方法分为全脱氧（Z：镇静钢，TZ：特殊镇静钢）和不脱氧（F：沸腾钢），Z 和 TZ 可不标注	具有良好的塑性、韧性和焊接性能、冷冲压性能，以及一定的强度，好的冷弯性能。广泛用于一般要求的金属零件和焊接件，如拉杆、连杆、吊钩、车钩、螺栓、螺母、套筒、轴等，C、D 级用于重要的焊接结构
碳素工具钢	T10	该类钢材用字母 T 和数字表示，T 表示碳素工具钢，后续数字表示平均含碳量为千分之几，10 表示平均含碳量为 1%。例如 T12A 表示平均含碳量为 1.2%的高级优质碳素工具钢	韧性较小，有较高的耐磨性。用于制作不受突然或剧烈振动的工具，如车刀、刨刀、钻头、丝锥、木工工具、刮刀、锉刀等
优质碳素结构钢	45	该类钢材一般不标字母符号，两位数字表示其平均含碳量为万分之几，45 则为 0.45%	强度较高，塑性和韧性较好，切削性能良好，调质后有很好的综合力学性能，但焊接性能差。用于制造强度高的运动零件，如曲轴、传动轴、齿轮、蜗杆、键和销等
合金结构钢	40Cr	采用阿拉伯数字和规定的合金元素符号表示，数字代表平均含碳量为万分之几，合金元素平均含量＜1.5%时，仅标明元素，平均含量为 1.5%~2.49%、2.5%~3.49%、…，合金元素后分别注写 2、3、4、…。40Cr 表示平均含碳量为 0.4%、平均含铬量小于 1.5%的钢材	调质后有良好的综合力学性能，是应用最广泛的钢材。用于制造中速、中载零件，如曲轴、曲柄、连杆、螺栓和齿轮等
不锈钢	0Cr18Ni9	一般牌号前的阿拉伯数字表示平均含碳量为千分之几，合金元素表示方法同合金结构钢。0Cr18Ni9 钢常称为 304 不锈钢，其最大含碳量 0.08%，平均含铬量 18%，平均含镍量 9%	具有良好的耐蚀性、耐热性、低温强度和力学性能，热加工性好，无热处理硬化现象，无磁性。广泛用于厨具、医疗器具、建材、化学、食品工业等

（2）铸铁　铸铁具有良好的铸造性能、切削加工性能、减振性、耐磨性等特点，且价格低廉，多用于制造壳体类及形状复杂的零件，但由于铸铁中含有的碳和杂质较多，其强度和硬度比钢材差。根据碳元素在铸铁中存在的形式及石墨的形态不同，铸铁分为灰口铸铁、球墨铸铁、蠕墨铸铁和可锻铸铁。表 1-2 为部分常用铸铁材料的牌号、性能及用途。

⊡ 表 1-2　部分常用铸铁材料的牌号、性能及用途

名称	牌号	牌号含义	性能和用途
灰口铸铁	HT100 HT150 HT200	由字母 HT 和表示最低抗拉强度的三位数字组成，HT 表示灰铁，抗拉强度单位为 MPa（下同）	抗拉强度、塑性、韧性低，抗压强度、硬度高，耐磨性能好，多用于制造机床床身、箱体、底座等
球墨铸铁	QT500-7	由字母 QT 和表示其最低抗拉强度和最小伸长率（%）的两组数字组成	具有中等强度与塑性，用于制造油泵齿轮、传动轴、电机架等
蠕墨铸铁	RuT420	由字母 RuT 和表示其最低抗拉强度的三位数字组成	其强度高、硬度高、耐磨性好、导热率高，多用于制造活塞环、气缸套、制动盘等零件
可锻铸铁	KTH300-06	由字母 KT 加字母 H、B 或 Z，及表示其最低抗拉强度和最小伸长率的两组数字组成，其中 H 表示黑心可锻铸铁，B 表示白心可锻铸铁，Z 表示珠光体可锻铸铁	其力学性能介于灰口铸铁和球墨铸铁之间，气密性较好，多用于制造管道配件、阀门等

1.1.3.2　有色金属

有色金属种类繁多，性能特殊，例如高的导电性、导热性、导磁性，高的熔点、强度和耐腐蚀性能等，是现代工业不可或缺的材料。机械工程中常用的有色金属有铜、铝及其合金等。

工业纯铜又称紫铜，具有良好的导电、导热性和抗大气腐蚀性，被广泛地用于制造导电、导热的机械产品及零部件。在纯铜中加入锌、锡、铝、铅、铍、硅、镍等合金元素后就成为了铜合金，其中以锌为主要合金元素的是黄铜；以镍为主要合金元素的是白铜；以锌镍以外

的其他元素为合金元素的是青铜。

工业纯铝也具有良好的导电、导热性，价格比铜低廉，在很多场合可以替代纯铜使用。在铝中加入合金元素就成为了铝合金，按照成分和工艺性能不同，又分为形变铝合金和铸造铝合金。形变铝合金塑性好，常利用压力加工方法制造冲压件和锻件等，如铆钉、管道、容器等；铸造铝合金具有良好的铸造性能和耐腐蚀性能，被广泛用于铸造各种铝合金零件。铝合金具有较高的强度和良好的加工性能，在工业中的应用仅次于钢铁。表 1-3 为部分常用铜、铝合金材料的牌号、性能及用途。

⊡ **表 1-3　部分常用铜、铝合金材料的牌号、性能及用途**

<table>
<tr><th>名称</th><th>牌号</th><th>牌号含义</th><th>性能和用途</th></tr>
<tr><td>紫铜</td><td>T2
T3</td><td>由代表铜的字母 T 和数字（顺序号）构成，铜的纯度随着顺序号的增加而降低。此外还有字母 TU 表示无氧铜，TUP 表示脱氧铜</td><td>具有优良的导热性、导电性、延展性和耐腐蚀性，但强度、硬度较差。多用于制作发电机、电缆、开关装置、变压器等电工器材和热交换器、管道、太阳能加热装置的平板集热器等导热器材</td></tr>
<tr><td>黄铜</td><td>H68
H70</td><td>由字母 H 和基元素铜的含量表示，例如 H62、H65 等</td><td>有极为良好的塑性和较高的强度，切削加工性能好，易焊接，是普通黄铜中应用最为广泛的一个品种。用于复杂的冷冲件和深冲件，如散热器外壳、波纹管、垫片等</td></tr>
<tr><td rowspan="2">青铜</td><td>ZQSn5-5-5
铸锡青铜</td><td rowspan="3">由字母 Q 加第一主添加元素符号及除基元素铜以外的成分数字组表示（百分之几）
ZQSn5-5-5 中字母 Z 表示铸造，其余锡含量 5%、铅含量 5%、锌含量 5%
QSn7-0.2 表示锡含量 7%、磷含量 0.2%的锡青铜
QAl9-4 表示铝含量 9%、铁含量 4%的铝青铜</td><td>耐磨性和耐腐蚀性较好，易加工，铸造性能和气密性能较好。用于制作在较高载荷、中等滑动速度下工作的耐磨、耐腐蚀零件，如轴瓦、衬套、缸套、泵件压盖和蜗轮等</td></tr>
<tr><td>QSn7-0.2
锡青铜</td><td>强度高，弹性和耐磨性好，易焊接和钎焊，在大气、淡水和海水中耐腐蚀性好，可切削性良好，适于热压加工。用于制作中等负荷、中等滑动速度下承受摩擦的零件，如抗磨垫圈、轴承、轴套、涡轮等</td></tr>
<tr><td>青铜</td><td>QAl9-4
铝青铜</td><td>具有高的强度，良好的减摩性和很好的耐腐蚀性，可热加工，可焊接，但不易钎焊。用于制造高强度、高耐磨零件，如轴承、轴套、齿轮、涡轮等；还可制造接管嘴、法兰盘、扁形摇臂、支架等</td></tr>
<tr><td>铸造铝合金</td><td>ZAlSi7Mg</td><td>含硅量 7%、含镁量 0.25%~0.45%的铸造铝合金</td><td>耐腐蚀、力学性能和铸造工艺性良好，易气焊。用于制作形状复杂、受中等载荷、工作温度不超过 200℃的零件，如飞机零件、仪器零件等</td></tr>
<tr><td rowspan="2">形变铝合金</td><td>5A02</td><td>5 系铝，表示铝镁合金</td><td>强度高、塑性和韧性高，耐腐蚀性好，焊接性良好，切削加工性能差。用于制作焊接零件、管道、容器及中等载荷的零件和制品等</td></tr>
<tr><td>6061</td><td>6 系铝，表示 Al-Mg-Si 合金</td><td>具有中等强度，良好的抗腐蚀性、可焊接性，氧化效果较好。广泛应用于要求有一定强度和抗腐蚀性好的各种工业结构件，如制造卡车、塔式建筑、船舶、电车、铁道车辆、家具等</td></tr>
</table>

1.1.3.3　金属材料制品的类型

在机械设计和制造中不仅要正确选择合适牌号的金属材料，还要合理选择材料的形状和规格。在市场上供应的金属材料制品主要有板材、型材、管材和丝材。

（1）板材　板材是一种宽度与厚度之比很大的扁平断面材料，市场上通常以“张”进行供应，并以“厚度×宽度×长度”表示规格。此外，带材是板材的另一种类型，带材是较薄、较窄而长度很长的板材，通常成卷供应，以“厚度×宽度”表示规格。市场上常见的板材有钢板和钢带、铜板和铜带、铝板和铝带等，钢板（钢带）厚度范围在 0.8~400mm 之间，铜板（铜带）厚度在 0.05~60mm 之间，铝板（铝带）厚度在 0.2~80mm 之间，但是各材料牌号不同，厚度范围区别较大。

（2）型材　钢制型材主要有圆钢、方钢、扁钢、六角钢、工字钢、槽钢、等边角钢、不等边角钢等，铝制型材类型与钢制型材相同，而铜制型材主要以圆铜棒和六角铜棒居多。型材的规格由反映其断面形状特征的主要尺寸表示，例如，规格 25 的圆钢表示直径为 25mm 的圆柱形棒料；规格 30×20×3 的不等边角铝表示边宽分别为 30mm 和 20mm、厚度为 3mm 的铝制型材。

（3）管材　钢制管材和铝制管材有相同的类型，常用的有圆管、方管和矩形管，铜合金管材的主要类型是圆管，即铜管。与型材相同，管材的规格以反映其断面形状特征的主要尺寸表示，例如，钢管通常以公称外径×壁厚表示，矩形管以公称边长×壁厚表示，如 40×25×2 的矩形铝管。

（4）丝材　丝材也称为线材，常见的有钢丝、铜线和铝线，其规格通常以公称直径的毫米数表示。各种丝材的牌号不同，用途也各异，例如牌号为 T2 或 T3 的纯铜线主要用于机械、化工和电子工业；牌号为 H62 的黄铜线常用作焊料和制造钟表零件等。

1.1.4　非金属材料

（1）橡胶　橡胶分为天然橡胶和合成橡胶两大类，其中合成橡胶主要有丁苯橡胶（SBR）、异戊橡胶（IR）、氯丁橡胶（CR）、丁基橡胶（BR）、丁腈橡胶（NBR）等。橡胶的主要特点是具有很高的弹性，好的耐磨性、耐腐蚀性、气密性和电绝缘性，常用于制造轮胎、电缆绝缘层、胶管、弹性元件、减振元件和密封元件等。

（2）工程塑料　塑料是由树脂和添加剂合成的高分子材料。树脂约占塑料全部组成的 40%~60%，树脂有天然树脂和合成树脂两大类，其中合成树脂是现代塑料的基本原料，主要从石油、天然气、煤或农副产品中提炼。添加剂主要有填料、增强材料、固化剂、增塑剂、稳定剂、着色剂等，添加剂的作用是使塑料发挥不同的性能。塑料的种类有很多，分类方法也有很多，按照实际应用情况和性能特点分类，塑料可分为通用塑料、工程塑料和耐高温塑料三类。

工程塑料是指力学性能比较好，可以代替金属作为工程结构材料的一类塑料。它在各种环境下均能保持优良的性能，具有很好的机械强度、韧性和刚性，有的塑料还具备很好的耐腐蚀性、耐磨性、自润滑性和绝缘性等，表 1-4 为部分常用工程塑料的特点及用途。

⊡ 表 1-4　部分常用工程塑料的特点及用途

名称	特点	用途
硬聚氯乙烯（PVC）	耐腐蚀性能好，对一般的酸碱介质都稳定，机械强度高，绝缘性能好，软化点低，使用温度为-10~55℃	可代替铜、铝、铅、不锈钢等金属材料制作耐腐蚀设备和零件，以及制作灯头、开关、插座等
有机玻璃（PMMA）	具有良好的透光性，可透过 92%以上的太阳光，机械强度较高，有一定的耐热、耐寒性，耐腐蚀、绝缘性能好，尺寸稳定，易于成形，但质较脆，易溶于有机溶剂，表面强度不够，易擦毛	用于制作一定强度的透明结构件
ABS	具有高的冲击韧性和良好的机械强度，有优良的耐热、耐油和化学稳定性，绝缘性良好，易于成形和机械加工，表面还可以镀金属	制作一般结构或耐摩擦受力传动零件，如齿轮、轴承等，也可以制作耐腐蚀设备与零件
聚四氟乙烯（PTFE）	俗称塑料王，具有高度的化学稳定性，对强酸、强碱、强氧化剂、有机溶剂均耐腐蚀，具有异常好的润滑性，可在 260℃长期使用，在-250℃的低温下良好地使用，具有优异的绝缘性，突出的表面不黏性，但强度低，刚性差，冷流性大	制作耐腐蚀化工设备与零件，制作减摩自润滑零件，如轴承、活塞环、密封圈等。制作电绝缘材料与零件

与金属材料类似，用于机械制造的塑料商品材料主要有板材、棒材和管材。表 1-5 为部分有机玻璃板材、棒材和管材的规格，值得注意的是该材料有一定的尺寸变差。

⊡ 表 1-5　部分有机玻璃板材、棒材和管材的规格

有机玻璃板材

厚度/mm		3	4	5	6	7	8	9	10
	尺寸	3	4	5	6	7	8	9	10
	偏差	±0.4	±0.5	±0.5	±0.6	±0.6	±0.7	±0.7	±1
长宽×宽/m		（0.4×0.5）～（1.5×1.7）							

有机玻璃棒材

直径/mm	偏差/mm	长度/mm
5~16	直径 5~15 为±0.5	300~1300
18~40	直径 16~40 为±0.8	200~600

有机玻璃管材

外径/mm	尺寸	20	25	30	35	40	45	50	55	60	65	70	75	80	85	90
	偏差	±1			±1.2				±1.5							
壁厚/mm		2~5	3~5								4~10					
管长/mm		300~1300														

壁厚偏差

壁厚/mm	2	3	4	5	6	7	8	9	10
偏差/mm	±0.4	±0.5	±0.6	±0.6	±0.7	±0.7	±0.8	±0.8	±1

（3）陶瓷　陶瓷是一种无机非金属材料，分为传统陶瓷（普通陶瓷）和新型陶瓷（特种陶瓷）两大类。传统陶瓷具有较好的热稳定性、耐磨性、耐腐蚀性，以及较好的强度和硬度等，主要用于日用、建筑、电工和化工等领域，如生活器皿、卫生洁具、石油化工设备、气液过滤材料等；新型陶瓷具有独特的力学、物理、化学及电、磁、光学等性能，如硬度和抗压强度高，耐磨损、耐高温、抗氧化、耐腐蚀及优良的绝缘性，但韧性、塑性差，易破碎，主要用于制作插座、瓷轴、电容器介质、电声器件，各种光敏元件，电炉发热体、炉膛、高温模具、高温轴承、金属切削刀具等。

1.1.5　复合材料

复合材料是指由两种或两种以上不同性质的材料组合成的一种多相固体材料。复合材料一般是由高韧性、低强度、低模量的基体和高强度、高模量的增强组分构成，其特点是材料的性能可设计，它既能保留原组成材料的主要特性，又能通过复合效益获得原组分不具备的性能，通过性能的互补和关联，从而得到新的综合性能。

复合材料的基体材料分为金属和非金属两大类。金属基体常用的有铝、镁、铜、钛及其合金，非金属基体主要有合成树脂、橡胶、陶瓷、石墨、炭等，增强材料主要有玻璃纤维、碳纤维、硼纤维、芳纶纤维、碳化硅纤维、石棉纤维、晶须、金属。

复合材料中以纤维增强材料应用最广、用量最大，其特点是相对密度小、比强度和比模量大。例如碳纤维与环氧树脂复合的材料，其比强度和比模量均比钢和铝合金大数倍，还具有优良的化学稳定性、减摩耐磨、自润滑、耐热、耐疲劳、耐蠕变、消声、电绝缘等性能。

复合材料主要应用于航空航天领域、汽车工业、化工、纺织和机械制造领域。例如用复合材料制造飞机机翼、机身、火箭壳体等结构件，以及汽车的车身、底盘、传动轴、发动机

零件等，还有各种需要防腐的容器、管道、叶片等。

1.2 钢的热处理

1.2.1 钢的热处理及分类

钢的热处理是将钢铁材料、毛坯或零件在固态下进行不同的加热、保温和冷却过程，使其组织结构或表面化学成分发生变化，从而获得所需性能的工艺方法。热处理能改善原材料的原始性能，改善内在质量，扩大其使用范围，具有明显的技术和经济效益。热处理是机械制造中重要的工艺之一，例如，钢件毛坯在切削加工前可以通过热处理降低其硬度，便于切削，加工成零件后又可以通过热处理提高其力学性能，使零件具有更好的使用性能和较长的使用寿命，在机床、车辆制造中有70%~80%的钢铁零件需要热处理，而量具、刃具、模具和轴承等全部需要热处理。

钢的热处理工艺一般包含加热、保温和冷却三个过程（有时只有加热和冷却两个过程），这些过程相互衔接，不可间断。根据加热、冷却等特点的不同，热处理工艺可分为普通热处理和表面热处理两大类，如图1-3所示为常用热处理分类。

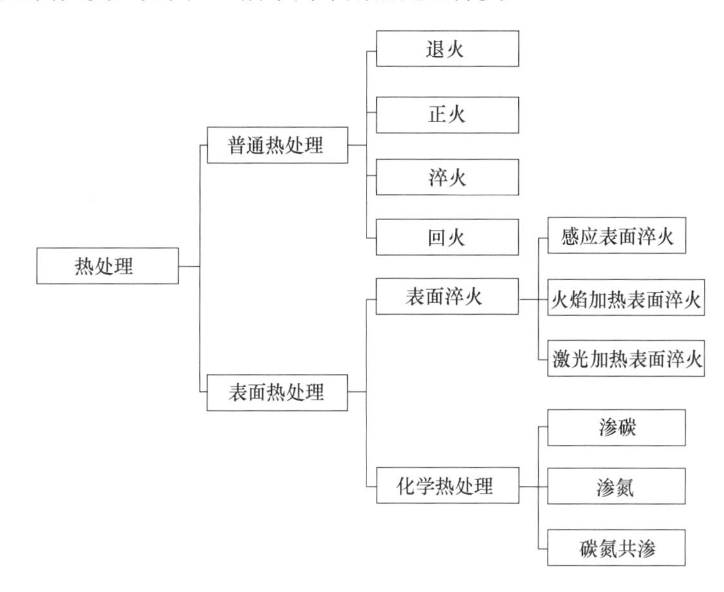

图1-3 常用热处理分类

1.2.2 普通热处理

普通热处理通常是对钢件进行整体加热，然后以适当速度冷却，以改变其整体力学性能的热处理工艺，主要包含退火、正火、淬火与回火四种基本工艺，如图1-4所示的热处理工艺曲线图，其中淬火与回火关系密切，常常配合使用。

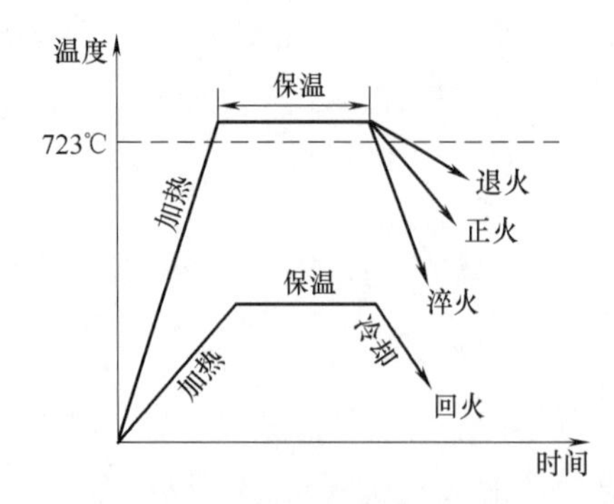

图1-4　热处理工艺曲线图

（1）退火　退火是将钢件加热到临界点以上某个温度，保温一段时间，然后随炉或埋入导热性差的介质中冷却（缓慢冷却）的一种热处理工艺。其目的是降低钢件的硬度，以便于切削加工；消除内应力，以防钢件变形或开裂；细化开裂，提高钢的塑性和韧性；为淬火做好组织准备。退火主要用于铸件、锻件、焊接件及其他毛坯的预热处理，由于退火的目的不同，退火又分为完全退火、不完全退火、球化退火和去应力退火。

（2）正火　正火是将钢件加热到适当温度，再经充分保温后在空气中冷却的一种热处理工艺。正火的效果与退火相似，只是冷却速度快，得到的组织更细，与退火相比，正火钢件强度和硬度稍高，塑性和韧性稍差，正火常用于提高低碳钢的硬度，改善切削加工性能；或作为一些要求不高的零件的最终热处理；或在技术可行的情况下用来代替退火。

（3）淬火　淬火是将钢件加热到适当温度，保温一定时间后，在水、油、无机盐等介质中快速冷却的热处理工艺。淬火的目的是提高钢件的硬度和耐磨性，是强化零件力学性能最主要的工艺方法，但是淬火后的钢材内部组织不稳定，塑性和韧性会降低，脆性会提高，易变形或开裂，难以切削加工，因此，淬火后的钢必须再及时回火才能使用。

（4）回火　回火是将淬硬后的钢件再加热到高于室温而低于 650℃的某一适当温度，然后再冷却至室温的热处理工艺。回火的目的是消除淬火的内应力，降低钢件的脆性，防止裂纹产生，并使其获得所需的性能。根据回火温度的高低，回火又分为低温回火、中温回火和高温回火，回火温度越高，钢的强度、硬度越低，塑性、韧性就越好。通常，将淬火与高温回火结合起来的工艺称为调质。

1.2.3　表面热处理

在很多机器中，有些运转零件的表面易于磨损，但整体又承载着较大的动载荷，如齿轮、机床导轨、主轴、凸轮等，此时，这些零件的表面就需要具有高的硬度和耐磨性，而心部则需具备足够的强度和韧性，另外，还有一些零件表面需具备耐腐蚀和耐热的性能。在生产实际中，由于从选材的角度或采用普通热处理工艺去满足上述性能要求是十分困难的，因此，在机械制造中常采用表面热处理工艺，即表面淬火和化学热处理。

（1）表面淬火　表面淬火是将钢件表层以极快的速度加热到临界点以上再快速冷却的一种热处理工艺。表面淬火时钢件内部组织还没发生转变就快速冷却，这样就实现了表层硬而心部韧的性能要求。在热处理过程中，为了只加热零件表层，而热量不能过多地传入到内部，就需要热源具备较高的能量密度，能使零件表层或局部短时或瞬时达到高温。生产中常用的热源有氧乙炔或氧丙炔等火焰、感应电流、激光和电子束等，故表面淬火又分为火焰加热表面淬火、感应加热表面淬火、激光加热表面淬火等。

（2）化学热处理　化学热处理是将钢件置于某种化学成分的介质（气体、液体、固体）中加热并保温，使介质中的某些元素的原子在高温下渗入零件表面，改变其表层的化学成分，从而改变表层硬度、耐磨性、抗腐蚀等性能的热处理工艺。常用的化学热处理工艺有渗碳、渗氮、渗硼、渗铬等，有时还要渗入两种或以上的元素，如碳氮共渗。

在热处理生产过程中，会用到各种加热、冷却设备或装置。常用的加热设备有箱式电阻炉、井式电阻炉、浴炉及感应加热设备等；常用的冷却装置有水槽、油槽、盐浴炉、缓冷坑等；冷却介质有自来水、盐水、机油、碱水溶液和硝酸溶液等。

除了热处理工艺外，材料的表面有时还需要施以防护层进行表面防护，以达到防腐的目的。常用的表面防护技术有电镀、化学镀、氧化、磷化、涂装等技术。

第2章

铸造

铸造是将熔化的金属液浇注到与零件形状相适应的铸型型腔中，待其冷却凝固后获得铸件毛坯的加工方法。铸造的应用十分广泛，是机械制造中生产零件或毛坯的主要方法之一。在一般机械中铸件的重量占整机重量的50%以上，如各种机械的机体、机座、机架、箱体和工作台等大都采用铸件。由于铸造是液态成形，与其他毛坯制造方法相比又有如下优点：可以生产形状复杂，特别是内腔复杂的毛坯，而且成本低廉；同时铸件的尺寸和形状不受限制，铸件大到十几米、数百吨，小到几毫米、几克；既能用于单件生产，也能用于批量生产。铸造的主要缺点是生产工序较多，铸件质量不够稳定，废品率较高，铸件内部组织粗大，力学性能不太好，使其在广泛应用的同时具有一定的局限性。常用于铸造的金属有铸铁、铸钢和有色金属，其中以铸铁应用最广。铸造的种类较多，根据生产方式不同，可分为砂型铸造、特种铸造两大类，其中应用最为广泛的是砂型铸造，大约占世界铸造总产量的60%。

2.1 砂型铸造

2.1.1 砂型铸造的生产过程

砂型铸造的生产工序很多，如图2-1所示为套筒铸件的砂型铸造生产过程。先根据

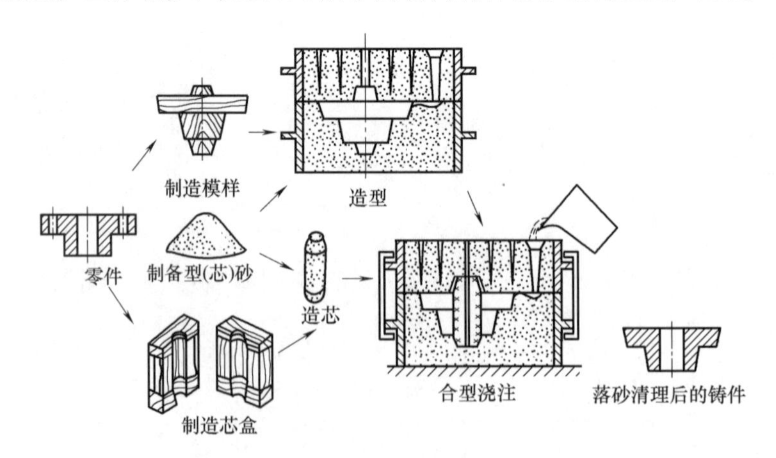

图2-1 套筒铸件的砂型铸造生产过程

零件的形状和尺寸，设计制造模样和芯盒，制备型砂和芯砂，然后用相应工艺装备（模样、芯盒等）造出砂型和砂芯，再把烘干的型芯装入铸型并合型，将熔化的金属浇注入铸型内，

冷却凝固后落砂、清理和检验即得铸件。

2.1.2 砂型与型腔

砂型是用型砂作为造型材料而制成的铸型。砂型一般由上型（浇注时铸型的上部组元）、下型（浇注时铸型的下部组元）、型芯、型腔（浇注中造型材料所包围的空腔部分）和浇注系统（将熔化的液态金属浇入铸型面而开设的系统通道）等组成，如图 2-2 所示。其中上型和下型间的接合面称为分型面，分型面一般为铸件的最大截面。出气孔则将浇注时产生的气体排出。

型腔是指铸型中造型材料包围的空腔部分。金属液经浇注系统充满型腔，冷凝后获得所要求的形状和尺寸的铸件。因此，型腔的形状和尺寸要和零件的形状和尺寸相适应。

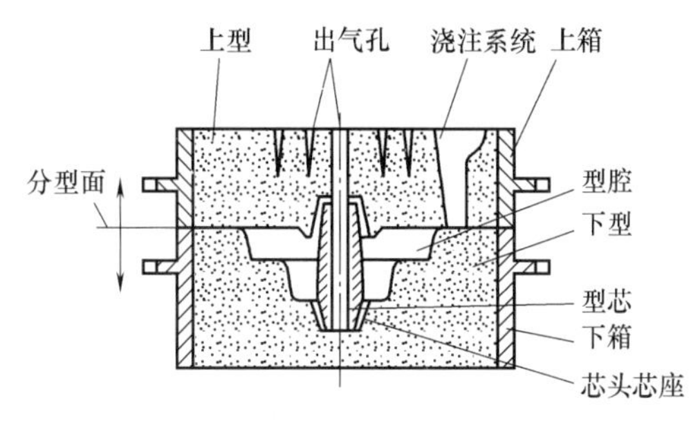

图 2-2 砂型组成示意图

2.1.3 模样与芯盒

模样是用来形成铸型型腔，以获得铸件的外部形状与尺寸的工艺装备。但是并非完全一致，制造模样时，在零件的形状和尺寸的基础上需增加如下部分：①在零件的加工表面上，模样对应表面应加上加工余量；②为了便于起模，凡垂直于分型面（指砂型的分界面）的模样表面都要作出 0.5°~3° 的起模斜度（拔模斜度）；③铸件冷却时要产生收缩，模样的尺寸要比零件尺寸加大一个收缩量；④为了便于造型和避免铸件产生缺陷，模样壁与壁之间以圆角连接；⑤零件上的孔在模样对应部位不仅要做成实心的，还要向外突出一部分，以便在铸件中做出存放芯头的空间（芯座）。

在模样设计时，还必须合理地确定分型面，分型面选择原则如下：①分型面应选择在模样水平方向的最大截面处；②应尽量使铸件全面或大部分在同一砂箱内（下箱），以保证铸件精度；③应使分型面数量尽可能少。应使铸件的重要加工面朝下或在侧面，以保证铸件质量。

图 2-3 为某一零件的零件、模样及铸件图。

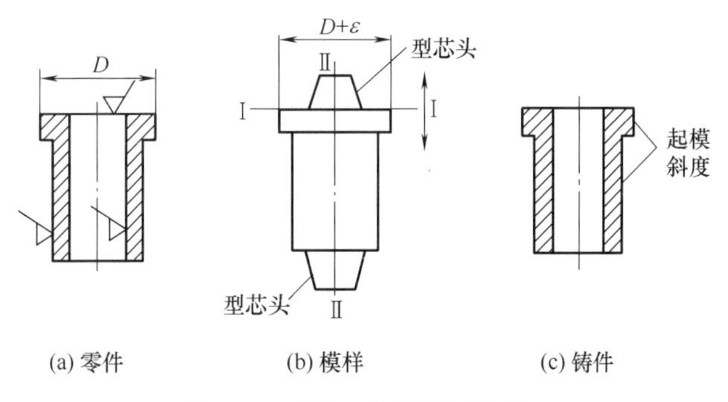

图 2-3 零件、模样及铸件图

芯盒是用来制作型芯以形成铸件空腔的工艺装备，如通孔等，芯盒的内腔应与零件的内腔相适应。制作芯盒时，除要考虑与制作模样一样的上述问题外，芯盒还要制出作芯头的空腔（芯头），以便制作出带有芯头的型芯。芯头是型芯端部的延伸部分，它不形成铸件轮廓，只落入芯座内，用于定位和支撑型芯。

模样和芯盒一般是用木材、金属或其他材料制成。木材重量轻、价格便宜、易于加工，但强度、硬度较低，易于变形损坏，所以木材主要用于单件小批量生产中。

在铸造生产中，利用模样形成型腔，将金属液浇入型腔冷却凝固后获得铸件，铸件经切削加工后成为零件。所以模样、型腔、铸件和零件四者之间在形状和尺寸上存在着必然的联系，如表 2-1 所示。

⊡ 表 2-1 模样、型腔、铸件和零件四者关系比较

特征	名称			
	模样	型腔	铸件	零件
大小	大	大	小	最小
尺寸	铸件尺寸+收缩量	与模样基本相同	零件尺寸+加工余量	最小
形状	包括型芯头、活块、外型芯等形状	与铸件凸凹相反	包括零件中小孔洞等不铸出的加工部分	符合零件尺寸和公差要求
凸凹（与零件比）	凸	凹	凸	凸

2.1.4 型砂与芯砂

型砂及芯砂是制作砂型及砂芯的主要材料，其性能好坏将直接影响铸件的质量。型砂一般由石英砂、黏结剂、水及附加物按一定比例混制而成。对型砂的主要要求是具有高的强度、高的耐火性、良好的透气性和退让性。型砂的主要成分为二氧化硅，它具有很高的耐火性，能承受一般铸造合金的高温作用。黏结剂多为黏土，与水混合后能把石英砂黏结在一起，使型砂具有一定的强度，以保证在造型和浇注时砂型不被破坏。型砂中如果黏土和水分的含量太多，则型砂的强度过高，退让性差，铸件冷凝收缩时将会受到阻碍，甚至产生裂纹；同时还会使砂粒之间的空隙堵塞，透气性下降，浇注时产生的气体难以排出，在铸件内形成气孔，影响铸件质量。此外，型砂中常加入煤粉、木屑等附加物，加入煤粉能提高砂型的耐火性，防止铸件黏砂，使铸件表面光洁；加入木屑可改善铸型的退让性和透气性。

铸造具有内腔的铸件时，需要用芯砂制造型芯。由于型芯在浇注后被高温液体金属所包围，因此芯砂应具有比一般型砂更好的综合性能。所以尺寸较小、形状复杂或较重要的型芯，常采用桐油、水玻璃等作黏结剂。

2.1.5 造型方法

造型是砂型铸造的基本工序，它分为手工造型和机械造型两种。在单件、小批量生产中，常采用手工造型；在大批量生产中，则采用机械造型。

2.1.5.1 手工造型

手工造型是用手工操作来完成造型的工序，具有操作灵活、适应性强、生产准备时间短等优点，但生产率低、劳动强度大。手工造型主要有整模造型、分模造型、挖砂造型、假箱

造型、活块造型和刮板造型等。

（1）整模造型　整模造型是用一个整体结构的模样来造型，造型时整个模样全部放置在一个砂箱内，所以不会由于上、下模样定位不准确而出现错箱缺陷，整模造型的分型面是平面。其造型过程如图 2-4 所示。整模造型适用于操作简便、容易获得形状和尺寸精度较高的型腔。它适用于形状简单、最大截面在一端的零件，如齿轮坯、轴承座、罩、壳等。

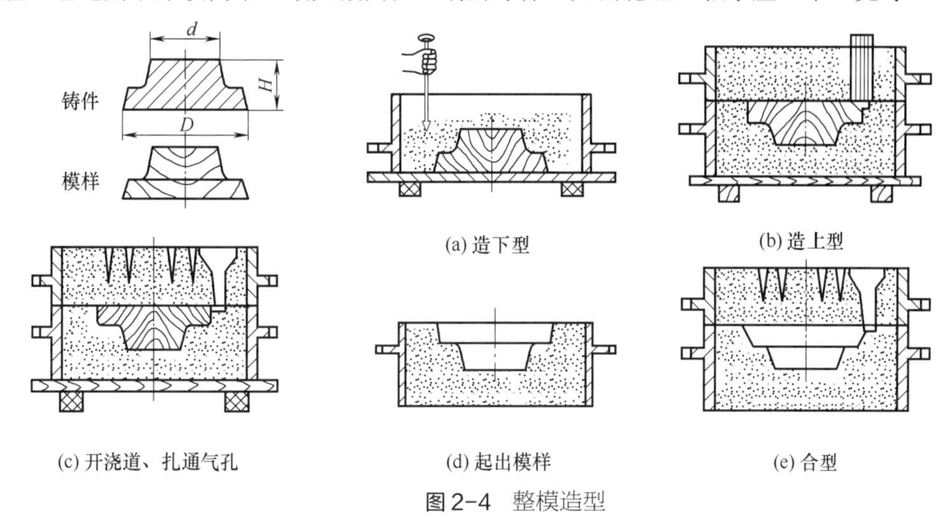

图 2-4　整模造型

（2）分模造型　分模造型是造型方法中应用最广的一种。当铸件最大截面不是在一端，而是在中部，不适宜做成整模，因此需将模样沿最大截面处分成两半，并用定位销加以定位，这种模样称为分开模。分模造型时，模样分别放在上下箱内。分模造型操作较简便，又适用于形状较复杂的铸件，如套筒、管子、阀体等。其造型过程如图 2-5 所示。

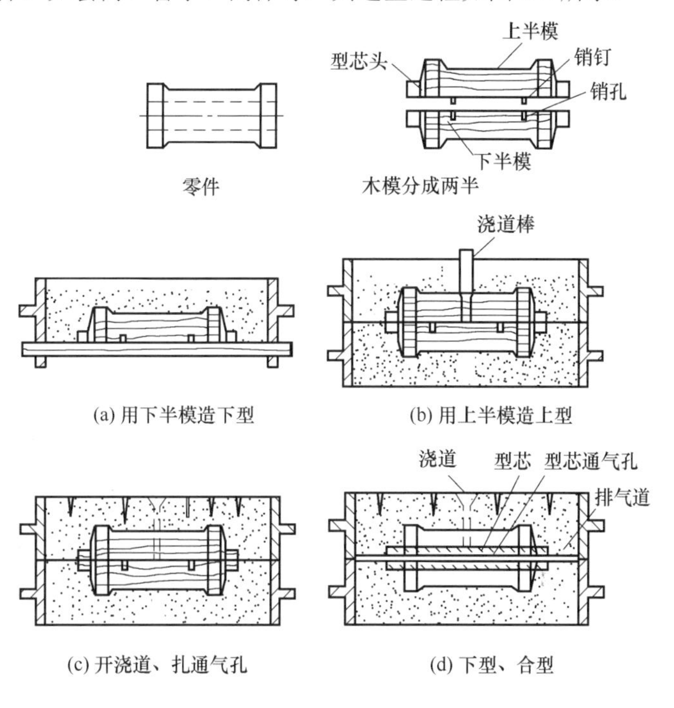

图 2-5　分模造型

（3）挖砂造型和假箱造型　当铸件的最大截面不在端部，而模样又不便分开时，常将模样做成整体结构，造型时把妨碍起模的型砂挖掉，造上型时再把挖掉的部分做出。如图 2-6 所示为手轮即采用挖砂造型。挖砂造型分型面不是平面而是曲面，挖砂一定要挖到模样最大截面处，才能取出模样。分型面应平整光滑，坡度尽量小，以免上型吊砂过陡。挖砂造型生产率低，要求操作技能较高，所以只适用于单件小批量生产。

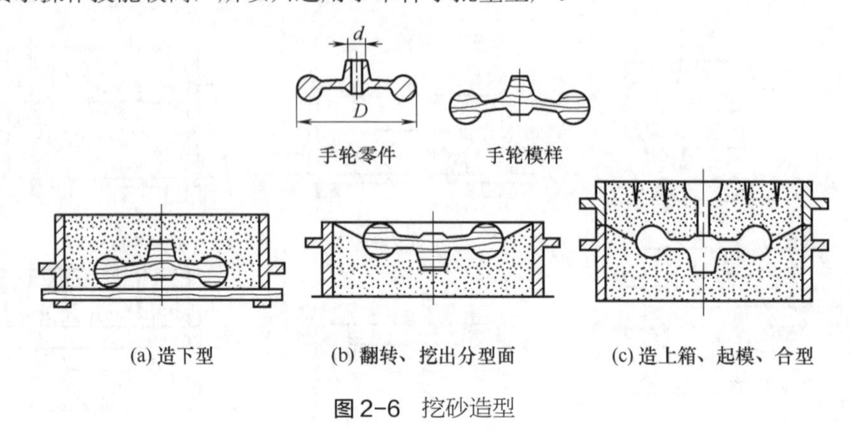

图 2-6　挖砂造型

当生产数量较多时，一般采用假箱造型。假箱造型是用高度紧实的硬砂型代替造型底板，在此硬砂型上不必挖砂就可造出下型，然后再在下型上造出上型。其造型过程如图 2-7 所示。由于硬砂型只用于造型，并不用于浇注液体金属，故称为假箱。

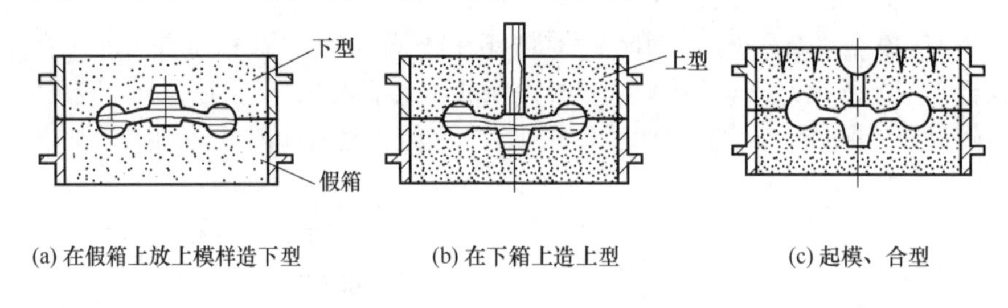

图 2-7　假箱造型

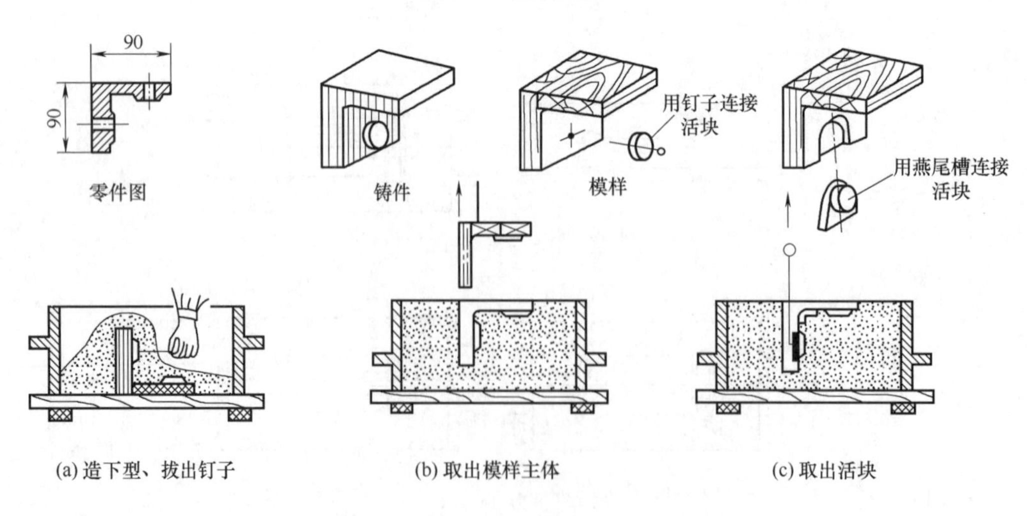

图 2-8　活块造型

（4）活块造型　当铸件的侧面有局部凸起，阻碍起模时，可把凸起部分（如凸台、筋条等）做成活块，用钉子或燕尾槽与模样主体连接。造型时先起出模样主体，然后再从侧面将活块取出。其造型过程如图 2-8 所示。活块造型主要用于带有突出部分而妨碍起模的铸件。由于要求工人技术水平高，而且生产率低，所以仅适用于单件小批量生产。

（5）刮板造型　单件、小批量生产尺寸较大的旋转体铸件（如带轮、飞轮、大齿轮等）时，为节省模样材料费用，缩短制模时间，宜采用刮板造型。刮板的形状与铸件截面形状相适应，一般用木板做成。造型时，刮板绕着固定的中心轴旋转，刮制出所需要的型腔。图 2-9 所示为带轮铸件刮板造型过程。在选好的砂箱内先捣实一部分型砂，使刮板轴能定位并转动自如，用刮板的小端面（*fghij*）刮制下砂型，再用刮板的大端面（*abcde*）刮制上砂型，挖制好浇道后合型即得所需砂型。

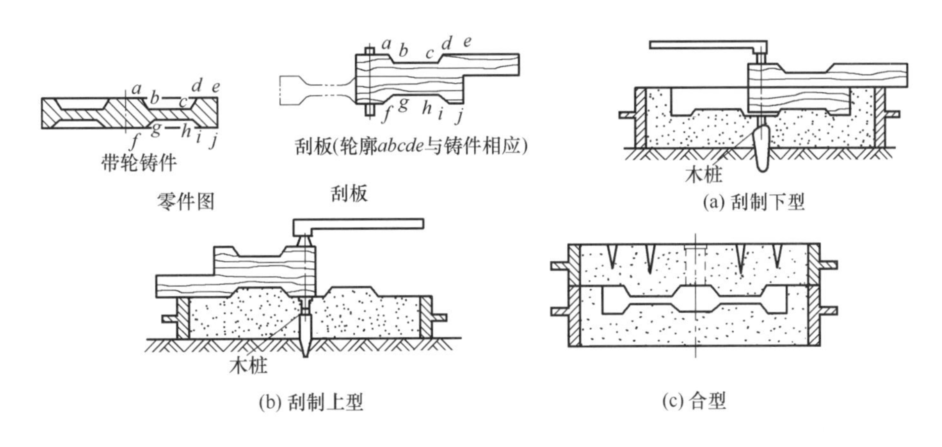

图 2-9　带轮铸件刮板造型

2.1.5.2　机械造型

机械造型是用机械全部或部分地完成造型操作的方法。由于机械造型以机械运动代替了人工紧砂和起模等工序，从而减轻了工人的劳动强度，提高了生产率；同时机械造型铸件的精度高、加工余量小、表面粗糙度低。

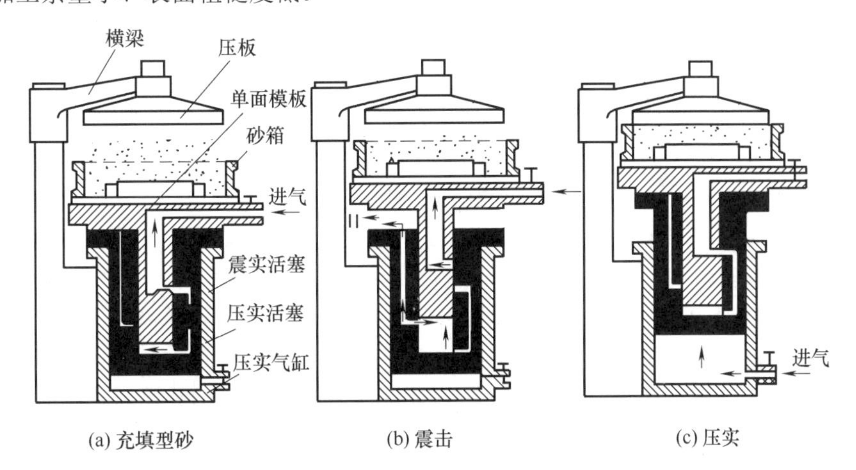

图 2-10　震压式造型机工作原理

如图 2-10 所示为震压式造型机的工作原理。造型时，把单面模板固定在造型机工作台上，扣上砂箱，将定量的型砂由贮砂斗（在工作台上方，未画出）加入砂箱，如图 2-10（a）所示。然后使压缩空气由上气口进入震实活塞的底部，将震实活塞、工作台及砂箱顶起。当震实活塞底部升至排气孔位置时，此时排气孔接通，如图 2-10（b）所示，开始排气，震实活塞连同砂箱在自重的作用下复位，完成一次震实。重复多次直到型砂紧实为止。再使压实气缸进气，如图 2-10（c）所示，压实活塞带动工作台连同砂箱一起上升，与震压式造型机上的压板接触，将砂箱上部较松的型砂压实而完成全部紧砂工作。

震压式造型机的起模方式是顶箱起模。依靠穿过工作台面的四根顶杆在起模油缸的驱动下同步上升，同时由震动器震动模板，将砂箱平稳脱离模板。

2.1.6 造芯方法

型芯的作用是形成铸件的内腔，因此型芯的形状和铸件内腔应相适应。为了增强型芯的强度和刚度，在型芯中常放置型芯骨。小型型芯骨大多采用铁丝和铁钉制成。为了提高型芯透气性需在型芯内扎通气孔。型芯一般还要涂料和烘干，以提高其耐火性、强度和透气性，型芯是用芯盒制成的，造型芯的工艺过程与铸件造型过程相似。如图 2-11 所示为用对开式芯盒制芯的过程。

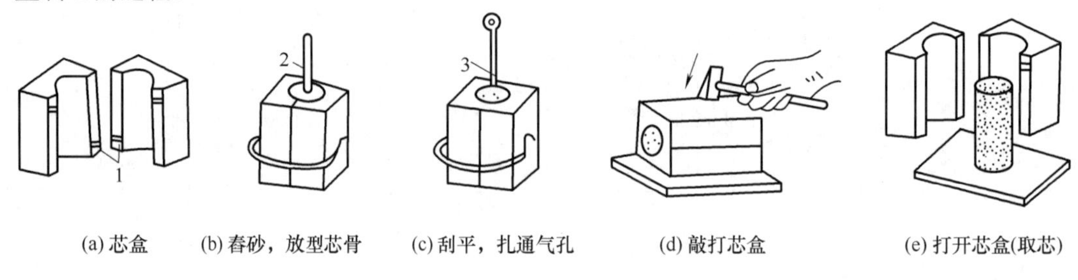

图 2-11　用对开式芯盒制芯的过程

2.1.7 浇注系统和冒口

（1）浇注系统　浇注系统是将金属液注入型腔中所经过的一系列通道。它主要由外浇口、直浇口、横浇口和内浇口四部分组成，如图 2-12 所示。其作用是：保证液体金属平稳、迅速地注入型腔；防止熔渣、砂粒等杂物进入型腔；补充铸件在冷凝收缩时需要的液体金属。

（2）冒口　常见的缩孔、缩松等缺陷是由于铸件冷却凝固时体积收缩而产生的。为防止缩孔和缩松，往往在铸件的顶部或厚大部分以及最后凝固的部位设置冒口，如图 2-12 所示。冒口中的金属液可不断地补充铸件的收缩，从而使铸件避免出现缩孔和缩松。

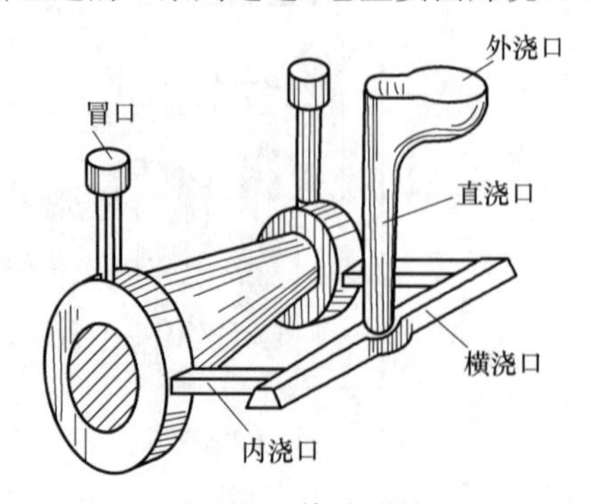

图 2-12　浇注系统

2.1.8 铸件质量分析

由于铸造生产工序繁多，工艺复杂，影响铸件质量的因素很多，缺陷的形式也很多，表2-2 列出了一些常见的缺陷的特征和产生的主要原因。

⊡ 表 2-2 铸件缺陷分析

缺陷名称	特征	产生的主要原因
气孔	孔的内壁圆滑 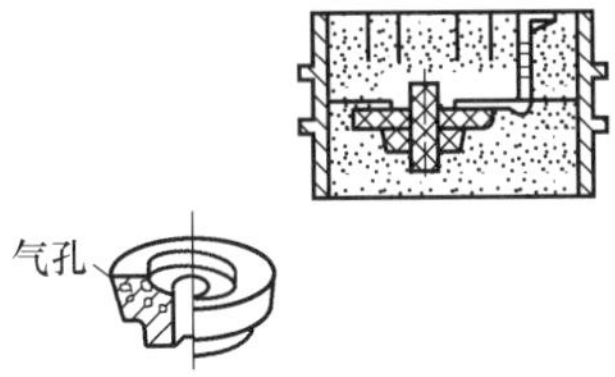	舂砂太紧或造型起模时刷水过多 型砂含水过多或透气性差 型砂芯砂未烘干，或型芯通气孔阻塞 液体金属温度过低或浇注速度太快
缩孔	孔的内壁粗糙，形状不规则，多产生在厚壁处 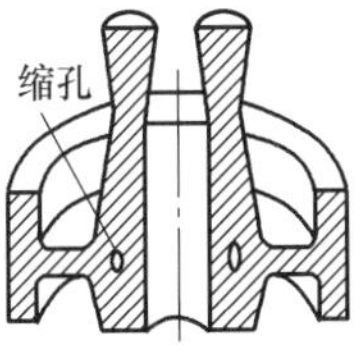	铸件设计不合理 浇冒口布置不合理或冒口太小，或冷铁位置不对 浇注温度太高或液体金属成分杂，收缩太大
砂眼	孔内充塞型砂 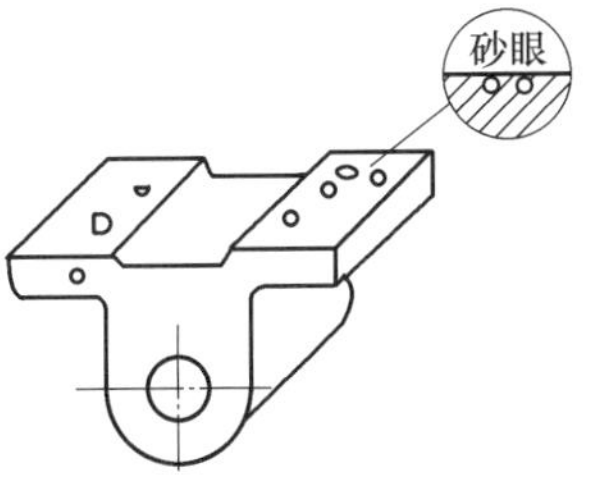	造型时散砂落入型腔未吹干净 型砂强度不够或舂砂太松 内浇口不合理，致使液体金属冲坏砂型 合型时局部碰坏砂型
裂纹	铸件开裂，裂纹处金属表面氧化 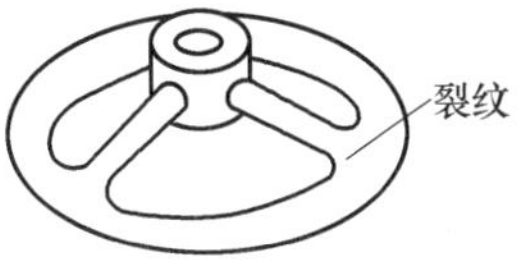	铸件设计不合理，厚薄相差太大 浇注温度太高，冷却不均匀 浇口位置不当 舂砂太紧或落砂过早
错箱	铸件沿分型面有相对错位 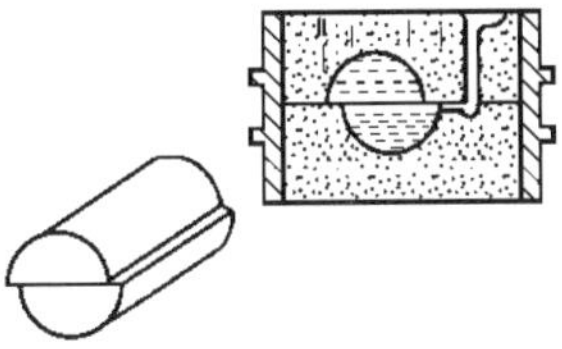	合型时上、下砂箱未对准 砂箱的配箱标线或定位销不准确 分模的上、下模未对准

续表

缺陷名称	特征	产生的主要原因
冷隔	铸件有未完全熔合的隙缝，交接处呈圆滑凹坑 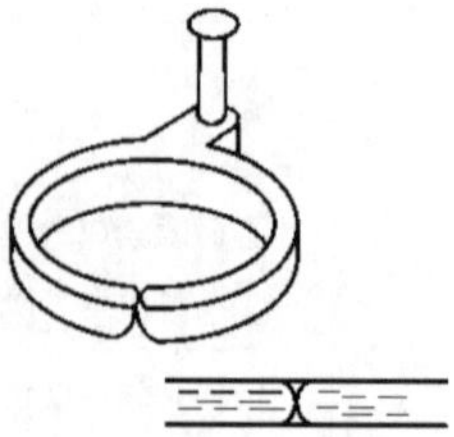	浇注温度太低、速度太慢或中断 浇口太小或布置不对 铸件设计不合理
浇不足	铸件形状不完整 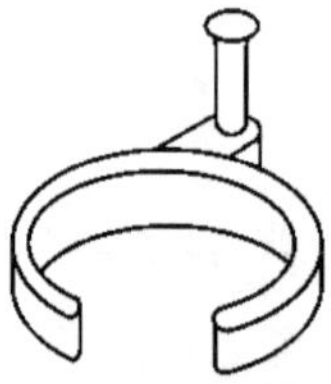	浇注温度太低、速度太慢或中断 浇口太小或未开出气口 铸件太薄

2.2 特种铸造

砂型铸造虽然有很多优点，但是砂型铸造的铸件的尺寸精度和表面质量及内部质量在某些方面不能满足要求，因此出现了与砂型铸造有显著区别的其他铸造方法，统称为特种铸造，常用的有熔模铸造、金属型铸造、压力铸造、离心铸造等。

2.2.1 熔模铸造

熔模铸造又称为失蜡铸造，是用易熔材料（如蜡料）制成精确的可熔性模样并组装成蜡模组，然后在模样表面上反复涂上若干层耐火材料，经过干燥、硬化成整体型壳，然后加热型壳，熔去蜡模，再经高温熔烧制成耐火型壳，将液体金属浇入型壳中，金属冷凝后敲掉型壳获得铸件的方法。其生产流程如图 2-13 所示，包括：压制蜡模—制作蜡模组—制模壳—熔模（失蜡）—焙烧模壳—填砂—浇注—清理等。

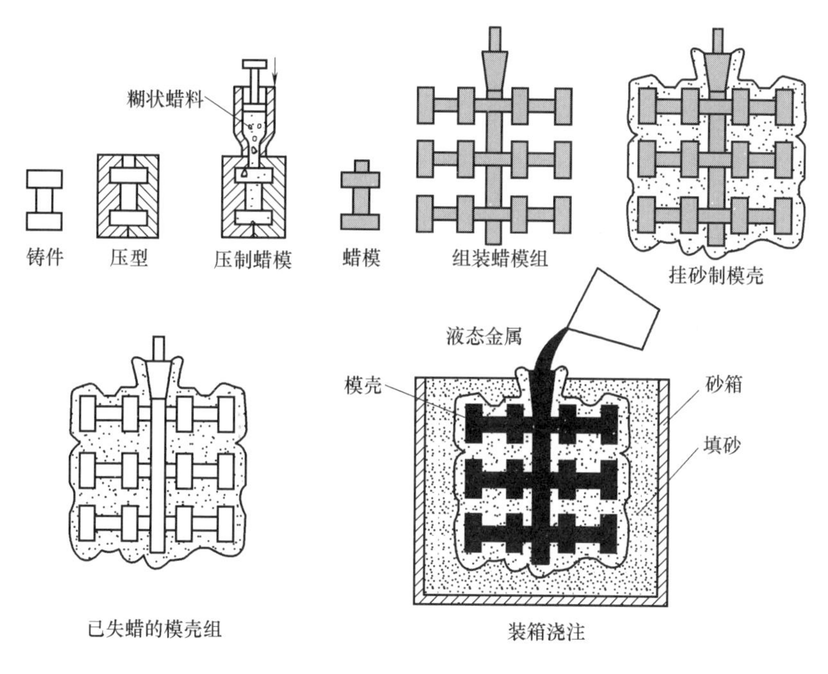

图 2-13 熔模铸造的生产流程

熔模铸造的优点是铸造精度高，表面质量好；适用于各种铸造合金，特别是一些高熔点合金和难以切削加工的合金铸件；可铸造出形状复杂的薄壁铸件。但是熔模铸造工艺繁多，生产周期长；原材料价格贵，铸件成本高。影响铸件质量的因素多，必须严格控制各道工艺的质量。所以熔模铸造是一种精密铸造，是少切削和无切削加工工艺的重要方法，它主要用于汽轮机、涡轮发动机的叶片与叶轮、纺织机械、汽车、拖拉机、风动工具、机床、电器、仪器上的小零件及刀具、工艺品等。

2.2.2 金属型铸造

金属型铸造是将液态金属在重力作用下浇入金属型内以获得铸件的方法。金属型常用铸铁、铸钢或其他合金制成。因为金属型可以重复浇注几百次以至于数万次，所以，又有“永久型铸造”之称。

金属型铸造与砂型铸造相比有很多优点：金属型导热快，冷却速度快；一个金属型可以反复使用，生产效率高；金属型铸件的尺寸精度高，表面质量好。但是金属型本身的制造成本高，周期长，金属型冷却速度快，容易产生冷隔、浇不足等铸件缺陷。因此，生产中必须严格控制金属型铸造的浇注温度、金属型预热温度和开型时间。所以它不宜生产形状复杂的薄壁铸件，主要用于生产铝、镁、铜等低熔点的有色金属铸件，如活塞、气缸体等。

2.2.3 压力铸造

压力铸造是将液态金属在高压作用下充填金属铸型，并在保持压力下凝固成铸件的铸造方法。常用压力铸造的压力为 5~70MPa，有时可高达 200MPa，充型速度为 5~100m/s，充型时间很短，一般只有 0.1~0.2s。为了承受高压、高速金属液的冲击，压铸模材料一般使用耐热合金钢制造。压力铸造在压铸机上进行，压铸机种类较多，目前应用较多的是卧式冷压室压铸机，其工作原理如图 2-14 所示。

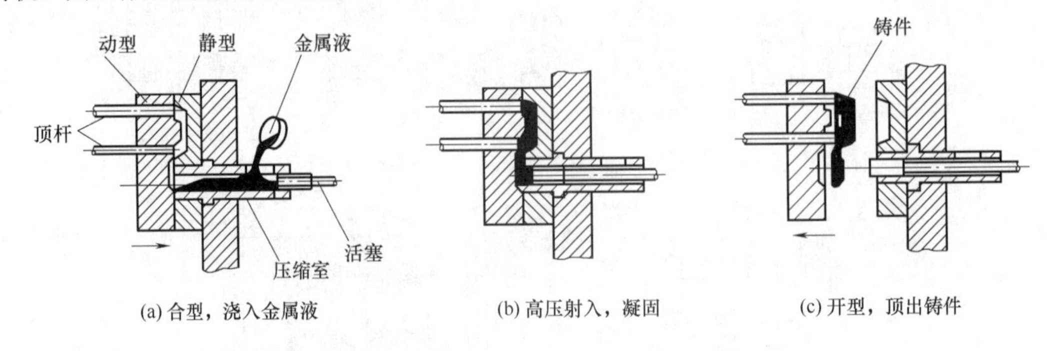

图 2-14 卧式冷压室压铸机工作原理

压力铸造的优点是：铸件尺寸精度高，表面质量好；强度和硬度等力学性能高；可铸造形状复杂的薄壁铸件，可嵌铸其他材料；易于实现机械化、自动化生产，生产效率高。缺点是：压铸模制造周期长，设备投资大，压型制造成本高；铸件内部常有气孔和氧化物夹杂。其主要用于薄壁且形状复杂的熔点较低的锌、铝、镁及铜合金铸件的大批量生产，广泛用于汽车、仪表、航空、电器及日用品铸件的生产中。

2.2.4 离心铸造

离心铸造是将液态金属浇入高速旋转的铸型内，在离心力作用下充填铸型，凝固后获得铸件的方法。根据铸型旋转的空间位置不同，离心铸造机有立式和卧式两类。离心铸造的成形过程如图 2-15 所示。

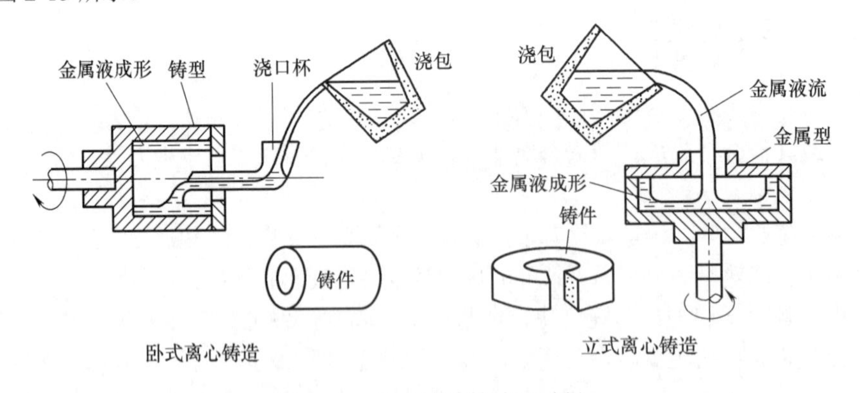

图 2-15 离心铸造的成形过程

离心铸造的优点是熔融的金属在离心力作用下凝固成形，故铸件组织致密，没有缩孔、气孔和渣眼等缺陷，力学性能高。铸造具有圆形内腔的铸件时，不需要型芯和浇注系统，提高了金属材料的利用率。离心铸造的缺点是靠离心力铸出内孔，尺寸不精确，且内壁非金属夹杂多，需要增大内孔的切削余量。离心铸造常用于铸造水管、套类空心旋转体铸件，以及双层金属（如缸套铜衬）的复合材料铸件的生产。

2.3 铸造实训

2.3.1 铸造实训内容与要求

铸造实训内容与要求见表2-3。

表2-3 铸造实训内容与要求

序号	内容及要求	
1	基本知识	铸造在机械工业中的地位和作用 铸造的发展历程及展望 铸造的概念及其优越性 铸造分类、砂型铸造及其分类 型砂组成及其性能 浇注系统组成及各部分的作用，冒口的作用 分型面选择原则 模样、零件、铸件三者间的关系 手工造型最基本、最常用的造型方法及其特点 特种铸造、离心铸造和压力铸造的特点 铸造常见缺陷介绍 铸造安全操作规则
2	基本技能	掌握砂型铸造手工造型工具的使用方法 掌握手轮零件挖砂造型工艺

2.3.2 铸造安全操作规程

（1）操作实训前

① 车间所有设备未经允许不能乱动；

② 规范穿着工作服，检查衣襟袖口是否扣好。

（2）挖砂造型过程中

① 造型时不可用嘴吹砂，避免型砂吹入眼睛；

② 舂砂时注意不要砸伤手；

③ 搬运砂箱时需要小心轻放，严防砸手伤人；

④ 造型工具不要放进砂池内，避免工具埋藏于型砂中伤人；

⑤ 蹲坐造型时间过长，突然站起来会头晕、目眩，应缓慢站起。

（3）浇注过程中

① 浇注操作者应戴好防护眼镜、手套；

② 观看学习者应保持安全距离，防止金属溶液飞溅，造成烫伤。

（4）操作实训后

① 铸件未完全冷却前不得触摸铸件；

② 未经清理的铸件有锋利的飞边毛刺，注意不要被其划伤；

③ 完工后，必须整理好工具、模型、砂箱，并清扫场地。

2.3.3 砂型铸造操作训练

如图 2-16 所示的手轮铸件，采用挖砂造型方法制作型腔，其工艺步骤见表 2-4。

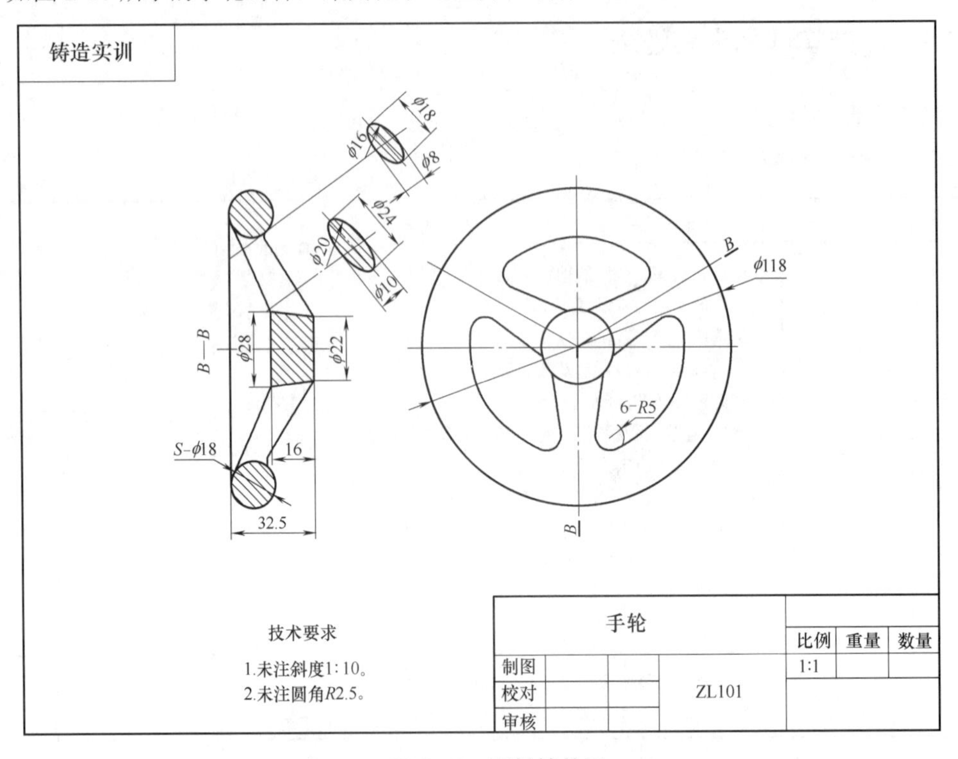

图 2-16 手轮铸件图

⊡ 表 2-4 手轮铸件挖砂造型工艺步骤

材料	ZL101	毛坯种类	铝合金	毛坯尺寸	铝锭 100mm×100mm×500mm
序号	操作流程	操作过程示意图			工具、材料
1	准备好造型工具	舂砂锤、刮板、手风器、通气针、模样、刮刀、毛刷、浇口棒、铁锹、型砂、砂箱、型板、分型砂			模样、舂砂锤、刮板、刮刀、毛刷、浇口棒、通气针、手风器、型板、砂箱、铁锹

续表

序号	操作流程	操作过程示意图	工具、材料
2	准备好型砂、分型砂	 型砂 分型砂	型砂、 分型砂
3	放置模样	 型板 下砂箱 模样	型板、 下砂箱、 模样
4	加砂紧实	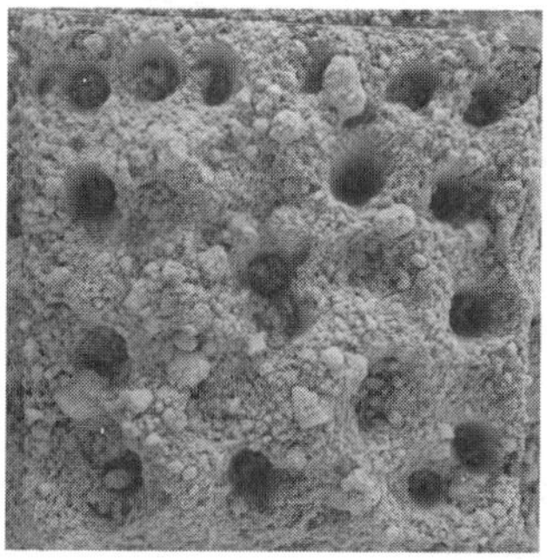	铁锹、 舂砂锤、 型砂
5	挖砂		刮刀、 手风器、 毛刷
6	撒分型砂		分型砂

续表

序号	操作流程	操作过程示意图	工具、材料
7	加上砂箱、放置浇口棒		上砂箱、浇口棒
8	加砂紧实上砂箱		铁锹、舂砂锤
9	刮平、扎通气孔、取浇口棒、开外浇口、		刮板、刮刀、通气针
10	画定位线		划针

续表

序号	操作流程	操作过程示意图	工具、材料
11	翻箱		手工翻箱
12	开内浇口、取出模样		刮刀毛刷
13	合箱浇注		手工合箱、浇注铁勺
14	落砂得到铸件		舂砂锤、刮刀、毛刷

第3章 锻压

锻造、冲压总称为锻压。锻压是通过对金属坯料施加外力，使之产生塑性变形，从而获得所需形状、尺寸和力学性能的毛坯或零件的一种压力加工方法。锻造以型材和钢锭为坯料，锻造前坯料需要加热。冲压则以薄板为坯料，在室温下进行。金属材料经过锻压加工后，由于金属组织得到改善，其强度和韧性等力学性能均有所提高，所以能承受重载和冲击载荷，应用广泛。机械制造业中的许多毛坯或零件，特别是承受重载的零件，如机床的主轴、重要齿轮、连杆、起重吊钩等，通常采用锻件作为毛坯。而汽车、计算机、仪表零件和家用电器等金属壳类零件则常用板材冲压成形。

3.1 锻造

锻造是在加压设备及工（模）具的作用下，使金属坯料产生局部或全部塑性变形，以获得一定几何尺寸、形状、质量及力学性能的锻件的加工方法。按照锻造成形工艺过程的不同，锻造方法可分为自由锻、模锻和胎模锻三大类。根据变形温度的不同，锻造可分为热锻、温锻和冷锻三种，其中应用最广泛的是热锻。

3.1.1 坯料加热、锻件冷却和热处理

3.1.1.1 坯料的加热

（1）加热的目的　在锻造生产中，除少数具有良好塑性的金属坯料可在常温下锻造外，大多数金属坯料锻造一般均需要加热。其目的是改善锻造性能，即提高金属塑性，降低变形抗力，使坯料易于塑性流动成形和节省动力，并使锻件获得良好的锻后组织和力学性能。

（2）加热方式　金属材料的加热方式，按所采用的热源不同分为燃料（火焰）加热和电加热两大类。

燃料加热是利用固体（煤、焦炭等）、液体（重油、柴油等）或气体（煤气、天然气等）燃料燃烧时所产生的热能对坯料进行加热。燃料加热的优点是：加热炉的通用性强，投资少，建造比较容易，加热费用较低，对坯料的适应范围广等。因此广泛用于各种大、中、小型坯料的加热。其缺点是：加热速度慢，炉内气氛及加热温度难于控制，劳动条件差。

电加热是将电能转换为热能从而对金属坯料进行加热。按电能转换为热能的方式可分为感应电加热、接触电加热、电阻炉加热等。电加热的优点是：加热速度快，加热质量好，炉温控制准确，工作条件好等。

（3）锻造温度范围　锻造温度是指从始锻温度（开始锻造的温度）到终锻温度（终止锻造的温度）之间的温度范围。锻坯锻造时所允许的最高温度称为该材料的始锻温度。加热温度超过始锻温度，则会产生坯料的氧化、脱碳、过热或过烧等缺陷。坯料在锻造过程中，随着温度不断下降，塑性降低，变形抗力越来越大，致使变形难以继续进行。材料允许进行锻造的最低温度称为材料的终锻温度。如果在终锻温度下继续锻造，不但变形困难，而且容易造成坯料开裂，甚至破坏模具和设备。确立锻造温度范围的原则是保证金属在锻造温度范围内具有较高的塑性和较小的变形抗力，使生产出的锻件获得所希望的组织和性能。在此前提下，锻造温度范围应尽可能取得宽一些，以便有充裕的时间进行锻造，减少加热次数，提高生产率。常用金属材料的锻造温度范围如表 3-1 所示。

金属加热的温度可用传感器及仪表来测定。550℃以上时金属的颜色发生变化即火色变化，实际生产中一般凭经验观察被加热锻件的火色来判断温度。加热过程中因加热方式、加热时间、温度以及炉内气氛等选择不当，坯料可能产生氧化、脱碳、过热、过烧、裂纹等加热缺陷，影响锻件质量，应尽量避免。

⊡ 表 3-1　常用金属材料的锻造温度范围

材料种类	始锻温度/℃	终锻温度/℃
低碳钢	1200~1250	800
中碳钢	1150~1200	800
合金结构钢	1100~1180	850
铝合金	450~500	350~380
铜合金	800~900	650~700

3.1.1.2　锻件的冷却

锻件的冷却是指锻件从终锻温度冷却到常温。锻件锻后的冷却方式对锻件的质量有一定影响。冷却太快，会使锻件发生翘曲，表面硬化，内应力增大，甚至会产生裂纹。常用的冷却方式有在空气中冷却、在坑(箱)内冷却和在炉中冷却。空气中冷却速度最快，在炉内冷却速度最慢。一般来说，锻件的含碳量或合金元素含量越高，形状越复杂，冷却速度就应越缓慢。

3.1.1.3　锻件的热处理

通常，锻件在切削加工前都要进行热处理，以改善其切削加工性能。一般结构钢锻件采用退火处理，工具钢、模具钢锻件则采用正火加球化退火处理。

3.1.2　自由锻

自由锻（全称自由锻造）是采用简单的工具或在自由锻造设备的上下铁砧之间，对加热后的坯料进行反复锻打，逐步改变坯料的形状、尺寸和组织结构，以获得所需锻件的工艺过程。常见的铁匠师傅打制铁器的操作就属于自由锻的范围。自由锻所用工具简单，通用性强，应用范围广泛，适合生产单件、小批量零件毛坯。可锻造的锻件质量由不及 1kg 到 300t，在大型机械中，自由锻是生产大型和特大型锻件的唯一成形方法。但自由锻的锻件精度低，加工余量大，生产率低，劳动强度大且生产条件差。

自由锻有手工自由锻和机器自由锻两类。

（1）自由锻的工具和设备　手工自由锻用的是手工工具，如图 3-1 所示，例如铁砧、大小锤、夹钳等。机器自由锻常用空气锤、水压机等，一般中小型锻件使用空气锤，而大锻件则使用水压机。图 3-2 所示为空气锤结构及工作示意图。

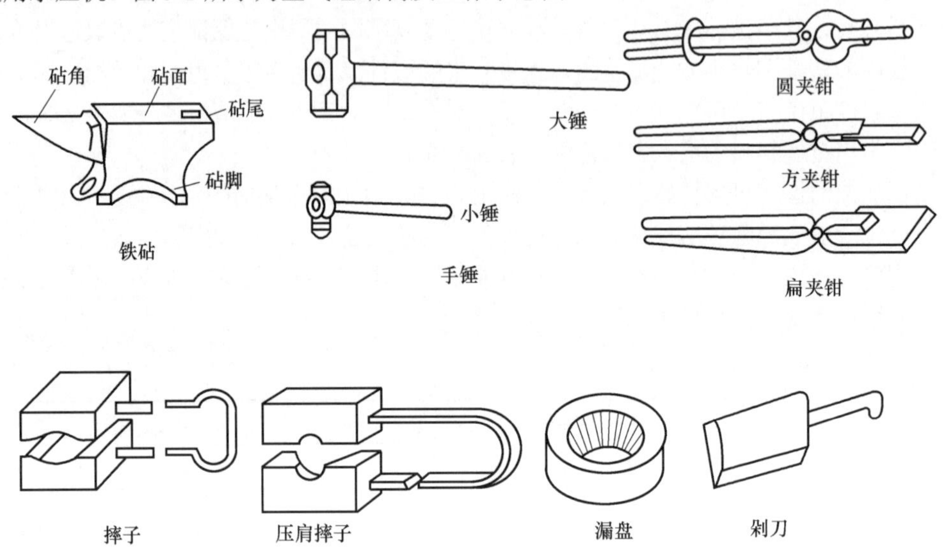

图 3-1　手工自由锻常用工具

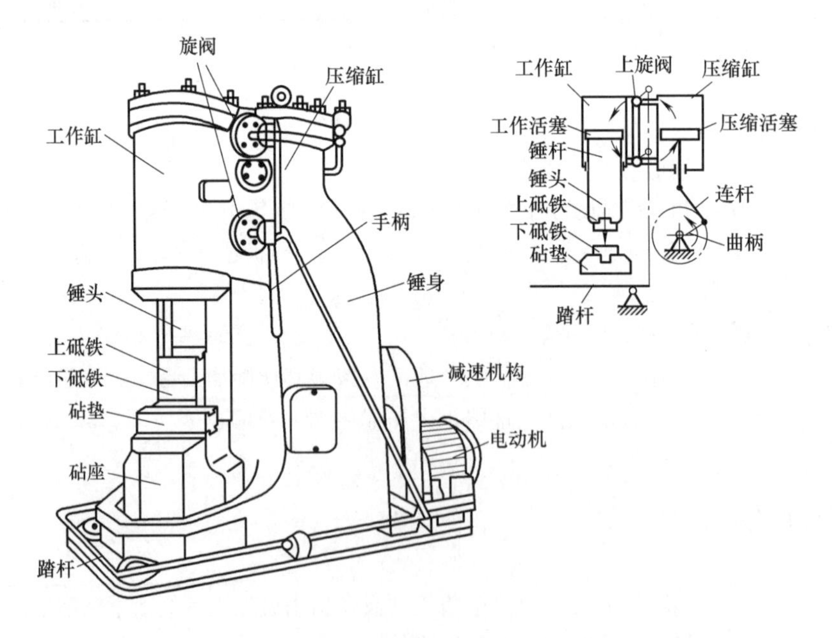

图 3-2　空气锤结构及工作示意图

（2）自由锻的主要工序　自由锻的基本工序有镦粗、拔长、冲孔、扩孔、切割、弯曲、扭转和错移等，其中镦粗、拔长、冲孔、弯曲用得较多。自由锻的主要工序如表 3-2 所示。

⊡ 表 3-2　自由锻的主要工序

名称		定义	简图	名称	定义	简图
镦粗	完全镦粗	降低坯料高度，增大截面面积		扩孔	将已有孔扩大（用冲头）	
	局部镦粗	局部降低坯料高度，增大截面面积			将已有孔扩为大孔（用马架）	
拔长（延伸）		减小坯料截面面积，增加长度		切割	用切刀等将坯料的一部分局部分离或全部切离	
冲孔		在坯料上锻制出通孔		弯曲	改变坯料轴线形状	

（3）自由锻锻件缺陷与质量分析　在自由锻生产过程中，常见的锻件主要缺陷有：横向裂纹、纵向裂纹、表面龟裂、内部微裂、局部粗晶、表面折叠、中心偏移、力学性能不能满足要求等。

分析研究锻件产生缺陷的原因，提出有效的预防和改进措施，这是提高和保证锻件质量的重要途径。从锻件各种形成的原因可以看出，影响锻件质量的因素是多方面的，除了原材料质量的优劣具有重要影响之外，还与锻造工艺以及热处理工艺密切相关。

3.1.3　模锻

模锻是将金属坯料放在具有一定形状和尺寸的锻模模膛内，施加冲击力或压力，使坯料在模膛内产生塑性变形，从而获得锻件的工艺方法。由于金属是在模膛内变形，其流动受到模膛的限制，因而模锻能锻造出形状复杂、尺寸精度较高、表面粗糙度值较小的锻件。同时，模锻与自由锻相比还能提高生产率、改善劳动条件等。但模锻设备及模具的造价高、消耗能量大，只适用于中、小型锻件。模锻可分为锤上模锻、压力机上模锻、胎模锻等。图 3-3 所示为弯曲连杆的锻造过程示意图。

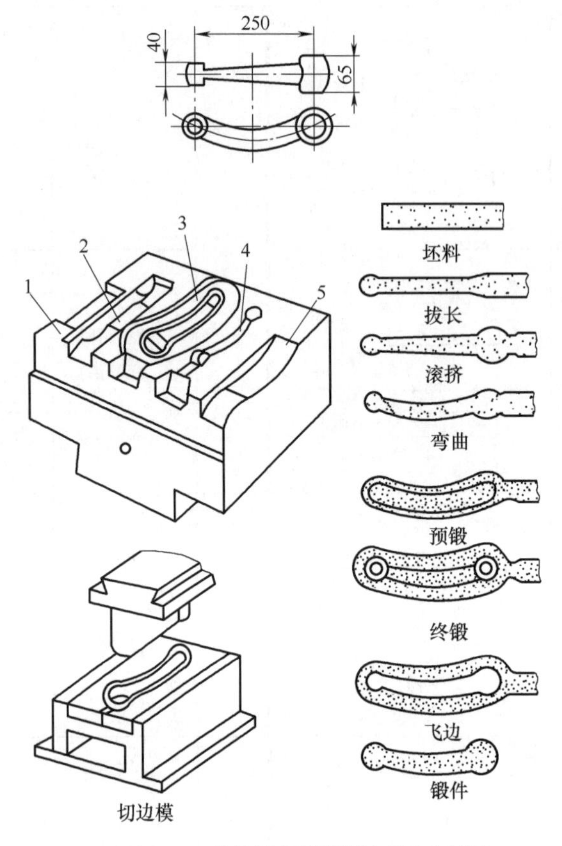

图 3-3　弯曲连杆的锻造过程示意图

1—拔长模膛；2—滚挤模膛；3—终锻模膛；4—预设模膛；5—弯曲模膛

3.1.4　胎模锻

在自由锻设备上使用可移动的模具（胎模）生产锻件的方法称为胎模锻。通常是先用自由锻的方法制坯，然后在胎模中锻造成形。胎模锻与自由锻相比具有生产率高、锻件尺寸精度高、表面粗糙度值小、节约金属、降低成本等优点。与模锻相比，胎模锻使用的设备和工具比较简单，可以使用自由锻设备，胎模无需固定在锤头或砧座上，工艺灵活多变，模具的制造也比较简单，得到广泛应用。但胎模锻的生产率不如锤上模锻高，胎模的寿命短，一般只适用于小型简单锻件的生产。

常用的胎模结构主要有扣模、套筒模和合模等。

① 扣模。如图 3-4（a）所示，用于对坯料进行全面或局部扣形，主要生产杆状非回转体锻件。

② 套筒模。如 3-4（b）、（c）所示，锻模呈套筒形，主要用于锻造齿轮、法兰盘等回转体类锻件。

③ 合模。如图 3-4（d）所示，通常由上模和下模两部分组成。为了使上、下模吻合而又

不导致锻件产生错模，经常用导柱来定位。合模多用于生产形状较为复杂的非回转体类锻件，如连杆、叉形等锻件。

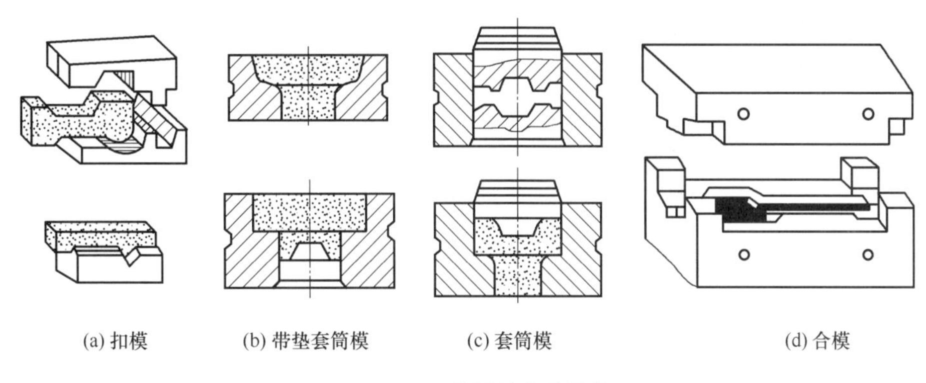

图 3-4　胎模的几种结构

图 3-5 所示为法兰盘的胎模锻过程，所用胎模为套筒模，原始坯料加热后先用自由锻镦粗，然后放入套筒模中锻造成形，最后冲掉连皮，得到模锻件。

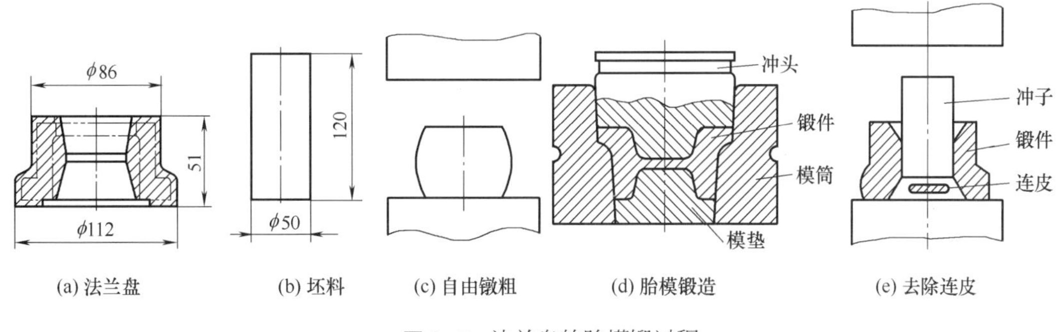

图 3-5　法兰盘的胎模锻过程

3.2　冲压

冲压是利用装在冲床上的冲模冲压金属板料，使之产生分离或变形，从而获得所需形状和尺寸的毛坯或零件的加工方法。这种加工方法在室温下进行，所以又叫冷冲压，只有当板材厚度超过 8~10mm 时，才采用热冲压。冲压件一般不需要再经过机械加工，适用于大批量生产，在金属制品中得到广泛的应用，特别是在汽车、拖拉机、航空、电器、仪器仪表及国防等工业中，冲压占有极其重要的地位。

3.2.1　冲压设备

冲压生产中常用的设备是剪床和冲床。剪床用来把板材剪切成所需尺寸的材料，以供下一步的冲压工序使用。冲床用来实现冲压工序，以制成所需形状和尺寸的成品零件。图 3-6 为开式冲床的外观和传动简图。

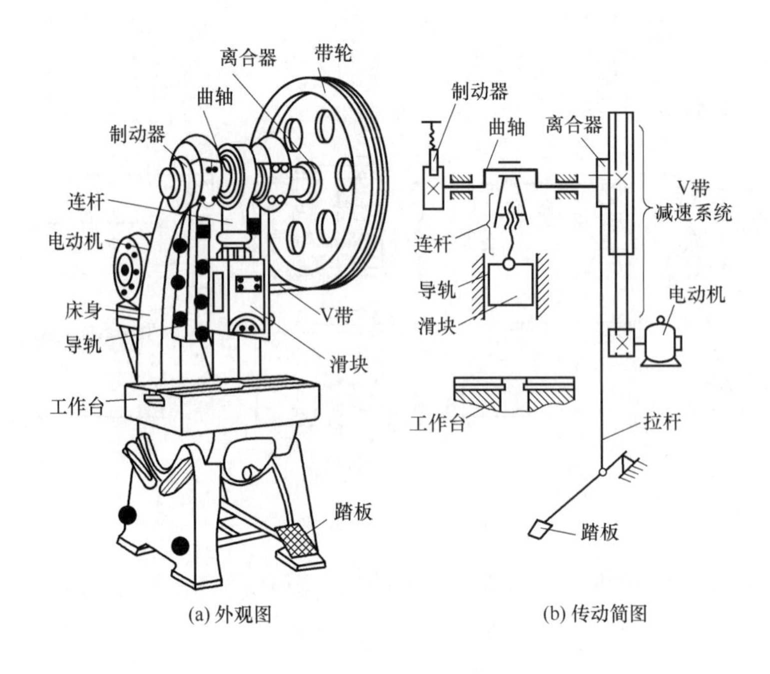

图 3-6 开式冲床的外观和传动简图

3.2.2 冲压基本工序

冲压生产的主要工序分为分离工序和变形工序两大类。分离工序是使坯料的一部分与另一部分相互分离的工序，如落料、冲孔、切断和修整等。变形工序是在坯料不被破坏的条件下，一部分相对于另一部分发生塑性变形的工序，如弯曲、拉伸、翻边、成形等。

3.2.3 冲压的优势

用于冲压件的材料多为塑性良好的各种低碳钢、铜合金、铝合金、镁合金及塑性好的合金钢等。冲压可冲出形状复杂的零件，且废料较少，而且产品具有足够高的精度和较低的表面粗糙度，如图 3-7 所示为汽车车身冲压产品。冲压件的互换性较好，而且冲压可获得重量轻、材料消耗少、强度和刚度都较高的零件。冲压操作简单，工艺过程便于机械化和自动化，生产率高，故零件成本低。但冲模制造复杂、成本高，只有在大批量生产条件下其优越性才显得突出。

图 3-7 汽车车身冲压产品

第4章 焊接

焊接是通过加热或加压或两者并用，可用或不用填充材料，使分离的焊接材料通过原子间的结合而连接成为一个不可拆卸的整体的加工方法。焊接是一种永久性连接焊接材料的工艺方法，在机械制造业中具有十分重要的作用，如厂房屋架、桥梁、船体、机车车辆、飞机、锅炉、压力容器、管道等的焊接。焊接也常用于制造机器零件（或毛坯），如重型机械和冶金、锻压设备的机架、底座、箱体、轴、齿轮等。此外，焊接还常用于修补铸件、锻件缺陷和局部受损的零件，经济效益十分显著。

焊接的方法很多，根据焊接过程中的特点不同，可分为熔化焊、压力焊和钎焊，如图4-1所示。本章主要介绍熔化焊的手工电弧焊、气焊气割、埋弧自动焊、气体保护焊，压力焊的电阻焊和钎焊的硬钎焊、软钎焊。

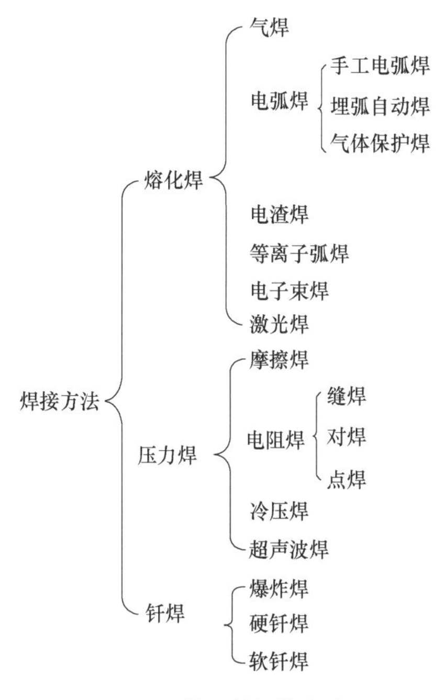

图4-1 常用的焊接方法

4.1 手工电弧焊

手工电弧焊是利用手工操纵焊条，使焊条与焊件之间产生电弧热来熔化焊条和焊件，从而获得牢固接头的焊接方法。它是熔化焊中最基本的一种焊接方法。由于它所需要的设备简单、操作灵活，对不同焊接位置、不同接头形式的焊缝均能方便地进行焊接，因此是目前应用最为广泛的焊接方法，适用于厚度 2mm 以上各种金属材料的焊接。

4.1.1 焊接过程

手工电弧焊如图 4-2 所示。焊接前，先将焊件与焊钳通过导线分别连接到弧焊机的两极上，并用焊钳夹持焊条。焊接时，先将焊条与焊件瞬间接触，随即再把它提起，在焊条与焊件之间产生电弧，在电弧热的作用下，焊条端部与焊件局部同时熔化，形成熔池。随着电弧沿焊接方向移动， 新的熔池不断形成，先熔化的金属迅速冷却，凝固后形成一条牢固的焊缝，便将分离的两焊件焊成整体，焊接结束后，敲去焊渣，便露出波纹状的焊缝。电弧中心处的最高温度可达 6000℃。

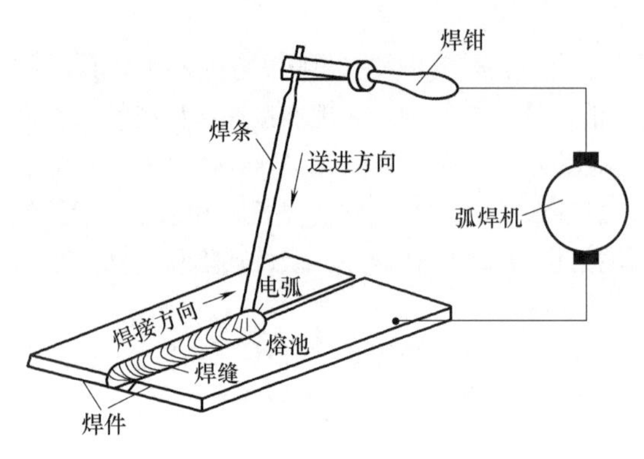

图 4-2　手工电弧焊

4.1.2 焊接电弧

焊接电弧是焊条端部与焊件之间的空气电离区内产生的一种强烈而持久的放电现象，特点是高温、高热，并发出强光。焊接电弧由阴极区、阳极区和弧柱区三部分组成，如图 4-3 所示。阴极区是电子发射区，发射电子需要消耗一定能量，阴极区产生的热量略少，约占电弧总热量的 36%，其平均温度约为 2400K。阳极区表面受高速电子的撞击，产生较多的热量，约占电弧总热量的 43%，其平均温度约为 2600K。弧柱区是阴极区和阳极区之间的区域，因阴极区和阳极区之间距离很短，故弧柱区长度几乎等于电弧长度。弧柱区产生的热量仅占电弧总热量的 21%左右，但其中心温度可达 6000~8000K，弧柱区周围温度则较低，大部分热量散失在周围空气中。

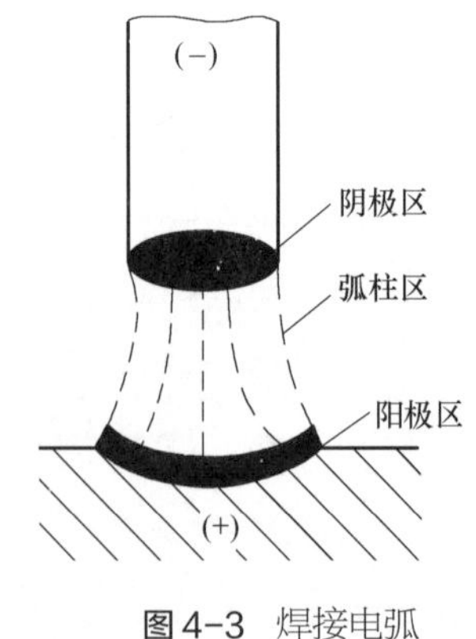

图 4-3　焊接电弧

在焊接电路中，焊接电弧作为负载消耗电能，当焊接电流大于 30~60A 时，气体已充分电离，电弧电阻降到最低值，只要维持一定电弧电压即可，此时电弧电压与焊接电流大小无关。如果弧长增加，则所需的电弧电压相应增加。

4.1.3 手工电弧焊设备

手工电弧焊设备按产生电流的种类不同，可分为交流弧焊机和直流弧焊机两类。

（1）交流弧焊机　交流弧焊机是一种可将380V或220V的电源电压降到空载时的60~70V（即弧焊机的空载电压），以满足引弧的需要的特殊降压变压器，如图4-4所示。它能提供很大的焊接电流，并可根据需要进行调节，其输出电压则随焊接电流的变化而变化。输出电流可根据焊接需要从几十安到几百安调节。焊接电流调节有初调和细调两种。初调是通过改变线圈的抽头接法来实现的，细调是通过转动调节手柄来实现的。引弧时，焊条与焊件相接触形成短路，电压自动下降，短路电流不会因过大而烧毁变压器。电弧稳定燃烧时，电压自动上升到正常的工作电压值即20~40V。

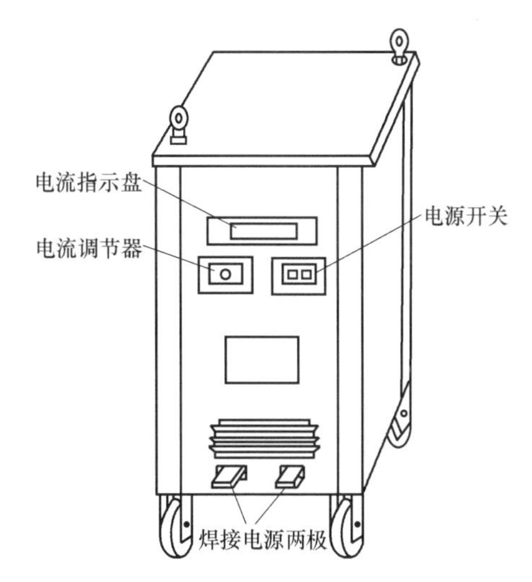

图4-4　交流弧焊机

交流弧焊机结构简单，价格便宜，工作噪声小，性能可靠，维修方便，使用非常广泛。缺点是焊接电弧不够稳定，有些种类的焊条使用受到限制。常用交流弧焊机的型号有BX1-330、BX3-500等。其中，B表示焊接变压器；X表示电源具有下降特性；1为动铁芯式（3为动圈式）；330，500表示额定焊接电流，A。

（2）直流弧焊机　整流式直流弧焊机是用整流元件将交流电变为直流电的焊接电源，如图4-5所示，其输出端有固定的正负之分。由于电流方向不随时间的变化而变化，因此电弧燃烧稳定，运行使用可靠，有利于掌握和提高焊接质量。常用的整流式直流弧焊机有ZXG-300等，其中，Z表示整流弧焊电源；X表示电源具有下降特性；G表示为硅整流式；300表示额定焊接电流，A。

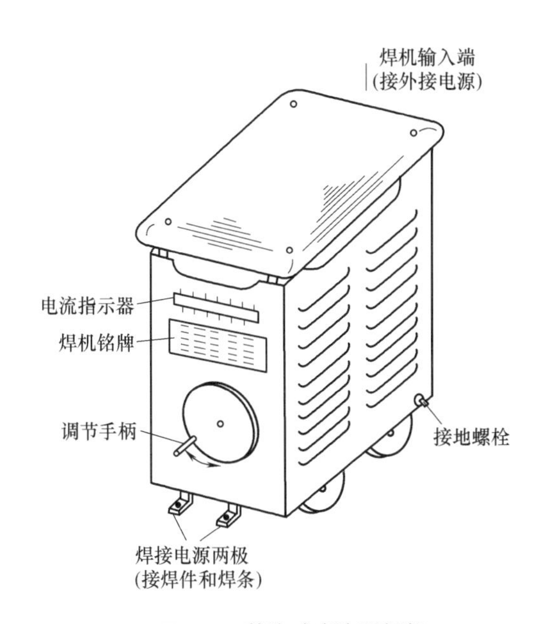

图4-5　整流式直流弧焊机

采用直流弧焊机焊接时，有正接和反接两种接线方法。正接法是将焊件接到电源的正极，焊条接到电源的负极，反接法是将焊条接到电源的正极，焊件接到电源的负极。通常采用正接法，因为正接时电弧中热量的较大部分集中在焊件上，有利于加快焊件熔化，保证足够的熔深，因而多用于焊接较厚的焊件。反接法常用于薄钢板、有色金属、不锈钢、铸铁等焊件。

4.1.4　电焊条

焊条是电弧焊的重要焊接材料（焊接时所消耗的材料统称为焊接材料），它直接影响到焊接电弧的稳定性、焊缝金属的化学成分和力学性能。焊条由焊芯及药皮两部分组成。

（1）焊芯　焊芯是焊条中被药皮包覆的金属芯。焊接时焊芯有三个作用：①作为电极传导焊接电流；②产生电弧；③作为填充材料与熔化的焊件一起形成焊缝。焊芯金属约占整个焊缝金属的 50%~70%，所以焊芯质量的好坏将直接影响焊缝的质量，因此，焊芯都是专门冶炼的，硫、磷含量极少。

（2）药皮　焊条药皮由多种矿石粉和铁合金粉配成，再与水玻璃等黏结剂通过压涂和烘干后黏涂在焊芯表面。焊条药皮在焊接过程中的主要作用是：

① 提高电弧的稳定性：使电弧容易引燃并保持稳定燃烧。

② 机械保护作用：在电弧的高温作用下产生熔渣和气体，包围和覆盖熔池，隔绝空气，防止氧化。

③ 冶金处理作用：加入合金元素，减轻熔池中杂质的不利影响，改善焊缝质量。

（3）焊条的分类及其牌号　根据化学成分焊条可分为碳钢焊条、低合金钢焊条、不锈钢焊条、堆焊焊条、铸铁焊条、铜及铜合金焊条、铝及铝合金焊条等 10 大类。其中应用最多的是碳钢焊条和低合金钢焊条。电焊条牌号为 E $\underline{\times\times}$ $\underline{\times}$ $\underline{\times}$，如 E4303，E5015，E5016 等。其中，“E”表示电焊条；前两位数字表示焊缝金属抗拉强度的最小值，kgf/mm^2；第三位数字表示焊条适用的焊接位置，如“0”及“1”表示焊条适用于全位置焊接，“2”表示焊条适用于平焊及平角焊，“4”表示焊条适用于向下立焊；第四位数字表示焊条药皮类型及采用的电流种类。如 E4303 表示焊缝金属抗拉强度不低于 43kgf/mm^2（420MPa），适于全位置焊的，钛钙型交、直流都适用的焊条。

焊条还可以根据熔渣性质分为酸性焊条和碱性焊条两大类。药皮熔渣中有较多酸性氧化物，其熔渣呈酸性的焊条则为酸性焊条，反之为碱性焊条。酸性焊条有良好的焊接工艺性，适用于交、直流弧焊机，操作性较好，电弧稳定，成本低，但焊缝韧塑性较差，只适合焊接强度等级一般的结构件。碱性焊条焊接的焊缝韧塑性好，抗冲击能力强，但操作性差，电弧不够稳定，价格较高，且对焊条烘烤要求严格，故只适合焊接重要结构件。

4.1.5　焊接接头形式和坡口形状

4.1.5.1　焊接接头形式

用焊接方法连接的接头称为焊接接头。焊缝的形式是由焊接接头的形式决定的。在手工电弧焊中，由于焊件厚度、结构形状和适用条件的不同，其焊接接头形式有对接接头、角接接头、搭接接头和 T 形接头四种，如图 4-6 所示。

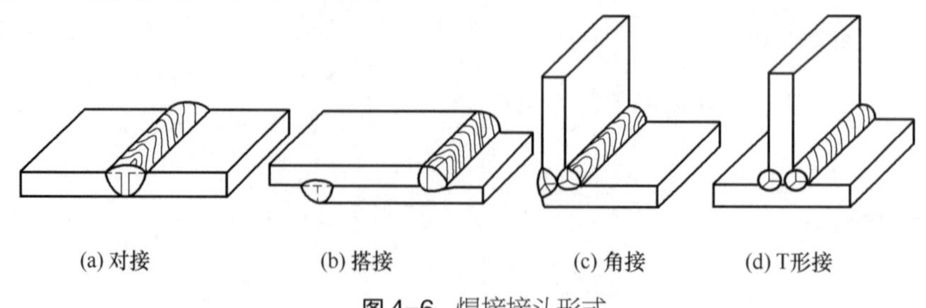

(a) 对接　(b) 搭接　(c) 角接　(d) T形接

图 4-6　焊接接头形式

4.1.5.2 对接接头的坡口形状

焊接前把两焊件间的待焊部位加工成所需的、一定的几何形状的沟槽称为坡口。坡口的作用是使焊条能伸入接头底部，保证工件能焊透，便于清除熔渣，以获得较好的焊缝成形和保证焊缝质量。坡口形式应根据焊件的结构、厚度、焊接方式、焊接位置和焊接工艺等进行选择。同时还应考虑保证焊缝能焊透、容易加工、节约焊条、焊后减少变形以及提高劳动生产率等问题。常见的对接接头的坡口形式有 I 形、Y 形、双 Y 形（X 形）、U 形、双 U 形，如图 4-7 所示。Y 形坡口加工方便；双 Y 形（X 形）坡口由于焊缝对称，焊接应力和变形小；U 形坡口容易焊透，焊件变形小，焊接锅炉、高压容器等重要的厚壁构件时常用 U 形坡口；在板厚相同的情况下，双 Y 形和双 U 形坡口的加工比较费工。当工件厚度小于 6mm 时，采用 I 形，不需要开坡口，在接缝处留有 0~2mm 的间隙即可。当工件厚度大于 6mm 时就要开坡口。

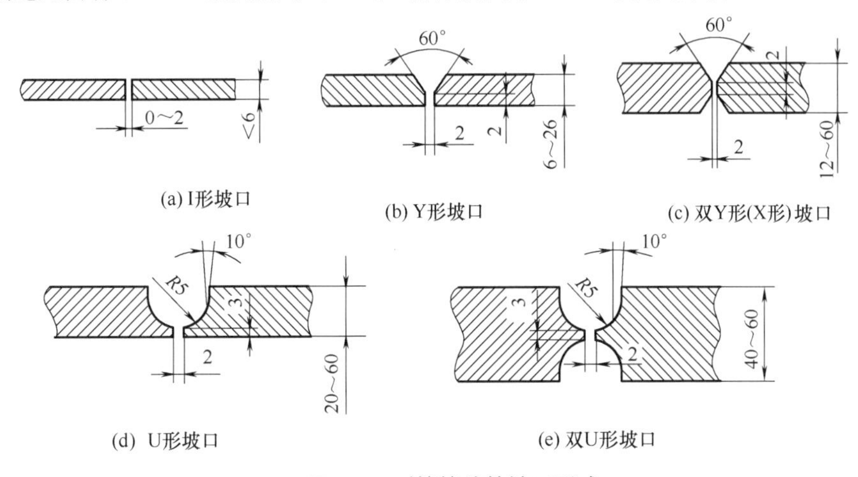

图 4-7 对接接头的坡口形式

4.1.5.3 焊缝的空间位置

按焊接时焊缝在空间所处的位置不同可分为平焊、横焊、立焊和仰焊，如图 4-8 所示。焊接结构的位置不同，焊工施焊的难度就不同，对焊接质量和生产率也有影响。平焊时，操作方便，劳动强度低，熔化的液态金属不会外流，飞溅小，易于保证焊缝质量，是最理想的操作空间位置，应尽可能地采用。立焊和横焊因熔池铁水在重力作用下有下滴的趋势，因此，操作难度大，生产率低，焊缝质量也不易保证。而仰焊位置最差，操作难度更大，不易掌握。

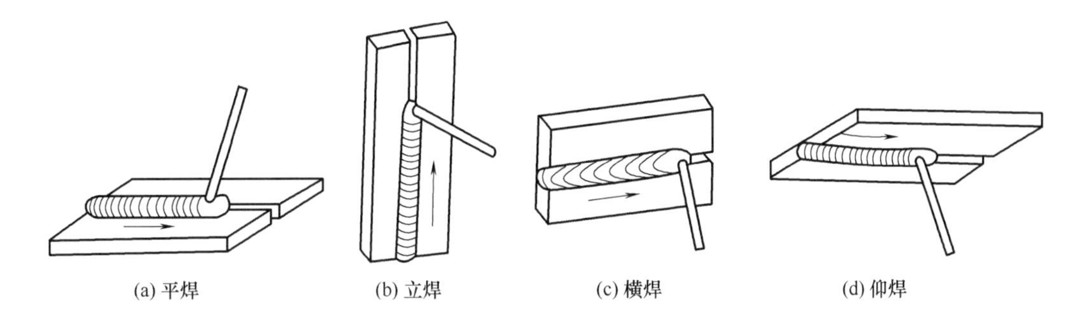

图 4-8 焊缝空间位置

4.1.5.4 手工电弧焊的工艺参数

焊接工艺参数是为了获得质量优良的焊接接头而选定的物理量的总称，主要有焊条直径、焊接电流、焊接速度、焊弧长度和焊接层数等。工艺参数选择是否合理，对焊接质量和生产率都有很大影响，其中焊接电流的选择最重要。

（1）焊条直径的选择　焊条直径主要取决于工件厚度、接头形式和焊缝在空间的位置，通常按焊件的厚度选取，如平焊低碳钢时，焊条直径的选择可参考表 4-1。

⊡ 表 4-1　焊条直径的选择

工件厚度/mm	2	3	4~5	6~12	>12
焊条直径/mm	2	3.2	3.2 或 4	4 或 5	4，5，6

（2）焊接电流的选择　确定焊接电流时，应考虑到焊条直径、工件厚度、接头形式、焊接位置和焊接层数等，其中最主要的是焊条直径。焊条直径越大，使用的焊接电流也相应越大，焊接电流的选择原则是在保证焊接质量的前提下，尽量采用较高的焊接电流，并配合较高的焊接速度，以提高生产率。焊接低碳钢时，焊接电流和焊条直径的关系可由下列经验公式确定：

$$I=(30\sim55)d$$

式中　I——焊接电流，A；

d——焊条直径，mm。

焊件厚、焊工技术水平高、野外操作，宜选大的焊接电流。在相同条件下，立焊比平焊的电流要小 10%~15%，仰焊则减少 15%~20%。

（3）焊接速度的选择　焊接速度是指单位时间所完成的焊接长度。它对焊缝质量影响也很大。焊接速度由焊工凭经验掌握，在保证焊透和焊缝质量的前提下，应尽可能提高焊接速度。焊件越薄，焊接速度应越高。

（4）焊弧长度的选择　焊弧过长，燃烧不稳定，熔深减小，空气易侵入熔池产生缺陷。焊弧长度超过焊条直径时为长弧，反之为短弧。因此，操作时应尽量采用短弧，以保证焊接质量，即弧长 $L=(0.5\sim1)d$（mm），一般多为 2~4mm。

（5）焊接层数的选择　中、厚板开坡口后，应采用多层焊。焊接层数一般以每层厚度小于 4~5mm 的原则确定。

4.1.5.5　手工电弧焊基本操作技术

手工电弧焊的基本操作技术主要包括引弧、运条和熄弧三个步骤。

（1）引弧　引弧就是将焊条与焊件接触，形成短路，然后迅速将焊条向上提起 2~4mm 的距离，使焊条和焊件之间产生稳定的电弧。引弧的方法有两种，即敲击法和划擦法，如图 4-9 所示，一般常用划擦法。

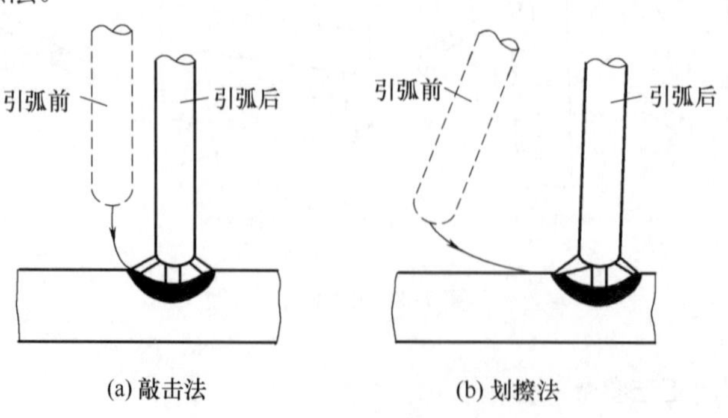

图 4-9　引弧方法

（2）运条　引弧后，首先必须掌握好焊条与工件之间的角度。焊接时，焊条应有三个基本运动，如图 4-10 所示。①焊条向下均匀送进，送进速度应等于焊条熔化速度，以保持弧长稳定。如弧长过长，则电弧会飘摆不定，引起金属飞溅或熄弧。如过短，则容易短路。②焊条沿焊接方向逐渐移动，移动速度应等于焊接速度。移动过慢，焊缝就过高、过宽，外形不整齐，甚至会烧穿焊件。移动过快，则熔化不足，焊缝过窄，甚至导致焊不透。③焊条作横向摆动，以获得适当的焊缝宽度。在实际操作中，应根据焊件厚度、接头形式和焊条直径等条件，合理选择，灵活调整三者之间的关系。

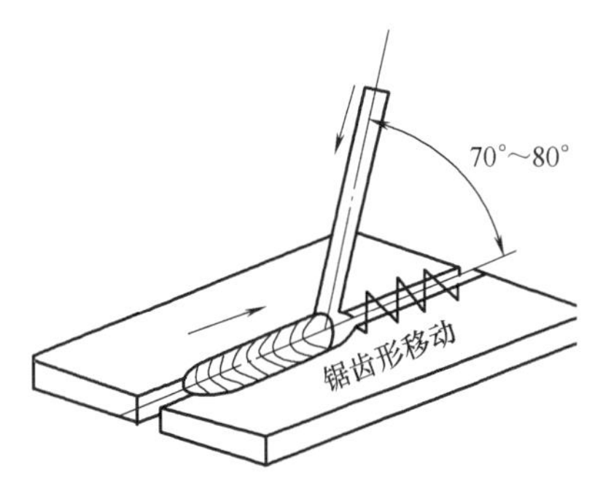

图 4-10　运条基本动作

（3）熄弧　每当一条焊缝到头时，都要收尾熄弧。熄弧时应将焊条逐渐向焊缝斜前方拉，同时逐渐提高电弧，至电弧自然熄灭。熄弧操作不好，会产生裂纹、气孔、夹渣、弧坑等缺陷。

4.2 气焊与气割

4.2.1 气焊

气焊是利用气体乙炔和助燃性气体氧气混合燃烧所产生的高温来熔化焊件（母材）和焊丝（填充材料）的一种焊接方法，如图 4-11 所示。当火焰产生的热量能熔化焊件和焊丝时，就可以用于焊接。气焊最常使用的气体是乙炔和氧气。气焊的火焰温度最高可达 3150℃左右，与手工电弧焊相比，火焰加热更容易控制熔池温度，易于实现均匀焊透和单面焊双面成形。气焊设备简单，操作灵活方便，施工场地不限，且不需要电源。但是，与电弧焊相比，气焊热源的温度较低，热量分散，加热较为缓慢，生产率低，焊件变形严重。另外，其保护效果较差，焊接接头质量不高，所以气焊主要适用于厚度在 3mm 以下的低碳钢薄板和薄壁管子的焊接以及铸铁件的焊补。对焊接质量要求不高的铝、铜及其合金，也可采用气焊进行焊接。

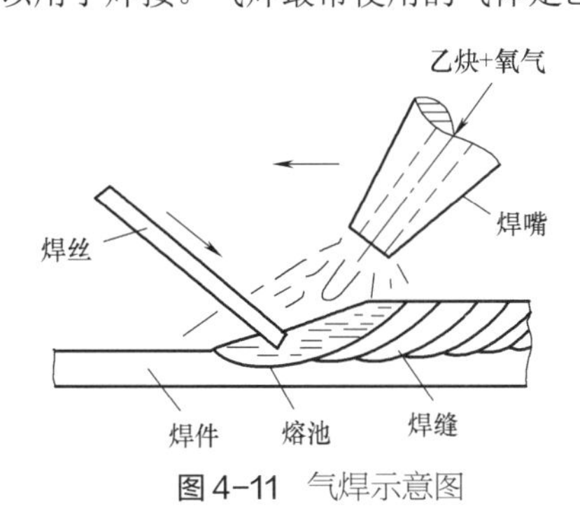

图 4-11　气焊示意图

4.2.1.1　气焊设备

气焊所用的设备主要由氧气瓶、乙炔瓶、减压器（氧气减压器、乙炔减压器）、回火保险器及焊炬等组成，如图 4-12 所示。

（1）氧气瓶　氧气瓶是用来运输和储存高压氧气的钢瓶，其容积为 40L，储存氧气压力最高达 15MPa。氧气瓶储存高压氧气，应该正确保管和使用，否则有爆炸的危险。①放置氧气瓶必须平稳可靠，不应与其他气瓶混在一起；②气焊工作地和其他火源要距氧气瓶 5m 以上；③禁止撞击瓶体，严禁沾染油脂；④夏天要防止暴晒，冬天阀门冻结时严禁火烤，应当用热水解冻。按照规定，氧气瓶外面漆成天蓝色，并用黑漆标明“氧气”字样。

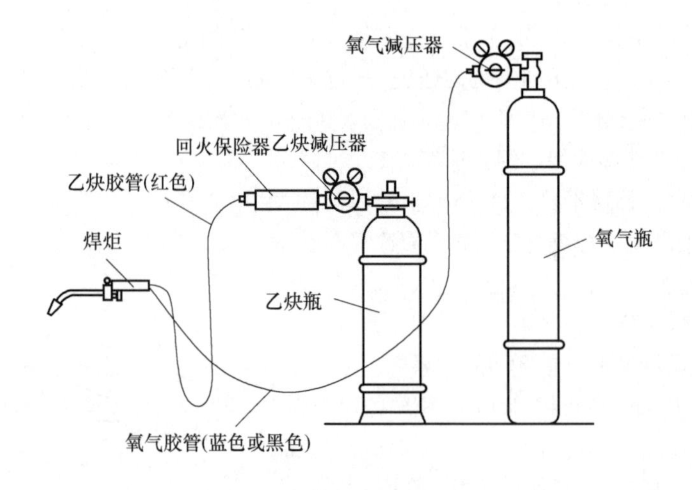

图 4-12　气焊设备及其连接

（2）乙炔瓶　乙炔瓶是储存溶解乙炔的钢瓶。钢制乙炔瓶内装有活性炭、木屑和硅藻土等多孔性填充物，用于提高安全储存压力。然后注入丙酮，充满填充物的空隙，再将乙炔灌入丙酮溶液中，这样就可使乙炔稳定而安全地储存在瓶中。乙炔瓶的工作压力为 1.5MPa，容积为 40L。乙炔瓶储存高压可燃烧气体，应该正确保管和使用，否则有爆炸的危险。①放置乙炔瓶必须平稳可靠，不应与其他气瓶混在一起；②乙炔瓶只能直立放置，严禁横躺卧放，否则内充溶剂会从瓶口流出来；③禁止撞击瓶体；④夏天要防止暴晒，冬天阀门冻结时严禁火烤，应当用热水解冻。按照规定，乙炔瓶外面漆成白色，并用红漆标明“乙炔”字样。

（3）减压器　减压器的作用是将高压气体降为焊接时所需的低压气体，并保持焊接过程中气体压力基本稳定。气焊时，供给焊炬的氧气压力通常只有 0.2~0.4MPa，乙炔压力最高不超过 0.15MPa，故减压器是不可缺少的。减压器使用时先缓慢打开氧气瓶或乙炔瓶的阀门，然后旋转减压器调节手柄到所需压力为止。停止工作时，先松开调节手柄，再关闭氧气瓶或乙炔瓶阀门。

（4）焊炬　焊炬是气焊的主要工具，其作用是使乙炔和氧气按一定比例均匀混合，通过焊嘴口喷出，燃烧并获得所需要的气焊火焰。最常用的焊炬是射吸式的，如图 4-13 所示。它是利用氧气高速喷入射吸管，使喷嘴周围形成真空，对乙炔形成了一种负压，把乙炔吸入射吸管，使之混合，点燃即成焊接火焰。在使用时，先打开氧气阀，再开乙炔阀，两种气体便可在混合管内均匀混合。控制各阀门大小，可调节氧气和乙炔的比例。一般焊炬都配有 3~5 个孔径规格不同的焊嘴，以便于焊接不同厚度的工件。

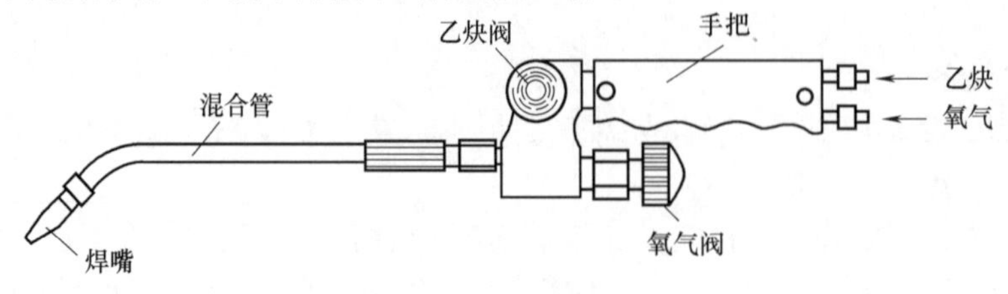

图 4-13　射吸式焊炬

4.2.1.2　气焊火焰

气焊时按氧气与乙炔的混合体积比例不同，有三种不同性质的气焊火焰：中性焰、氧化焰和碳化焰，如图 4-14 所示。

（1）中性焰　氧气与乙炔混合比例为 1~1.2 时燃烧所得的火焰为中性焰，也称正常焰。气体燃烧充分，它由焰心、内焰和外焰三部分组成，内焰温度最高，可达 3150℃，焊接时应使用内焰加热。中性焰适用于焊接低碳钢、中碳钢、合金钢、纯铜和铝合金等金属材料，是应用最为广泛的火焰。

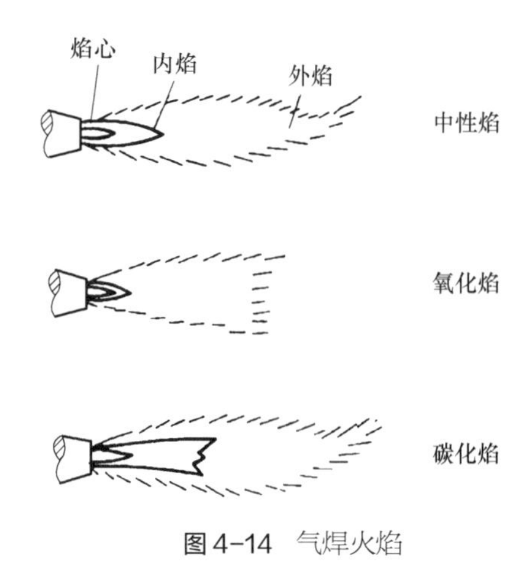

图 4-14　气焊火焰

（2）氧化焰　氧气与乙炔的混合比例大于 1.2 时燃烧所得的火焰为氧化焰。它由焰心和外焰两部分组成，氧化焰焰心呈锥形，火焰较短，火焰最高温度可达 3100~3300℃。由于火焰中含有过量的氧，故易氧化熔池金属，一般很少使用。只有在气焊黄铜时才可采用氧化焰。

（3）碳化焰　氧气与乙炔的混合比例小于 1 时燃烧所得的火焰为碳化焰。碳化焰比中性焰长，声音较弱，也由焰心、内焰和外焰三部分组成，其明显特征是内焰呈乳白色。碳化焰的最高温度为 2700~3000℃。由于氧气较少，燃烧不完全，乙炔过剩，对焊缝有增碳作用，所以只适用于焊接高碳钢、铸铁和硬质合金等。

4.2.1.3　焊丝和焊剂

焊丝作为填充金属填充焊缝，焊丝质量对焊件性能有很大影响。

焊剂的主要作用是保护熔池金属，去除焊接过程中形成的熔渣，增加液态金属的流动性。焊接低碳钢时不需要焊剂，直接依靠中性焰对熔池的保护作用，就可以获得满意的焊缝。焊剂的种类很多，根据不同金属产生不同的熔渣的性质，应该选用相应的焊剂。焊剂的主要成分有硼酸、硼砂及碳酸钠等。

4.2.1.4　气焊基本操作方法

气焊的基本操作有点火、调节火焰、焊接和熄火等几个步骤。

（1）点火　点火时，先微开氧气阀门，再打开乙炔阀门，随后点燃火焰。在点火过程中，若有放炮声或火焰点燃后即熄灭，应立即减少氧气或放掉不纯的乙炔，再点火。

（2）调节火焰　开始点燃的火焰为碳化焰，随后逐渐开大氧气阀门调节到中性焰。

（3）平焊操作　焊接时，一般是右手持焊炬，左手握焊丝，两手动作要协调相互配合，将焊丝有节奏地送入熔池熔化，焊炬和焊丝沿焊缝自右向左移动，移动速度要均匀合适，保持熔池一定大小。为了使焊件能焊透，获得良好的焊缝，焊炬和焊丝需作横向摆动，焊丝还要向熔池送进。

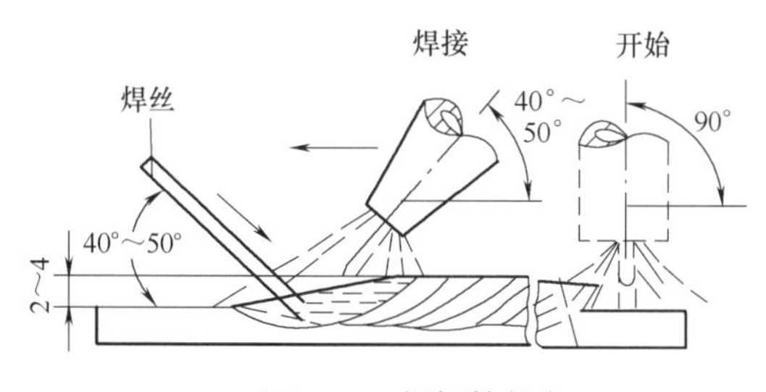

图 4-15　焊炬的角度

开始焊接时，为了尽快加热工件形成熔池，焊嘴的倾角应取大些（可达 80°~90°）；正常焊接时，焊嘴的倾角一般应保持在 40°~50°之间；焊接结束时，为了更好地填满尾部焊坑，避免烧穿，焊嘴的倾角应适当减小（可至 20°），如图 4-15 所示。

（4）熄火　焊接结束熄火时，应先关乙炔阀门再关氧气阀门，以免发生回火并能减少烟尘。

4.2.2　氧气切割

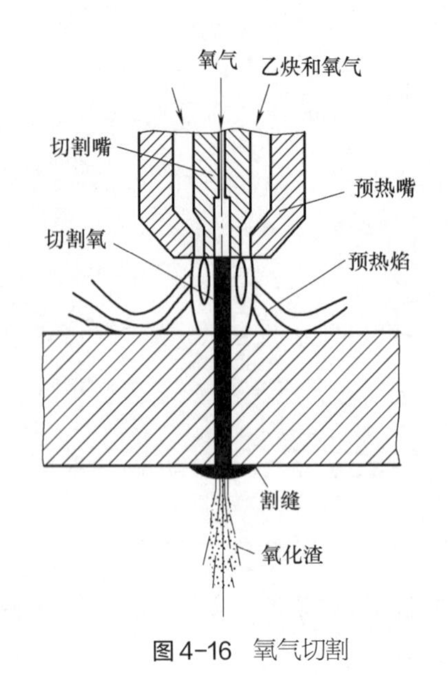

图 4-16　氧气切割

氧气切割简称气割，是根据某些金属在纯氧中燃烧的原理，利用割炬来切割金属的方法。气割时，先用氧-乙炔焰将金属预热到燃点（碳钢约为 1100~1150℃，呈黄白色），然后打开切割氧阀门送出高压纯氧，使高温金属燃烧，生成的氧化物熔渣被高压氧吹走，形成切口，如图 4-16 所示。金属燃烧时产生大量的热，又将邻近的金属预热到燃点，随着割炬移动，即可完成切割。

气割割炬与焊炬不同，除增加了输送切割氧气的管道外，割嘴结构也不一样，如图 4-17 所示。

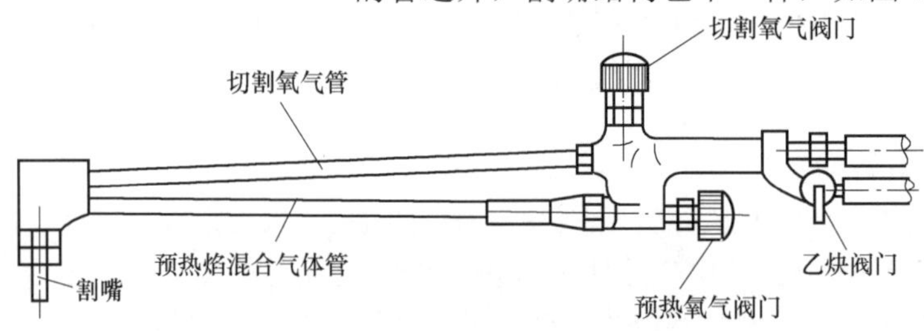

图 4-17　割炬

采用氧气切割必须满足的条件：①金属的燃点应低于熔点，这是保证切割是在燃烧过程中进行的基本条件；②燃烧所生成的金属氧化物的熔点应低于金属本身的熔点，且流动性要好，这样才能保证燃烧产物在液体状态容易被吹走；③金属在氧中燃烧时放出的热量要多，且金属本身的导热性要低。

气割只适用于切割低碳钢和中碳钢，切口较平整，能切割形状复杂和较厚的工件，操作方便，生产率较高。

4.3　其他焊接方法

4.3.1　埋弧自动焊

埋弧自动焊也称熔剂层下电弧焊。它是利用焊丝连续送进焊剂层下产生电弧自动进行焊接的一种方法。它以连续送进焊丝代替手工电弧焊的更换焊条，以颗粒状的焊剂代替焊条药皮，如图 4-18 所示。焊接时，焊接机头上的送丝滚轮将焊丝送入电弧区并保持选定的弧长，电弧在焊剂层下面燃烧，使焊丝、接头及焊剂熔化形成熔池，并在焊剂保护下形成焊缝。焊接机带着焊丝均匀地沿坡口移动，或焊接机机头不动，焊件匀速运动以完成焊接过程。埋弧自动焊的焊丝输送与电弧移动均由专门机构控制完成。

埋弧自动焊具有生产效率高、焊缝质量高、劳动条件好及操作容易等优点。埋弧自动焊适用于中、厚板（6~60mm）的焊接，可焊接碳素钢、低合金钢、不锈钢、耐热钢和紫铜等。埋弧自动焊只适于平焊位置的对接和角接的平直长焊缝，或较大直径的环缝平焊；不能焊接空间位置与不规则焊缝。埋弧自动焊在造船、化工容器、桥梁及冶金、机械制造中应用最为广泛。

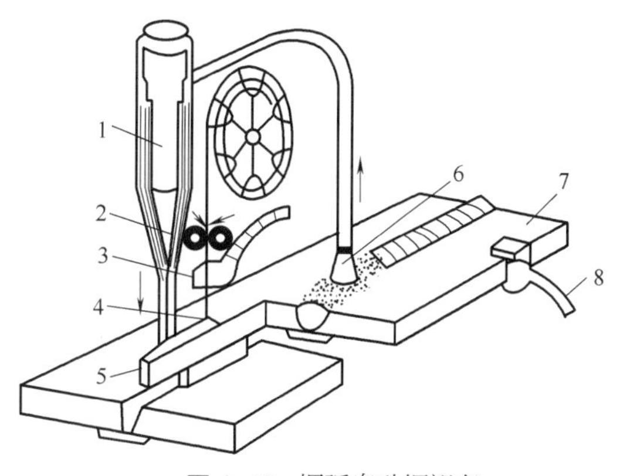

图 4-18　埋弧自动焊设备

1—焊剂斗；2—送丝滚轮；3—导电嘴；4—焊丝；5—焊剂；6—焊剂回收器；7—焊件；8—电缆

4.3.2　气体保护焊

焊条电弧焊是以熔渣保护焊接区域的，由于熔渣中含有氧化物，因此在焊接易氧化的金属（如铝及其合金、高合金钢等材料）时，不易得到优质接头。这时就可以用气体保护焊。气体保护焊利用氢、氩、二氧化碳等气体从喷嘴中以一定的速度喷出，将焊区与周围空气隔开，避免空气对焊缝金属的侵蚀，以获得优良性能的焊缝。常见的有氩弧焊和二氧化碳气体保护焊。

（1）氩弧焊　氩弧焊是以氩气作为保护气体的电弧焊。氩气是惰性气体，它既不与金属起化学反应，也不溶于金属，焊接时包围着电弧和熔池，因而电弧燃烧稳定。其按电极结构不同，可分为非熔化极氩弧焊和熔化极氩弧焊，如图 4-19 所示。前者采用钨棒作为一个电极，另加填充焊丝。焊接时，钨极不熔化，只起导电与产生电弧的作用，适于焊接厚度小于 6mm 的工件；后者采用连续送进的金属焊丝作为一个电极。熔化极氩弧焊的特点是熔深、熔敷速度快、劳动生产率高，电弧热量集中，焊接变形小，可用于焊接中、厚板。

氩弧焊热量集中，工件变形小，焊缝致密，表面无熔渣，成形美观，焊缝质量较高，适合焊接所有钢材、有色金属及其合金。但氩气制备费用高，焊接设备较复杂，目前主要用于铝、镁、钛和稀有金属材料以及合金钢的焊接。

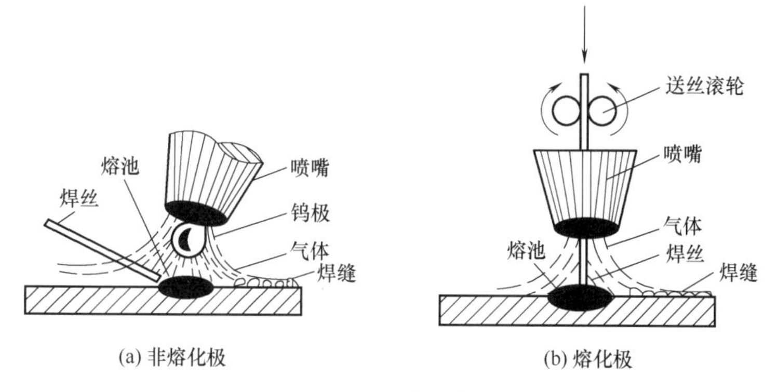

(a) 非熔化极　　(b) 熔化极

图 4-19　氩弧焊

（2）二氧化碳气体保护焊　二氧化碳气体保护焊是以二氧化碳作为保护气体的电弧焊。利

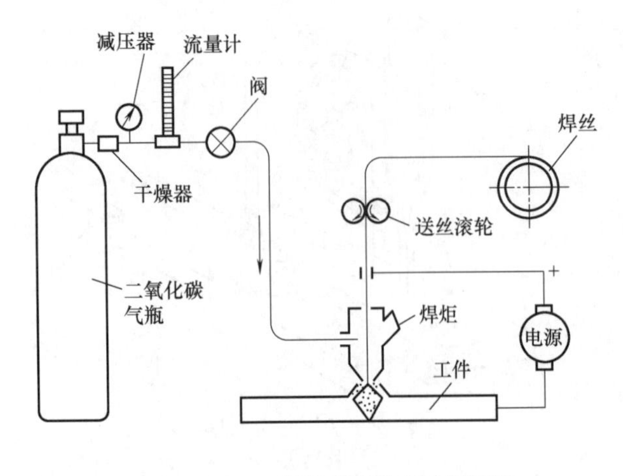

图4-20　二氧化碳气体保护焊装置

用焊丝作电极，靠焊丝和焊件之间产生的电弧熔化焊件与焊丝形成熔池，熔池凝固后成为焊缝。

二氧化碳气体保护焊装置如图4-20所示。它主要由电源、焊炬、送丝滚轮、供气系统和控制电路等部分组成。焊丝由送丝滚轮送出，二氧化碳气体以一定压力和流量从焊炬喷嘴喷出。当引燃电弧后，焊丝末端、电弧及熔池均被二氧化碳气体所包围，以防止空气的侵入而起到保护作用。

二氧化碳气体保护焊的优点：焊接电弧集中，加热速度快，变形小，接头质量高，而且焊接工艺简单，生产率高，成本低，适应性强。其既可焊接低碳钢和低合金钢，也可焊接高合金钢，特别适合薄板的焊接。

4.3.3　电阻焊

电阻焊是利用电流通过接头的接触面及邻近区域所产生的电阻热将接头接触面局部加热到塑性状态或熔融状态，同时加压而完成焊接过程的一种方法。焊接时不需外加焊接材料和焊药。电阻焊按工艺特点可分为点焊、缝焊和对焊三种，如图4-21所示。电阻焊的操作简单，焊接质量高，生产率高，成本低，易实现焊接过程的机械化和自动化；但电阻焊耗电量大，设备较复杂，投资大，适用的接头形式和焊件厚度或断面受到限制。

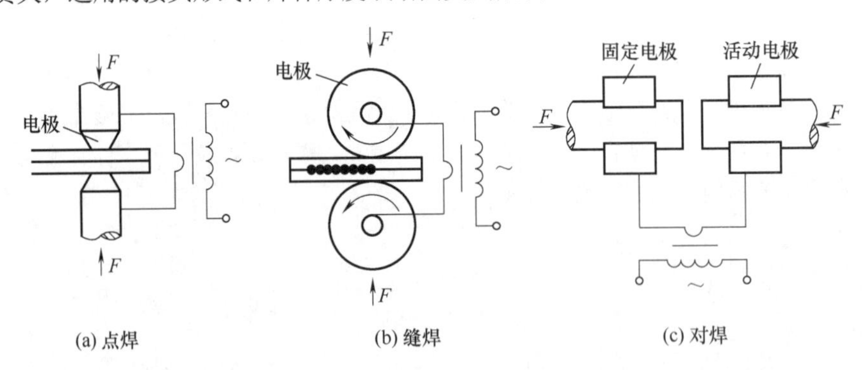

图4-21　电阻焊

4.3.3.1　点焊

点焊是将焊件搭接并压紧在两个柱状电极之间，然后接通电流，利用电阻热熔化焊件金属，形成焊点的电阻焊方法。焊接时，电流通过在电极压力下接触在一起的焊件产生电阻热，使该处形成熔核，同时熔核周围的金属也被加热产生塑性变形，形成一个塑性环，以防止周围气体对熔核的侵入和熔化金属流失。在断电后，在压力下凝固结晶，形成一个组织致密的焊点。

点焊时熔化金属不与外界空气接触，焊点缺陷少，强度高，焊件表面光滑，变形小，适用于焊接薄壁件以及厚度小于 6mm 薄板冲压件搭接，目前广泛用于汽车、火车、飞机、电器等制造业。

4.3.3.2 缝焊

缝焊过程与点焊相似，只是用盘状滚动电极代替了柱状电极。焊接时，转动的盘状电极压紧并带动焊件向前移动，配合断续通电，即形成连续重叠的焊点。焊接的重叠焊点则形成连续焊缝，其密封性好，但缝焊所需焊接电流较大。主要用于焊接厚度为 3mm 以下的要求密封性高的薄壁结构，如油箱、小型容器与管道等。

4.3.3.3 对焊

按焊接过程的不同，对焊可分为电阻对焊和闪光对焊两种，如图 4-22 所示。

（1）电阻对焊　将焊件装配成对接接头，施加预压力，使其端面压紧，再通电，利用电阻热加热至塑性状态，然后断电，同时施加较大的压力，使焊件断面产生塑性变形，形成牢固的接头，这种焊接方法叫作电阻对焊。电阻对焊操作简单，接头质量较好，但焊接前对焊件断面的清洁要求较高。电阻对焊一般用于焊接直径小于 20mm 和强度要求不高的焊件。

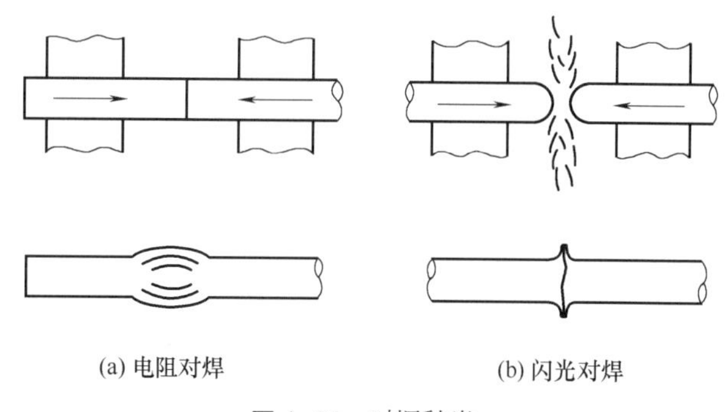

图 4-22　对焊种类

（2）闪光对焊　闪光对焊是在焊件未接触之前先接通电源，然后逐渐移动焊件使之相互接触，利用电阻热不断熔化焊件并施压，完成焊接的方法。由于端面不够平整，首先只有几个点接触，电流从少数接触点流过时，电流密度大，接触点被迅速地加热到熔化以至气化状态，在电磁力的作用下发生爆炸，火花向四周溅射，产生闪光现象，继续移动焊件，新接触点的闪光过程连续产生，这样逐步使焊件的整个端面被加热到熔化时，迅速加压、断电，再继续加压，就能焊件成功。

闪光对焊对焊件端面的要求不高，在焊接过程中，焊件端面的杂质和氧化物会随着火花带出或液态金属挤出，接头质量高，并且适用于焊接异种材料，应用比较普遍，但金属损耗较多。

4.3.4 钎焊

钎焊是利用熔点比焊件低的填充金属（称为钎料）熔化后填充到焊件的焊缝中，并使之连接起来的一种焊接方法。其特点是熔化的钎料填充焊缝，焊件只需加热到高温而不熔化，焊件的金属组织及力学性能变化不大，焊接应力和变形小，容易保证焊件的形状和尺寸精度，接头光整，生产率高，不仅适用于同种金属的焊接，也适用于异种金属的焊接。按所用钎料的熔点不同，钎焊可分为软钎焊和硬钎焊两类。

（1）软钎焊　钎料熔点低于 450℃以下的钎焊称为软钎焊。常用锡铅合金作钎料（锡焊），用松香、氯化锌溶液等作钎剂。软钎焊接头强度一般不超过 70MPa，主要用于受力不大或工作温度较低的焊件。其广泛应用于受力不大的仪表、导电元件与线路的焊接。软钎焊可用烙铁、喷灯和炉子加热，也可把焊件直接侵入已熔化的钎料中。

（2）硬钎焊　钎料熔点大于450℃的钎焊称为硬钎焊。常见的硬钎焊有银焊和铜焊，常用的钎料是银基钎料和铜基钎料，钎剂是硼砂、硼酸和硼矿混合物等。银焊的接头强度可达500MPa，主要用于焊接铜波导、工艺品等。铜焊的接头强度较高，工作温度较高、受力较大焊件一般用铜焊。

4.4 焊接缺陷与质量检验

4.4.1 焊接缺陷

一个合格的焊件应当是无缺陷的，力学性能合格，焊缝有足够的熔深、合适的宽度与余高，焊缝与母材的表面过渡平滑，弧坑饱满。但在实际焊接生产中，有时会产生焊接缺陷，影响焊件的质量，必须修补或校正。常见的焊接缺陷有未焊透、焊瘤、烧穿、夹渣、气孔、裂纹和咬边等，如表4-2所示。裂纹和烧穿在任何情况下都是不被允许的。

表4-2　常见焊接缺陷及其产生的原因

缺陷名称	简图	特征	产生的主要原因
未焊透	未焊透	焊件与熔敷金属在根部或尾间未全部焊合	1.电流太小，焊接速度太快 2.坡口角度尺寸不对
焊瘤	焊瘤	熔化金属流淌到焊缝之外未熔化的母材上形成的金属瘤	1.焊条熔化太快 2.电弧过长 3.运条不正确 4.焊速太慢
烧穿	烧穿	焊缝某处有自上至下表面不平整的通洞	1.电流过大，间隙过大 2.焊速过慢，电弧在焊缝处停留时间过长
夹渣	夹渣	焊缝内部或多层焊间有非金属夹渣	1.坡口角度过小 2.焊条质量不好 3.除锈清渣不彻底
气孔	气孔	焊缝的表面或内部有大小不等的孔	1.焊条受潮生锈，药皮变质、剥落 2.焊缝未彻底清理干净 3.焊速太快，冷却太快
裂纹	裂纹	在焊缝或近缝区的焊件表面或内部产生横向或纵向的裂缝	1.选材不当，预热、缓冷不当 2.焊接顺序不当 3.结构不合理，焊缝过于集中
咬边	咬边	在焊缝两侧与母材交界处产生的沟槽或凹陷	1.焊接电流过大 2.焊接速度太快 3.运条方法不当

4.4.2 焊接质量检验

焊接质量检验是焊接生产过程中的重要环节，通过对焊接质量的检验，发现焊接缺陷，及时采取措施，确保焊接产品的可靠性。常用的检验方法有以下几种。

（1）外观检验　外观检验主要是用肉眼或低倍放大镜（5~20 倍）检验焊缝外形及尺寸是否符合要求，焊缝表面是否有裂纹、气孔、咬边、焊瘤等各种外部缺陷。

（2）致密性检验　用于储存气体或液体的压力容器或管道，如锅炉、储气球罐、蒸汽管道等，焊后都要进行焊缝致密性检验，主要有水压检验、气压检验和煤油检验。

（3）无损检验　用专门的仪器检验焊缝内部或浅表层的缺陷，主要有磁粉检验、渗透检验、射线检验、超声波检验等。其中，射线检验和超声波检验是发现焊缝内部缺陷的有效手段。超声波可以检验任何焊件材料、任何部位的缺陷，而且能较灵敏地发现缺陷位置，但对缺陷的性质、形状和大小较难确定，所以超声波检验常与 X 射线检验配合使用。

除上述检验方法外，对于某些重要的焊件，还要进行化学成分、金相组织、力学性能等方面的取样检验。

4.5 铁艺

铁艺是用钢铁及其他材料制作的具有实用性和观赏价值的产品的总称，被誉为“铁与火的艺术”，有 2000 多年的历史。铁艺作为建筑装饰艺术，出现在 17 世纪初期的巴洛克建筑风格盛行时期，有着古朴、典雅、粗犷的艺术风格。

传统的铁艺主要用于建筑、家居、园林的装饰，近年来，随着装饰艺术和装饰材料的不断更新，各种艺术形式的装饰风格不断涌现，铁艺艺术被注以新的内容和生命，被广泛应用在建筑外部装饰、室内装饰、家具装饰及环境装饰之中，在现代装饰中占有一席之地。

4.5.1 铁艺制品的种类

（1）按照加工方法分类

① 扁铁铁艺：以扁铁为主要材料，以冷弯曲为主要工艺，手工操作或用手动工具操作，端头修饰很少。

② 铸造铁艺：以灰口铸铁为主要材料，以铸造为主要工艺，花形多样、装饰性强。

③ 锻造铁艺：以低碳钢型材为主要原材料，以表面扎花、机械弯曲、模锻为主要工艺，以手工锻造辅助加工。

④ 铁丝铁艺：以铁丝为主要材料，以手工弯曲成形为主要工艺，以焊接为主要加工方式，操作灵活，种类多，艺术性强。

锻造铁艺制品与铸造铁艺制品相比较有以下优点。

① 力学性能好。锻造件组织致密，强度高，韧性好，质量较轻，便于运输、安装、使用。用以制造大门、围栏、扶梯、家具等各种物品，更加安全、可靠、适用。

② 工艺适应性强。锻造制品易于焊接、酸洗、镀锌及喷塑等表面处理，因而可以制造出各

种各样的形状，制品表面光洁、美观及耐腐蚀。

③ 生产灵活性大。锻造铁艺制品不受生产场地及设备的限制，可采用较为现代的设备，也可用自制的简易设备，甚至手工操作，生产规模灵活多变。

（2）按铁艺的用途分类

① 室内外建筑装饰类：主要包括门、窗、围栏、扶手、楼梯、壁饰等室内外建筑装饰配套制品，如图 4-23 所示。

② 家具摆设类：各种茶几、床、柜、卫浴、灯具、支架、物架等，并与玻璃、木材、石材、布艺等相组合，如图 4-24 所示。

图 4-23 铁艺门

图 4-24 铁艺床

③ 家居日用装饰品类：有镜子、相框、烛台、隔断、花篮、挂件、摆件等各种室内陈设，主要以观赏为目的，如图 4-25 所示。

④ 五金丝网类：保温网、宠物笼、窗纱、防护网、烧烤网等。

⑤ 铁艺配件类：各种铁艺毛坯材料、半成品及配件，如压花的材料、花叶、矛头、接头、标准弧、安装配件等，如图 4-26 所示。

图 4-25 铁艺工艺品

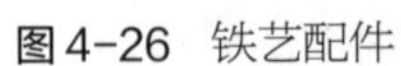

图 4-26 铁艺配件

4.5.2 铁艺制作工艺

在各式各类的铁艺制品中既有安全防护产品，又有用于装饰美化环境的艺术产品。铁艺制作综合了锻造、轧制、焊接、表面处理等工艺特点，是一种富含艺术性的制作技术。因此，在铁艺制作过程中，不仅要体现产品的美观及艺术性，还要注重产品的牢固、耐用性。

铁艺制作工艺一般包括：图形设计、放样、下料、零件制作、组装、表面处理等工序。

（1）图形设计　根据产品的艺术特点、使用功能、材质要求、形状要求、表面效果要求等构思方案，绘制草图，修改完善确定无误后再出三维效果图或 CAD 图。

（2）放样　将设计好的产品图形按照 1∶1 的比例在工作台上描画产品的各个部件，并对不符合工艺要求的细节做相应调整。

（3）下料　在放样图上测量尺寸，罗列用料清单并以此下料。一般采用剪切、锯割、砂轮切割等方法下棒料，采用剪切、冲压、气割等方法下板料。

（4）零件制作　根据零件的种类及其材料要求不同，将采用不同的方法进行制作。扁铁铁艺大批量生产时，先制备各类零件的标准件，调校完善后，再制作胎具模具，方可进行大规模生产；铸铁铁艺用于制作铁艺构件和花饰配件；锻造铁艺可以锻打或扭曲出各种花叶的纹理、枝蔓、曲线等零件，立体效果好；由于铁丝易于成形，可以制作较为复杂的结构，故结构复杂的产品多用铁丝铁艺完成。

制作铁艺的主要设备和工具有空气锤、折弯机、切割机、弯管机、台钳、铁砧等。

（5）组装　按照设计图样将加工好的各类铁艺零件进行焊接组装，并检查外观质量，还需对产品进行整体调平和校直处理，使之达到设计所需的整体效果。

（6）表面处理　对组装后的半成品进行除锈、打磨、抛光等一系列表面处理，确保其表面无焊渣、焊疤、灰尘、油污、毛刺、水和泥沙等污垢后，再根据设计要求进行手工彩绘或喷镀，或喷涂油漆，赋予铁艺产品最终的艺术形貌。

4.5.3 铁艺产品质量的基本要求

① 根据不同产品的特点，允许制作尺寸与设计图纸尺寸有±1%的偏差。

② 化形比例要协调，排列间距要均匀合理。

③ 焊接要美观、牢固，焊缝要平整，不能有假焊。

④ 产品表面要打磨光滑，不得有毛刺。

⑤ 产品整体保证平、直、正、顺，弧形光滑圆顺，化形自然流畅。

⑥ 在批量生产时，先制备各类零件的标准件，调校完善后，再制作胎具模具，最后方可进行大规模生产。

4.6 焊接实训

4.6.1 焊接实训内容与要求

焊接实训内容与要求如表 4-3 所示。

⊡ 表4-3 焊接实训内容与要求

序号	内容	要求
1	基本知识	1.了解焊接的特点、焊接方法及其在机械制造中的作用和地位 2.了解手工电弧焊焊机的种类及其应用，了解焊条的各组成部分及其作用、焊条的牌号 3.了解焊接电弧的基础知识，了解手工电弧焊工艺参数的选择 4.掌握焊接接头形式和对接接头坡口形式 5.熟悉气割、气焊设备，掌握气焊火焰的基本特性 6.了解其他焊接方法 7.了解常见的焊接缺陷 8.掌握焊接的安全操作技术规程和设备的维护保养知识
2	基本技能	1.熟练掌握手工电弧焊的基本操作（包括设备的使用，引弧、运条和熄弧） 2.熟练掌握气焊的基本操作 3.按照图纸和要求，独立操作完成工件的焊接

4.6.2 焊接安全操作规程

（1）手工电弧焊

① 正确着装，实训操作前检查防护面罩是否完好；

② 中断实训操作或休息时，不得将焊钳放在金属工作台上，防止焊钳与焊件之间产生短路而烧坏弧焊机；

③ 实训操作中发现弧焊机有漏电或异常情况时，应立即切断电源并报告老师；

④ 除去焊渣时注意敲击方向，以防焊渣飞出伤人；

⑤ 不得用手直接拿刚焊好的工件，应用铁钳夹持；

⑥ 操作结束后，应关掉弧焊机，切断电源，收拾工具，清理场地。

（2）气焊

① 正确着装，戴好防护墨镜；

② 乙炔瓶有爆炸的危险，严禁敲击或撞击，附近严禁烟火；

③ 操作时，不要让火焰喷射到身上和胶皮气管上；

④ 点火时，焊嘴不得对着人，应先打开氧气开关再打开乙炔开关；

⑤ 操作中，出现异常现象（如焊嘴有爆炸声或突然熄火等）应迅速关闭乙炔，再关闭氧气，切断气源并报告老师；

⑥ 操作结束后，应切断气源，收拾工具，清理场地。

4.6.3 焊接操作训练

（1）手工电弧焊　两块钢板平焊如图4-27所示，其焊接操作流程如表4-4所示。

⊡ 表4-4 平焊操作流程

材料	45	毛坯种类	钢板	毛坯尺寸	100mm×40mm×4mm
序号	操作流程	说明			设备、工具
1	焊前准备（领取焊条、原材料和焊接工具）				平锉、小榔头、面罩
2	清理焊台，接通电源，打开弧焊机	电流已调整到位，不需再调节			XB6-250-1 面罩
3	摆放好原材料，在两端各施一处点焊，进行位置固定，去除焊渣	用敲击法进行引弧			XB6-250-1、面罩、小榔头、焊钳

续表

序号	操作流程	说明	设备、工具
4	从一端开始焊接，直至结束，去除焊渣 翻面进行相同的焊接	用敲击法进行引弧。引弧后注意焊条与焊件之间的角度。同时注意运条的三个基本动作：焊条向下匀速送进；焊条沿焊缝方向匀速移动；焊条作横向摆动	XB6-250-1、面罩、小榔头、焊钳
5	关闭焊机，切断电源，打磨焊件，清理场地		平锉、小榔头

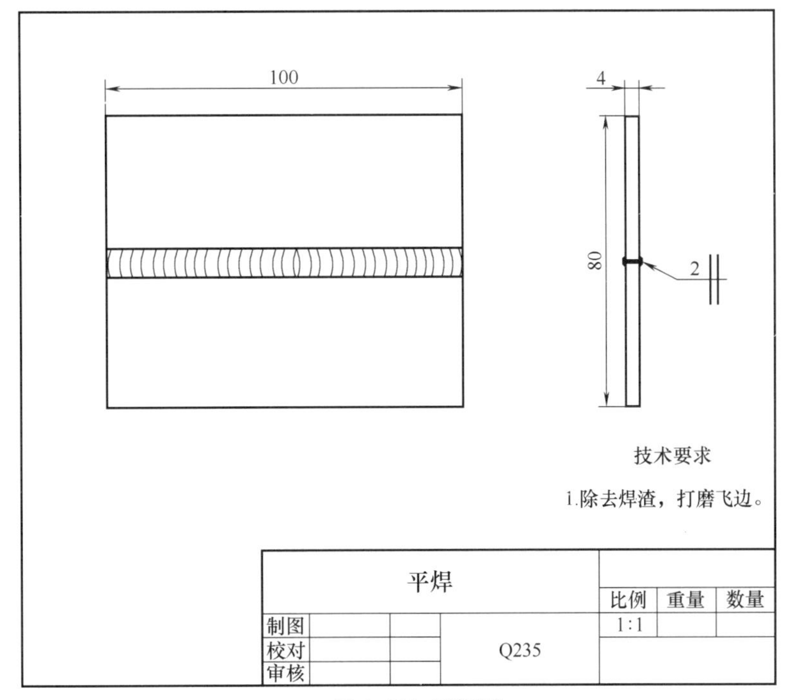

图4-27 平焊图

（2）气焊 气焊操作流程如表4-5所示。

⊡ 表4-5 气焊操作流程

材料	45	毛坯种类	钢板	毛坯尺寸	100mm×40mm×4mm
加工顺序	操作流程	说明			设备、工具
1	焊前准备（领取原材料、工具）				平锉、小榔头、防护眼镜
2	清理焊台，放置好原材料				
3	点火	点火时，先微开氧气阀门，再打开乙炔阀门，随后点燃火焰。在点火过程中，若有放炮声或火焰点燃后即熄灭，应立即减少氧气或放掉不纯的乙炔，再点火			氧气瓶、乙炔瓶、减压器、回火保险器、焊炬、防护眼镜
4	调节火焰	开始点燃的火焰为碳化焰，随后逐渐开大氧气阀门调节到中性焰			氧气瓶、乙炔瓶、减压器、回火保险器、焊炬、防护眼镜
5	焊接（先在两端各施一处点焊，进行位置固定，去除焊渣，再进行焊接）	一手持焊炬，一手握焊丝，动作要协调。注意三个基本动作：焊丝有节奏地送入，焊炬和焊丝沿焊缝自右向左匀速移动，焊炬和焊丝作横向摆动。 注意开始焊接、正常焊接和焊接结束时焊嘴的倾角			氧气瓶、乙炔瓶、减压器、回火保险器、焊炬、小榔头、防护眼镜
6	熄火	焊接结束熄火时，应先关乙炔阀门再关氧气阀门，以免发生回火并能减少烟尘			氧气瓶、乙炔瓶、减压器、回火保险器、焊炬、防护眼镜
7	切断气源，打磨焊件，清理场地				平锉、小榔头

第5章 切削加工基本知识

5.1 概述

切削加工是利用刀具从工件表面去除多余的材料，以获得所需要的形状、尺寸、位置精度和表面粗糙度零件的加工过程。

切削加工分为钳工和机械加工两类，钳工是由工人手持工具对机械零件进行加工，而机械加工是由工人操作机床完成零件的加工。其中机械加工的主要方式有车削、镗削、铣削、刨削、钻削、磨削等，相应的机床有车床、镗床、铣床、刨床、钻床和磨床等。切削加工一般是在常温下进行的，不需要加热，通常称之为冷加工。

在机械制造中，除少数零件采用精密铸造、精密锻造或粉末冶金等无屑加工方法直接获得外，绝大部分零件都需经过切削加工才能保证其精度。切削加工劳动量在机械制造所占的比例很大，因此，掌握切削加工这一过程的基本规律，对于正确地指导和实施生产，实现优质、高效、低耗有着十分重要的意义。

5.1.1 切削运动

机械零件的结构和形状千差万别，但其轮廓都是由一些单一的几何表面按一定的位置关系组合构成的，这些几何表面主要有平面、内（外）圆柱面、内（外）圆锥面、球面及各种曲面（常称成形面）等。这些表面是靠刀具的切削刃与工件相对运动时去除材料得到的，因此，切削加工的实质就是让刀具与工件产生相对运动，即切削运动。如图 5-1 所示，车外圆时，通过车刀相对旋转的工件移动，去除材料，从而获得外圆面；钻孔时，钻头旋转并钻入工件获得内圆柱面，即孔。

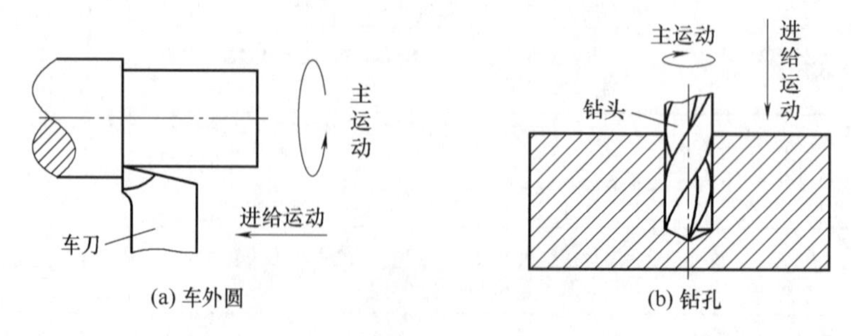

图 5-1　车外圆和钻孔的切削运动形式

在切削过程中，机床提供了成形零件表面所需的切削运动，可分为主运动和进给运动。

（1）主运动　主运动是切下切屑所需的最基本的运动。它使刀具切削刃及其邻近的刀具表面切入工件材料，使被切削层成为切屑。其特点通常是运动速度最高、消耗的动力最大。任何切削过程，主运动必须存在，但只能有一个，它可以是旋转运动，也可以是直线移动，主运动可以由工件完成，也可以由刀具完成，例如在图 5-1 中，车外圆的主运动是工件的旋转运动，钻孔时的主运动是钻头的旋转运动。

（2）进给运动　进给运动是配合主运动使多余材料不断地投入切削，以加工出完整表面所需的运动。其特点通常是速度较低、动力消耗较小。进给运动可以有一个也可以有多个，可以连续也可以断续。如图 5-1 所示，车外圆时车刀的移动即为进给运动，钻孔时进给运动是钻头沿轴线的竖直移动。

主运动和进给运动可以由工件和刀具分别完成，也可以由刀具独立完成，如图 5-1 所示。

5.1.2　切削加工中的工件表面

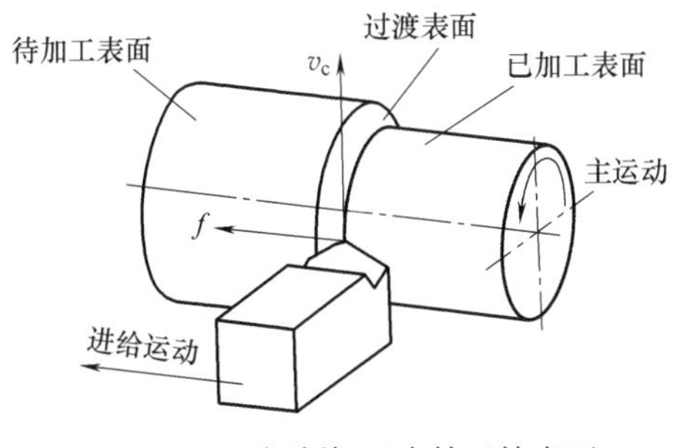

图 5-2　切削加工中的工件表面

在切削过程中，工件上存在三个不断变化的表面，如图 5-2 所示。

（1）待加工表面　工件上即将被切除材料的表面，随着切削过程的进行，该表面将逐渐减小，直至全部切去。

（2）已加工表面　工件上切除材料后产生的新表面，随着切削过程的进行，该表面将逐渐扩大。

（3）过渡表面　刀具切削刃正在切削材料产生切屑的工件表面，该表面总是处在待加工和已加工表面之间。

5.1.3　切削用量

切削用量是切削速度、进给量和切削深度三者的总称，也称为切削用量三要素。切削用量是切削加工技术中十分重要的工艺参数。

（1）切削速度 v_c　切削速度 v_c 是指单位时间内，刀刃上选定点相对于工件沿主运动方向的位移，单位为 m/min 或 m/s，如图 5-2 中的 v_c。刀刃上各点的切削速度可能是不同的。

当主运动为旋转运动时，其切削速度为

$$v_c = \frac{\pi dn}{1000 \times 60} \quad (\text{m/s})$$

式中　d——工件切削表面的最大直径，mm；

　　　n——主运动速度，r/min。

当主运动是往复直线运动时，切削速度取其往复行程的平均速度：

$$v_c = \frac{2Ln_r}{1000 \times 60} \quad (\text{m/s})$$

式中　L——刀具或工件作往复直线运动的行程长度，mm；

n_r——主运动每分钟往复次数，Str/min。

（2）进给量f（或进给速度v_f）　进给量f是指在主运动的一个工作循环内（每转或每往复一次），工件与刀具在进给运动方向上的相对位移，单位是mm/r或mm/Str，如图5-3所示。进给速度v_f是指单位时间内，刀刃上选定点相对于工件沿进给运动方向的位移，单位是mm/s。在实际生产中，进给量也称为走刀量。

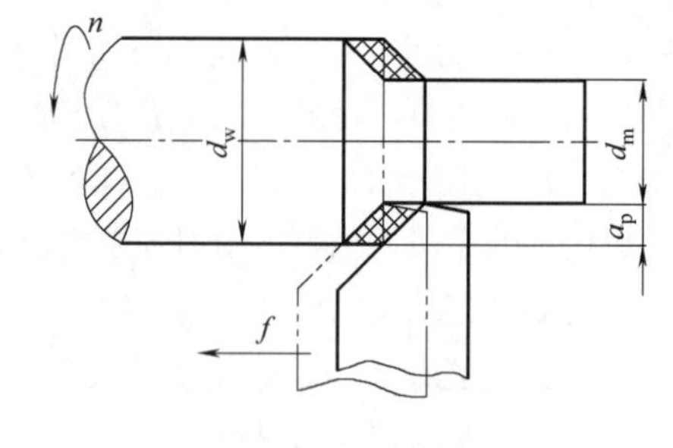

图5-3　切削用量

进给速度v_f与进给量f之间有如下关系：

$$v_f = f\frac{n}{60} \quad \text{(mm/s)}$$

式中　n——主运动速度（旋转运动），或为n_r（往复直线移动）。

（3）切削深度a_p　切削深度是指在通过切削刃基点并垂直于工作平面的方向上测量的吃刀量，在一般情况下，也就是工件上已加工表面和待加工表面之间的垂直距离，单位为mm，如图5-3所示。

车削加工时切削深度又称为背吃刀量，计算如下：

$$a_p = \frac{d_w - d_m}{2} \quad \text{(mm)}$$

式中　d_w——待加工表面直径，mm；

d_m——已加工表面直径，mm。

（4）选择切削用量的原则　切削用量对于保证加工质量、提高刀具切削效率、保证刀具耐用度和降低加工成本有重要的影响。在机床、刀具和工件等条件一定的情况下，确定切削用量三要素的最佳组合，即在保持刀具合理耐用度的前提下，使v_c、f和a_p三者的乘积最大，以获得最高的生产率。

选择切削用量的原则是：首先选择尽可能大的切削深度a_p；其次根据机床动力和刚性限制条件或已加工表面的粗糙度要求，选取尽可能大的进给量f；最后根据刀具耐用度要求确定合适的切削速度v_c。对于不同的加工性质，在选择切削用量时考虑的侧重点也有所不同。粗加工时，为提高生产效率，首先应选择大的a_p，尽量使粗加工余量一次切削完，其次选择大的f，最后为了保证刀具耐用度，选取合适的v_c（一般较低）；精加工时，在保证加工精度和表面质量的前提下，要兼顾刀具耐用度和生产率要求，通常选用较小的a_p和f，而尽可能地要选择较高的v_c。

5.2　切削加工零件的质量要求

任何机器都是由许多零件装配而成的，为了保证机器装配后的精度，在零件加工过程中，必须提出相应的质量要求，它一般包括加工精度、表面质量、零件的材料及热处理和表面处理要求等。这些要求均要在机械零件图中进行标注和说明，其中加工精度和表面质量要求是由切削加工来保证的。

5.2.1 零件的加工精度

加工精度是指加工后零件的尺寸、形状和表面间相互位置等几何参数与理想几何参数相符合的程度。实际几何参数与理想几何参数的偏离称为加工误差。在保证零件使用要求的前提下，对加工误差规定一个范围，称为公差。零件的加工精度是尺寸精度、形状精度和位置精度的总称。

（1）尺寸精度　尺寸精度是指零件的实际尺寸相对于理想尺寸的准确程度。它包括表面本身的尺寸（如外圆的直径）精度和表面间的尺寸精度（如孔的中心距）。尺寸精度用尺寸公差等级或相应的公差值来表示。尺寸公差分为 20 级，即从 IT01、IT0、IT1 至 IT18，其中 IT 表示标准公差，数字表示公差等级，从 IT01~IT18，精度等级依次降低，公差值依次增大。

（2）形状精度　形状精度是指零件上的线、面要素的实际形状相对于理想形状的准确程度。形状精度用形状公差来控制，常用的有直线度、平面度、圆度和圆柱度等。

（3）位置精度　位置精度是指零件上被测要素（线和面）相对于基准之间位置精确的程度。位置精度由位置公差来进行控制，常用的有平行度、垂直度和同轴度等。

形状公差和位置公差统称为形位公差，表 5-1 所示是国家标准规定的形位公差项目及符号，表 5-2 所示是常用形位公差标注举例。

表 5-1　形位公差项目及符号

分类	项目	符号	分类		项目	符号
形状公差	直线度	—	位置公差	定位	垂直度	⊥
	平面度	▱			倾斜度	∠
	圆度	○		定向	同轴度	◎
	圆柱度	⌭			对称度	⌯
	线轮廓度	⌒		定向	位置度	⌖
	面轮廓度	⌓		跳动	圆跳动	↗
位置公差　定位	平行度	//			全跳动	⌰

表 5-2　常用形位公差标注举例

形状公差		位置公差	
项目与符号	标注举例	项目与符号	标注举例
直线度 —	φ6H8　— 0.02 φ6H8 圆柱面上任意母线的直线度公差为 0.02	平行度 //	// 0.02 A A 平面对基准平面 A 的平行度公差为 0.02
平面度 ▱	▱ □100:0.01 被测平面上任意 100×100 的正方形区域上的平面度公差为 0.01	垂直度 ⊥	⊥ 0.02 A φ6 A 被测端面对基准轴线A的垂直度公差为0.02

续表

形状公差		位置公差	
项目与符号	标注举例	项目与符号	标注举例
圆度 ○	φ10H7 ○ 0.005 φ10H7 孔轮廓表面的圆度公差为 0.05	同轴度 ◎	◎ φ0.02 A B A B 被测圆柱面的轴线对基准 A、B 公共轴线的同轴度公差为 φ0.02

5.2.2 零件的表面质量

零件的表面质量是指零件表面的粗糙度、波动度、表面层冷作硬化程度等，生产中最常用的是表面粗糙度。切削加工的零件表面都不是绝对光滑的，即使看起来光滑，经放大镜观察，其表面总存在凹凸不平的波峰波谷。这种微观几何不平度称为表面粗糙度。

表面粗糙度对机械零件的使用性能和寿命影响很大，特别对在高温、高速和高压条件下工作的零件影响更大。国家标准规定了表面粗糙度的多种评定参数，最常用的是采用轮廓算术平均偏差值 *Ra* 来表示，单位为 μm，其值越大，表面越粗糙，常用表示符号有三种，如表 5-3 所示。

表 5-3　常用表面粗糙度符号及含义

符号	含义
（去除材料符号）	用去除材料的方法获得的表面，如车削、铣削、磨削等形成的表面等
（不去除材料符号）	用不去除材料的方法获得的表面，如铸造、锻造形成的表面
√	用任何方法获得的表面

5.3 切削加工工艺方案

切削加工工艺是指根据图纸的精度和表面质量要求，将毛坯（原材料或半成品）通过一定的加工顺序加工成零件的方法或过程。在进行零件加工前，工程技术人员要根据技术上先进、经济上合理，及劳动条件安全、良好的原则制定切削加工的工艺方案，其具体步骤简述如下。

5.3.1 零件加工工艺分析

首先，检查零件图的完整性和正确性。通过零件图详细分析零件的结构、形状、尺寸、精度要求及表面质量要求；通过标题栏了解零件的材质和加工数量；通过技术要求了解热处理及其他质量要求。然后，初步考虑加工该零件所用的设备和加工方法。

5.3.2 选择毛坯

毛坯的选择对工艺、成本、设备、工时和零件本身的使用性能有直接影响。毛坯的形状、尺寸越接近成品，切削加工余量就越少，从而可以提高材料的利用率和生产效率，然而这样往往会使毛坯制造困难。因此，要正确选择毛坯，可根据以下几个方面进行考虑。

① 毛坯的材质必须满足零件的使用要求。

② 根据零件的形状、尺寸选择毛坯。例如，一般用途的阶梯轴，如各段直径相差不大，可选用圆棒料（型材）；直径较大的阶梯轴应选用锻件；形状复杂的零件应考虑选用铸造毛坯；尺寸大的零件考虑选用焊接件、自由锻件或砂型铸件，而尺寸较小的零件则考虑选用模锻件、熔模铸件等。

③ 根据零件的生产数量考虑毛坯生产的经济性。大量生产的零件应选择精度和生产率高的毛坯制造方法，用于毛坯制造的昂贵费用可由材料消耗的减少和机械加工费用的降低来补偿。而单件小批生产时应选择精度和生产率较低的毛坯制造方法。

④ 要结合现有的生产条件选择毛坯，要考虑现有制造水平、设备条件及外协加工的可能性。

5.3.3 确定定位基准

定位基准是切削加工中工件定位的依据。它的合理选择对保证加工精度、安排加工顺序和提高生产率有着重要的影响。定位基准有粗基准和精基准两类。粗基准以毛坯表面作为定位基准，而精基准则以加工过的表面作为定位基准。对粗、精基准的选择应符合相应的原则，在实际应用中可能会出现相互冲突的情况，这时应根据生产的具体情况进行分析。

5.3.4 拟定零件切削加工工艺路线

拟定工艺路线就是把加工零件所需的各个工序按顺序排列出来。它主要包括选择加工方法，安排加工顺序，选择机床及夹具、量具、刃具等。其间要以产品质量、生产率和经济性三方面的要求为出发点，经综合分析，科学地制订出最佳工艺路线。

其中安排加工顺序应该符合以下原则。

① 基准先行。作为精基准的表面应首先安排加工，因为后面的加工要以它来定位，如轴类零件的中心孔、箱体类零件的底面等。

② 先粗后精。粗、精加工分阶段进行，可以保证零件加工质量，提高生产效率和经济效益。

③ 先主后次。主要表面的粗加工和半精加工一般安排在次要表面加工之前，其他次要表面如非工作表面、键槽、螺钉孔等可穿插在主要表面加工工序之间或稍后进行，但应安排在主要

表面最后精加工或光整加工之前，以防止加工过程中损坏已加工的高精度表面。

④ 工序的集中与分散。二者各有优缺点，应根据生产批量大小、零件的结构特点及现有的设备情况等进行综合考虑。

⑤ 适当安排热处理工序。为保证良好的切削性，粗加工前可安排退火或正火；调质一般安排在粗加工后，半精加工之前；淬火、回火一般为最终热处理，其后安排磨削加工。

⑥ 检验工序。常安排在粗加工之后；主要工序前后；转移工件前以及全部加工结束之后。

⑦ 其他工序，如表面处理、镀铬等安排在全部加工之后；去毛刺、清洗等可安排在工序间穿插进行。

对每一种零件的加工一般可以拟订出几种加工方案，每一方案所经过的工序都有差别，它们都能达到零件图上规定的各种技术要求，但其生产成本却不相同。因此，必须根据生产类型、零件材质，以及待加工表面的精度和表面粗糙度要求，并结合具体情况来确定合适的工艺方案，力求经济高效。

5.3.5 编制工艺文件

工艺路线确定后，还应确定各工序的加工余量、工序尺寸及其公差、切削用量，确定主要工序的技术条件或绘制工序简图，估算时间定额等，并以图表（或文字）的形式写成工艺文件。工艺文件是组织生产和现场管理的重要技术文件。

5.4 切削刀具材料及切削液

刀具是直接实现切削过程的重要器件，其性能直接影响切削加工的质量和效率。影响刀具性能最主要的因素是刀具切削部分的材料、几何形状和结构尺寸。对于某一特定的切削加工，合理地选取刀具材料是很重要的。

5.4.1 刀具材料应具备的性能

在切削过程中，刀具的切削部分在很高的切削温度下工作，连续经受着强烈的摩擦，并承受很大的切削力和冲击力，因此，刀具材料必须具备以下基本性能。

（1）高硬度和高耐磨性　刀具材料需具备高的硬度才能切入工件，其硬度必须大于工件材料的硬度，一般为工件材料的2~4倍。耐磨性是材料抵抗磨损的能力。通常刀具材料的硬度越高，其耐磨性也越好。

（2）足够的强度和韧性　刀具材料要有足够的强度和韧性，是为了在切削过程中承受切削力、冲击和振动，防止刀具崩刃和脆性断裂。

（3）高耐热性　耐热性是指刀具材料在高温下保持硬度、耐磨性、强度和韧性的性能，又称为热稳定性。耐热性越高，刀具的切削性能越好，允许的切削速度也越高，抵抗切削刃塑性变形的能力也越强。它是衡量刀具材料切削性能的主要指标。

（4）良好的工艺性　刀具材料应具备良好的工艺性能，如锻造性能、切削性能、磨削性能、焊接性能及热处理性能等，以便于刀具本身的制造和刃磨。

此外，刀具材料还应该考虑其经济性，尽可能选择资源丰富、价格低廉的品种。目前还没有一种刀具材料能全面满足上述要求，因此应该了解常用刀具材料的性能和特点，再根据工件材料的性能和切削要求，选用合适的刀具材料。

5.4.2 常用刀具材料的种类、性能及应用

目前，常用的刀具材料可分为三大类：工具钢类（碳素工具钢、低合金工具钢、高速工具钢）、硬质合金类和新型刀具材料（如陶瓷、金刚石、立方氮化硼等）。

5.4.2.1 碳素工具钢和低合金工具钢

碳素工具钢和低合金工具钢耐热性较差，切削性能较差，仅用于制作手工锯条、锉刀等手动工具，以及丝锥、板牙、铰刀等。

5.4.2.2 高速工具钢

高速工具钢是一种含有较多钨（W）、钼（Mo）、铬（Cr）、钒（V）等合金元素的高合金工具钢，它允许的切削速度比碳素工具钢和低合金工具钢高 1~3 倍，故称为高速工具钢，又称锋钢或白钢。高速工具钢具有较高的硬度和耐热性，在切削温度达到 540~650℃时，仍能进行切削。其强度、韧性和工艺性均较好，能锻造，在钻头、丝锥、成形刀具、铣刀、拉刀等复杂刀具和小型刀具制造中占有重要地位。

高速工具钢刀具容易磨出锋利的切削刃，被广泛用于有色金属等低硬度、低强度工件的切削加工。但高速工具钢的硬度、耐磨性和耐热性不及硬质合金，只适用于制造中、低速切削的各种刀具，例如，应用最为广泛的牌号是 W18Cr4V 和 W6Mo5Cr4V2 的两种高速工具钢，是切削大部分结构钢和铸铁的基本刀具材料， 其切削速度一般不高于 40~60m/min。

5.4.2.3 硬质合金

硬质合金是由高硬度、高沸点的金属碳化物（WC、TiC、TaC、NbC 等）和金属黏结剂（Co、Mo、Ni）等经粉末冶金制成的。其硬度、耐热性和耐磨性均高于高速工具钢，允许的切削速度可达 100~300m/min，耐用度也比高速工具钢高很多，目前大部分的车刀已采用硬质合金来制造，但它的抗弯强度和冲击韧性比高速工具钢低，工艺性也不如高速工具钢好，故很少用来制造整体式的刀具，一般制成各种形状的刀片，以钎焊或机械夹固在刀体上使用。常用的硬质合金有钨钴类（YG）和钨钛钴（YT）两类。

（1）YG 类　其主要成分是 WC 和 Co。这类硬质合金的抗弯强度较高，韧性较好，热导率高，容易磨出锐利的刃口，适用于加工短切屑的黑色金属、有色金属和非金属材料，如铸铁、青铜等脆性材料，以及不锈钢、高温合金等难加工材料，还有耐磨的绝缘材料、纤维层压材料等。但是其耐热性和耐磨性较差，在切削钢材时易产生黏结而使刀具寿命缩短，故一般不用于普通钢材的加工。

YG 类硬质合金常用牌号有 YG3、YG6、YG8，其中 G 后的数字表示 Co 的百分含量，含 Co 量越多，硬度和耐热性越低，韧性越好。因此，YG8 适于粗加工，YG6 适于半精加工，YG3 适于精加工。

（2）YT类　其主要成分是WC、TiC和Co。YT类硬质合金的硬度、耐热性、耐磨性，抗氧化、抗黏结、抗扩散性能均比YG类硬质合金高，但抗弯强度较低，适用于加工长切屑的黑色金属，如钢、铸钢等塑性材料。但在低速切削钢材时，切削过程不平稳，因韧性差而易崩刃，刀具寿命反而没有YG类长，同时，由于它和Ti元素之间亲和力强，会产生严重的黏结现象，加快刀具磨损，因而不宜加工钛不锈钢和钛合金。

YT类硬质合金常用牌号有YT5、YT15、YT30等，其中T后的数字表示TiC的百分含量，TiC含量越高，其硬度、耐热性、耐磨性和抗氧化能力越好，而强度和韧性越差。因此，YT30适于精加工，YT15适于半精加工，YT5适于粗加工。

5.4.2.4　涂层刀具材料

涂层刀具材料是指通过化学或物理方法，在韧性较好的硬质合金或高速工具钢的基体表面，涂覆一薄层（几微米）耐磨性极高的难熔金属（或非金属）化合物，使刀具既有高硬度、高耐磨性的表面，又有韧性的基体，故可大大提高耐用度。涂层硬质合金刀片的耐用度可提高1~3倍，而涂层高速工具钢刀具的耐用度则可提高2~10倍。国内常用的涂层硬质合金刀片牌号有CN、CA、YB等系列。

5.4.2.5　陶瓷材料

陶瓷刀具是以Al_2O_3和Si_3N_4为主要成分，经压制成形后烧结而成的。其硬度和耐磨性很高，超过了硬质合金，寿命比硬质合金长几倍乃至几十倍，它还有很高的耐热性和化学稳定性，摩擦系数小，抗黏结和抗扩散磨损能力强，加工表面光洁，广泛用于高速切削，但陶瓷刀具的最大缺点是脆性大，抗弯曲强度和冲击韧性低，切削时容易崩刃，因此，主要用于半精加工和精加工高硬度、高强度和冷硬铸铁材料。

5.4.2.6　金刚石

金刚石具有极高的硬度和耐磨性，是目前已知最硬的材料。金刚石刀具可以用于加工硬质合金、陶瓷、高硅铝合金、玻璃等高硬度、高耐磨材料，刀具耐用度比硬质合金提高了几倍到几十倍。金刚石的切削刃非常锋利，刃部粗糙度很低，摩擦系数又小，故加工表面质量很高。金刚石的主要缺点是耐热性差，切削温度不宜超过700~800℃，而且强度低，脆性大，对振动敏感，只宜微量切削，另外，金刚石与铁有很强的化学亲和力，故不适合加工黑色金属。金刚石主要用作磨具和磨料，用作刀具时多用于高速超精加工有色金属及其合金，也可加工非金属材料。

5.4.2.7　立方氮化硼

立方氮化硼（CBN）是由软的六方氮化硼在高温高压下加入催化剂转变而成的又一种高硬度材料，其硬度仅次于金刚石，但它的耐热性和化学稳定性都大大高于金刚石，能耐1200~1300℃的高温，其最大优点是与铁族金属亲和力小，抗黏结能力强，与钢的摩擦系数小，因此，特别适用于加工高温合金和高硬度的钢材，也适用于非铁族难加工材料。

刀具材料主要根据工件材料、刀具形状和类型及加工要求等进行选择，加工一般材料时，大量使用的仍然是高速工具钢和硬质合金，只有难加工材料或精密加工时才考虑选用其他材料。

5.4.3　切削液

在金属切削过程中，切屑、工件和刀具的摩擦会产生大量的切削热，使刀具磨损增加，致使加工表面的质量降低。因此要控制金属的切削热及刀具、工件的温升。除了合理选择刀具、切削工艺参数以外，最直接的措施是利用各种冷却介质，通过浇注、高压冲洗或喷雾冷却的方式作用于切削区域，迅速带走刀具和工件上的热量，降低切削温度。为此，切削过程中常常使用切削液。切削液具有冷却、润滑、清洗和防锈作用，它可以改善摩擦状态和散热条件，减少切削力和切削热，减少刀具和切屑的黏结等加工时的不利因素，提高刀具耐用度和生产率，保证加工质量。

生产中常用的切削液有以下三类。

（1）水溶液　水溶液以水为主要成分，在其中加入防锈剂和乳化剂，其冷却性能好，润滑性差，呈透明状，便于操作者观察。

（2）乳化液　乳化液是由矿物油、乳化剂及其他添加剂配制的乳化油和95%~98%的水稀释而成的乳白色切削液。其冷却性能好，并有一定的润滑性能，清洗作用也好，但防锈性能差。

（3）切削油　切削油是各种矿物油（如机械油、轻柴油、煤油等）、动植物油（如豆油、猪油等）和加入油性、极压添加剂配制的混合油。其润滑性好，但冷却性能差，主要用来减少刀具的磨损和降低工件的表面粗糙度。

切削液的使用效果除取决于其性能外，还与刀具材料、加工要求、工件材料、加工方法等因素有关，因此，应综合考虑，合理选用。另外，切削液是金属切削加工业的主要污染源，这些有害液体的大量排放，会污染自然环境与水源。因此，不使用或少使用切削液的加工技术越来越被重视，目前，流行的方法有高速干式切削、半干式切削和低温冷风切削等。

5.5 常用量具

在切削加工过程中，要严格确保加工的零件达到图纸要求的尺寸精度和表面粗糙度，就必须采用量具进行测量。在实际生产中，由于零件多样，精度要求各异，用到的量具种类也有很多。本节仅介绍几种常用的量具。

5.5.1 钢直尺

钢直尺是最简单的长度量具，常称为钢板尺，其长度有150mm、300mm、500mm和1000mm四种规格。图5-4所示是常用的150mm钢直尺。

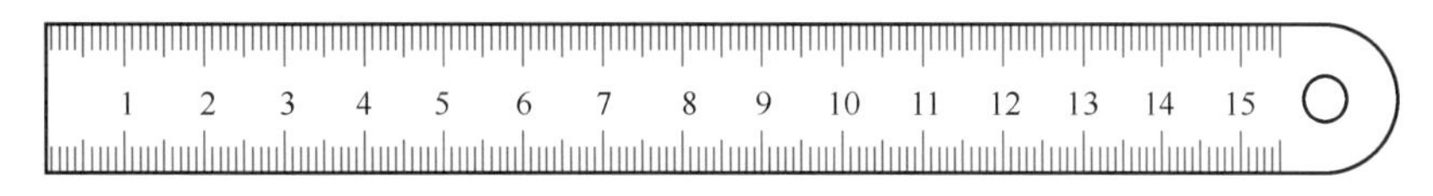

图5-4 150mm钢直尺

钢直尺主要用于测量工件长度尺寸或用于钳工划线，如图5-5所示。钢直尺最小读数为1mm，即只能读取毫米整数，当读取比1mm小的数值时，只能估读。这是因为钢直尺刻线本身的宽度就有0.1~0.2mm，故测量误差较大。如果用钢直尺直接去测量零件的直径尺寸，其测量精度将更差，其原因除了钢直尺本身的读数误差较大以外，还因为钢直尺无法正好放在零件的直径位置上。

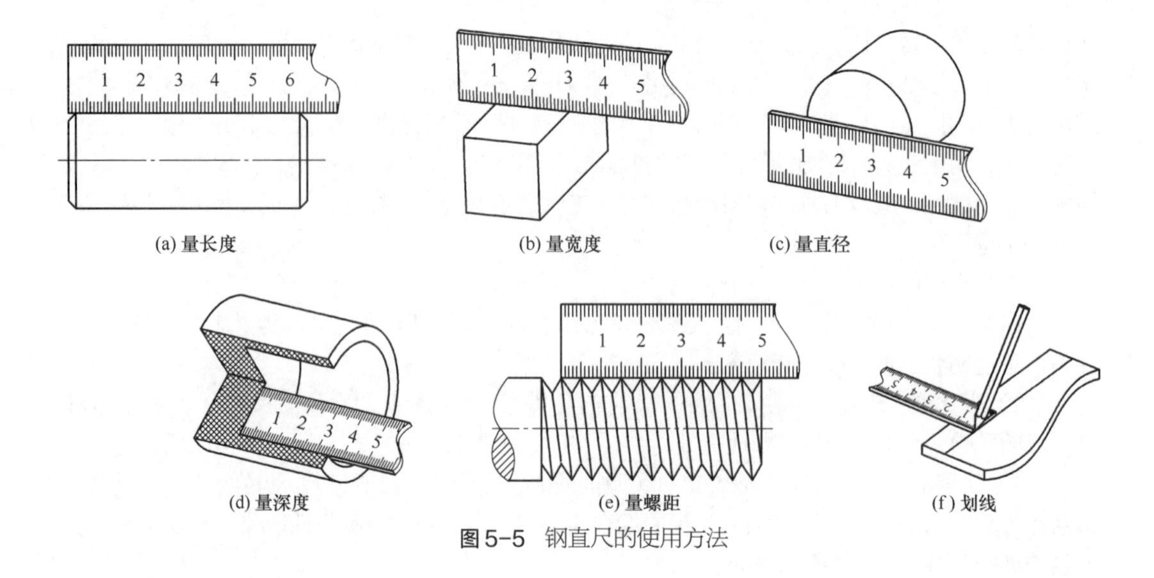

图5-5 钢直尺的使用方法

5.5.2 游标卡尺

游标卡尺（简称卡尺）是一种常用的量具，具有结构简单、使用方便、精度中等和测量的尺寸范围大等特点，可以用它来测量零件的外径、内径、长度、宽度、厚度、深度和孔距等，应用范围很广。常用的游标卡尺的测量范围有0~125mm、0~150mm、0~200mm、0~300mm、0~500mm等多种规格，其测量精度有0.10mm、0.05mm和0.02mm三种。

如图5-6所示为测量范围是0~150mm、测量精度为0.02mm的一种常用游标卡尺结构，主要由具有固定测量爪的主尺、具有活动测量爪的副尺（游标），以及装在主尺背后凹槽内、可随副尺一起移动的测深杆（深度尺）构成。外表面测量爪的前端一般制成刀刃形，后端为平面。

读取游标卡尺数值时，先在副尺零线以左的主尺上读出最大整数，然后由副尺零线以右与主尺刻线对齐的刻线数乘上游标卡尺测量精度值，计算出小数，把读出的整数和小数相加即为测量的尺寸。如图5-7所示，游标卡尺测量精度为0.02mm，其副尺零线以左的主尺最大整数刻度为24，副尺上第32条刻线与主尺刻线对齐，故其测量值为24.64mm。

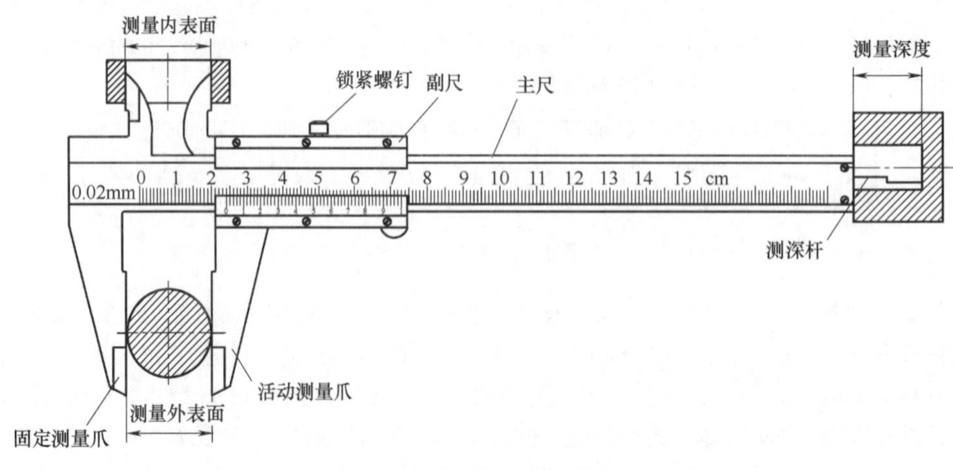

图5-6 0~150mm规格游标卡尺的结构和测量尺寸类型

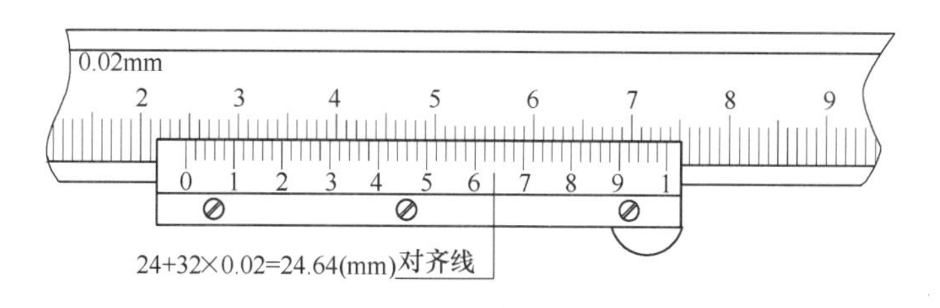

图 5-7　0.02mm 精度游标卡尺读数实例

在实际生产中常常直接从副尺上读取尺寸的小数部分，而不需要通过上述的计算，为此，将副尺的刻线次序数乘其精度所得的数值（为小数的十分位），标记在副尺上，读数时，如果对齐线是标记有数值的刻度线，则小数的十分位即是该刻度值，小数百分位为 0；若对齐线上没有标记数值，则只需要观察对齐线左侧第一个标记有数值的刻度线的值，此为小数的十分位，再观察对齐线距该数值线有多少格，再将此格数乘上精度值，即为百分位数值。如图 5-7 所示，其最大整数刻度 24 直接从主尺上读得，对齐线以左第一个标记刻度为 6，对齐线距刻度线 6 相距 2 格，则百分位数值是 4，故该测量值是 24.64mm。采用此方法读取数值较为方便、准确。

在使用游标卡尺测量零件尺寸时，为了获得正确的测量结果，必须注意以下几个要点。

① 测量前先擦净卡尺，校对零位。检查卡尺的两个测量面和测量刃口是否平直无损，把两个量爪紧密贴合时，应无明显的间隙，同时游标和主尺的零位刻线要相互对准。

② 移动副尺时，活动要自如，不应有过松或过紧现象，更不能有晃动现象。用锁紧螺钉固定副尺时，卡尺的读数不应有所改变。

③ 测量零件尺寸时，要使量爪能自由地卡进工件，先把零件贴靠在固定量爪上，然后移动副尺，用轻微的压力使活动量爪接触零件，然后读取数值。决不可把卡尺的两个量爪用力卡到零件上，这样会使量爪变形，或使测量面过早磨损，使卡尺失去应有的精度。另外，卡尺两测量面的连线应垂直于被测表面，不能歪斜，如果量爪放在错误位置上，将使测量结果不准确。如图 5-8（a）、（b）所示，由于量爪倾斜，造成测量结果变大或变小；如图 5-8（c）、（d）所示，当测量圆弧形沟槽尺寸时，应当用刃口形量爪进行测量，不应当用平面形测量刃进行测量。

④ 读数时，应把卡尺水平地拿着，朝着亮光的方向，使人的视线尽可能和卡尺的刻线表面垂直，以免由于视线的歪斜造成读数误差。为了获得正确的测量结果，可以多测量几次，即在零件的同一截面上的不同方向进行测量。对于较长零件，则应当在全长的各个部位进行测量，以获得一个比较正确的测量结果。

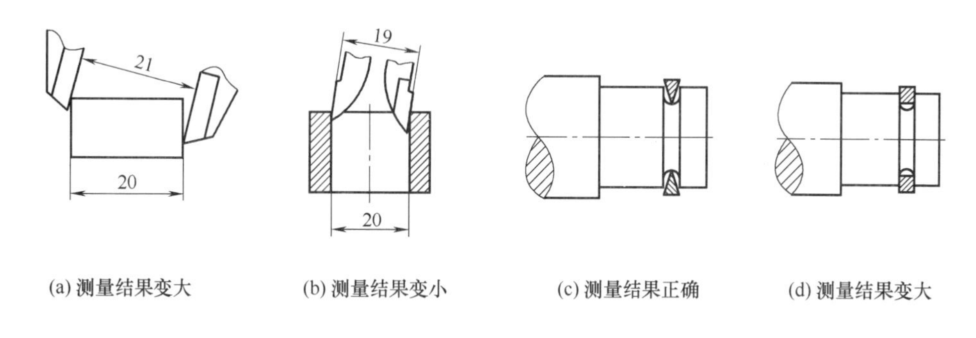

图 5-8　测量爪放置位置对测量结果的影响

⑤ 不得用卡尺测量表面粗糙和正在运动的工件，也不得用卡尺测量高温工件，否则会使卡尺受热变形，影响测量。

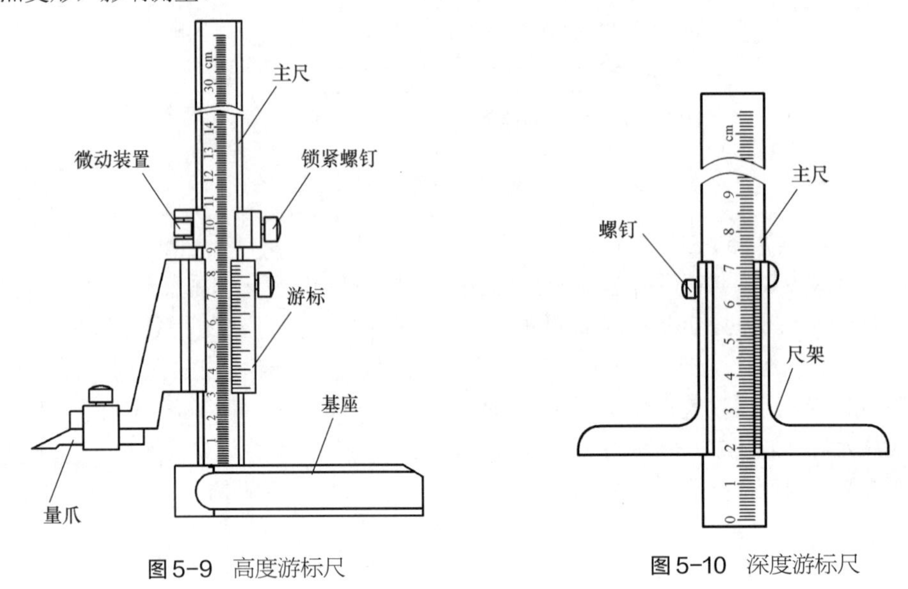

图 5-9 高度游标尺

图 5-10 深度游标尺

在切削加工中，还经常使用到高度游标尺和深度游标尺。如图 5-9 所示，高度游标尺用于测量零件的高度和精密划线。其结构特点是用质量较大的基座代替固定量爪，而滑动的尺框则通过横臂装有测量高度和划线用的量爪，量爪的测量面上镶有硬质合金，以提高量爪使用寿命。高度游标尺的测量操作，通常在平台上进行。深度游标尺用于测量孔的深度、台阶的高度、槽的深度等，如图 5-10 所示。使用时将尺架贴紧工件平面，再把主尺插到底部，即可测量尺寸。

5.5.3 外径百分尺

外径百分尺（简称百分尺）是一种用螺旋测微原理制成的量具，称为螺旋测微量具。其测量精度为 0.01mm，比游标卡尺高，多用于加工精度要求较高的尺寸检测，主要用以测量或检验零件的外径、凸肩厚度、板厚或壁厚等。其测量范围有 0~25mm、25~50mm、50~75mm、75~100mm 等多种规格。

如图 5-11 所示是测量范围为 0~25mm 的外径百分尺，其弓架左端为固定砧座，右端的螺杆和活动套筒连在一起，转动活动套筒，二者便一起向左或向右移动。固定套筒（相当于主尺）在轴线方向上刻有一条中线（亦称基线），中线的上下方各刻有一排刻线，其每小格间距为 1mm，上下两排刻线相互错开 0.5mm；在活动套筒（相当于副尺）的左端圆周上有 50 等分的刻线。因螺杆的螺距为 0.5mm，即螺杆每转一周，同时轴向移动 0.5mm，故活动套筒上每小格的读数为 0.5/50=0.01mm。当百分尺的螺杆与固定砧座接触时，活动套筒左端的边线与轴向刻线的零线重合，同时，圆周上的零线应与中线对准。

百分尺读数时，先读出固定套筒上露出的刻线尺寸（不能遗漏中线下方 0.5mm 的刻线值），再读出活动套筒上与中线对齐的刻度值，并将此值乘上 0.01，再与主尺刻度值相加即为测量的尺寸值。如图 5-11 所示，固定套筒上读出的刻度值为 6.5mm，活动套筒上与中线对齐的刻度值为 36，经计算得测量的尺寸值为 6.86mm。

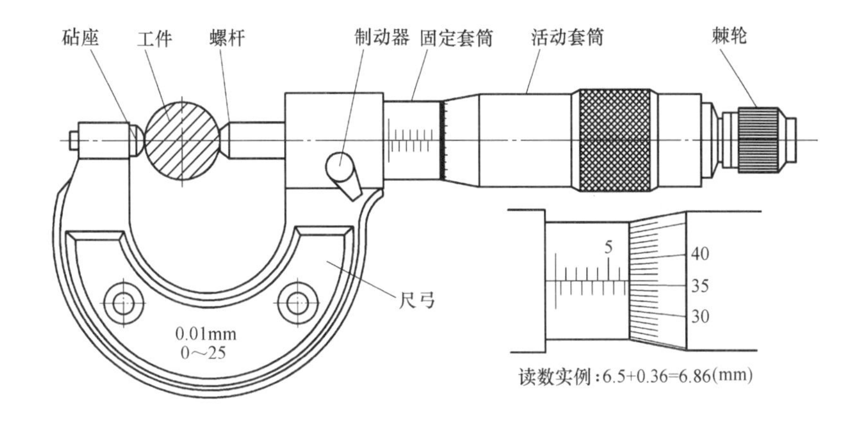

图 5-11　0~25mm 百分尺

使用百分尺测量零件尺寸时，必须注意下列几点。

① 使用前，把百分尺的两个测砧面擦干净，转动测力装置，使两测砧面接触（当测量上限大于 25mm 时，在两测砧面之间放入校对量杆），接触面上应没有间隙和漏光现象，同时零位要与中线对齐。

② 转动棘轮旋钮时，活动套筒应能自由灵活地沿着固定套筒移动，不得有任何卡阻现象。

③ 测量工件时，使测砧表面保持标准的测量压力。当螺杆快要接触工件时，必须使用端部棘轮，当棘轮发出“嘎嘎”声时，表示压力合适，并可以开始读数。绝不允许用力旋转活动套筒来增加测量压力，使螺杆过分压紧零件表面，致使精密螺纹因受力过大而发生变形，损坏百分尺的精度。

④ 使用百分尺测量零件时，要使螺杆与零件被测量的尺寸方向一致。如测量外径时，测微螺杆要与零件的轴线垂直，不要歪斜。测量时，可在旋转棘轮的同时，轻轻地晃动尺弓，使砧面与零件表面接触良好。

⑤ 不得用百分尺测量表面粗糙和运动中的工件。也不得用百分尺测量高温工件，否则会使百分尺受热变形，影响测量。

5.5.4　百分表

百分表是一种以指针指示出测量结果的量具，它只能测出相对的数值，不能测出绝对数值。主要用于校正零件的安装位置，检验零件的形状精度和相互位置精度，以及测量零件的内径等。百分表的结构如图 5-12 所示，当测量杆向上或向下移动 1mm 时，通过齿轮传动系统带动大指针转一圈，小指针转一格。刻度盘在圆周上有 100 等分的刻度线，其每格的读数为 0.01mm（在生产过程中，一般将 0.01mm 读作 1 丝），小指针每格读数为 1mm。测量时，大小指针所示读数之差即为尺寸变化量，小指针处的刻度范围即为百分表的测量范围。百分表刻度盘可以转动，测量前将大指针调整至零位，便于计数。

百分表常装在专用百分表架上使用。如图 5-13 所示是一种生产上常用的磁性表座，由万向支臂和磁性表座构成，通过表座上的旋钮，可以调整表座内强磁的磁极方向，以使表座能牢固地吸附于钢铁表面（或将表座取下），而万向支臂可将百分表固定在需要的任何角度，使用时极其方便。如图 5-14 所示是用百分表找正车床上工件安装位置的应用实例。

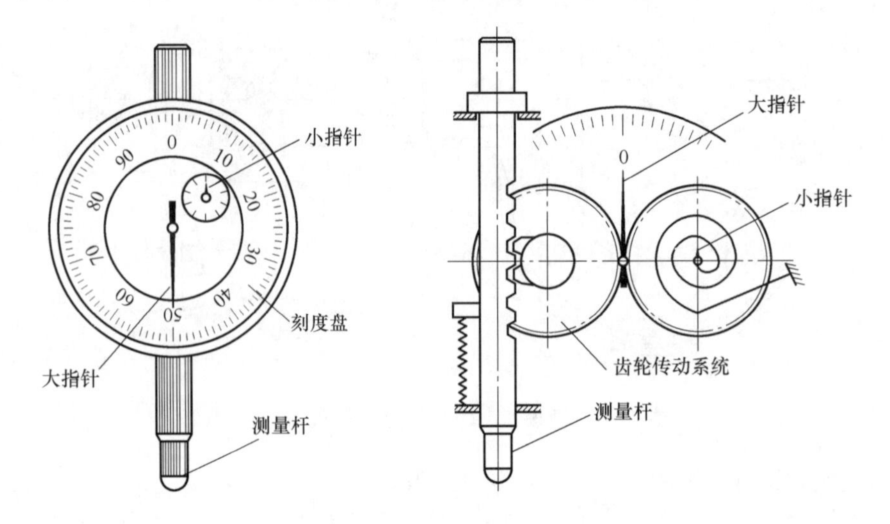

图 5-12　百分表及其结构

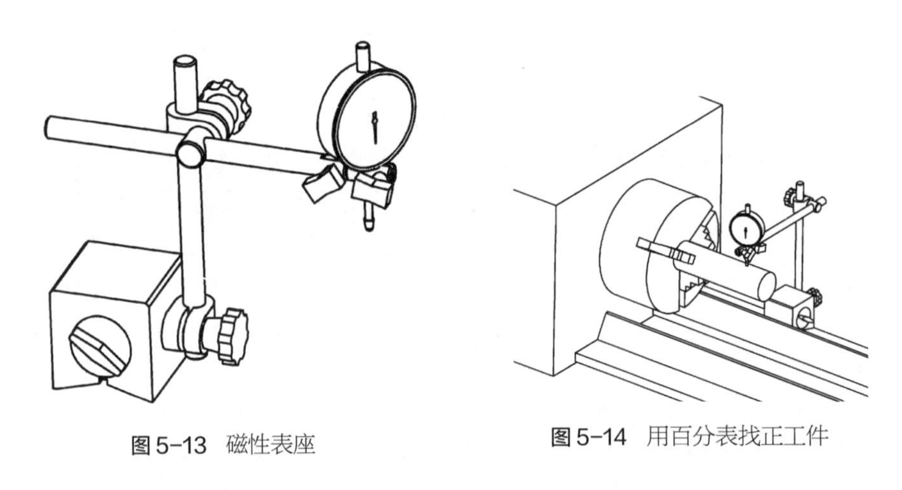

图 5-13　磁性表座

图 5-14　用百分表找正工件

使用百分表时，应注意以下几点。

① 使用前，应检查测量杆活动的灵活性，即轻按压测量杆下端圆头时，其移动要灵活，不得有卡阻现象，且测量杆每次复位后，指针能回复到原来的刻度位置。

② 测量零件时，测量杆必须垂直于被测量表面。即使测量杆的轴线与被测量尺寸的方向一致，否则将使测量杆活动不灵活或使测量结果不准确。

③ 测量零件前，应当使测量杆有一定的初始测力，即测量头与零件表面接触时，测量杆应有 0.3~1mm 的压缩量，能使指针转过半圈左右。

④ 在测量过程中，先转动表盘，使表盘的零刻线对准指针，再用手轻轻地拉起并释放测量杆上端几次，检查指针所指的零位有无改变。当指针的零位稳定后，再开始测量或校正零件的工作。在测量时，改变百分表测量杆在零件上的相对位置，其指针的偏摆值，就是待测的数值。

⑤ 在使用百分表的过程中，要严防水、油和灰尘渗入百分表内。在不使用百分表时，应使测量杆处于自由状态，免使百分表内的弹簧失效。

在机械加工过程中，常用的量具还有内外卡钳、万能角度尺、塞尺、量规、螺纹规、半径规、量块（是长度计量的基准）等，在现代技术测量中还用到三坐标测量、三维激光扫描等先进技术和仪器，在此不再赘述。

5.5.5 量具的维护和保养

正确地使用精密量具是保证产品质量的重要条件之一，除了按照正确方法进行测量操作外，还必须做好量具的维护和保养工作。

① 不得测量正在运动的工件，否则不但使量具的测量面过早磨损而失去精度，而且还会造成安全事故。

② 测量前应把量具的测量面和零件的被测量表面擦干净，以免油污、铁屑等杂质影响测量精度。

③ 测量时不能用力过大，尽量避免测量高温工件。

④ 不要将量具和工具、刀具等混放在一起，避免碰伤量具。

⑤ 不可将量具作为其他工具使用，例如，用游标卡尺划线。

⑥ 量具应远离磁场，以免被磁化。

⑦ 量具使用结束后应擦拭干净，并涂上一层防锈油，放在专用盒内，干燥保存，以免锈蚀。

⑧ 精密量具应定期校对和保养，避免长期使用产生示值误差超差而造成产品质量事故。

第6章

车削加工

6.1 概述

车削加工是指在车床上利用工件的旋转运动和刀具的移动来去

除工件表面多余的材料，从而获得一定加工精度和表面质量要求零件的一种切削加工方法。车削主要用于加工各种回转表面，如图6-1所示，常见的有车削端面、内外圆柱面、内外圆锥面、内外环槽、内外螺纹和成形面，此外，车削还可以进行钻孔、扩孔、铰孔及滚花等操作。

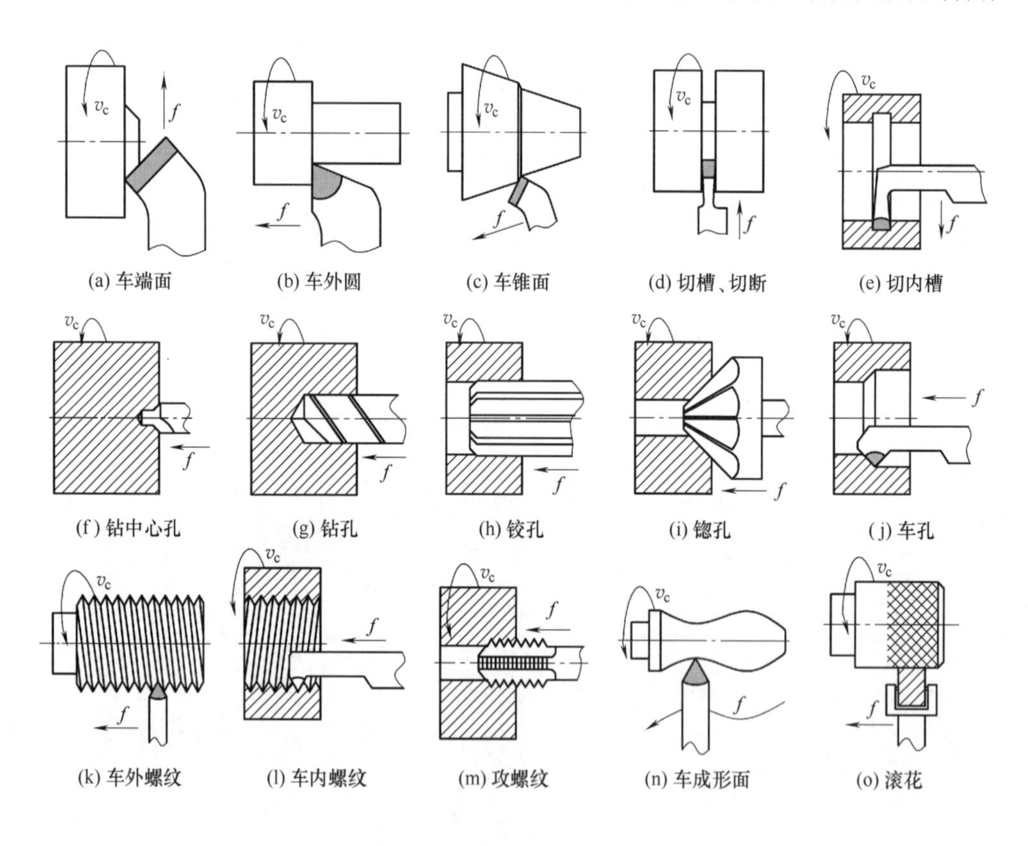

图6-1 车削加工范围

由于多数的机器零件都含有回转表面，而车床的通用性又较广，因此在机械制造中，车削加工的应用极为广泛，车工是最基本、最常用的工种，在一般的机械加工车间里车床占有的比例较大，其配置数量约占机床总台数的50%左右。一般情况下，由普通车床加工的零件的尺寸精度可达IT11~IT6，表面粗糙度 *Ra* 值可达12.5~0.8μm。

如图6-1所示，在车削加工时，其主运动是工件的旋转运动，其转速较高，常以车床主轴的转速 n（单位：r/min）表示，这对切削速度 v_c 有直接影响，此外，进给运动为刀具相对工件轴线的横向、纵向、斜向或曲线移动，常以主轴每转刀具的移动量表示进给量 f（单位：mm/r）。

6.2 普通车床

车床的种类很多，主要有普通卧式车床、立式车床、转塔车床（六角车床）、仪表车床、多刀车床、自动及半自动车床、数控车床等，其中应用最广泛的是普通卧式车床。

6.2.1 普通卧式车床结构及功能

下面主要介绍生产和教学上常用的CA6136卧式车床结构及功能，如图6-2所示为其主要外形和结构。CA6136是机床的型号，是为了区别、使用和管理各类切削机床而按一定的规则编制的，其中拼音字母C表示车床，A代表企业代号（沈阳机床），6代表落地式及卧式，1

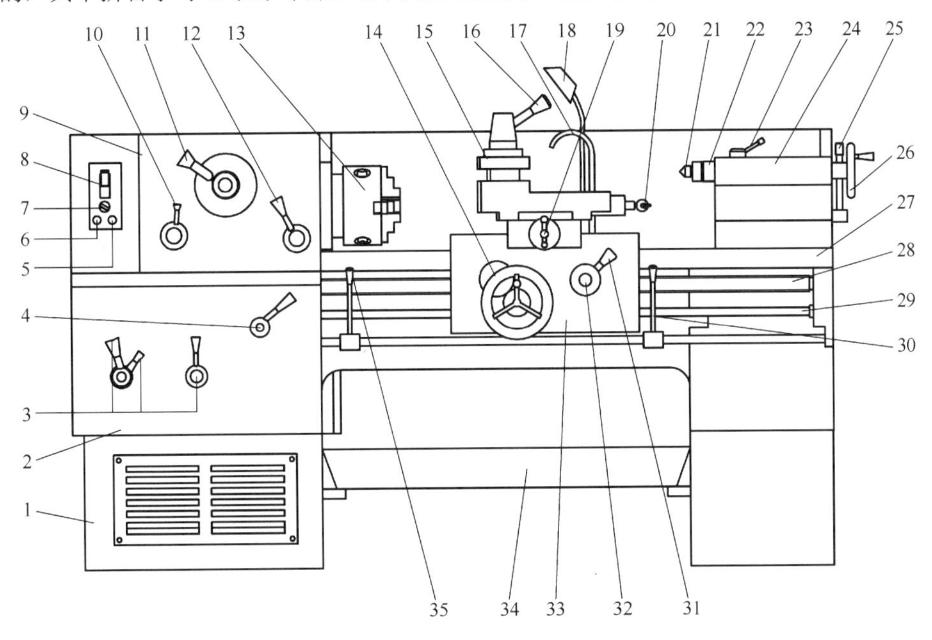

图6-2 CA6136卧式车床

1—床脚；2—进给箱；3—螺距及进给量调整手柄；4—丝杆光杠变换手柄；5—电机启动按钮；6—急停按钮；7—冷却液开关；8—电源总开关；9—主轴箱；10—正反走刀变换手柄；11—主轴变速手柄；12—主轴高低速变换手柄；13—卡盘；14—大刀架手轮；15—方刀架；16—方刀架锁紧手柄；17—冷却液喷头；18—照明灯；19—中刀架手轮；20—小刀架手轮；21—顶尖；22—尾座套筒；23—套筒锁紧手柄；24—尾座体；25—尾座锁紧手柄；26—尾座手轮；27—床身；28—丝杆；29—光杠；30，35—主轴正反转操纵手柄；31—自动走刀手柄；32—开合螺母插销；33—溜板箱；34—铁屑盘代表卧式，36 是车床的主参数，代表最大工件回转直径的 1/10，即该车床能加工的工件最大直径为 360mm。

CA6136 车床主要由床身、主轴箱、进给箱、光杠和丝杆、溜板箱、刀架、尾座等构成，各部分作用如下：

（1）床身　床身是车床的支承系统，用于连接其他主要部件，并保证各部件之间有严格、准确的相对位置。床身上面有两组平行的导轨，分别用于支撑刀架和尾座，并实现尾座或刀架移动时的导向定位。床身的左右两端分别支撑在左、右床脚上，床脚固定在地基上，在左、右床脚内分别安装有三相电机、冷却液水箱及水泵。

（2）主轴箱　主轴箱安装在床身的左上端，俗称床头箱。主轴箱主要用于安装主轴和主轴的变速机构。主轴前端安装卡盘以夹紧工件，并带动工件旋转实现主运动，此外，为方便安装长棒料，主轴为空心结构。主轴的变速机构由一系列轴、齿轮、离合器等组成，能实现 12 种不同的转速。在零件加工时，通过操纵主轴正反转操纵手柄来控制主轴箱内的离合器，可实现主轴的正向或反向旋转。

（3）进给箱、光杠和丝杆　进给箱的实质同主轴箱一样，也是一个由变速齿轮组成的变速箱。其作用是把从主轴经挂轮（齿轮）机构传来的运动经过调整传递给光杠或丝杆，如图 6-3 所示为 CA6136 车床传动简图。其中光杠用于车外圆或端面时的自动走刀，丝杆的传动精度比光杠高，故用于车螺纹时的自动走刀，以获得精确的螺距。丝杆和光杠无法同时传动，使用时通过进给箱上的丝杆光杠变换手柄进行运动的切换。在进给箱上张贴有螺距和进给量参数铭牌，加工时可根据需要按铭牌的指示调整相应手柄的位置即可。

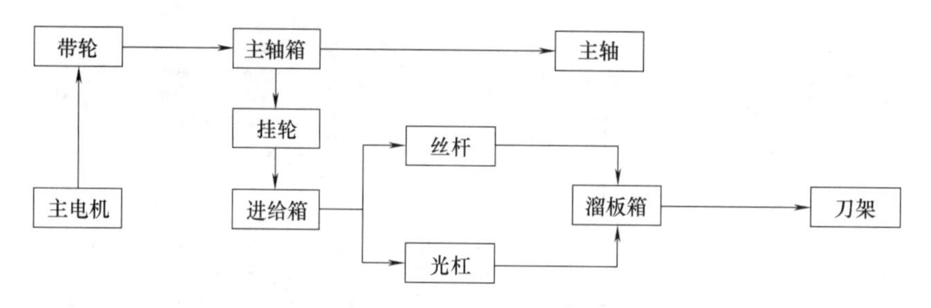

图 6-3　CA6136 车床传动简图

（4）溜板箱　溜板箱与大刀架连接在一起，是车床进给运动的操纵箱。当采用光杠传动时，通过下压（或上拉）自动走刀手柄，此时光杠传递的旋转运动将通过齿轮、齿条机构（或丝杆、螺母机构）带动刀架延纵向（或横向）作直线进给运动（或称自动走刀运动），实现外圆（或端面）的自动切削；当采用丝杆传动时，先按下开合螺母插销，再下压自动走刀手柄，溜板箱内的开合螺母与丝杆接通，形成螺纹机构，实现刀具的精确移动，即可车削螺纹。最后，丝杆或光杠的旋转方向可通过主轴箱上的正反走刀变换手柄改变，对应的自动走刀方向也会改变。

（5）刀架　刀架是用来夹持刀具，并带动刀具作纵向、横向或斜向进给运动的。如图 6-4 所示，刀架是一个多层结构，从上到下依次是方刀架、小刀架（或称小拖板）、转盘、中刀架（或称中拖板）和大刀架（或称大拖板）。

方刀架是夹持车刀的装置，可同时安装 4 把车刀。逆时针松开方刀架锁紧手柄可带动方刀架旋转，以选择所用刀具。而顺时针旋转方刀架锁紧手柄时，方刀架将被锁紧在小刀架上。

小刀架内安装有丝杆、螺母机构，且在丝杆的一端安装有小刀架手轮和刻度盘。摇动小刀架手轮时，小刀架可沿转盘上的燕尾槽导轨作短距离移动。小刀架刻度盘的分度值为 0.05mm，即手轮每转一格刻度，小刀架将带动刀具移动 0.05mm。

转盘通过螺栓与中刀架相连，松开转盘锁紧螺母，转盘可在水平面内转动任意角度。当转盘转过一个角度，其上的小刀架导轨也转动一个角度，此时小刀架便可以带动刀具沿相应方向作斜向进给。

中刀架结构与小刀架相同，当摇动中刀架手轮时，中刀架将沿大刀架上的燕尾槽导轨移动，相应地带动刀具作横向移动。在车端面时，中刀架用作车削时的横向进给；在车外圆时，中刀架被用来控制背吃刀量。CA6136 车床中刀架刻度盘的分度值为 0.02mm，在车削内外回转表面时，若背吃刀量为 0.02mm，则工件相应表面直径将增大（或减小）0.04mm。

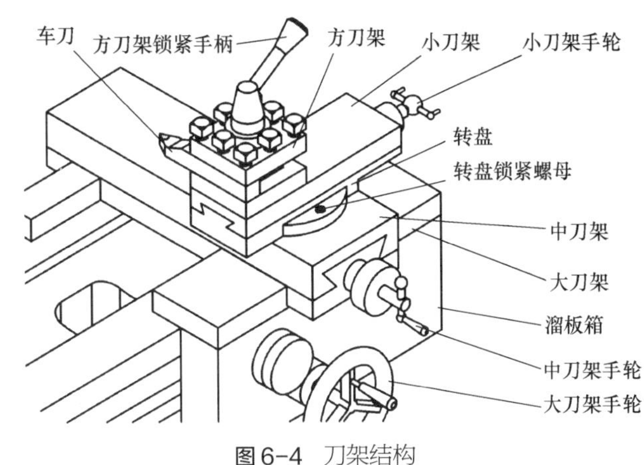

图6-4　刀架结构

在床身导轨上安装有大刀架，在溜板箱上有大刀架的手轮和刻度盘（分度值 0.5mm）。摇动大刀架手轮时，可通过溜板箱内的齿轮和床身导轨下方的齿条机构控制大刀架沿床身导轨纵向移动。

（6）尾座　尾座安装在床身内导轨上，可以沿导轨移动到所需位置，如图 6-5 所示，主要由底座、尾座体、套筒等组成。其中，套筒安装在尾座体内，在套筒前端有莫氏锥孔，可安装顶尖用来支承工件，也可安装钻头、铰刀，用于工件钻孔和铰孔。在套筒后端有螺母和一轴向固定的丝杆相连接，摇动尾座上的手轮使丝杆旋转，可以带动套筒向前伸或向后退，当套筒后退至极限位置时，丝杆的头部可将装在套筒锥孔中的顶尖或钻头顶出。在移动尾座或套筒时，均要松开各自的锁紧手柄，待移动结束后再锁紧。此外，调整螺钉可调整尾座体相对底座的横向位置，使顶尖中心与主轴中心对正或偏离。

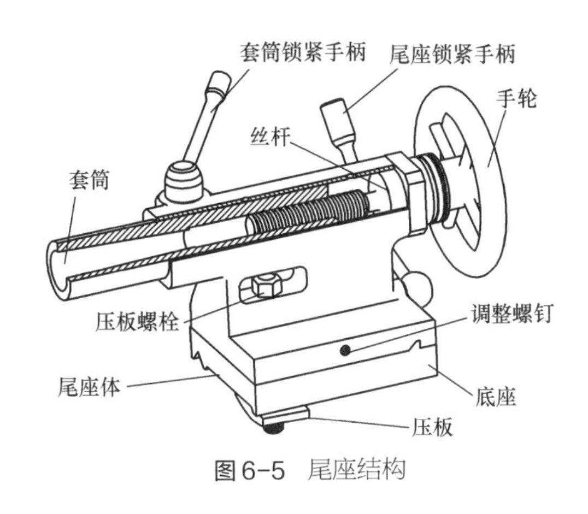

图6-5　尾座结构

6.2.2　普通卧式车床开关机顺序

如图 6-2 所示，在 CA6136 车床主轴箱左侧安装有开关面板，其中面板上的急停按钮是该车床的安全保护装置，在加工时，若遇异常情况，应快速拍下，使床脚内的电机断电停机。此外，在溜板箱两侧均设置有主轴正反转操纵手柄，该手柄有 3 个工作挡位，上拉时主轴正转，下压时主轴反转，中间挡位为空挡，主轴会停转，但电机不会关闭。该机床的开关机顺序如下。

（1）开机顺序　打开电源开关→顺时针旋转弹开急停按钮→启动电机→上拉主轴正反转操纵手柄，此时主轴正转，机床被启动。

（2）关机顺序　将主轴正反转操纵手柄置于空挡→按下急停按钮→关闭电源，此时机床被关闭。

6.3 车刀

6.3.1 车刀的组成

车刀是各类金属切削刀具的基本形式，是金属切削加工中应用最广泛的刀具之一。车刀由刀头和刀杆组成。刀头直接参与切削工作，故又称为切削部分，刀杆用来将车刀夹持在方刀架上，故又称为夹持部分。如图 6-6 所示是车刀的基本组成，其中刀头部分由三面、两刃和一尖构成，即前刀面是切屑流过的表面；后刀面又分为主后刀面和副后刀面，分别与工件的过渡表面和已加工表面相对应；切削刃又分为主切削刃和副切削刃，主切削刃指前刀面与主后刀面的交线，副切削刃指前刀面与副后刀面的交线；刀尖是指主切削刃与副切削刃的交点或主切削刃与副切削刃间的过渡弧。刀头的几何形状是由刀具的几何角度决定的，定义的常用几何角度有前角、后角、主偏角、副偏角和刃倾角，刀具的几何角度是刀具刃磨和测量的依据，其基本组成不再赘述。

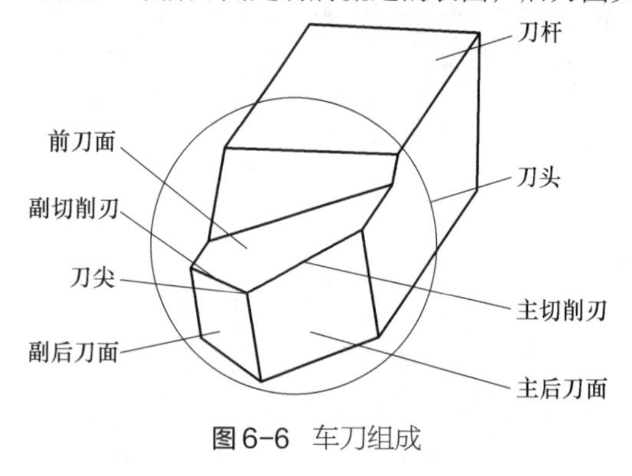

图6-6　车刀组成

6.3.2 车刀的种类

车刀的种类很多，分类方法也不同。车刀通常按用途、形式、结构和材料等进行分类。

按用途分类有内、外圆车刀、端面车刀、切断刀、切槽刀、螺纹车刀和滚花刀等。如图 6-7 所示为不同用途的车刀，分别对应不同的车削表面。

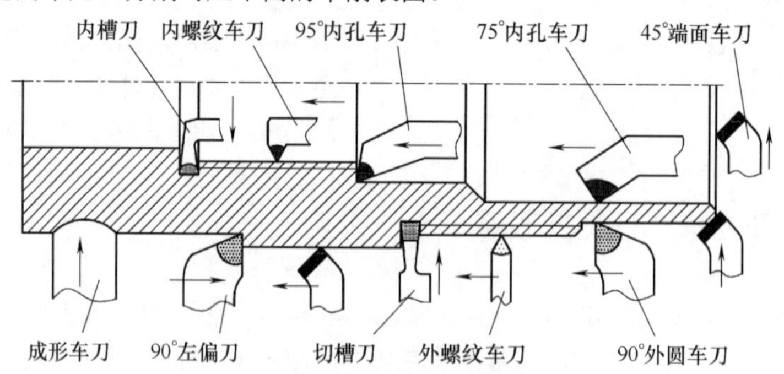

图6-7　车刀的种类及用途

按形式分类有直头、弯头、尖头、圆弧、左偏刀和右偏刀等。

按结构分类有整体式、焊接式和机械夹固式（机夹式），如图 6-8 所示。

车刀常用的材料有高速钢或硬质合金。高速钢的韧性好，刀具刃口锋利，可以制成各种形式和用途的整体式车刀和钻头、铰刀等，可加工钢、铸铁、有色金属等材料，其刀刃磨损后还可以在砂轮上进行重磨，成本较低，应用广泛。而硬质合金硬度高、耐磨性、耐热性好，多用于高速切削，但是硬质合金质脆、成形性差，故通常制成刀片通过焊接或机械夹固的方式装在刀杆上使用，如图 6-8（b）、（c）所示。其中，焊接式车刀结构简单，刚性好、抗振性能强，刃磨方便（可重磨），使用灵活；但是，由于刀片经过高温焊接，强度、硬度降低，切削性能下降。机夹可转位车刀是将可转位刀片用螺钉或压板固定在刀头上使用，弥补了焊接车刀的不足，耐用度提高，使用时间较长，且一般不重磨，当一条切削刃磨损，刀片转动安装位置，换成相邻的新切削刃就可继续使用，直到刀片上所有切削刃均已用钝，才更换新刀片，由此减少了停机换刀时间，生产效率提高。随着新技术、新工艺的发展，具有各种涂层的可转位刀片类型越来越多，其切削性能各异，在实际生产中应用越来越广泛。

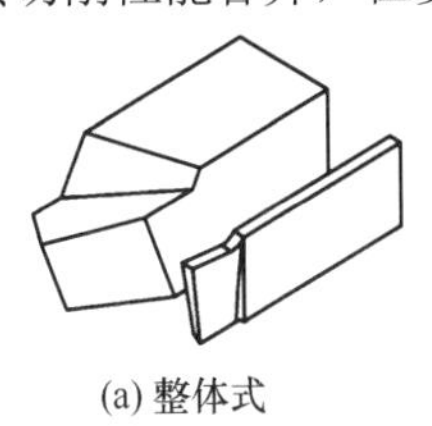

(a) 整体式

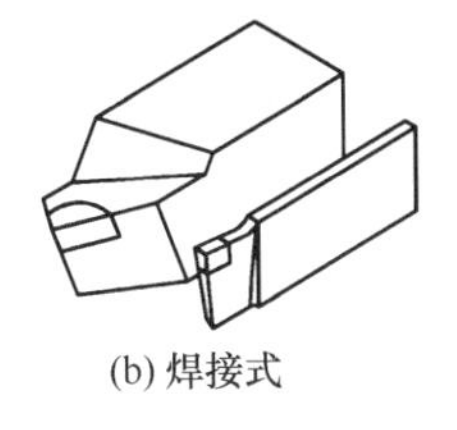

(b) 焊接式

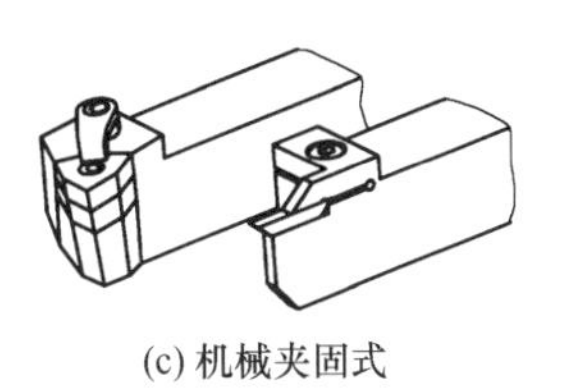

(c) 机械夹固式

图 6-8　车刀的结构类型

6.3.3　车刀的装夹

车刀要正确地装夹在车床方刀架上，才能保证车削加工的质量。如图 6-9 所示，装夹车刀时应注意以下几点。

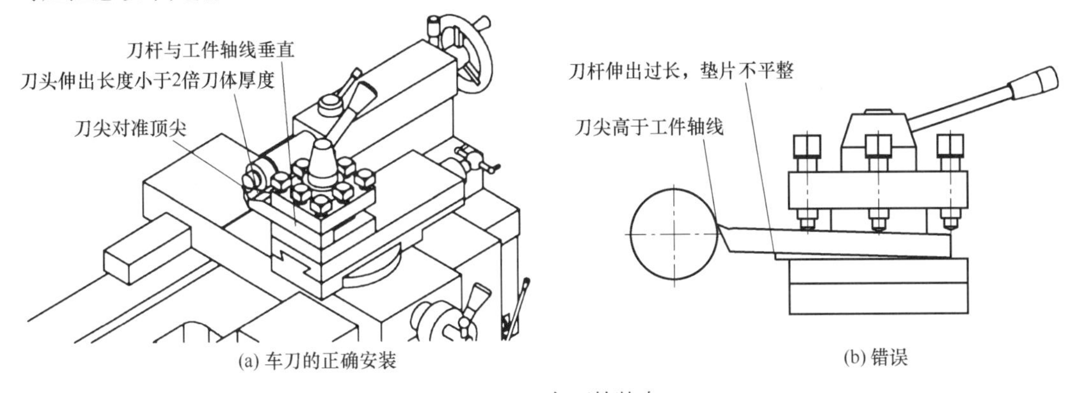

(a) 车刀的正确安装　　(b) 错误

图 6-9　车刀的装夹

① 车刀刀尖应与车床的主轴轴线等高，对准工件的回转中心，否则加工端面时中心会留下凸台，可根据尾座顶尖的高度来调整刀尖高度。

② 车刀刀体悬臂的长度（伸出方刀架的长度）不能太长，伸出距离一般为刀体厚度的 1.5~2 倍，否则刀具的刚性会降低，车削时易产生振动。

③ 车刀刀杆应与车床主轴轴线垂直，否则刀头主、副偏角均要发生变化。

④ 为了提高车刀安装夹紧的接触刚度，刀杆下的垫片要少且平整，并至少要用两个螺钉将刀杆压紧在刀架上。

⑤ 车刀安装好后，一定要用手动的方式对工件加工极限位置进行检查，避免加工时的干涉或碰撞。

6.4 车床附件及其工件装夹

在车床上正确安装工件的基本原则是使加工表面回转中心与车床主轴中心线重合，保证定位准确，牢固夹紧，确保工作时的安全。在车床上常利用三爪卡盘、四爪卡盘、顶尖、中心架、跟刀架、花盘、弯板、心轴等附件（夹具）完成工件的装夹。

6.4.1 三爪卡盘装夹工件

三爪卡盘又称三爪自定心卡盘，是车床常用的附件之一，其外形和结构如图 6-10 所示，三爪卡盘由一个大圆锥齿轮、三个小圆锥齿轮、三个卡爪和卡盘体四部分组成。当使用卡盘扳手插入任何一个小圆锥齿轮的方孔，转动扳手，均能带动大圆锥齿轮旋转，于是大圆锥齿轮背面的平面螺纹就带动三个卡爪同时作向心（夹紧）或离心（放松）运动，从而夹紧或放松工件。由于三个卡爪能同时运动，并能自行对中，故能方便迅速地对截面为圆形、正三角形和正六边形的轴类、套类或盘类工件进行装夹，无需找正，但定心精度不高（一般为 0.05~0.15mm），夹紧力较小。此外，将卡爪更换为反爪可用来装夹直径较大的工件，如图 6-10（c）所示。

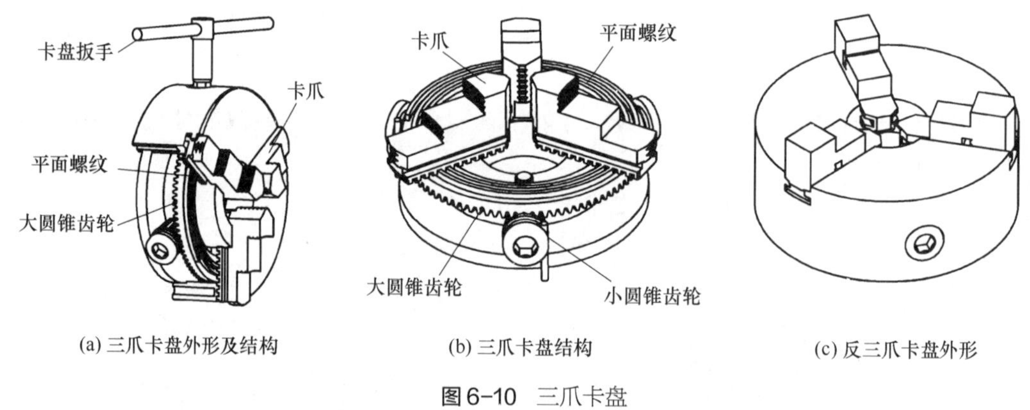

(a) 三爪卡盘外形及结构　(b) 三爪卡盘结构　(c) 反三爪卡盘外形

图 6-10　三爪卡盘

6.4.2 四爪卡盘装夹工件

四爪卡盘又称四爪单动卡盘。与三爪卡盘不同，四爪卡盘有四个独立运动的卡爪均匀分布在圆周上，每一个卡爪后均有一个丝杆螺母机构，分别单独调节四个卡爪的径向位置，结构如图 6-11 所示。四爪卡盘可以用来装夹圆形和偏心工件、方形工件、椭圆形或其他不规则的零件，如图 6-12 所示。

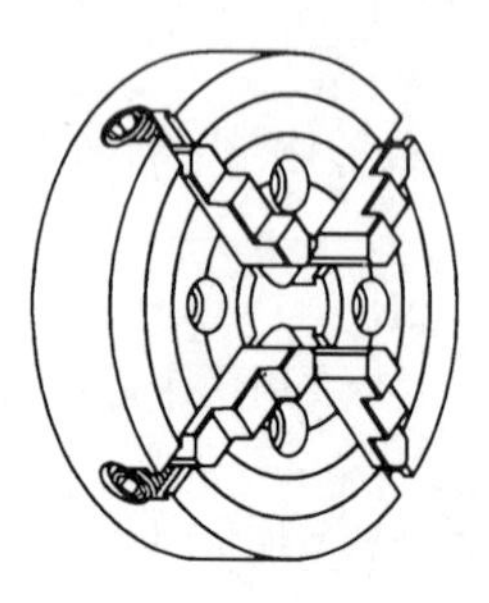
图 6-11　四爪卡盘

由于四爪卡盘的四个卡爪是独立移动的，因此不具备自定心功能。在实际车削加工中，为了使工件加工面的轴线与机床主轴轴线同轴就必须找正。找正所用的工具是划针盘或百分表，找正方法如图 6-13 所示。划针盘用于按工件上毛糙的表面或按钳工划的线去找正，找正精度低。百分表用于已加工表面的找正，通过表针指示的跳动值判断是否对正，找正精度较高。

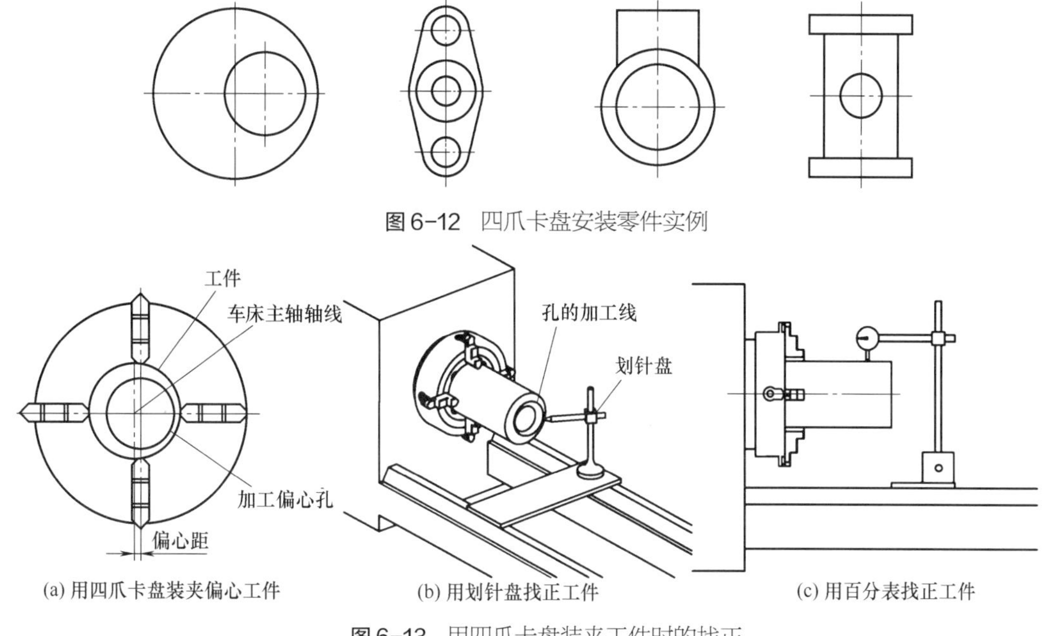

图 6-12　四爪卡盘安装零件实例

(a) 用四爪卡盘装夹偏心工件　(b) 用划针盘找正工件　(c) 用百分表找正工件

图 6-13　用四爪卡盘装夹工件时的找正

6.4.3　顶尖装夹工件

在车床上加工长径比 $4<L/D<10$ 的细长轴或工序较多的轴类零件时，常常采用双顶尖装夹工件。如图 6-14（a）所示，工件的两端面钻出中心孔后，分别被安装于车床主轴的前顶尖和被安装于尾座的后顶尖顶住以实现工件的定位，然后由卡箍夹紧工件并随拨盘一起旋转实现主运动。在生产中还常采用图 6-14（b）所示的装夹方法，即在三爪卡盘上夹一小段圆柱棒料，车出的 60°圆锥面代替前顶尖，用三爪卡盘代替拨盘，卡箍拨在卡盘的任一卡爪上。

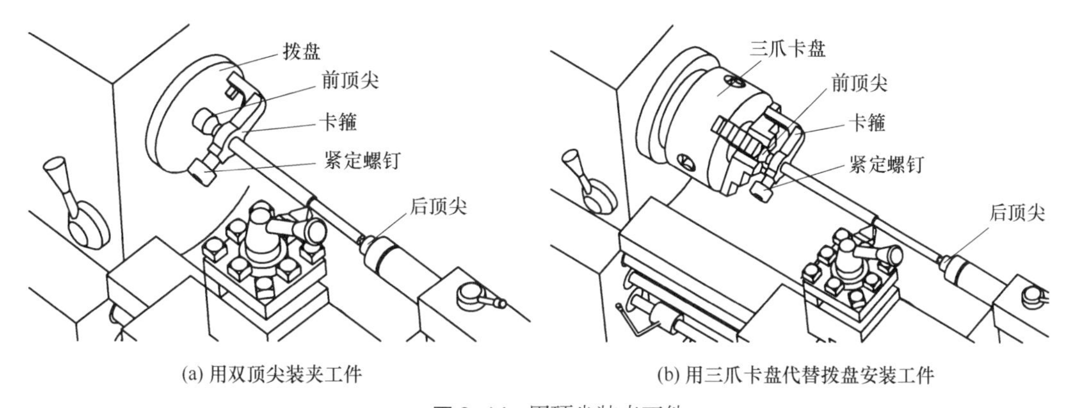

(a) 用双顶尖装夹工件　(b) 用三爪卡盘代替拨盘安装工件

图 6-14　用顶尖装夹工件

常用的顶尖有死顶尖和活顶尖两种，如图 6-15 所示。由于前顶尖随主轴及工件一起转动，故采用死顶尖。但在高速车削时，为了防止后顶尖与工件之间发生强烈摩擦过热而烧伤顶尖和中心孔，一般采用活顶尖。采用双顶尖装夹工件，首先要检查前后两顶尖的轴线是否同轴，工件与顶尖之间不能过紧或过松，在不影响车刀切削的前提下，顶尖尽量伸出短一些，以提高车削刚度。

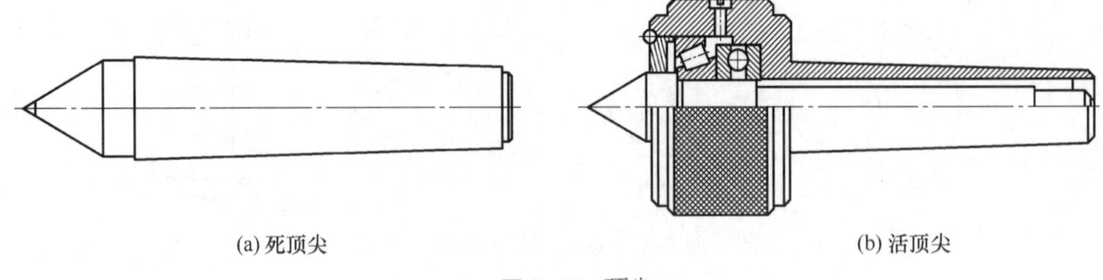

(a) 死顶尖　　(b) 活顶尖

图 6-15　顶尖

6.4.4　中心架和跟刀架安装工件

在车床加工长径比 $L/D \geqslant 10$ 的细长轴类零件时，为了防止工件被车刀顶弯或工件振动，减少工件自身的弯曲变形，需要中心架或跟刀架支撑工件以增加刚性。

中心架用压板和螺栓紧固在车床的床身导轨上，不随车刀移动，其三个爪支撑在预先加工好的工件外圆上，如图 6-16（a）所示。在车削时，待右端加工完毕后，调头装夹再加工另一端。中心架一般多用于细长轴、又重又长的轴、阶梯轴、长轴的端面、长轴的中心孔及内孔的加工。

跟刀架与中心架一样用于车削刚度差的细长轴。其不同点在于它紧固于刀架的大刀架上，能随大刀架一起移动，如图 6-16（b）所示。跟刀架上一般只有两个支撑爪，使用前须先在工件右端车削出一小段外圆，并根据它调节跟刀架的支撑，然后车出零件全长。跟刀架多用于加工光滑轴，如光杠和丝杆等。

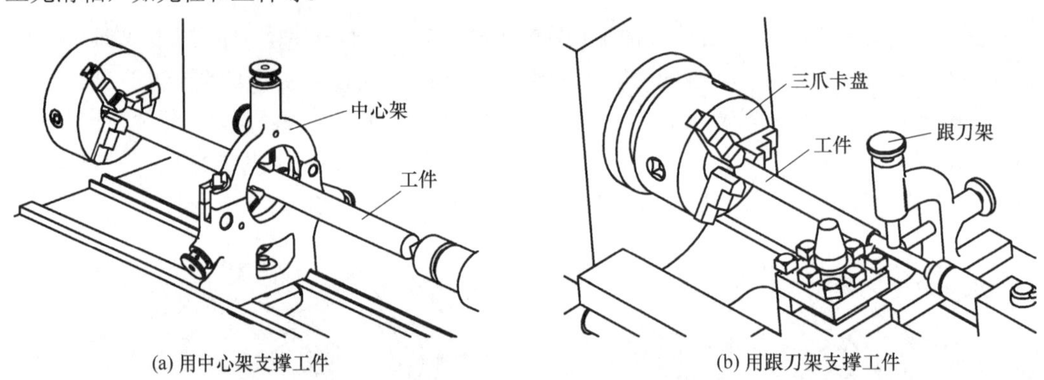

(a) 用中心架支撑工件　　(b) 用跟刀架支撑工件

图 6-16　中心架与跟刀架

在使用中心架或跟刀架时，被支撑的表面要经常加机油润滑，工件的转速不能过高，以免工件与支撑爪之间摩擦过热而烧伤或使支撑爪磨损。

6.4.5　心轴装夹工件

对于盘套类零件，当外圆轴线与孔的轴线有同轴度要求时，或者两端面与轴线有垂直度要求时，若用三爪卡盘装夹工件，无法在一次安装中加工完成，如果把零件调头装夹再加工，又无法保证精度要求。因此，需要将盘类零件的孔先精加工出来再安装在心轴上，再把心轴以双顶尖装夹，才对外圆和端面进行加工，即可保证有关精度要求。

如图 6-17 所示为心轴的类型及其装夹实例。其中，圆柱心轴与工件的孔是小间隙配合，待工件装入后靠螺母轴向拧紧。这种装夹方式夹紧力较大，但对中性较差，多用于盘类零件的粗加工和半精加工；锥度心轴的锥度为 1∶1000~1∶2000，工件压入后靠摩擦力紧固，这种装夹方式拆装方便，对中性好，但不能承受较大的切削力，多用于盘类零件的加工；可胀心轴是靠弹性胀套的膨胀力将工件撑紧，且同时起定心作用。

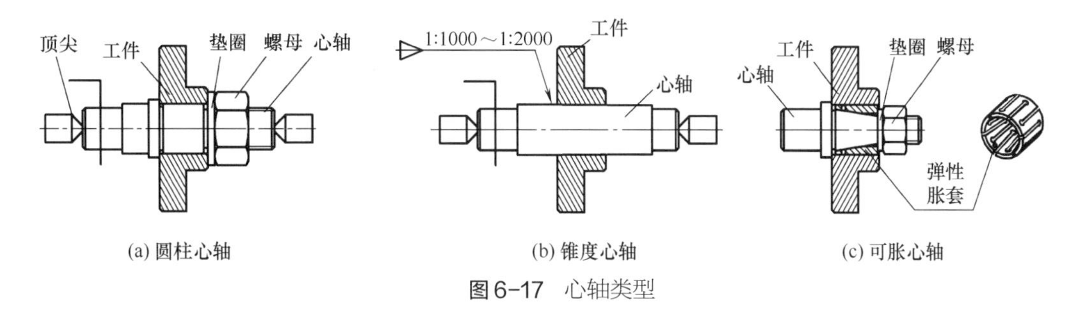

图 6-17　心轴类型

6.4.6　花盘和弯板、压板、螺栓装夹工件

对于大而扁且形状不规则的零件，要求零件的一个面与装夹面平行或对于要求孔、外圆的轴线与安装面垂直时，可以把工件直接压在花盘上加工。花盘是装夹在车床主轴上的一个大圆盘，端面上有许多长槽用于安装压板、螺栓，如图 6-18 所示。

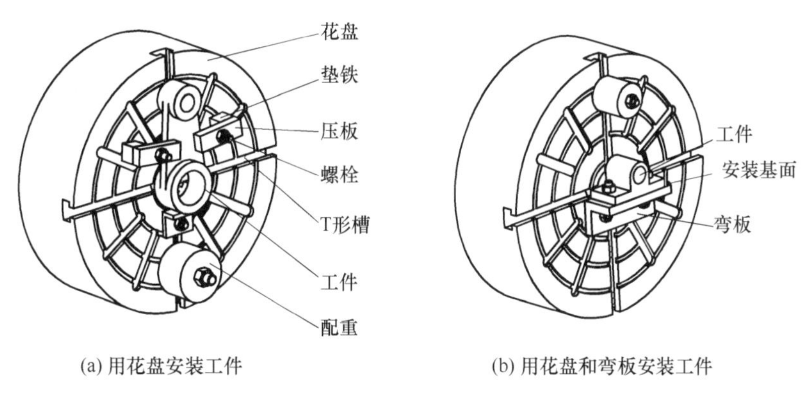

图 6-18　花盘

弯板是有较高的垂直度和刚度的角形铁板，常常和花盘、压板、螺栓配合使用，如图 6-18（b）所示。借助弯板可以保证孔与平面或孔与孔之间的垂直度，但工件须用百分表仔细找正，才可获得较高的定位精度，故工作效率较低。用花盘装夹不规则零件时，其重心往往都是偏向一边，尤其在高转速车削时，必须增加配重予以平衡，以减少零件旋转时因离心力引起的振动对加工质量的影响。

6.5　车削基本操作

6.5.1　车端面

轴类、盘类、套类工件的端面经常用来作轴向定位和测量的基准，车削加工时一般先将端面车出。如图 6-19 所示为车端面的基本操作步骤。

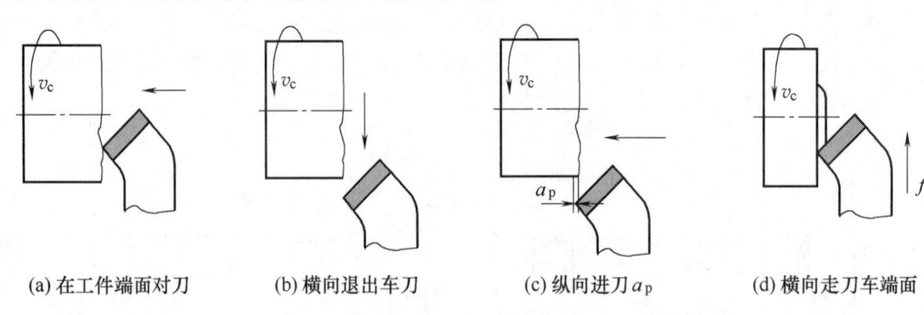

图 6-19 车端面操作步骤

车削端面常用弯头刀和右偏刀车削。如图 6-19（d）所示，采用弯头刀车端面，对中心凸台是逐步切除的，不易损伤刀尖，但表面粗糙度较高，一般用于车大端面。偏刀适用于精车端面，若偏刀是由工件外向中心进给车削的，当车削到中心时凸台瞬时去掉，刀尖易损坏。此外，偏刀向中心进给，背吃刀量大时易引起扎刀，使端面内凹。所以，偏刀一般用于由中心向外进给，车削带孔的端面或精车端面，如图 6-20 所示。

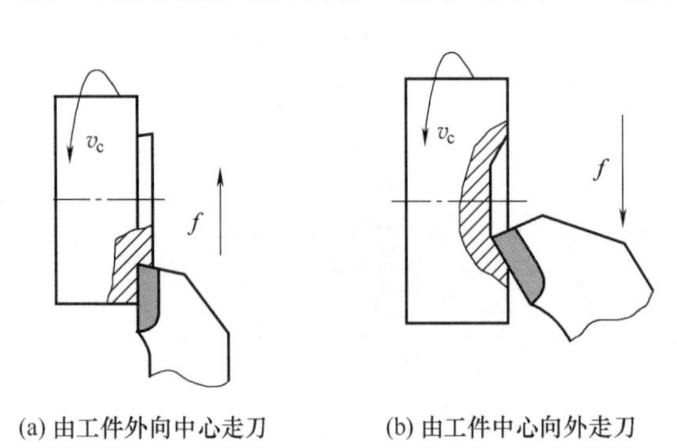

图 6-20 车端面进给方向

车端面时应注意以下几点。

① 车端面时，车刀刀尖应对准工件回转中心，否则会在端面中心留下凸台。

② 由于工件中心线速度较低，为获得较好的表面质量，车端面的转速应比车外圆的转速高一些。

③ 直径较大的端面车削时应将大拖板锁紧在床身上，以防止因由大拖板让刀而引起的端面外凸或内凹，此时用小拖板调整背吃刀量。

6.5.2 车外圆及台阶面

将工件车削成圆柱形表面的加工称为车外圆。车外圆及台阶面是车削加工最基本、最常见的操作。

6.5.2.1 车外圆基本操作步骤

如图 6-21 所示是车外圆的基本操作步骤。其中划线的作用是为车刀纵向进给提供参考，当车刀纵向走刀至划线位置时应停止进给，以加工出确定长度的外圆。在划线时车刀刀尖在工件表面划擦出的外圆线距工件端面的距离（俗称划线长度）应比工件要求的长度尺寸小 0.5~1mm（此为加工余量），待外圆车削至尺寸后通过小刀架纵向进给保证长度。

6.5.2.2 外圆车刀

由于加工零件技术要求不同，所采用的刀具有所区别，如图 6-22 所示，常用的刀具有尖刀、弯头刀和偏刀，除此之外还有圆头精车刀和宽刃精车刀等。

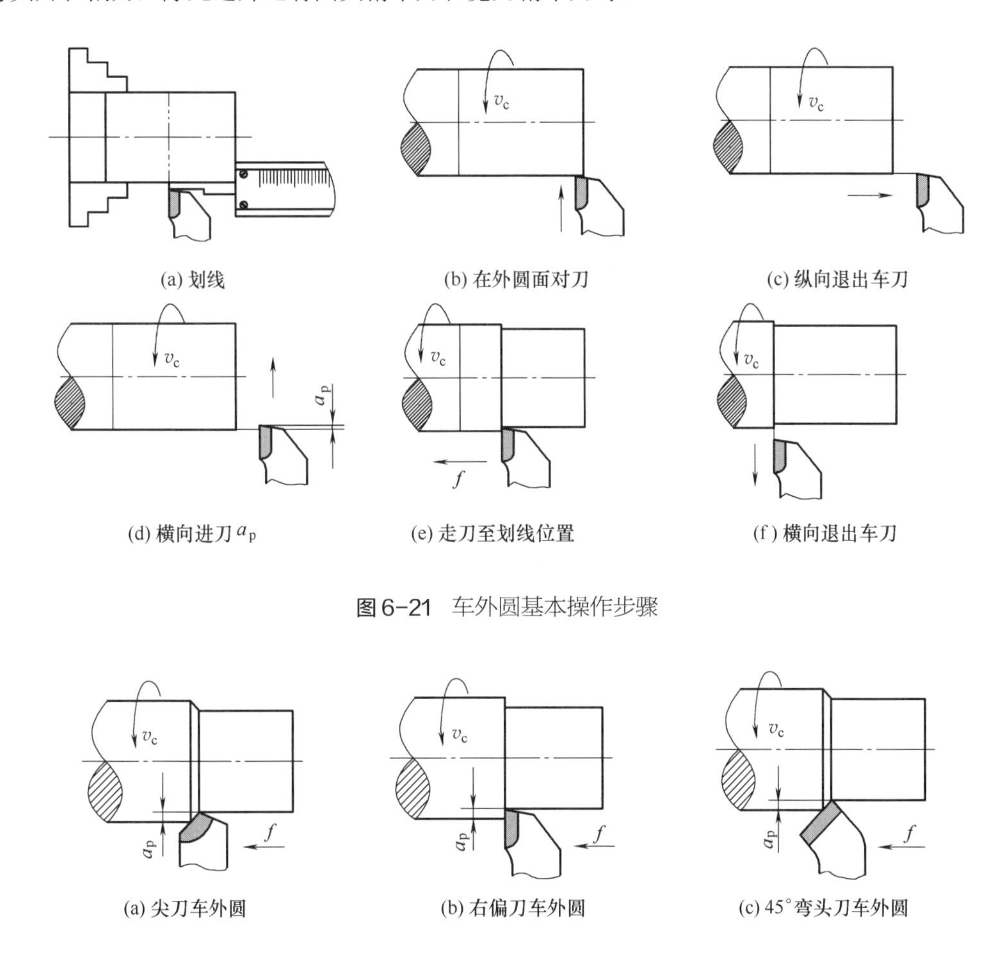

(a) 划线　(b) 在外圆面对刀　(c) 纵向退出车刀

(d) 横向进刀 a_p　(e) 走刀至划线位置　(f) 横向退出车刀

图 6-21　车外圆基本操作步骤

(a) 尖刀车外圆　(b) 右偏刀车外圆　(c) 45° 弯头刀车外圆

图 6-22　外圆车刀

尖刀用于粗车外圆和车无台阶或台阶不大的外圆，也可用于倒角；右偏刀车外圆时径向力很小，常用于车细长轴外圆和有直角台阶的外圆，也可以车端面；45° 弯头刀既可车外圆，又能车端面，还可以进行 45° 倒角。

6.5.2.3　粗车与精车

在一定的切削用量下，车刀的背吃刀量 a_p 是有限的，若工件的加工余量较大则需要经过几次走刀才能将多余的材料去除。当加工中等精度的零件时，为了提高生产率，保证加工质量，车削过程应该分成粗车和精车进行。

粗车的目的是尽快从毛坯上切去大部分加工余量，使工件接近要求的形状和尺寸，以提高加工效率，作为精加工的预加工。粗车切削力很大，切削用量要与所使用的车床的强度、刚度和功率相适应，首先选择较大的切削深度，其次选择较大的进给量，最后选取中等或偏低的切削速度，如表 6-1 所示为推荐的常用材料粗车切削用量。在粗车铸、锻件时，背吃刀量应该大于毛坯硬皮厚度，使刀尖避开硬皮层。

⊡ 表6-1 粗车切削用量推荐范围

毛坯材质	用高速钢车刀			用硬质合金车刀		
	背吃刀量 a_p /mm	切削速度 v_c /（m/min）	进给量 f /（mm/r）	背吃刀量 a_p / mm	切削速度 v_c /（m/min）	进给量 f /（mm/r）
铸铁	1.5~3	12~24	0.15~0.4	2~5	30~50	0.15~0.4
钢	1.5~3	12~42	0.15~0.4	2~5	40~60	0.15~0.4

粗车后留给精车的加工余量一般为0.5~1mm，精车以保证零件的尺寸精度和表面质量为目的，切削用量应选取较小的切削深度、较低的进给量和较高的切削速度，如表6-2所示。

⊡ 表6-2 精车切削用量推荐范围

毛坯材质	背吃刀量 a_p/mm	切削速度 v_c/（m/min）	进给量 f/（mm/r）
铸铁	0.1~0.15	60~70	0.05~0.2
钢：低速	0.05~0.1	20~30	0.05~0.2
钢：高速	0.3~0.5	100~120	0.05~0.2

6.5.2.4 车外圆时径向尺寸的控制

（1）刻度盘的使用　要获得准确的外圆尺寸，必须掌握好车削加工的背吃刀量 a_p。车外圆时背吃刀量是通过正确调节中刀架刻度盘的刻度实现的。CA6136车床中刀架刻度盘的最小分度为0.02mm，刻度盘顺时针转1格，车刀将横向进刀0.02mm，对应的工件直径将减小0.04mm。如果车削外圆时需一次进刀，a_p 为0.5mm，则中刀架刻度盘应转动25格，工件直径将减小1mm，即

单次进刀时刻度盘需要转动的格数=背吃刀量 a_p/0.02=直径将要减小的量/0.04。

由于丝杆与螺母之间存在间隙，车外圆时，如果进刀超过了应有的刻度，或者试切后发现尺寸不对而需将车刀退回时，不能将刻度盘直接退回至所需要的刻度线，而应该按照图6-23所示的方法进行操作，以消除丝杆螺母间隙的影响，避免产生误差。

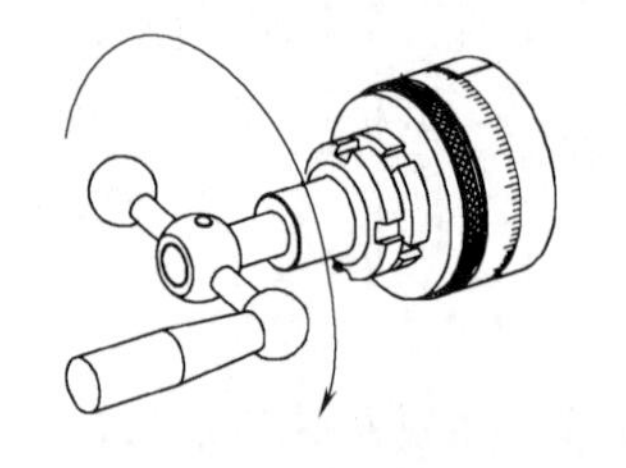

(a) 进刀超过应有刻度

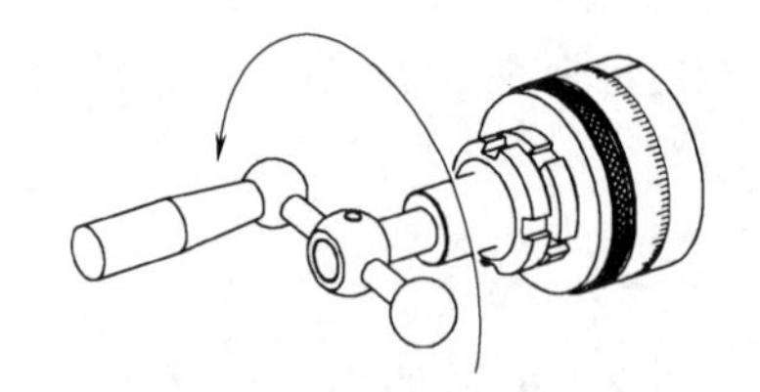

(b) 手柄多退半圆

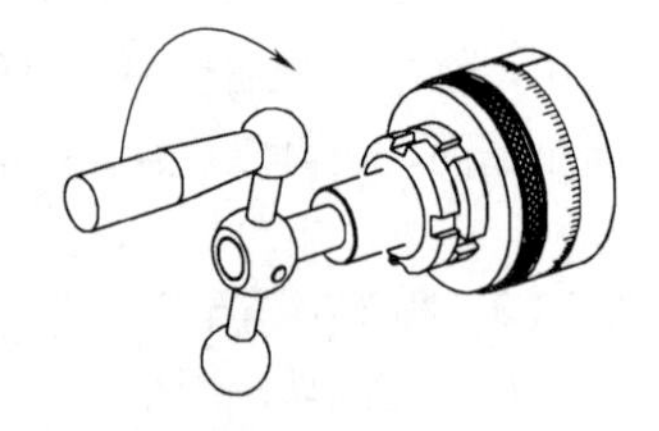

(c) 重新进刀至应有刻度

图6-23 正确使用手柄调整刻度的操作方法

（2）试切法调整加工尺寸　由于刻度盘和横向进给机构存在误差，在精加工中，仅依靠刻度盘来调整背吃刀量是不能满足要求的。为了准确地控制背吃刀量，保证工件加工的尺寸精度，需要采用试切法进行车削。以外圆车削为例，其试切法步骤如图6-24所示。如果按照背吃刀量 a_{p1} 试切后尺寸合格，就可以按照 a_{p1} 加工出整个外圆。如果试切后尺寸不合格，应重新调整背吃刀量为 a_{p2}，再次进行试切、测量，直到尺寸合格为止。

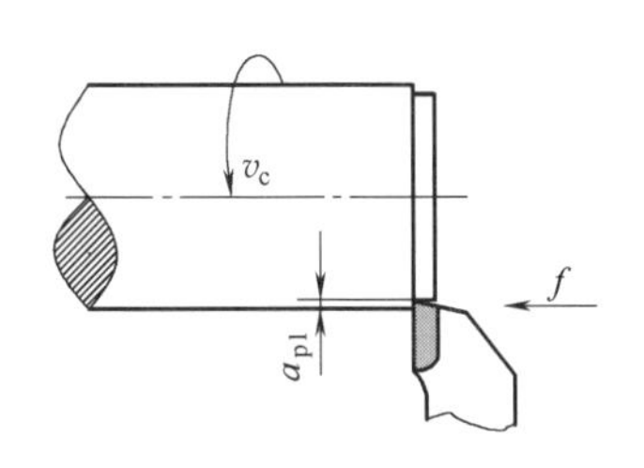

(a) 以a_{p1}试切外圆1～3mm长

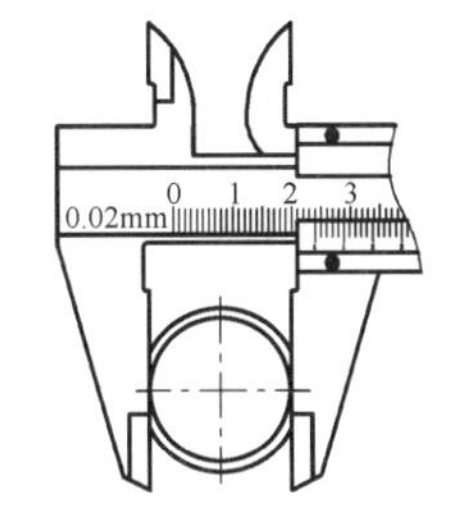

(b) 纵向退出车刀、停车、测量

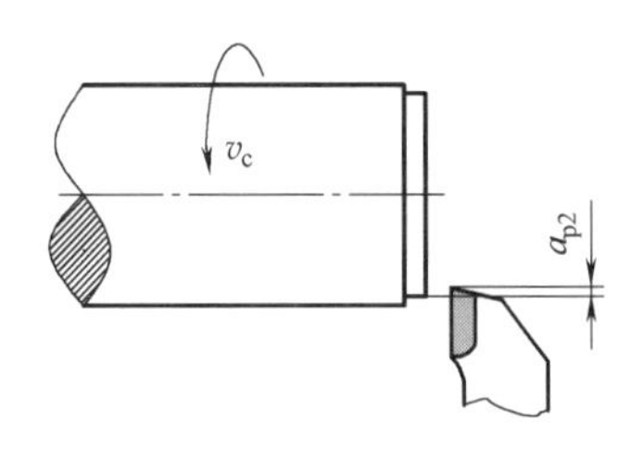

(c) 进刀至a_{p2}，自动进给车外圆

图 6-24　试切法步骤

6.5.2.5　车台阶面

车台阶同车外圆相似，主要区别是控制好台阶的长度及直角，一般采用偏刀车削。

高度小于 5mm 的台阶称为低台阶，应使 90°偏刀的主切削刃与工件轴线垂直，用一次走刀车完并形成直角，如图 6-25（a）所示。其中台阶的长度用划线的方法来控制，如图 6-21（a）所示。

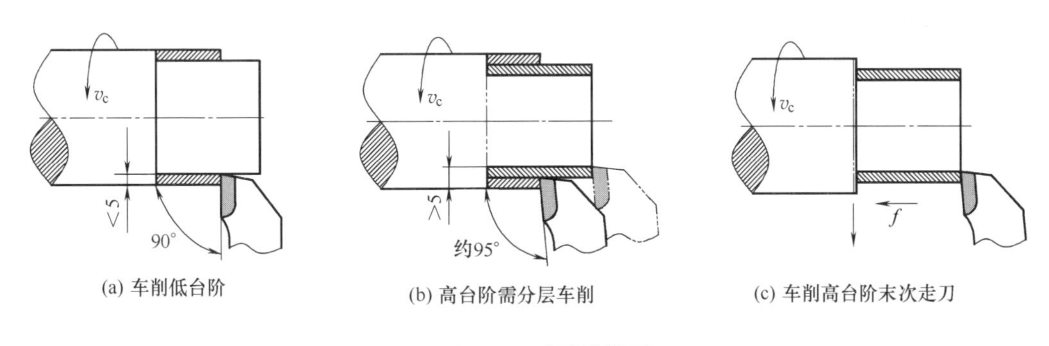

图 6-25　车削台阶面

高度大于 5mm 的台阶称为高台阶。其车刀的安装应使主切削刃与工件轴线呈 93° ~95° 角，台阶的长度依然用划线来控制，但要留出车直角的余量，如图 6-25（b）所示，需要分层车削。如图 6-25（c）所示，在末次纵向送进后，用手摇中刀架，使车刀缓慢均匀地横向退出，以形成台阶的直角。台阶长度的检测可以采用带测深尺的游标卡尺测量，批量生产时用样板检测。

6.5.3　切槽和切断

（1）切槽　回转体工件表面经常有一些沟槽，如螺纹退刀槽，砂轮越程槽、油槽、密封圈槽等，这些槽通常分布在外圆表面、内孔或端面上。切槽所用的刀具为切槽刀，它有一条主切削刃、两条副切削刃和两个刀尖，加工时沿径向由外向中心进刀，安装时刀尖要对准工件轴线，主切削刃平行工件轴线，刀尖要与工件轴线等高。

宽度小于 5mm 的沟槽称为窄槽，用主切削刃与槽宽相等的切槽刀一次车削完成。宽度大于 5mm 的沟槽称为宽槽，车削时先沿纵向分段粗车，再精车，获得完整的槽深及槽宽，如图 6-26 所示。

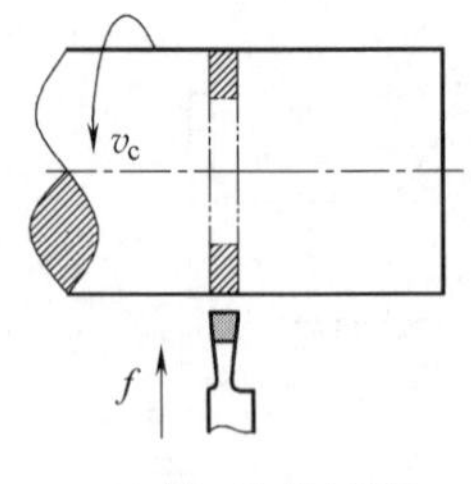

(a) 第一次横向进给

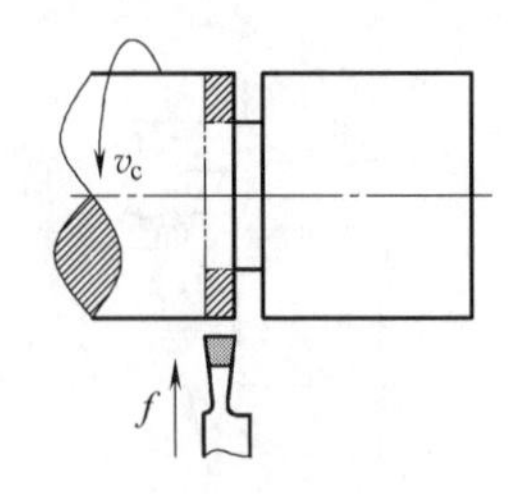

(b) 第二次横向进给

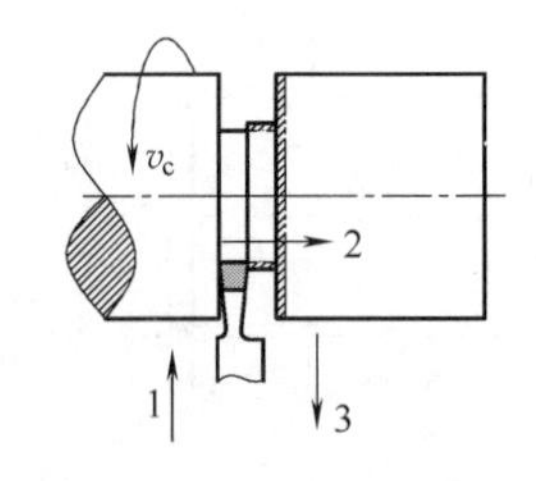

(c) 末次横向进给后再纵向精车槽底

图6-26　切宽槽

（2）切断　切断是将坯料或工件从夹持端上分离下来的工艺。切断刀与切槽刀相似，只是刀头更为窄长，刚性更差，刀头宽度一般为2~6mm，长度比工件的半径长5~8mm。安装切断刀时，刀杆应垂直于工件的轴线，刀头伸出方刀架的长度要短，刀尖必须与工件回转中心等高，否则切断处将剩有凸台，且刀头容易损坏，如图6-27所示。

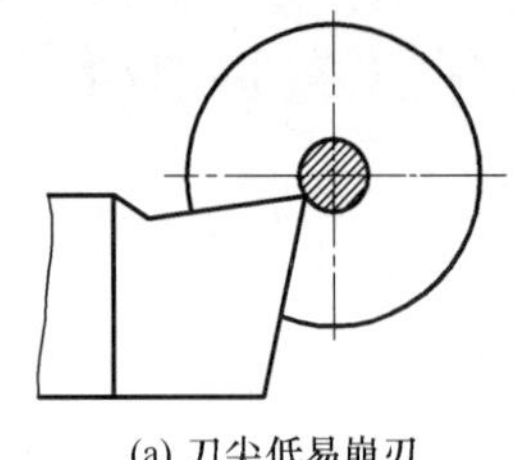
(a) 刀尖低易崩刃

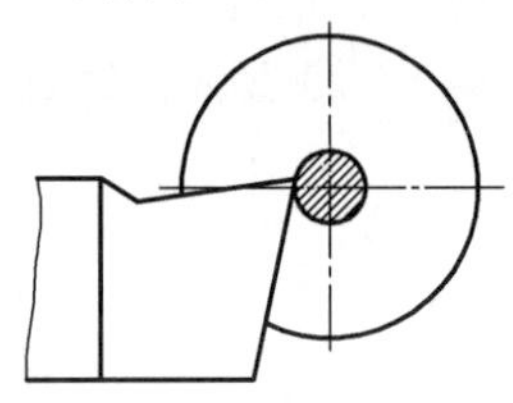
(b) 刀尖高不易切削

图6-27　切断刀的安装

切断时呈半封闭切削，刀具要切至工件中心，排屑困难，容易将刀具折断。在切断钢等塑性材料时常采用左、右借刀法切削，如图6-28所示。切断时应注意下列事项。

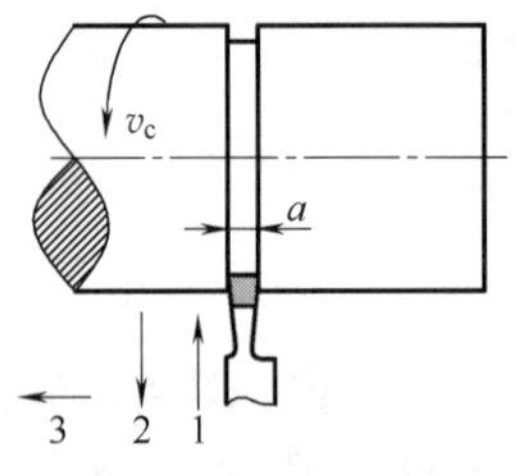

(a) 切第一个槽至一定深度

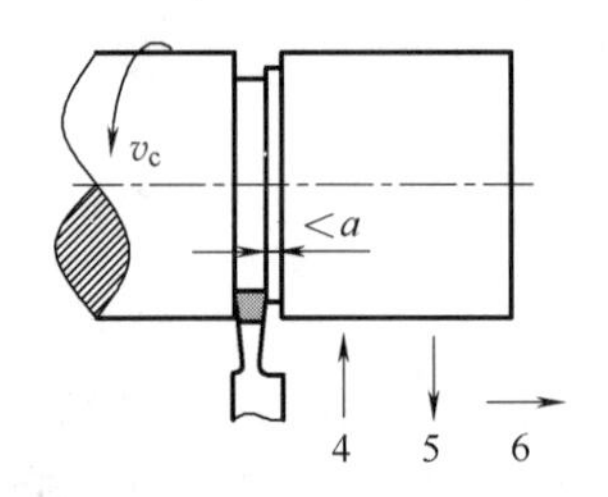

(b) 切第二个槽至一定深度

图6-28　左、右借刀法切断操作

1—横向切槽至一定深度；2—横向退刀；3—纵向移动半个刀宽；

4—横向切槽至一定深度；5—横向退刀；6—返回再切第一个槽，如此往复

① 切断时切断部位应尽可能靠近卡盘，以增强工件刚性，减小切削时振动。

② 切断刀伸出不宜过长，以增强刀具刚性。

③ 减小刀架各滑动部分的间隙，提高刀架刚性，减小切削过程中的变形与振动。

④ 切断时切削速度要低，采用缓慢均匀的手动进给，以防进给量太大造成刀具折断。

⑤ 切钢件时应适当使用切削液，加快切断过程的散热。

6.5.4　车圆锥

圆锥体和圆锥孔的圆锥面配合具有接触紧密，装拆方便，定心精度高，而且小锥度配合表

面还能传递较大的扭矩等优点。例如，大直径的麻花钻、顶尖与尾座套筒都使用锥柄结构配合，如图 6-29 所示。

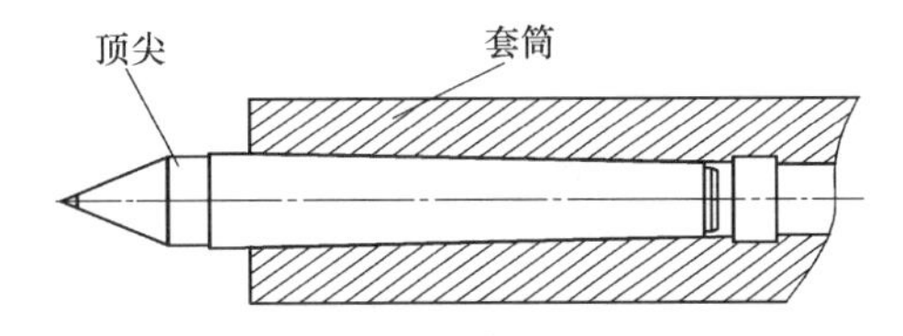

图 6-29　顶尖与尾座套筒采用圆锥面配合

机械工程中常用的标准圆锥有米制圆锥和莫氏圆锥两类。米制圆锥锥度值固定为 1∶20，大端直径按标准系列变化，常用号有 4、6、80、100、120、140、160、200 共 8 个号，号数表示圆锥的大端直径；莫氏圆锥锥角是按系列变化的，基准直径不变，莫氏圆锥及莫氏锥度分为 0、1、2、…、6 等 7 种。莫氏圆锥及莫氏锥度目前在机械制造业中应用较为广泛，如钻头、铰刀、车床主轴孔。

圆锥体的基本参数有大端直径 D、小端直径 d、圆锥半角 $\alpha/2$、锥度 k 和圆锥长度 L，如图 6-30 所示。计算公式如下：

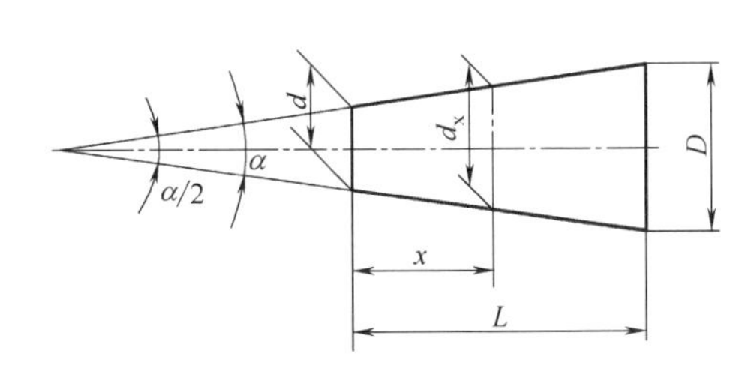

图 6-30　圆锥基本尺寸

$$D = d + 2L\tan\frac{\alpha}{2} = d + kL$$

$$d = D - 2L\tan\frac{\alpha}{2} = D - kL$$

$$\tan\frac{\alpha}{2} = \frac{D-d}{2L}$$

$$k = \frac{D-d}{L} = 2\tan\frac{\alpha}{2}$$

车圆锥面常用的方法有宽刀法、小刀架转位法、偏移尾座法和靠模法，其中，小刀架转位法和偏移尾座法是生产中最常用的两种加工方法。

（1）宽刀法　宽刀法是利用主切削刃横向直接车出圆锥面，如图 6-31 所示，切削刃的长度要略长于圆锥母线长度，切削刃与工件回转中心线成半锥角，这种方法方便、迅速，能加工任意角度的内、外圆锥。车床上倒角实际就是宽刀法车削短圆锥。此种方法加工的圆锥面很小，对切削加工系统的刚性要求较高，适用于批量生产。

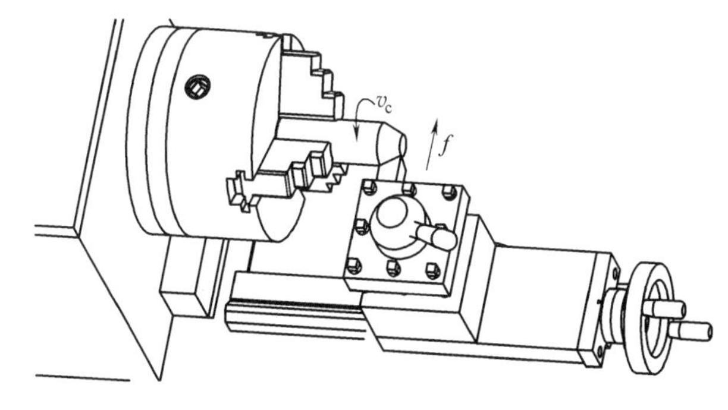

图 6-31　宽刀法车圆锥

（2）小刀架转位法　小刀架转位法是转动车床中刀架上的转盘，使小刀架转过半锥角 $\alpha/2$，在拧紧转盘锁紧螺母后，让小刀架沿斜向进给，便可以车出圆锥面，如图 6-32 所示。这种方法操作简单方便，适用于车削长度小于 100mm 各种锥度的内、外圆锥，能保证一定的加工精度，多用于单件、小批量生产。由于受小刀架行程的限制，不能加工太长的圆锥，且小刀架只能手动进给，加工锥面的粗糙度数值较大。

（3）偏移尾座法　尾座体相对于其底座可以通过螺钉调节横向位置。偏移法尾座车锥面就是利用尾座带动后顶尖横向偏移距离 S，使得安装在前、后两顶尖之间的工件回转轴线与主轴线成半锥角，这样车刀作纵向走刀车出的回转体母线与回转体中心线成斜角，形成圆锥面，如图 6-33 所示。这种方法适合加工锥度 α<10°、锥面较长的外锥面，车削时可自动进刀，车出锥面的表面粗糙度值较小。

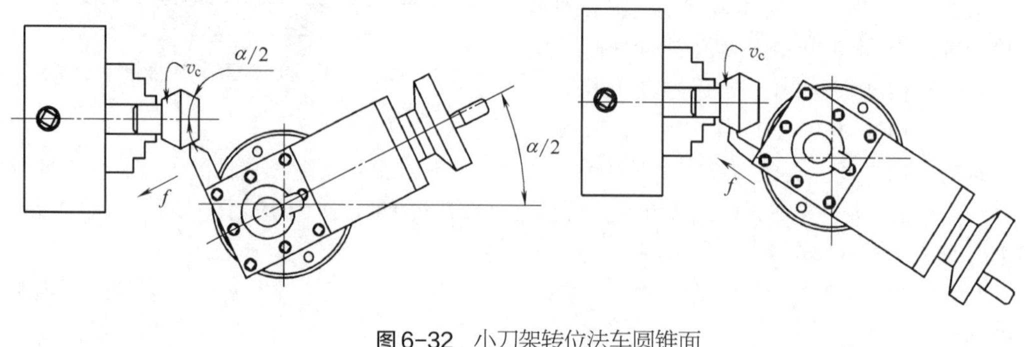

图 6-32　小刀架转位法车圆锥面

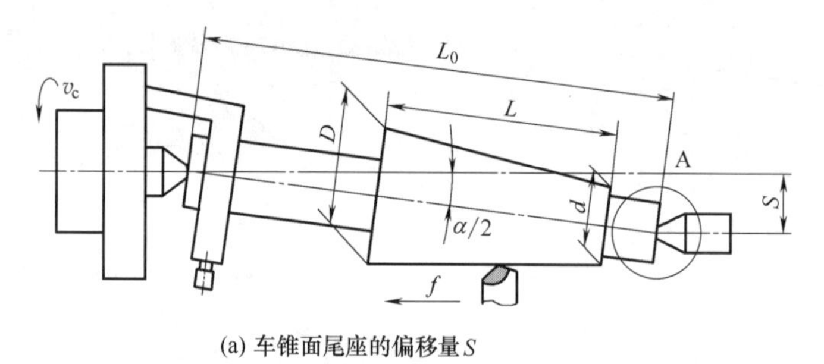

(a) 车锥面尾座的偏移量 S

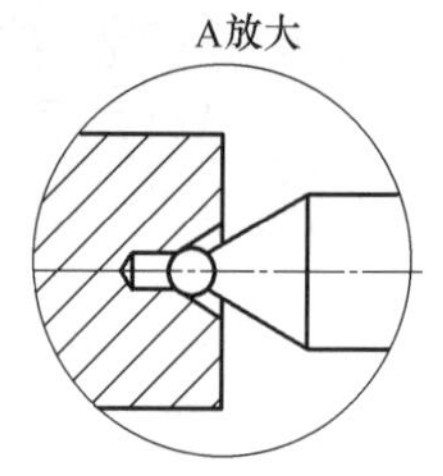

(b) 球面顶尖放大图

图 6-33　偏移尾座法车圆锥面

（4）靠模法　在大批量生产中还经常用靠模法车圆锥面。如图 6-34 所示，靠模装置的底座固定在床身的后面，底座上装有靠模板。松开紧固螺钉，靠模板以绕定位销钉旋转与工件的轴线成一定的斜角。靠模板上滑块可以沿靠模滑动，而滑块通过连接板与刀架连接在一起，中刀架上的丝杆与螺母脱开，其手柄不再调节刀架横向位置，而是将小刀架转过 90°，用小刀架上的丝杆调节刀具横向位置以调节所需的背吃刀量。如果工件的锥角为 α，则将靠模调节成 $\alpha/2$ 的斜角，当刀架作纵向自动进给时，滑块就沿着靠模滑动，从而使车刀的运动平行于靠模板，车出所需的圆锥面。靠模加工平稳，工件的表面质量好，生产效率高，可以加工 α<12° 的内、外长圆锥面。

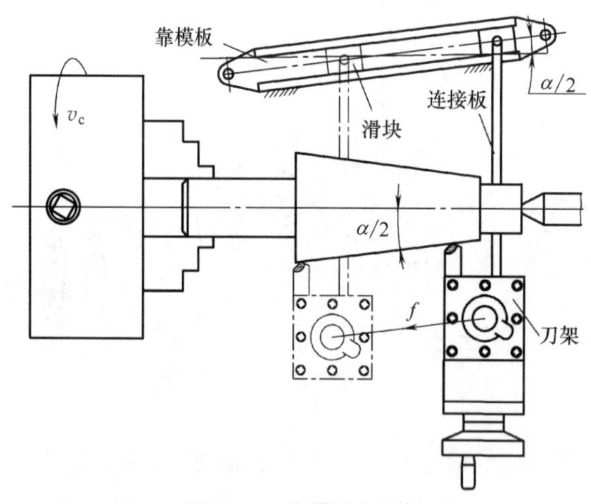

图 6-34　靠模法车圆锥面

6.5.5　车成形面

在回转体上有时会出现母线为曲线的回转表面，如手柄、手轮、圆球等，这些表面称为成形面。车削成形面的方法有手动法、成形刀法、靠模法和数控车削等。

（1）手动法　手动法也称双手控制法。操作者双手同时控制中刀架和小刀架进给，使刀尖运动的轨迹尽量与回转体成形面的母线吻合，如图 6-35 所示。手动法车削成形面难度较大，要领在于两手动作要协调，在车削过程中还要经常用成形样板检验，通过反复加工、修正才得到需要的表面，如图 6-36 所示。手动法加工方便，但对操作者技术要求较高，生产效率低，加工精度低，一般用于单件或小批量生产。

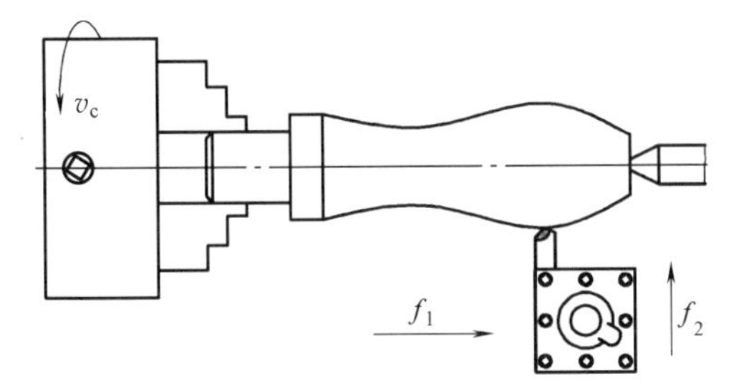

图 6-35　手动法车成形面

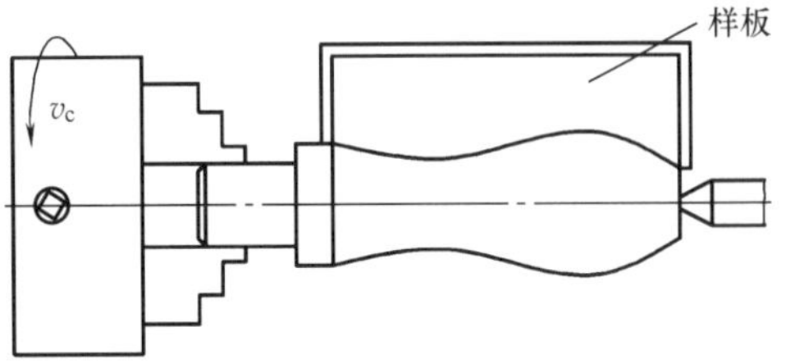

图 6-36　用样板检验成形面

（2）成形刀法　成形刀法车成形面与用宽刀法车锥面类似，成形刀的切削刃与成形面的母线是一致的，加工时通过车床的横向进给直接车出成形面。专用成形刀设计、制造复杂，成本较高，此方法用于批量生产。

（3）靠模法　与靠模法车锥面相同，只是连接板或靠模拉杆前端装有滚轮，当刀架纵向进给时，拉杆上滚轮在靠模曲线槽内作强制运动，从而使刀架上的刀尖沿着曲线轨迹移动，加工出相应的成形面，如图 6-37 所示为用靠模法加工手柄。靠模法加工成形面生产率较高，但须制造靠模曲线槽，曲线槽精度直接影响成形面的形状精度，因而多用于有一定精度要求成形面的批量生产。

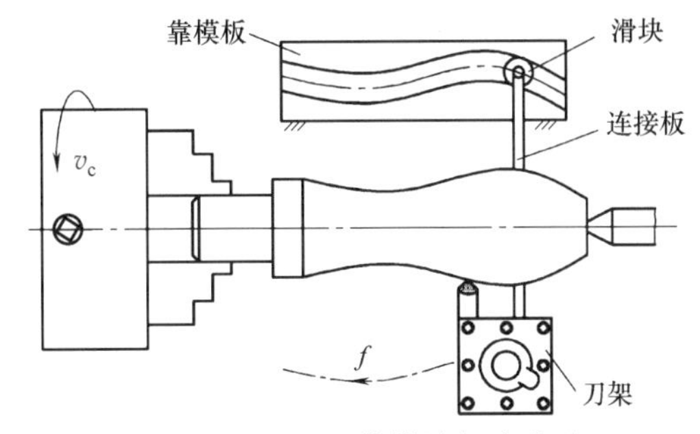

图 6-37　用靠模法车成形面

（4）数控车削成形面　在数控加工中，只需要编制相应的加工程序，数控车床就能自动完成各种成形面（以及锥面）的车削。在车削时程序指令能控制刀具作横向和纵向联动，实现精确的刀尖曲线运动轨迹，极易获得较高的尺寸精度和较低的表面粗糙度，其加工效率较高，适合大批量生产。这是目前普通车削加工向数控车削加工发展的必然结果。

6.5.6　车床上的孔加工

在车床上可以进行钻孔、扩孔、铰孔和镗孔等操作。

（1）钻中心孔　中心孔是轴类工件在顶尖上安装或加工工艺的定位基准。中心孔有 A、B、C 三种类型，其中，A 型由 60° 锥孔和里端小圆柱孔形成，60°锥孔与顶尖的 60°锥面配合，里端的小孔用以保证锥孔面与顶尖锥面配合贴切，并可储存少量的润滑油，如图 6-38（a）所示；B 型中心孔的外端多了个 120°的锥面，用以保证 60°锥孔的外缘不碰伤，另外也便于轴类零件在被顶尖顶住的情况下车端面，如图 6-38（b）所示。由于中心孔直径小，在车床上钻中心孔时要选择较高的转速并缓慢均匀进给，待钻至要求的深度后，应让中心钻稍作停留，以降低中心孔的表面粗糙度。

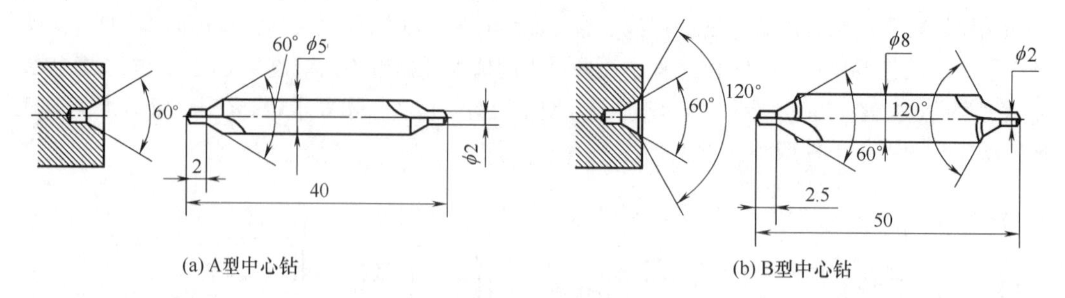

图 6-38　中心钻

（2）钻孔　轴类零件端面的孔常用麻花钻头在车床加工，也可用扩孔钻或机用铰刀进行扩孔和铰孔。车床钻孔前应该先车平工件端面，然后用中心钻在工件中心处先钻出中心孔用于麻花钻头的定心，或用车刀在工件中心处车出定心小坑，最后用与所钻孔直径一致的麻花钻进行钻削，麻花钻的工作部分应略长于孔深。如果是直柄麻花钻，则用钻夹头装夹后插入尾座套筒，如图 6-39（a）所示。而锥柄麻花钻用莫氏变径套（过渡套筒）或直接插入尾座套筒使用，如图 6-39（b）所示，其中“变径套 MT2/1”是指莫氏锥度 2 号变 1 号的套筒。CA6136 车床尾座套筒锥孔的锥度为莫氏 4 号的。

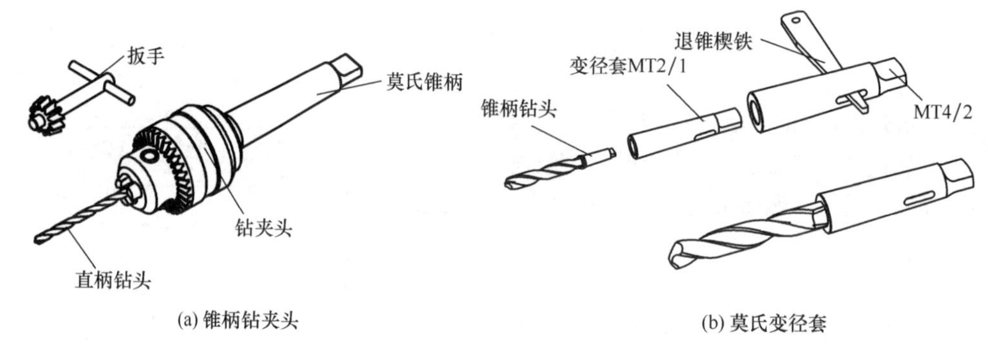

图 6-39　麻花钻的装夹

车床上的钻孔加工如图 6-40 所示，其中工件的旋转为主运动，钻头的纵向移动为进给运动。由于钻头刚度差、孔内散热和排屑较困难，钻孔时的进给速度不能太快，切削速度也不宜太快。要经常退出钻头排屑冷却。钻钢件时要加切削液冷却，钻铸铁件时一般不加切削液。

钻通孔时，在即将钻通前要减小进给量，以防钻头折断，孔被钻通后，先退钻头后停车。钻盲孔时，可以利用尾座刻度盘或做记号来控制孔的深度。

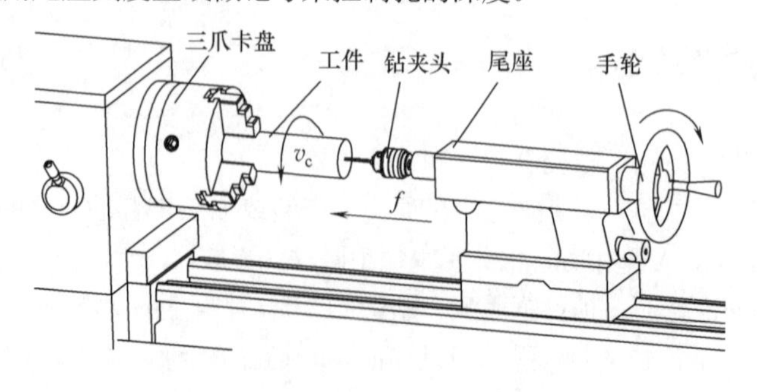

图 6-40　在车床上钻孔

（3）车孔　在车床上车孔也称为镗孔，是利用车孔刀对工件上已经铸出、锻出或钻出的孔作进一步加工，车孔主要用于较大直径孔的加工，可以进行粗加工、半精加工和精加工。车孔可以提高原有孔的轴线位置精度。常用的内孔车刀有通孔车刀和不通孔车刀两种，如图6-41所示。车孔时车刀要进入孔内切削，车刀杆比较细且旋伸长度较大，故刚性较差，因此加工时背吃刀量和进给量都选得较小，当加工余量较大时，走刀次数就多，生产率不高，但车孔加工的通用性强，广泛应用于单件小批量生产。

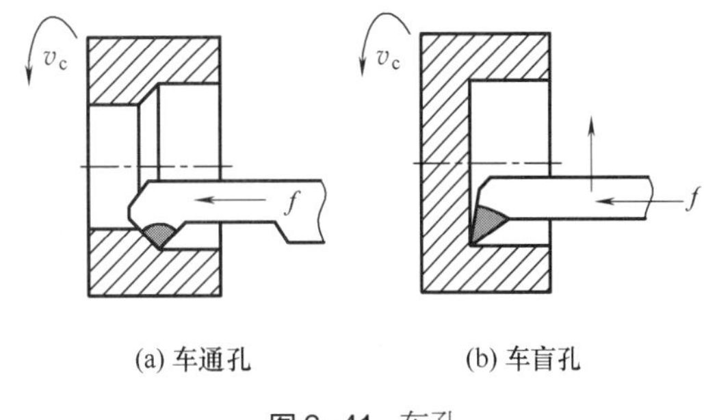

(a) 车通孔　(b) 车盲孔

图6-41　车孔

由于车孔加工是在工件内部进行的，操作者不易观察到加工状况，操作比较困难，应注意下列事项。

① 车孔时车刀杆尽可能粗一些，但在车不通孔时，车刀刀尖到刀杆背面的距离必须小于孔的半径，否则孔底中心部位无法车平。

② 装夹车刀时，刀尖应略高于工件回转中心，留出变形量，以减少加工中的颤振和扎刀现象，也可以减少车刀下部碰到孔壁的可能性，尤其车小孔时。

③ 车刀伸出刀架长度应尽量短些，以增强车刀杆的刚性，减少振动，但伸出长度要大于车孔深度。

④ 车孔时因刀杆相对较细，刀头散热条件差、排屑不畅、易产生振动和让刀，所以选用的切削用量比车外圆小些。其调整方法与车外圆基本相同，只是横向进给方向相反。

⑤ 开动机床车孔前使车刀在孔内手动试走一遍，确认无运动干涉后再开车切削。

6.5.7　滚花

许多工具和机器零件的手握部分，为了增加摩擦，便于握持或增加美感，常常在表面滚压出不同的花纹，如铰杠扳手、一些仪器仪表的旋钮等，这些花纹一般是在车床上用滚花刀挤压成形的。常见的花纹有直纹和网纹两种，如图6-42所示。其中，直纹滚花常用单轮直纹滚花刀滚压获得， 如图6-43（a）所示。网纹滚花刀既可用单轮网纹滚轮滚压，如图6-43（b）所示，也可以用双轮网纹滚花刀滚压，双轮网纹滚花刀是由两个旋向相反的斜纹滚花轮组成的，如图6-43（c）所示。另外，花纹也有粗细之分，工件上花纹的粗细取决于滚轮花纹的粗细。

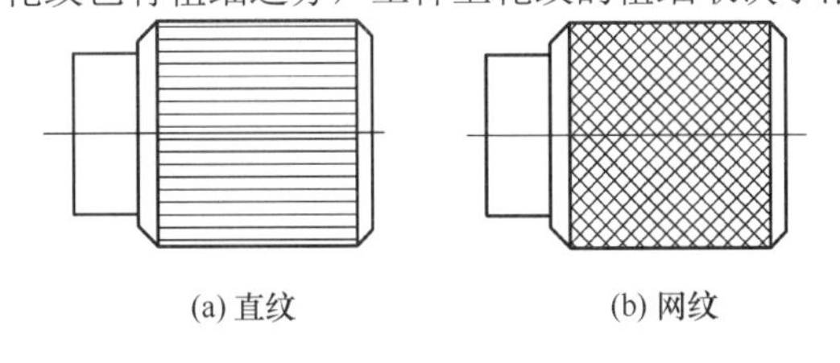

(a) 直纹　(b) 网纹

图6-42　滚花常见的花纹形式

滚花时工件受的径向力大，工件装夹时应使滚花部分靠近卡盘，滚花时工件转速要低，要充分润滑，减少塑性流动的金属对滚轮的摩擦，防止产生乱纹。

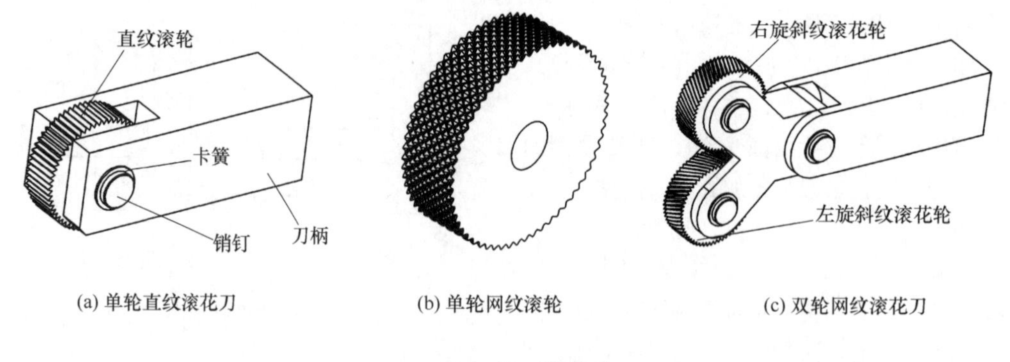

图6-43 滚花刀

6.5.8 车螺纹

在车床上用螺纹车刀加工螺纹称为车螺纹。在车床上可以加工的螺纹类型有普通螺纹、梯形螺纹或矩形螺纹。常见的普通螺纹尺寸构成如图6-44所示，其中：

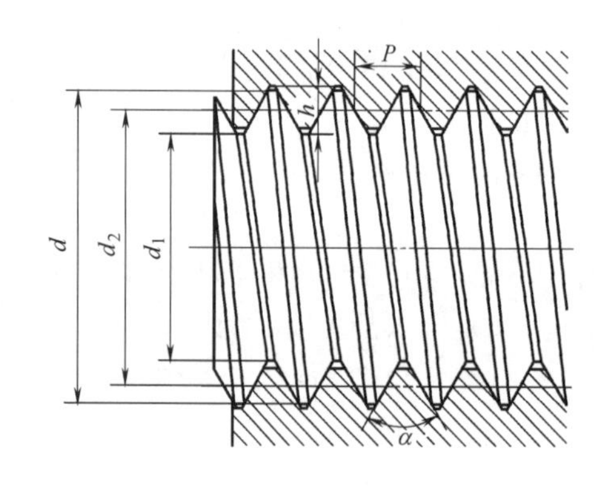

图6-44 三角螺纹基本尺寸

α 为牙型角，即螺纹在轴线方向剖面的牙型角度，公制普通螺纹的牙型角为60°。

P 为螺距，即相邻两牙沿轴线方向的距离；

d 为大径，外螺纹的牙顶直径或内螺纹的牙底直径（D）；

d_1 为小径，外螺纹的牙底直径或内螺纹的牙顶直径（D_1）；

d_2 为中径，通过螺纹轴向截面内牙型上的沟槽和凸起宽度相等处的假想圆柱的直径；

h 为螺纹牙型三角形的高度。

在车床上车螺纹时，螺纹车刀切削部分的形状必须与螺纹的牙型相符，且车刀的刀尖角必须与螺纹的牙型角 α 相等。安装车刀时，刀尖应与工件轴线等高，刀尖角的等分线应垂直于工件轴线，如图6-45所示，可以用角度样板对刀辅助安装。此外，应调整车床保证工件旋转一周，车刀准确移动一个螺距。

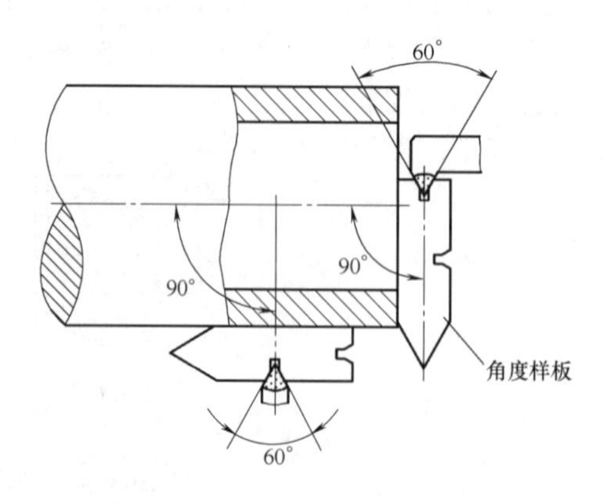

图6-45 螺纹车刀的安装

车削螺纹前应先将工件外圆车至一定的尺寸，如果是阶梯轴则应在阶梯根部车出螺纹退刀槽。车螺纹时的基本操作步骤如图6-46所示。

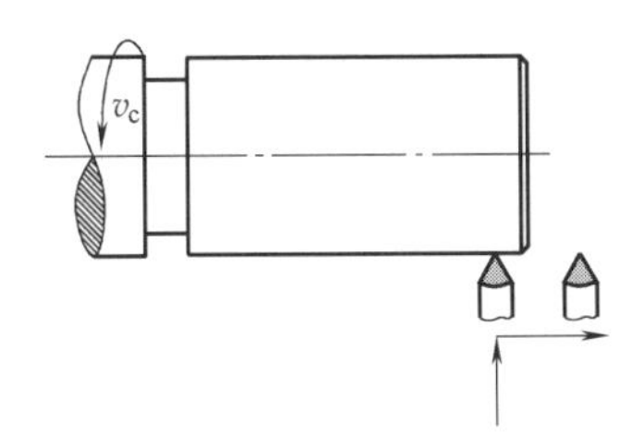

(a) 开车对刀，记下中刀架刻度盘读数，再向右退出车刀

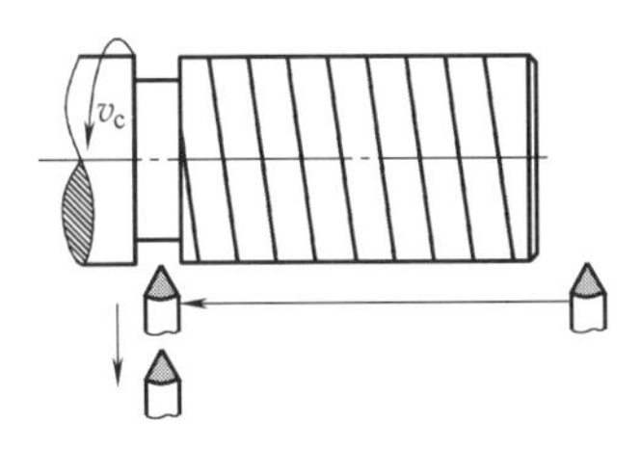

(b) 合上开合螺母，在工件表面试切一条螺旋线，快速横向退刀

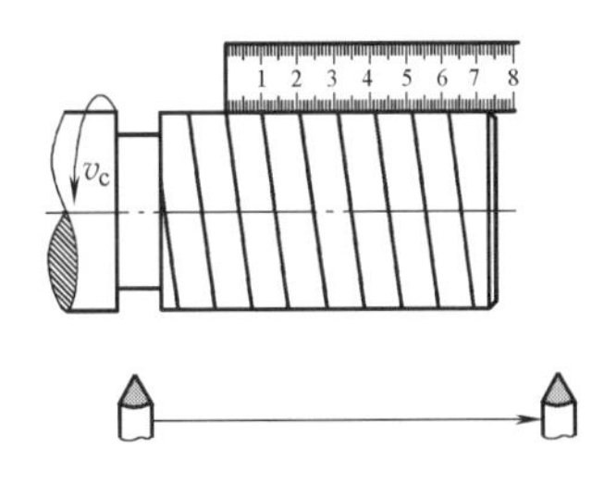

(c) 开反车，车刀退至工件右端后停车，测量螺旋线螺距是否正确

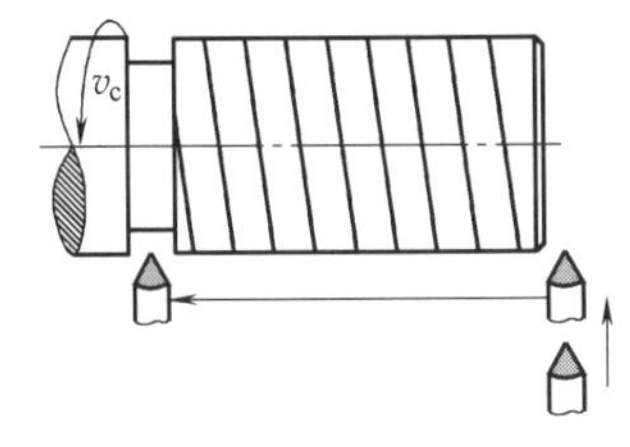

(d) 利用中刀架刻度盘调整背吃刀量，开车切削

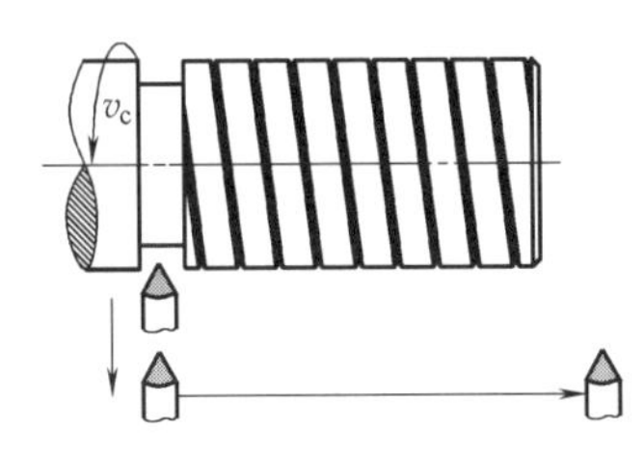

(e) 车刀将至行程终了时，做好退刀停车准备，先快速退刀，再停车，然后开反车退刀至工件右端

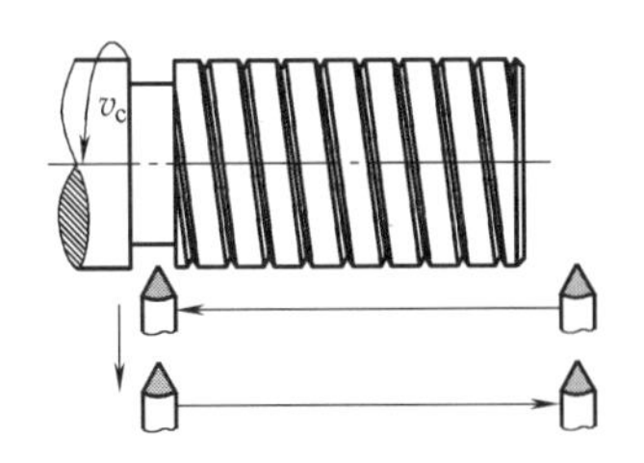

(f) 再次调整背吃刀量，重复以上操作步骤，直至加工结束

图 6-46　螺纹车削的基本操作步骤

6.6 车削加工实训

6.6.1 车削实训内容与要求

车削实训内容与要求如表 6-3 所示。

表 6-3　车削实训内容与要求

序号	内容及要求	
1	基本知识	1. 了解车削加工的特点及其在机械制造中的作用和地位，了解车削加工范围 2. 了解普通车床的种类，掌握 CA6136 车床的主要结构组成及功能 3. 掌握车削基本运动，切削三要素的定义及单位 4. 了解车削常用刀具的种类及其常用刀具的材料，掌握常用车刀的结构 5. 了解 CA6136 车床的主要附件的结构、使用方法和应用范围 6. 掌握车床的安全操作技术规程和设备的维护保养知识
2	基本技能	1. 熟练掌握 CA6136 车床基本操作，包括开车、停车、对刀、试切、手动和自动进给、开合螺母的操纵等 2. 熟练掌握工具的装夹，刀具的安装，以及正确使用量具测量尺寸的操作 3. 熟练掌握车端面、外圆、切槽、切断、钻孔和滚花的基本操作方法，能熟练应用小刀架转位法车外圆锥面，了解车削螺纹的操作方法 4. 按要求独立完成锥轴、榔头把零件的加工，具备一定的工艺分析能力

6.6.2 车削加工安全操作规程

（1）开车前准备

① 做好个人防护工作，整理好工作服，戴好防护眼镜，长发盘入帽中；

② 检查机床各手柄是否处于正常位置，各处润滑油是否充分；

③ 刀具安装要垫好放正夹牢，刀具装卸或者切削加工时要锁紧方刀架；

④ 工件安装要装正夹牢、工件安装或者拆卸后要及时取下卡盘扳手。

（2）开车后注意事项

① 不能改变主轴转速；

② 不能测量旋转的工件尺寸；

③ 不能用手触摸旋转的工件和卡盘；

④ 不能用手清除切屑，必须用专用工具或者毛刷；

⑤ 切削时要集中精力，认真观察，不得离开机床。

（3）加工中，若发生事故

① 立即停车，关闭电源，保护现场并及时向指导老师汇报；

② 分析原因，寻找解决办法，总结经验，避免再次发生。

（4）加工结束后

① 关闭电源，擦拭机床，打扫场地，加注润滑油；

② 擦拭机床时注意铁屑、刀尖伤手，防止卡盘、刀架、尾座等发生碰撞。

6.6.3 车削加工操作训练

（1）锥轴零件的加工　如图 6-47 所示的锥轴是车削加工过程中的典型零件，加工该零件需用到车端面、车外圆、车台阶、车圆锥面、切断的基本操作，此外，为了保证加工质量还需用到试切法，其车削工艺过程如表 6-4 所示。

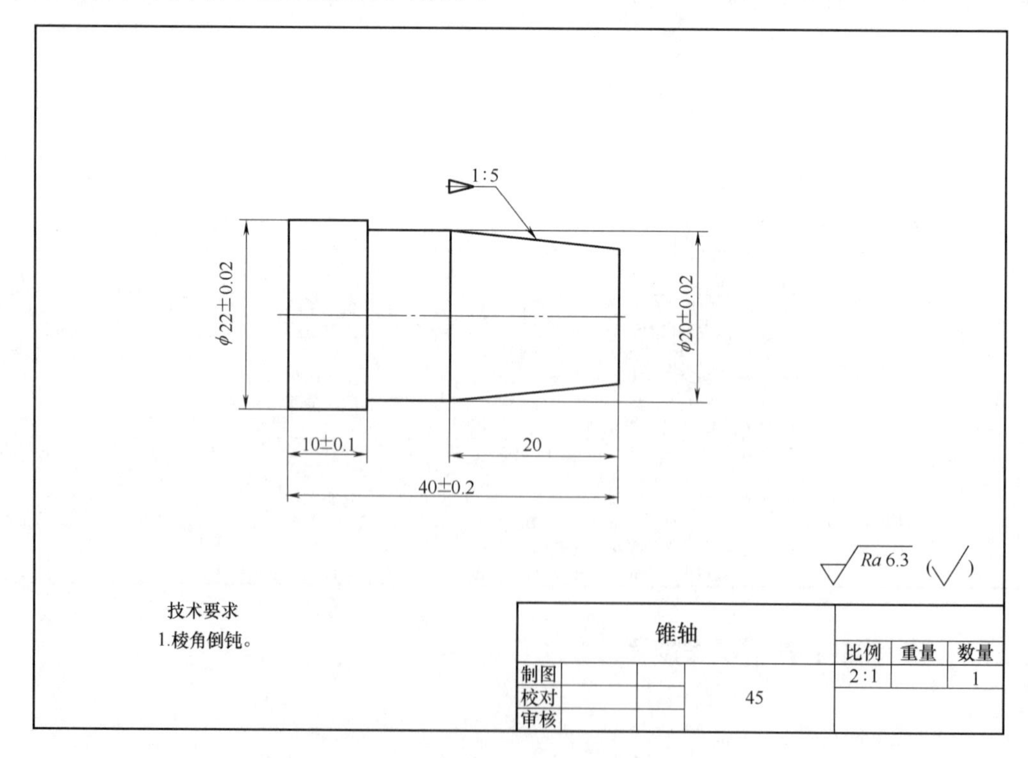

图 6-47　锥轴零件图

⊡ 表6-4　锥轴零件车削工艺过程　　　单位：mm

材料	45	毛坯种类	圆钢	毛坯尺寸	ϕ25×300
加工顺序	工序内容	工序简图			机床、夹具、刀具、量具
1	夹 ϕ25 毛坯，长 55，车平端面	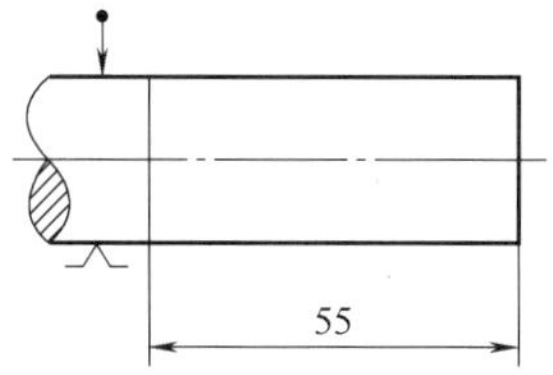 55			CA6136 车床、三爪卡盘、外圆车刀、游标卡尺
2	车 ϕ22±0.02 外圆至尺寸，长 43	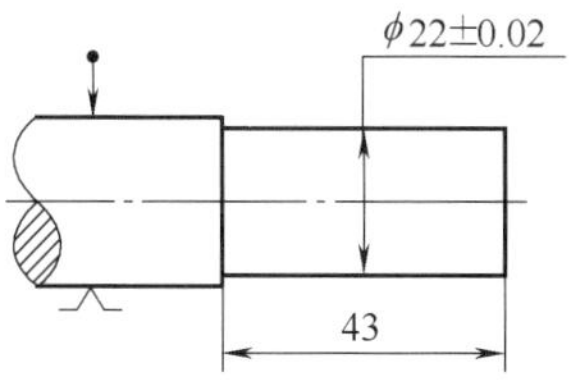 ϕ22±0.02 43			CA6136 车床、三爪卡盘、外圆车刀、游标卡尺
3	车 ϕ20±0.02 外圆至尺寸，长 30±0.1	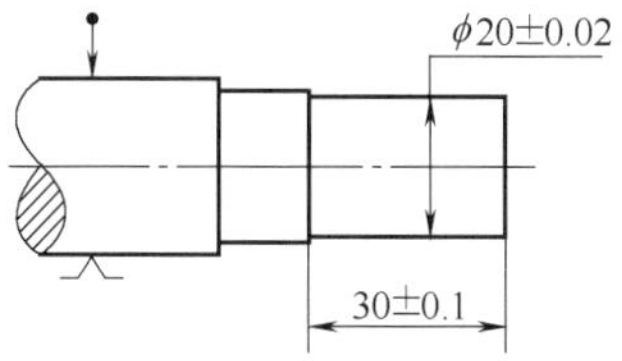 ϕ20±0.02 30±0.1			CA6136 车床、三爪卡盘、外圆车刀、游标卡尺
4	用小刀架转位法车 1∶5 外圆锥，长 20，各棱角倒钝	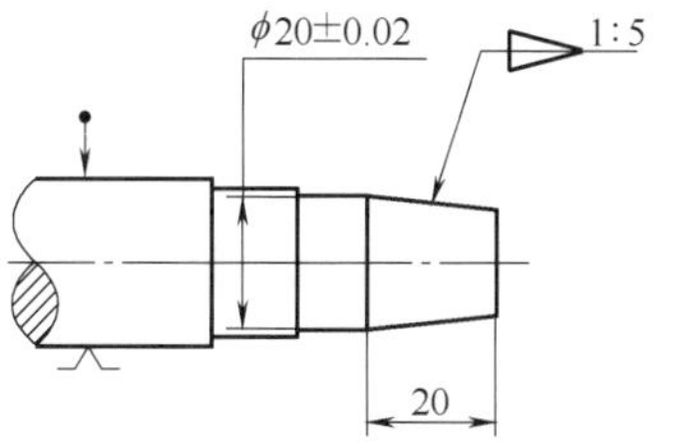 ϕ20±0.02 1∶5 20			CA6136 车床、三爪卡盘、外圆车刀、游标卡尺
5	切断，保证总长 41	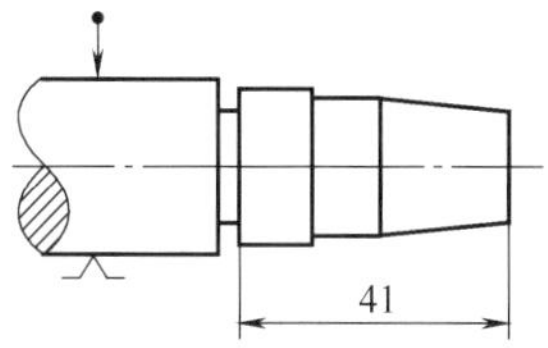 41			CA6136 车床、三爪卡盘、切槽刀、游标卡尺
6	掉头夹 ϕ20 外圆，车端面，保证 ϕ22±0.02 长度 10±0.1，总长 40±0.2，棱角倒钝	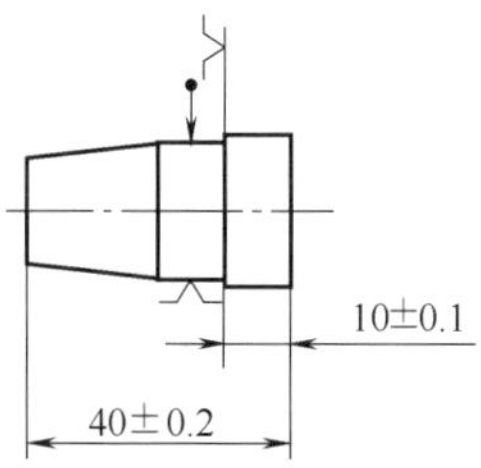 10±0.1 40±0.2			CA6136 车床、三爪卡盘、外圆车刀、游标卡尺

（2）榔头把零件的加工　如图 6-48 所示的榔头把零件是车削加工中典型的细长轴零件。

加工该零件需要用顶尖装夹工件，涉及钻中心孔、车螺纹（或套螺纹）和滚花等基本操作，其具体车削工艺过程如表 6-5 所示。

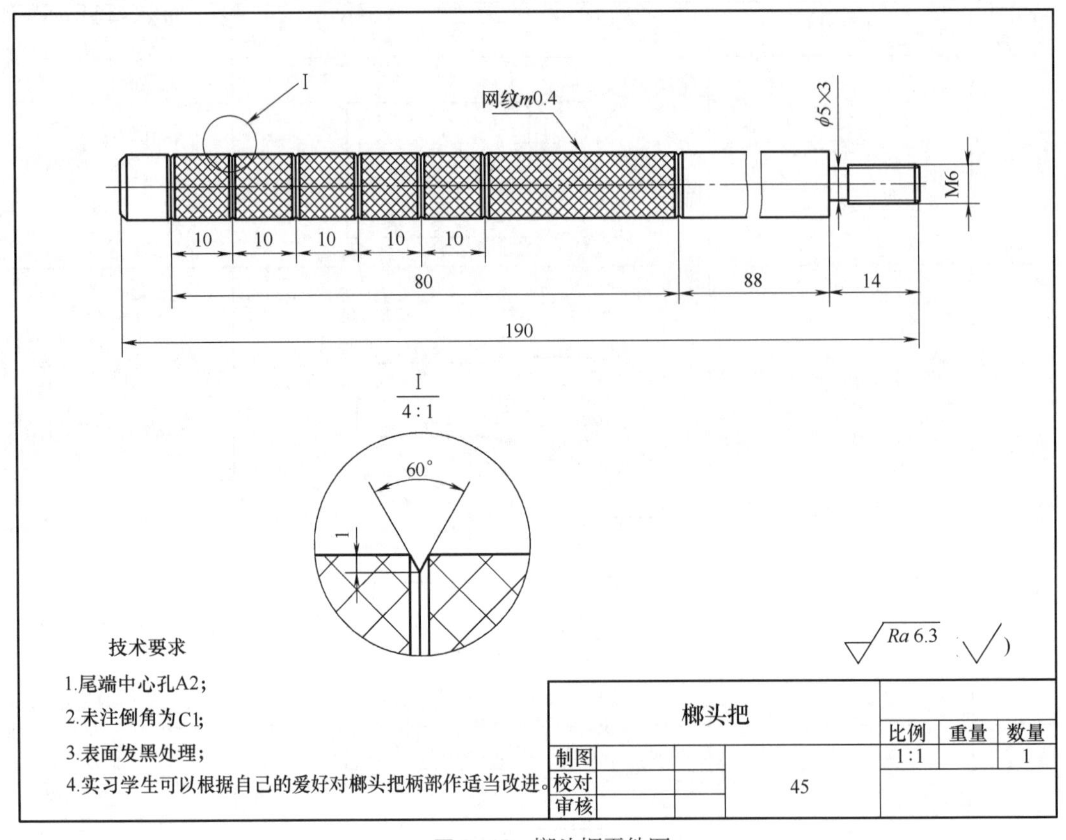

图 6-48　榔头把零件图

⊡ 表 6-5　榔头把零件车削工艺过程

单位：mm

材料	45	毛坯种类	圆钢	毛坯尺寸	ϕ12×220
加工顺序	工序内容	工序简图			机床、夹具、刀具、量具
1	夹 ϕ12 外圆，长 20，车端面，钻中心孔	20			CA6136 车床、三爪卡盘、A2 中心钻、钻夹头、外圆车刀、游标卡尺
2	车外圆 ϕ5.8×14 至尺寸，切槽 ϕ5×3 至尺寸，倒角 C1	ϕ5　ϕ5.8　3　14			CA6136 车床、三爪卡盘、外圆车刀、切槽刀、游标卡尺

续表

加工顺序	工序内容	工序简图	机床、夹具、刀具、量具
3	套螺纹 M6		CA6136 车床、三爪卡盘、顶尖、M6 板牙、板牙架、游标卡尺
4	车外圆 ϕ10×193 至尺寸		CA6136 车床、三爪卡盘、顶尖、外圆车刀、游标卡尺
5	车出各 V 形槽		CA6136 车床、三爪卡盘、顶尖、外圆车刀、外螺纹刀、游标卡尺
6	滚花 m0.4，保证总长 191 切断		CA6136 车床、三爪卡盘、顶尖、外圆车刀、双轮网纹滚花刀、切槽刀、游标卡尺
7	掉头装夹，车端面，保证总长 190，倒角 C1（1×45°）		CA6136 车床、三爪卡盘、外圆车刀、切槽刀、游标卡尺

第 7 章

铣削及刨削加工

7.1 概述

7.1.1 铣削加工适用范围

在铣床上利用铣刀的旋转和工件的移动对工件进行切削加工，称为铣削加工。铣削是金属切削加工中常用方法之一，可以加工各种平面（水平面、竖直面、斜面）、台阶、沟槽（键槽、直槽、角度槽、燕尾槽、T 形槽）、成形面（齿轮）等，也可用来切断工件，还可进行钻孔、镗孔加工，如图 7-1 所示。铣削时，铣刀的旋转运动为主运动，工件的移动为进给运动，如图 7-2 所示。铣削加工的尺寸公差等级一般可达 IT9~IT8，表面粗糙度 *Ra* 值可达 6.3~1.6μm。

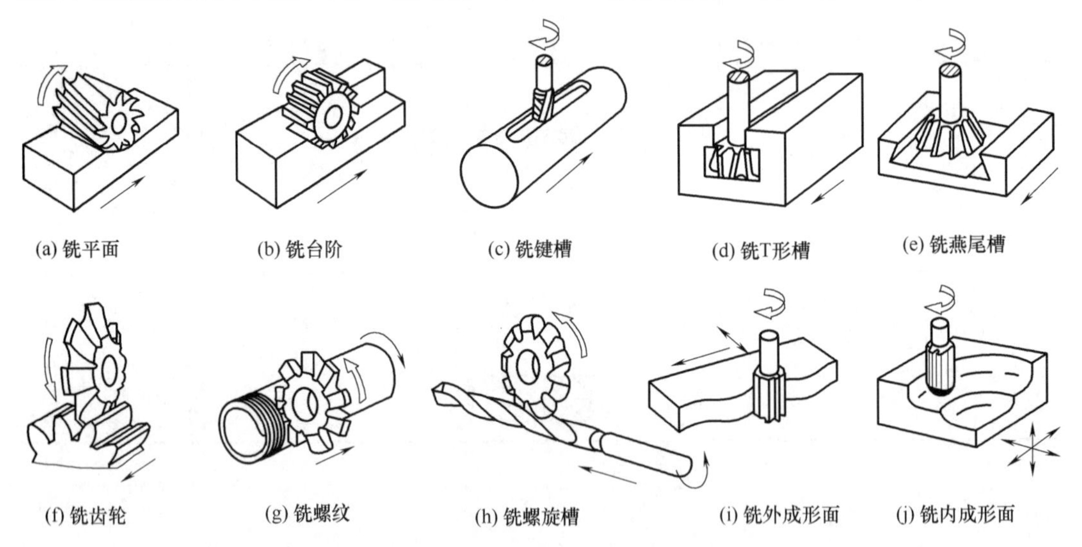

图 7-1 铣削加工的典型表面

7.1.2 铣削要素

铣削要素包括铣削速度、进给量、铣削深度和铣削宽度。

① 铣削速度 v（m/s）：铣刀最大直径处切削刃的线速度。

② 进给量 f（mm/r）：铣刀每转一周时，工件相对于铣刀沿进给方向移动的距离。

③ 铣削深度 a_p（mm）：平行于铣刀轴线方向上切削层的尺寸。

④ 铣削宽度 a_e（mm）：垂直于铣刀轴线方向上切削层的尺寸。

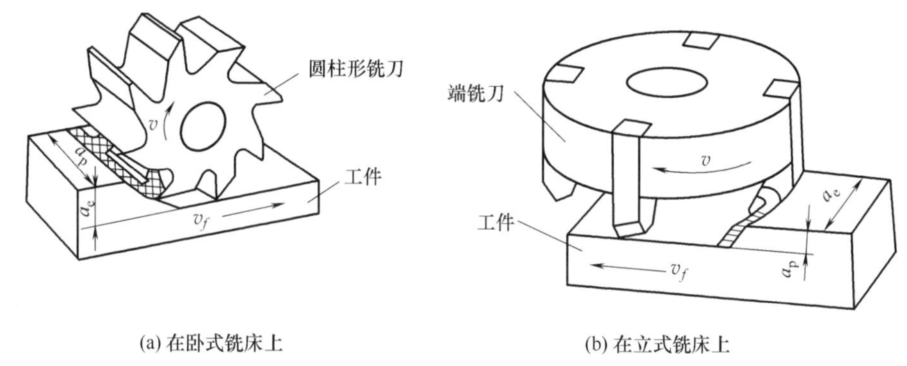

(a) 在卧式铣床上　　(b) 在立式铣床上

图 7-2　铣削运动及铣削要素

7.1.3　铣削的特点

由于铣刀是一种旋转使用的多刃刀具，铣削时属于断续切削，因而刀具的散热条件好，可以提高切削速度，是一种高效率、高精度的金属切削加工方法。但由于铣刀刀齿的不断切入和切出，致使切削力不断变化，容易产生冲击和振动。

7.2　铣床

铣床的种类很多，最常用的是卧式铣床和立式铣床。卧式铣床与立式铣床的主要区别就是它们各自的主轴的空间位置不同，卧式铣床的主轴是水平的，而立式铣床的主轴是垂直于工作台面的。

7.2.1　卧式升降台铣床

卧式升降台铣床应用非常广泛，下面以 X6132 为例作具体介绍，如图 7-3 所示。

（1）编号

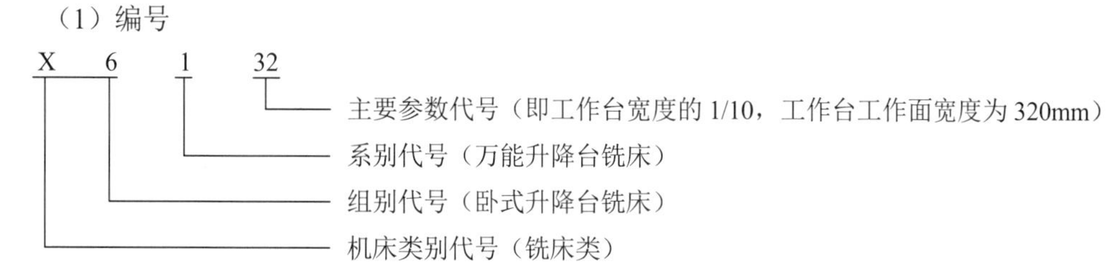

（2）主要组成部分及其作用

① 床身：主要用来固定和支承铣床上所有部件。

② 横梁：用来安装吊架、支承刀杆，以减少刀杆的弯曲和颤动，横梁的伸出长度可调整（它可沿床身的水平导轨移动）。

③ 主轴：主轴为空心轴，前端为锥孔，用来安装铣刀刀杆并带动铣刀旋转。

④ 纵向工作台：用来安装夹具和工件，它可在转台的导轨上作纵向运动，带动工件作纵

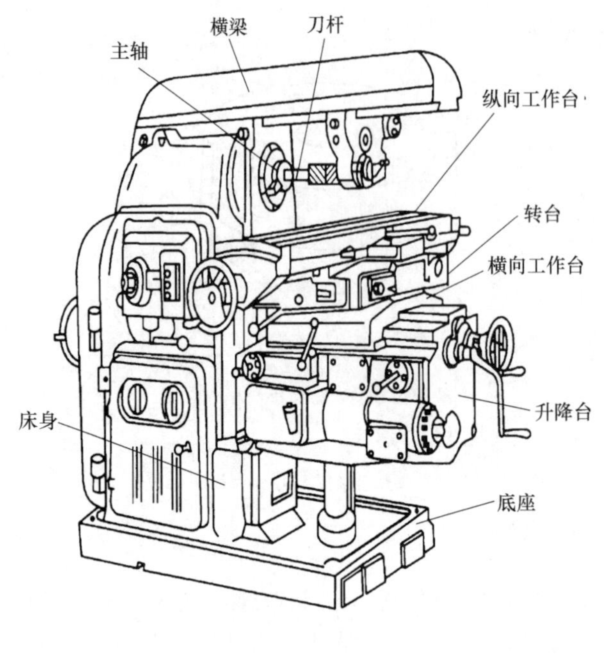

图 7-3　卧式升降台铣床

向进给。

⑤ 转台：作用是能将纵向工作台在水平面内旋转一定的角度（正、反最大均可转 45°）。

⑥ 横向工作台：位于转台和升降台之间，可沿升降台上的导轨作横向运动，带动工件作横向进给。

⑦ 升降台：支承纵向工作台和转台，并带动它们沿床身垂直导轨上下移动，以调整工作台到铣刀的距离，并作垂直进给。

⑧ 万能卧式升降台铣床的主轴转动和工作台移动的传动系统是分开的，分别由单独的电动机驱动，使用单手柄操纵机构，工作台在三个方向上均可快速移动。

7.2.2　立式铣床

立式铣床与卧式铣床相比，组成部分及运动基本相同，如图 7-4 所示。只是各自主轴所处空间位置不同，并且没有横梁、吊架、转台，但它的主轴可根据需要偏转一定的角度，使其工作台倾斜一定角度，从而扩大铣床的加工范围。

7.3 铣刀及其安装

7.3.1　铣刀

铣刀是一种多刃刀具，它的刀齿分布在圆柱铣刀的外回转表面或端铣刀的端面上，常用的铣刀刀齿材料有高速工具钢和硬质合金钢两种。铣刀的分类方法很多，根据铣刀的安装方法不同分为两大类：带孔铣刀和带柄铣刀。带孔铣刀多用于卧式铣床，带柄铣刀多用于立式铣床。带柄铣刀又可分为直柄铣刀和锥柄铣刀。

常用的带孔铣刀有圆柱铣刀、三面刃铣刀、锯片铣刀、成形铣刀、角度铣刀、半圆弧铣刀等，如图 7-5 所示。圆柱铣刀的齿形有直齿和螺旋齿，

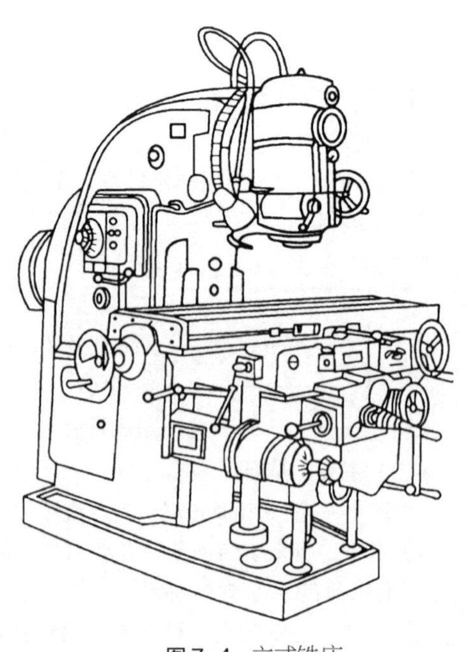
图 7-4　立式铣床

常用于铣削中小平面，主要用其周刃铣削；三面刃铣刀的圆柱面和两侧均有刀刃，主要用于加工沟槽、小平面和台阶面；角度铣刀用于加工各种角度的沟槽及斜面；成形铣刀的切刃呈凸圆弧、凹圆弧、齿形，用于加工与切刃形状相对应的成形面。

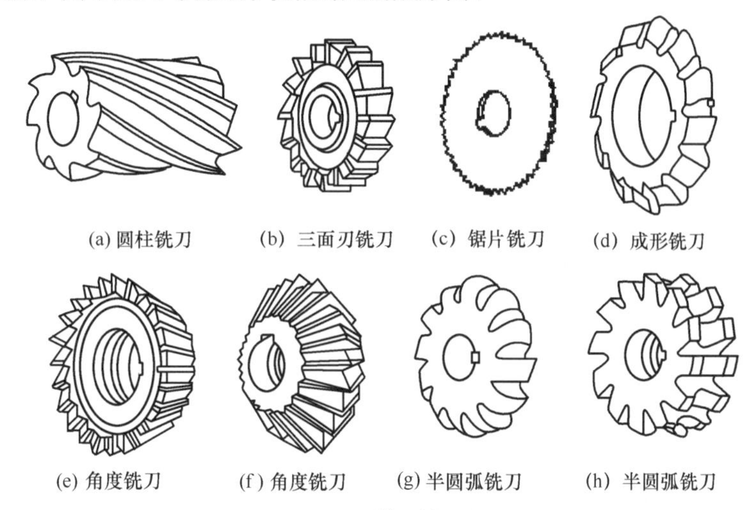

图 7-5　带孔铣刀

常用的带柄铣刀有端铣刀、立铣刀、键槽铣刀、T 形槽铣刀和镶齿端铣刀等，如图 7-6 所示。立铣刀有直柄和锥柄两种，多用于加工沟槽、小平面和台阶面；键槽铣刀专门用于加工封闭式键槽；T 形槽铣刀专门用于加工 T 形槽；镶齿端铣刀是在一般钢制造的刀盘上镶有多片硬质合金刀齿的铣刀，用于加工大平面，可进行高速铣削，提高工作效率。

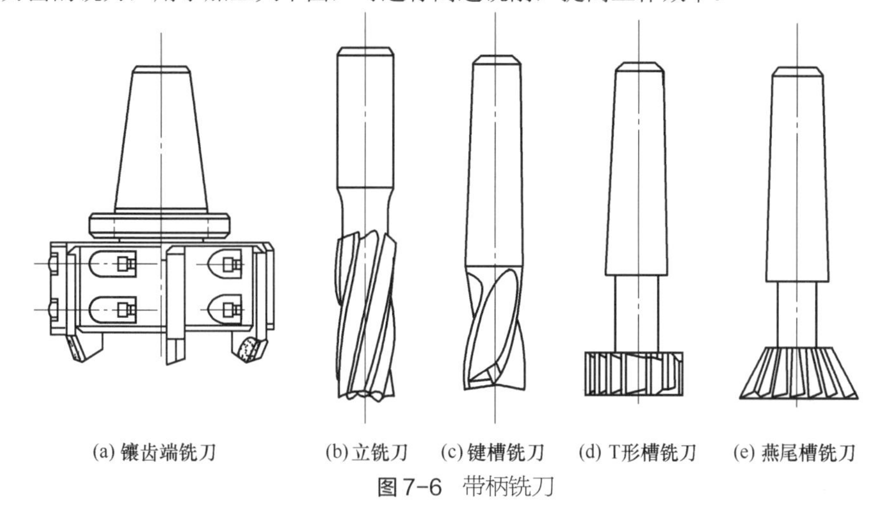

图 7-6　带柄铣刀

7.3.2　铣刀的安装

（1）带孔铣刀的安装　带孔铣刀一般安装在刀杆上，如图 7-7、图 7-8 所示。安装时应注意：

① 铣刀尽可能靠近主轴或吊架，以增加刚性；

② 定位套筒的端面与铣刀的端面必须擦净，以减小铣刀的端面跳动；

③ 在拧紧刀杆上的压紧螺母时，必须先安装吊架，以防刀杆弯曲变形。

（2）带柄铣刀的安装

① 直柄铣刀的安装：这类铣刀多为小直径铣刀（≤20mm），多用弹簧夹头进行安装，如图7-9 所示。

② 锥柄铣刀的安装：根据铣刀锥柄尺寸选择合适的过渡锥套，用拉杆将铣刀及过渡锥套一起拉紧在主轴端部的锥孔内。

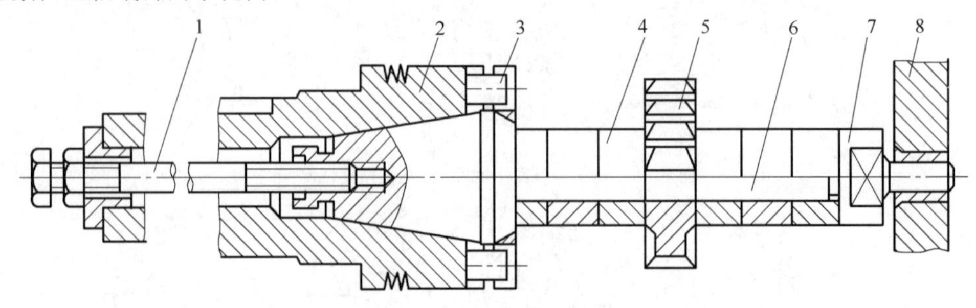

图 7-7　三面刃铣刀的安装

1—拉杆螺栓；2—主轴；3—端面键；4—定位套筒；5—三面刃铣刀；6—刀杆；7—压紧螺母；8—吊架

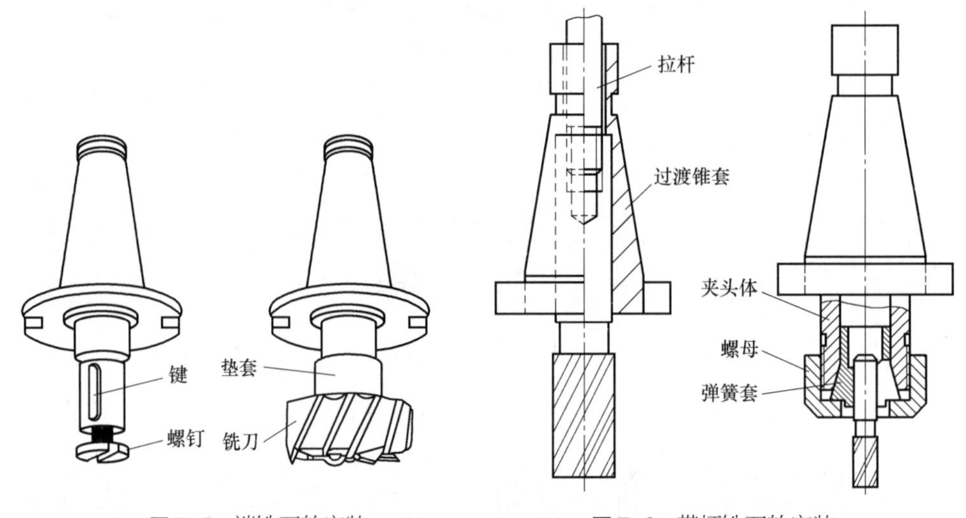

图 7-8　端铣刀的安装

图 7-9　带柄铣刀的安装

7.4 铣床附件及工件的安装

7.4.1 铣床的主要附件

铣床主要附件有平口钳、万能铣头、回转工作台和分度头等，如图 7-10 所示。

（1）万能铣头　万能铣头是一种扩大卧式铣床加工范围的附件，利用它可以在卧式铣床上进行立铣工作。使用时，卸下卧式铣床横梁、刀杆，安装万能铣头即可。根据加工需要其主轴在空间可旋转成任意角度、方向，如图 7-10（a）所示。

（2）平口钳及安装　平口钳是一种通用夹具，有固定式和旋转式两种类型，一般用于装夹中小型工件，使用时以固定钳口为基准。铣床所用平口钳的钳口本身精度及其与底座底面的位置精度均较高，底座下面还有两个定位键，安装时以工作台上的 T 形键定位，如图 7-10（b）所示。

（3）回转工作台　回转工作台又称为转盘，通过内部的蜗杆蜗轮副实现旋转，拧紧锁紧螺钉，转台就固定不动。回转工作台周边有刻度示值，表示其旋转角度，其中央有一孔，利用它可以方便地确定工件的回转中心。回转工作台除了能带动安装在它上面的工件旋转外，还可完成较大工件的分度工作。利用它可完成工件上的圆弧周边、圆弧形槽、多边形面以及有分度的槽和孔等，如图 7-10（c）所示。

（4）分度头　在铣削加工时，常会遇到铣多边形、齿轮、花键和刻线等工作，这时工件在铣过一个面或一个槽后，需要转过一定角度，再进行第二个面或槽的铣削，这种转角度的方法叫作分度，分度头就是用来分度的一种机构。最常用的是万能分度头，如图 7-10（d）所示。

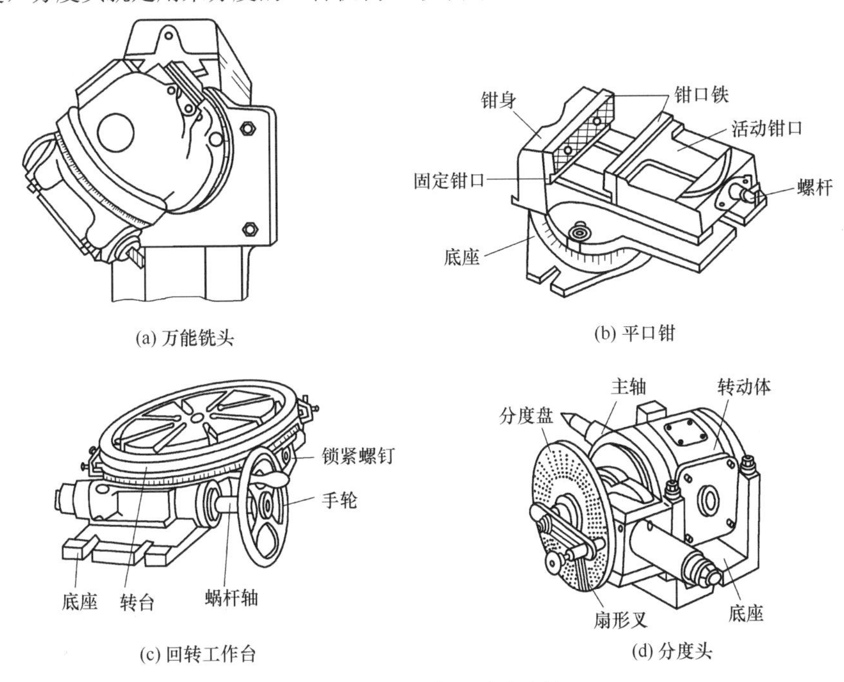

图 7-10　常用铣床附件

① 万能分度头的结构和传动系统　分度头主要由底座、转动体、主轴、分度盘和扇形叉等组成。工作时，底座用螺钉紧固在工作台上，并利用导向键与工作台上的一条 T 形槽相配合，保证分度头主轴方向平行于工作台纵向，分度头主轴前端常装上三爪卡盘或顶尖，用于装夹或支撑工件。分度头转动体可使主轴在垂直平面内转动一定的角度进行工作，如图 7-11、图 7-12 所示。分度头转动的位置和角度由侧面的分度盘控制。

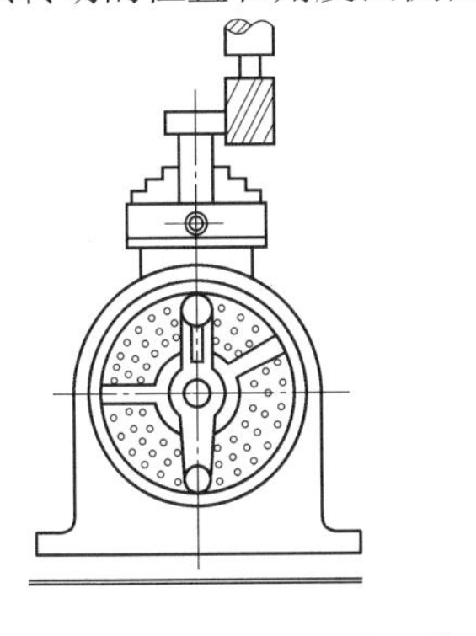

图 7-11　垂直位置装夹工件

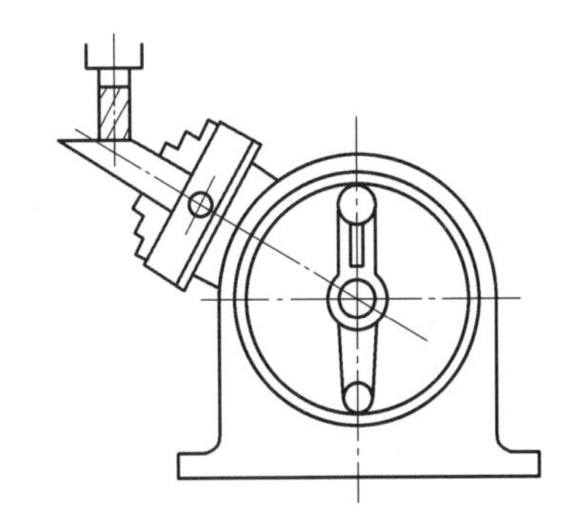

图 7-12　倾斜位置装夹工件

分度头的转动体内装有传动系统，如图 7-13 所示。主轴上固定有齿数为 40 的蜗轮，它与单头蜗杆配合。工作时，拔出定位销，转动手柄，通过一对齿数相等的齿轮传动蜗杆便带动蜗轮主轴旋转。

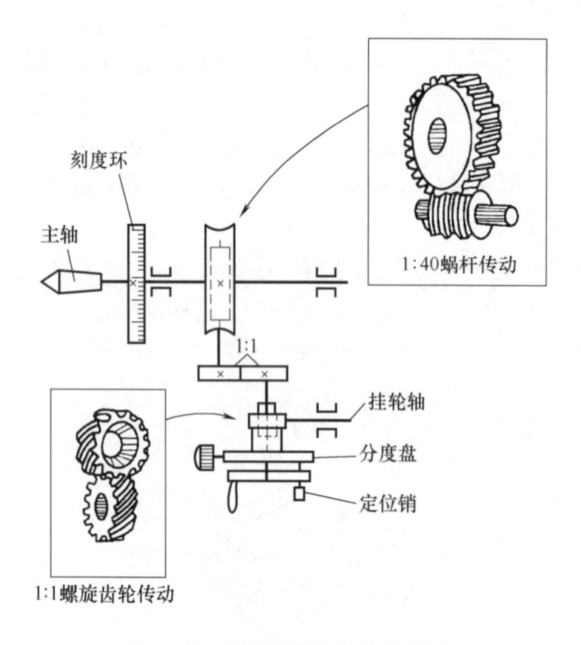

图 7-13 万能分度头传动示意图

手柄每转动一周时，蜗轮带动主轴转过 1/40 周。如果工件要作 z 等分，则每一等份要求主轴转 $1/z$ 周，则分度手柄所转的圈数 n，即为 $n=40/z$。

② 分度方法 使用分度头进行分度的方法很多，有直接分度法、简单分度法、角度分度法和差动分度法等，这里介绍常见的简单分度法。

$n=\frac{40}{z}$ 所表示的方法即为简单分度法，例如铣齿数 z=35 的齿轮，每一次分齿时手柄转数为 $n=\frac{40}{z}=\frac{40}{35}=1\frac{1}{7}$（圈）。也就是说，每分一齿，手柄需要转过一整圈再转 1/7 圈，这 1/7 圈一般通过分度盘来控制。分度头通常配有两块分度盘，如图 7-14 所示。分度盘的两面各钻有许多圈孔，各圈孔数均不相等，而同一孔圈上的孔距是相等的。

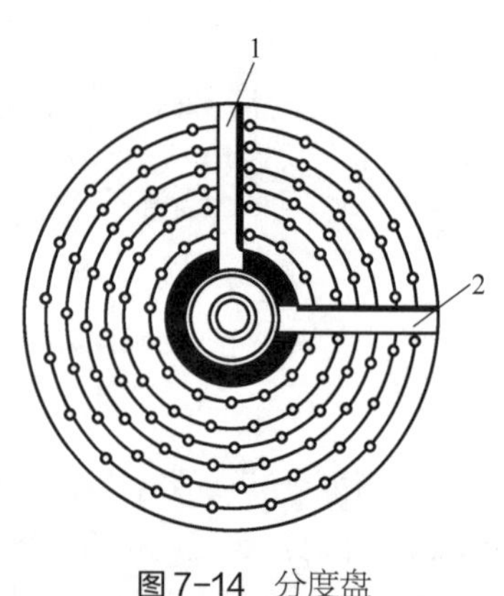

图 7-14 分度盘

1，2—扇形叉

第一块分度盘正面各圈孔数依次为 24，25，28，30，34，37；反面各圈孔数依次为 38，39，41，42，43。

第二块分度盘正面各圈孔数依次为 46，47，49，51，53，54；反面各圈孔数依次为 57，58，59，62，66。

简单分度时，分度盘固定不动，再将分度手柄上的定位销调整到孔数为 7 的倍数的孔圈上（即在孔数为 28 的孔圈上）。此时手柄转过一周后，再沿孔数为 28 的孔圈转过 4 个孔距，即 $n=1\frac{1}{7}=1\frac{4}{28}$。

为了确保手柄转过的孔距数可靠，可调整分度盘上的扇股（又称扇形叉）1、2 间的夹角，使之正好等于 4 个孔距，这样依次进行分度时就可准确无误，如图 7-14 所示。

7.4.2 工件安装

工件在铣床上的装夹有平口钳装夹，压板、螺栓装夹和分度头装夹。对于形状简单、尺寸较小的工件，用平口钳装夹；对于大型工件或形状复杂的工件，可用压板、螺栓和垫块把工件直接固定在工作台上；而分度头一般装夹轴类零件或需进行分度的工件。批量生产时可采用专用夹具或组合夹具装夹工件，既可提高效率，又可保证质量。

7.5 各类表面的铣削加工

铣床的工作范围很广，这里只介绍常见的平面、斜面、沟槽、成形面等的铣削工作。

7.5.1 铣平面

铣平面有三种方式：用端铣刀铣平面、用圆柱铣刀铣平面和用立铣刀铣平面。

（1）用端铣刀铣平面　端铣刀铣削时，切削厚度变化小，进行切削的刀齿较多，切削比较平稳。而且端铣刀的柱面刃承受着主要的切削工作，端面刃起修光作用，所以加工表面质量好。在目前，铣削平面多采用镶齿端铣刀在立式和卧式铣床上进行，如图 7-15 所示。

（2）用圆柱铣刀铣平面　圆柱铣刀一般用于卧式铣床上铣平面，它分为直齿和螺旋齿两种，如图 7-16 所示。由于直齿切削不如螺旋齿切削（用螺旋齿铣刀铣削时，同时参与切削的齿数较多，并且每个齿工作时都是沿螺旋方向逐渐地切入和脱离工件表面）平稳，因而多用螺旋齿圆柱铣刀。

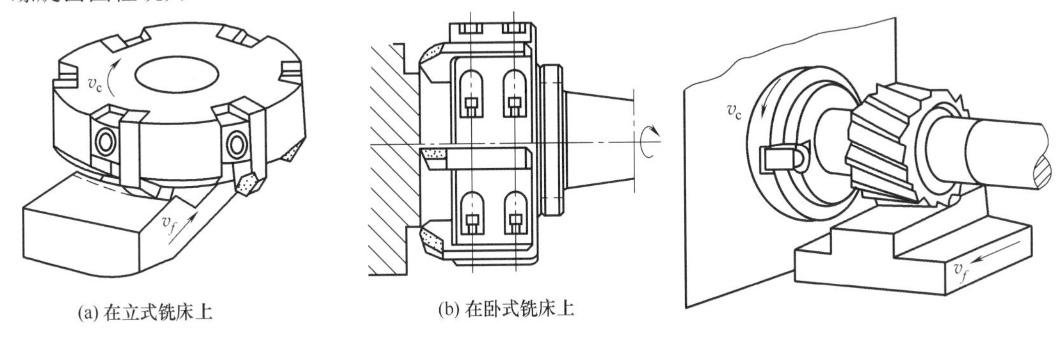

图 7-15　端铣刀铣平面　　图 7-16　圆柱铣刀铣平面

用圆柱铣刀铣削时，铣削方式可分为顺铣和逆铣两种。当工件的进给方向与铣削方向相同时为顺铣，反之则为逆铣，如图 7-17 所示。

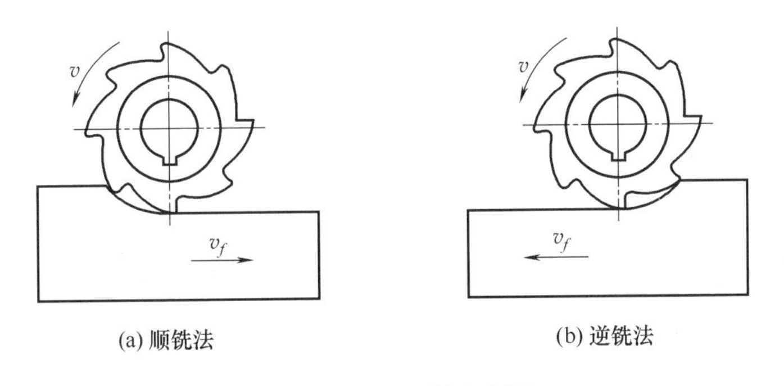

(a) 顺铣法　　(b) 逆铣法

图 7-17　顺铣与逆铣

由于丝杆与螺母传动存在一定的间隙，虽然顺铣质量好，但在顺铣时造成工作台在加工过程中无规则窜动，严重时甚至会“打刀”，因此生产中广泛采用逆铣。

（3）立铣刀铣平面　对于工件上较小平面或台阶面，常用立铣刀加工。

7.5.2　铣斜面

（1）使用斜铁铣斜面　在零件设计基准面下垫一斜块，使工件加工面呈水平状态，即可进行铣削，如图 7-18 所示。

（2）利用分度头铣斜面　工件装在分度头上，将分度头主轴转动所需角度后进行铣削。

（3）利用万能立铣头铣平面　万能立铣头能方便地改变刀轴的空间位置，因此可转动铣头使刀具相对工件有相同的倾斜角，再进行铣削，如图 7-19 所示。

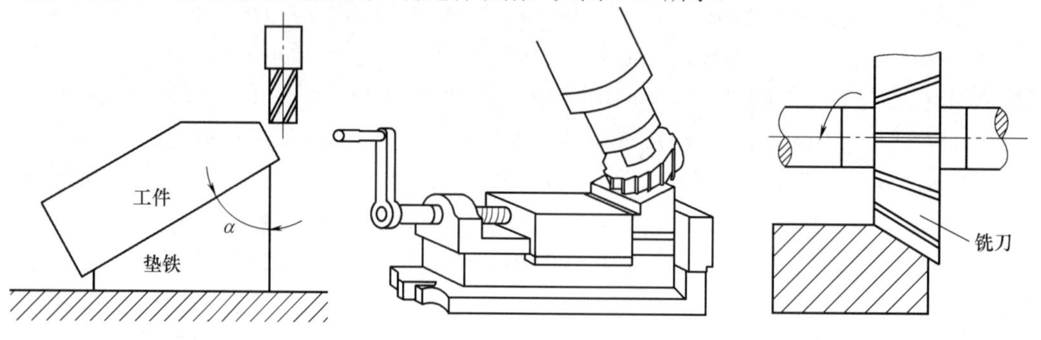

图 7-18　用斜铁铣斜面　　图 7-19　用万能立铣头铣斜面　　图 7-20　用角度铣刀铣斜面

（4）用角度铣刀铣斜面　用具有与工件斜面相同角度的角度铣刀直接铣斜面，如图 7-20 所示。

7.5.3　铣沟槽

铣床上加工的沟槽种类很多，如直槽、角度槽、V 形槽、T 形槽、燕尾槽和键槽等。铣沟槽时，根据沟槽形状选择相应的沟槽铣刀进行铣削。

注意在铣燕尾槽和 T 形槽时，应先铣出宽度合适的直槽，然后再用相应的燕尾槽铣刀或 T 形槽铣刀铣削。如图 7-21 所示为 T 形槽的铣削过程，（a）、（b）是分别在卧式铣床上用三面刃铣刀和在立式铣床上用立铣刀铣出直角槽，（c）是在立式铣床上用 T 形槽铣刀铣出 T 形槽，（d）是用倒角铣刀对槽口进行倒角。

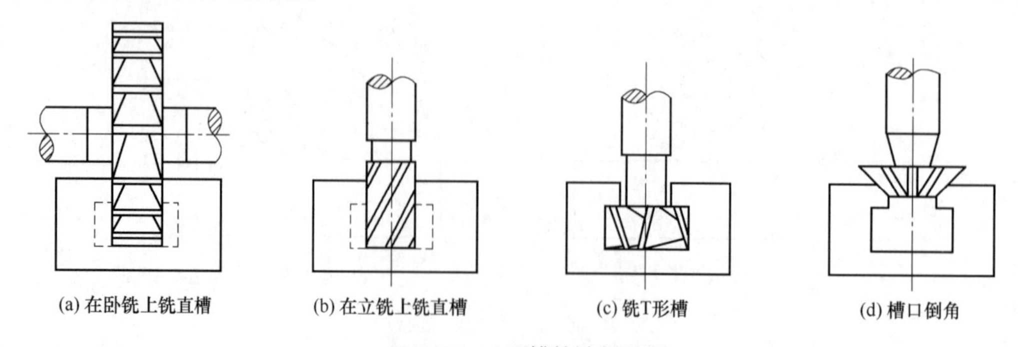

(a) 在卧铣上铣直槽　(b) 在立铣上铣直槽　(c) 铣T形槽　(d) 槽口倒角

图 7-21　T 形槽的铣削过程

铣封闭式键槽时，一般是利用键槽铣刀在立式铣床上进行。如用立铣刀铣键槽，由于铣刀中央无切削刃，不能垂直进刀，必须预先在槽的一端钻一个落刀孔，再进行铣削。对于开式键槽，可在立式铣床上用立铣刀进行铣削，也可在卧式铣床上用三面刃铣刀加工。如图 7-22、图 7-23 所示分别为在立式铣床上加工封闭式键槽和在卧式铣床上加工敞开式键槽示意图。

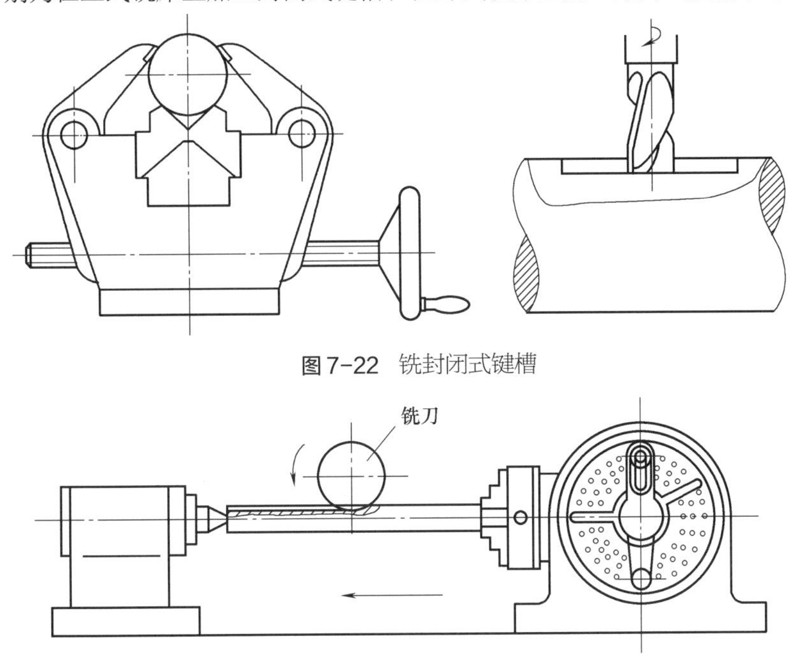

图 7-22　铣封闭式键槽

图 7-23　铣敞开式键槽

7.5.4　铣成形面

铣成形面一般是在卧式铣床上用成形铣刀完成，这里主要讲解齿轮齿形曲面的加工（成形法）。

成形法是用与被加工齿轮轮槽形状完全相符的成形铣刀切出齿形的方法。工件用分度头和尾架顶尖装夹，利用分度头分度，将齿轮的齿形逐一铣削出来。齿轮铣刀又称为模数铣刀，在卧式铣床上采用圆盘式齿轮铣刀，在立式铣床上采用指状齿轮铣刀，如图 7-24 所示。

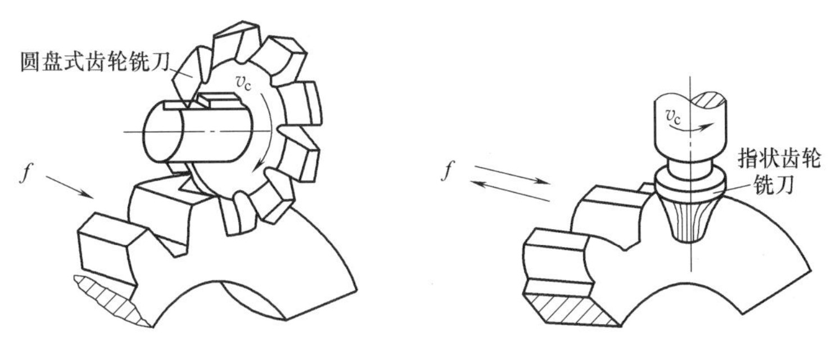

图 7-24　用圆盘式齿轮铣刀和指状齿轮铣刀加工齿轮

成形法加工的特点如下。

① 设备简单，刀具成本低。

② 铣齿属于间隙加工，每铣一齿时均有切入、切出、退出和分度的辅助时间，故生产效率较低。

③ 加工精度较低，只能达到IT11~IT9级。同一模数的模数铣刀一般分8个型号，每一型号的铣刀适合加工一定齿数范围的齿轮，如表7-1所示，而每个型号铣刀的刀齿轮廓只与该型号范围内最少齿数的齿槽理论轮廓一致，而其他齿数的齿轮只能获得近似齿形。另外，进行分度时也存在一定的误差。因此，成形法铣齿一般多用于修配或制造一些精度要求不高的单件齿轮。

⊡ 表7-1 铣刀号数与齿轮齿数的关系

铣刀号数	1	2	3	4	5	6	7	8
齿轮齿数	12~13	14~16	17~20	21~25	26~34	35~54	55~134	135及以上齿条

7.5.5 展成法加工齿形曲面

齿轮齿形曲面的加工有成形法和展成法两种，展成法是利用齿轮刀具与被加工齿轮的相互啮合运动而加工出齿形的方法。插齿和滚齿均属于展成法加工。

（1）插齿加工　插齿加工是在插齿机上进行的。插齿刀的形状类似一个齿轮，在刀齿上磨有前角、后角，具有锋利的刀刃，如图7-25所示。插齿不仅可以加工直齿圆柱齿轮，还可以加工双联齿轮、三联齿轮和内齿。插齿的加工精度一般可达IT8~IT7级，齿面粗糙度 Ra 值可达1.6μm。

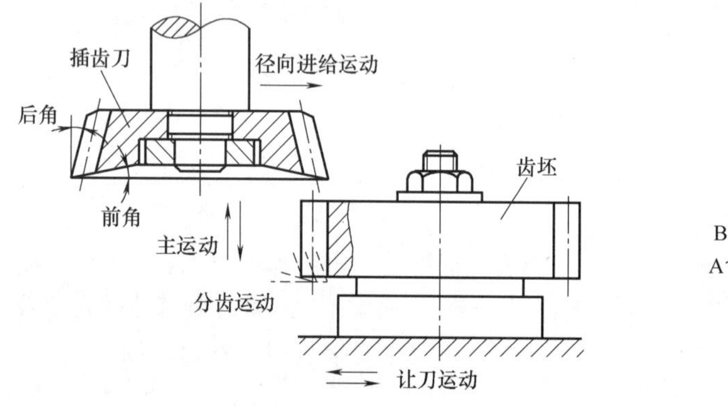

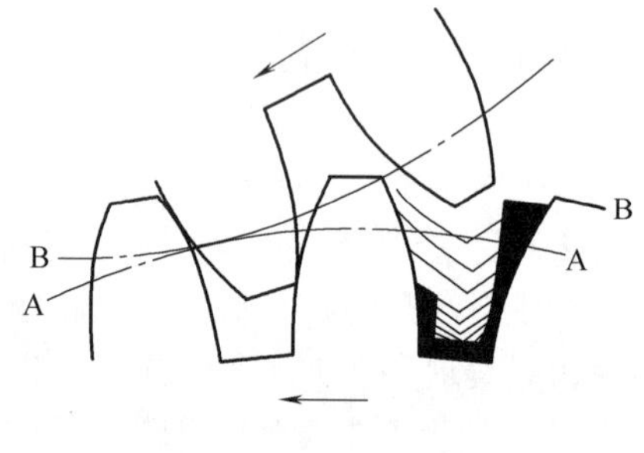

图7-25 插齿机工作原理

完成插齿加工所需的四种运动：

① 主运动。插齿刀上下直线往复运动。

② 分齿运动（又称展成运动，包含圆周进给运动）。插齿刀和齿坯之间强制地保持着一对齿轮传动的啮合关系的运动。

③ 径向进给运动。在切削过程中，插齿刀需向齿坯中心作径向进给运动，使插齿刀逐渐切至齿的全深。

④ 让刀运动。为防止刀具回程时与工件表面摩擦，擦伤已加工表面和减少刀具磨损，要求在插齿刀回程时工作台带着工件让开插齿刀，而在插齿行程开始前又恢复原位。

（2）滚齿加工　滚齿加工是在滚齿机上进行的，它是按一对螺旋齿轮啮合的原理加工齿轮，其加工原理如图 7-26 所示。滚刀刀齿分布在螺旋线上，在垂直螺旋线方向开出槽，磨出切削刃，其法向剖面就成为齿条形状。滚刀的旋转，相当于一根齿条在连续地向前移动。由于滚刀刀齿轮廓是具有切削能力的刀刃，在强制滚刀与被加工齿坯保持啮合运动的过程中，滚刀刀齿的轨迹即可包络成渐开线齿轮的齿形。每一把滚刀可以加工出模数相同而齿数不同的渐开线齿轮。滚齿可以加工直齿、斜齿圆柱齿轮，还可以加工蜗轮和链轮。滚齿的加工精度一般为 IT8~IT7 级，齿面粗糙度 *Ra* 值可达 1.6μm。

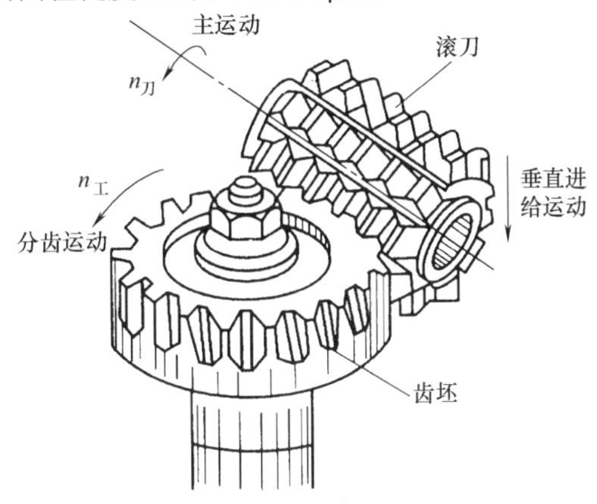

图 7-26　滚齿加工原理

滚齿时，必须保证滚刀刀齿的运动方向与被加工齿坯的齿向一致，而滚刀的刀齿是分布在螺旋线上的，刀齿的方向与滚刀轴线并不垂直，因此滚刀刀轴须偏转一定的角度（即滚刀的螺旋升角），滚切直齿轮时这个角度就是滚刀的螺旋升角 λ。

滚切直齿轮时所需的三个运动：

① 主运动。滚刀的旋转运动。

② 分齿运动。滚刀与被加工齿坯之间强制保持啮合关系的运动，即滚刀每旋转一周，齿坯应转过 n 个齿（n 为滚刀的头数）。

③ 垂直进给运动。在切削过程中，滚刀应沿工件作垂直进给运动，保证切出整个齿宽。

滚齿的径向进给是通过手摇工作台控制的。模数小的齿轮可一次切至全深；模数大的齿轮可分多次进给切至全深。

7.6 刨削加工

7.6.1 刨削加工概述

（1）刨削加工适用范围　在刨床上用刨刀对工件进行切削加工称为刨削加工，刨削主要用来加工平面（水平面、垂直面、斜面）、沟槽（直槽、T 形槽、V 形槽、燕尾槽）及直线型成形面等，如图 7-27 所示。刨削加工的尺寸公差等级可达 IT9~IT8，表面粗糙度 *Ra* 值可达 6.3~1.6μm。

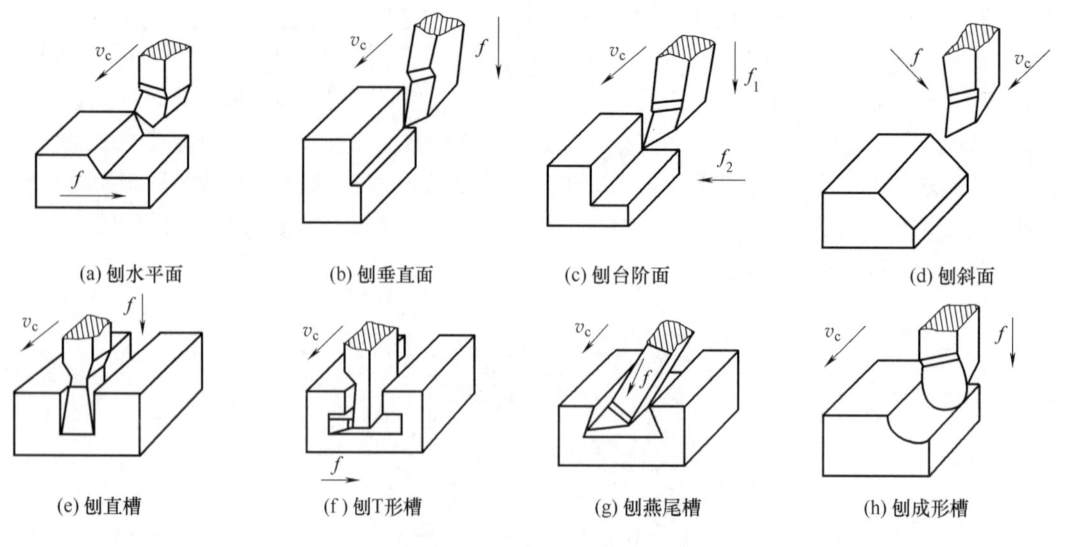

图 7-27　刨削加工的典型表面

在牛头刨床上刨削时，刨刀的直线往复运动为主运动，工件的间隙移动为进给运动。

（2）刨削要素　刨削要素包括刨削速度、进给量、刨削深度。

① 刨削速度 v（m/min）：工件和刨刀在切削时的相对速度。

② 进给量 f（mm/Str）：刨刀每往复一次，工件所移动的距离。

③ 刨削深度 a_p（mm）：工件已加工表面和待加工表面的垂直距离。

（3）刨削特点　刨刀是单刃刀具，向前运动时进行切削（工作行程），返回运动时不切削（空行程），所以生产率低。但刨床和刀具架调整简单灵活，加工费用低，前期准备工作少，适应性较强，适合单件生产加工狭长的平面和沟槽类零件。

7.6.2　牛头刨床、刨刀及工件安装

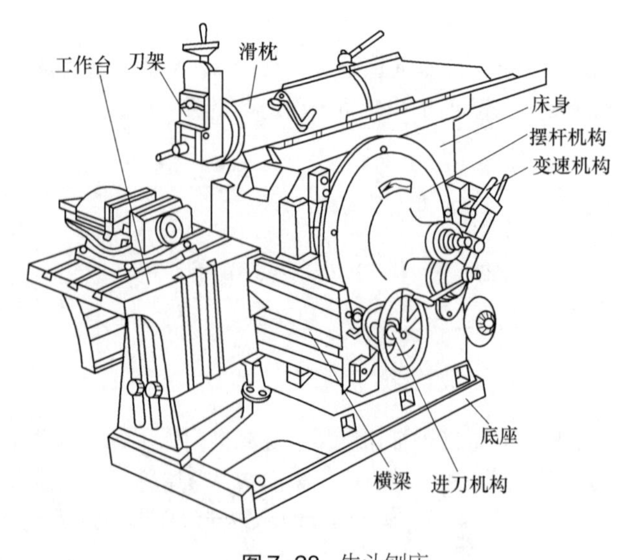

图 7-28　牛头刨床

（1）牛头刨床　牛头刨床是刨床类机床（包括牛头刨床、龙门刨床、插床等）中使用最广泛的一种，适用于小型工件加工。牛头刨床主要结构如图 7-28 所示。B6065 型号中，B 为机床类代号（刨床类），6 为组别代号（牛头刨床组），0 为系别代号（牛头刨床），65 为主要参数代号（最大刨削长度为 650mm）。

（2）刨刀　刨刀的结构与车刀相似，由于刨削加工时间断切削，刨刀每次切入时要承受较大的冲击力，因而一般刨刀刀杆的截面比车刀的大。刨刀往往做成弯头，以便

在受较大切削力时产生弯曲变形，刀尖不易啃入工件。刨刀切削部分的常用材料有高速工具钢和硬质合金，常见刨刀的形状如图 7-29 所示。

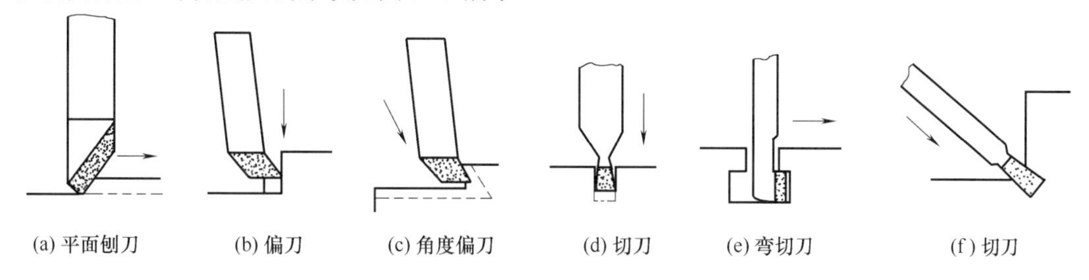

图 7-29　常见刨刀的形状

（3）工件的安装　刨削加工时，工件的装夹方式一般有平口钳装夹和压板、螺栓装夹两种。

7.6.3　各种表面的刨削

（1）刨平面　应根据工件材料选刨刀材料，根据工件的表面粗糙度要求选择刨刀。粗刨时，用普遍直头或弯头平面刨刀。精刨时，可用圆头精刨刀（切削刃圆弧半径为 5~10mm）。刨削平面时，为防止振动或刨刀折断，直头刨刀的伸出长度一般不超过刀杆厚度的 1.5~2.0 倍，弯头刨刀弯曲部分应不碰抬刀板。

（2）刨垂直面　刨垂直面须采用偏刀，注意安装偏刀时，刀架上的转盘应对准零线，以便刨刀能沿垂直方向移动。刀座上端应偏离工件，以便返回行程时减小刨刀与工件的摩擦。

（3）刨斜面　刨斜面的方法很多，最常用的方法是正夹斜刨。它是把刀架和刀座分别倾斜一定角度（必须对应于待加工斜面的角度）从上向下倾斜进给。

（4）刨 T 形槽　刨 T 形槽前，应先刨出各关联平面，并在工件端面和上平面划出加工线，然后再进行刨削，如图 7-30、图 7-31 所示。

① 安装工件并找正，用切槽刀刨出直槽，其宽度与 T 形槽槽口宽度一致，深度等于 T 形槽的深度。

② 用弯切刀刨削一侧的凹槽。

③ 换方向相反的弯切刀，加工另一凹槽。

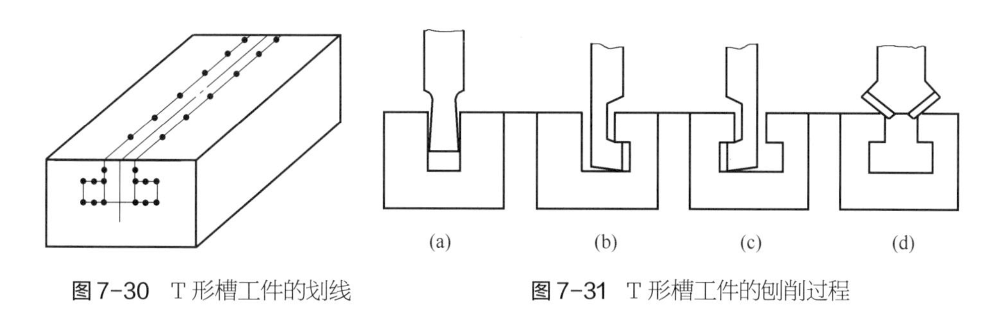

图 7-30　T 形槽工件的划线　　图 7-31　T 形槽工件的刨削过程

（5）刨成形面　刨成形面有划线加工和成形刀加工两种方式，划线加工的质量不高，成形刀加工的质量高，但只适于小截面的刨削。

7.6.4 刨床类机床简介

（1）龙门刨床 B2010A 型龙门刨床外形如图 7-32 所示，因有一个“龙门”式的框架结构而得名。

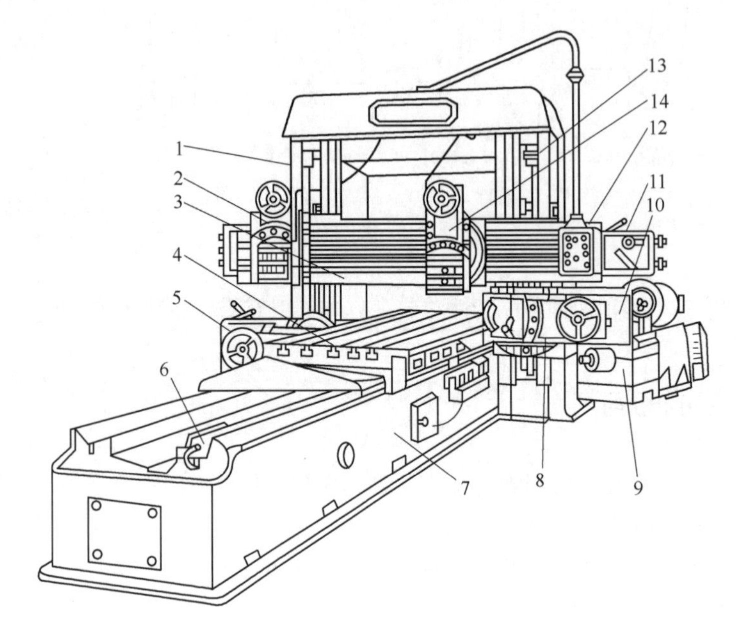

图 7-32 B2010A 型龙门刨床外形

1—左立柱；2—左垂直刀架；3—横梁；4—工作台；5—左侧刀架进刀箱；6—液压安全器；7—床身；8—右侧刀架；9—工作台减速器；10—右侧刀架进刀箱；11—垂直刀架进刀箱；12—悬挂按钮站；13—右垂直刀架；14—右立柱

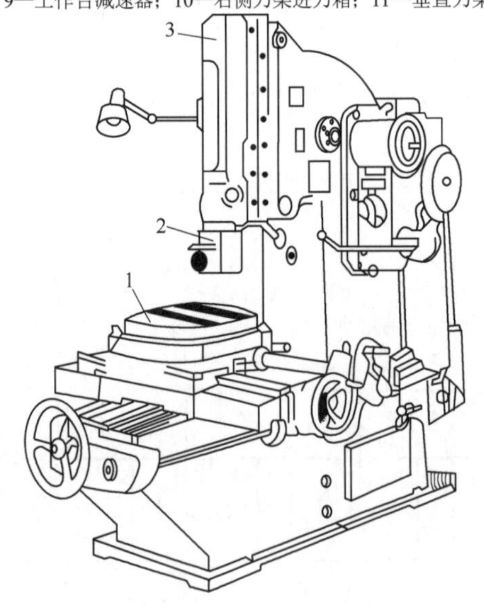

图 7-33 B5020 型插床外形

1—工作台；2—刀架；3—滑枕

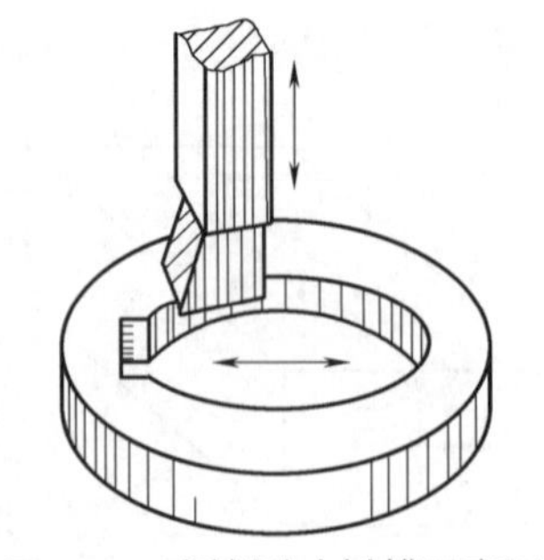

图 7-34 插削孔内键槽示意图

龙门刨床工作台的往复运动为主运动，刀架移动为进给运动。横梁上的刀架，可在横梁导轨上作横向进给运动，以刨削工件的水平面；立柱上的侧刀架，可沿立柱导轨作垂直进给运动，以刨削垂直面。刀架亦可偏转一定角度以刨削斜面。横梁可沿立柱导轨上下升降，以调整刀具和工件的相对位置。

龙门刨床主要用于加工大型零件上的平面或沟槽，或同时加工多个中型零件，尤适于狭长平面的加工。龙门刨床上的工件一般用压板、螺栓压紧。

（2）插床　插床的结构原理与牛头刨床类似，如图 7-33 所示，其滑枕在垂直方向作往复运动（即主运动）。因此，插床实际上是一种立式刨床。插床的工作台由下拖板、上拖板及圆工作台三部分组成。下拖板用于横向进给，上拖板用于纵向进给，圆工作台用于回转进给。

插床主要用于零件的内表面加工，如方孔、长方孔、各种多边形孔及内键槽等，也可加工某些外表面。插削孔内键槽如图 7-34 所示。

插床的生产率较低，多用于单件小批量生产及修配工作。

7.7 铣削实训

7.7.1 铣削实训内容与要求

铣削实训内容与要求如表 7-2 所示。

表 7-2　铣削实训内容与要求

序号	内容及要求	
1	基本知识	1. 了解铣削加工的特点及其在机械制造中的作用和地位，了解铣削加工范围 2. 了解普通铣床的种类，掌握 X6132 和 X5032 铣床的主要结构组成及功能 3. 掌握铣削基本运动，切削三要素的定义及单位 4. 了解铣削常用刀具的种类及其常用刀具的材料 5. 了解分度头的工作原理、主要结构、使用方法等 6. 了解各类槽及成形面的加工方法 7. 掌握铣床的安全操作技术规程和设备的维护保养知识
2	基本技能	1. 熟练掌握 X6132 和 X5032 铣床基本操作，包括开车、停车、对刀、试切、手动和自动进给的操纵等 2. 熟练掌握工件的装夹，刀具的安装，以及正确使用量具测量尺寸的操作 3. 熟练掌握四方体、六方体及齿轮的基本操作方法，能熟练应用万能分度头 4. 能按照图纸的质量要求，独立操作机床完成四方体、六方体及齿轮等典型零件的加工，初步具备一定的工艺分析能力

7.7.2 铣削安全操作规程

（1）开车前准备

① 做好个人防护工作，整理好工作服，戴好防护眼镜，长发盘入帽中；

② 检查铣床各手柄是否处于正常位置，各处润滑油是否充分；

③ 检查刀具、夹具和工件安装是否牢固，清理工作台面上的障碍物。

（2）开车后注意事项

① 不能改变主轴转速；

② 不能测量旋转的工件尺寸；

③ 不能用手触摸旋转的工件和刀具；

④ 不能用手清除切屑，必须用专用工具或者毛刷；

⑤ 操作时要集中精力，认真观察，不得离开机床。

（3）加工中，若发生事故

① 立即停车，关闭电源，保护现场并及时向指导老师汇报；

② 分析原因，寻找解决办法，总结经验，避免再次发生。

（4）加工结束后

①关闭电源，擦拭机床，打扫场地，加注润滑油；

②擦拭机床时注意铁屑、刀尖伤手。

7.7.3 铣削操作训练

（1）立式铣床加工六方体　六方体零件如图 7-35 所示。此外，为了保证加工质量还需用到试切法，其铣削工艺过程如表 7-3 所示。

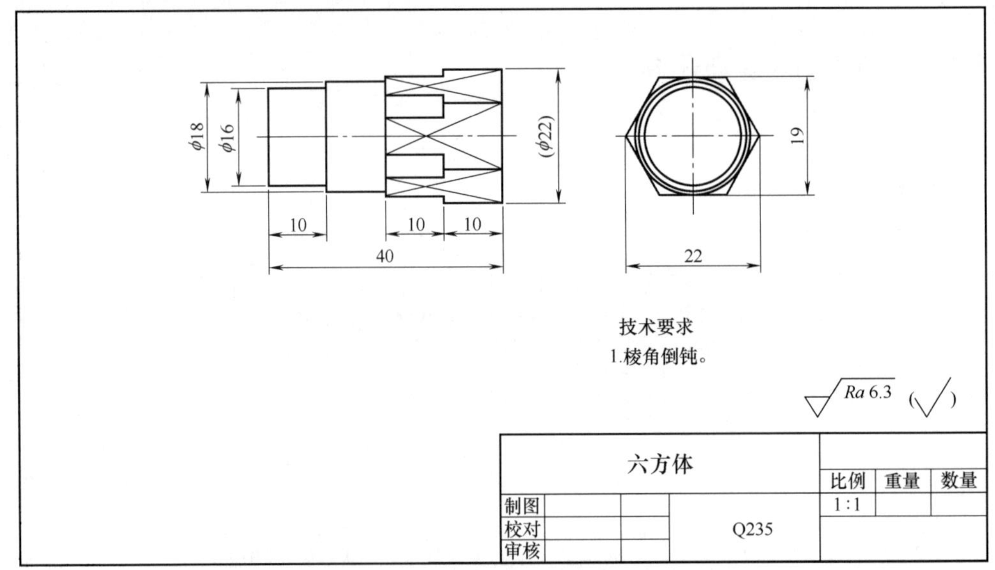

图 7-35　六方体零件图

表 7-3　六方体铣削工艺过程

单位：mm

材料	Q235	毛坯种类	台阶轴	毛坯尺寸	车削实习零件
加工顺序	工序内容	工序简图			机床、夹具、刀具、量具
1	夹 φ16 外圆，对刀，试切一个面	20 20.5			X5032 铣床、A 形回转工作台、三爪卡盘、φ8 立铣刀、游标卡尺

续表

加工顺序	工序内容	工序简图	机床、夹具、刀具、量具
2	转动回转工作台180°，铣削第二个面，测量尺寸，如不合格，则进行调整，直至合格	20 19	X5032铣床、A形回转工作台、三爪卡盘、$\phi8$立铣刀、游标卡尺
3	转动回转工作台60°，依次铣削其他几个面		X5032铣床、A形回转工作台、三爪卡盘、$\phi8$立铣刀、游标卡尺

（2）卧式铣床加工四方体　四方体零件如图7-36所示。四方体铣削工艺与六方体相同，只是铣床为X6132，刀具则为片状铣刀。

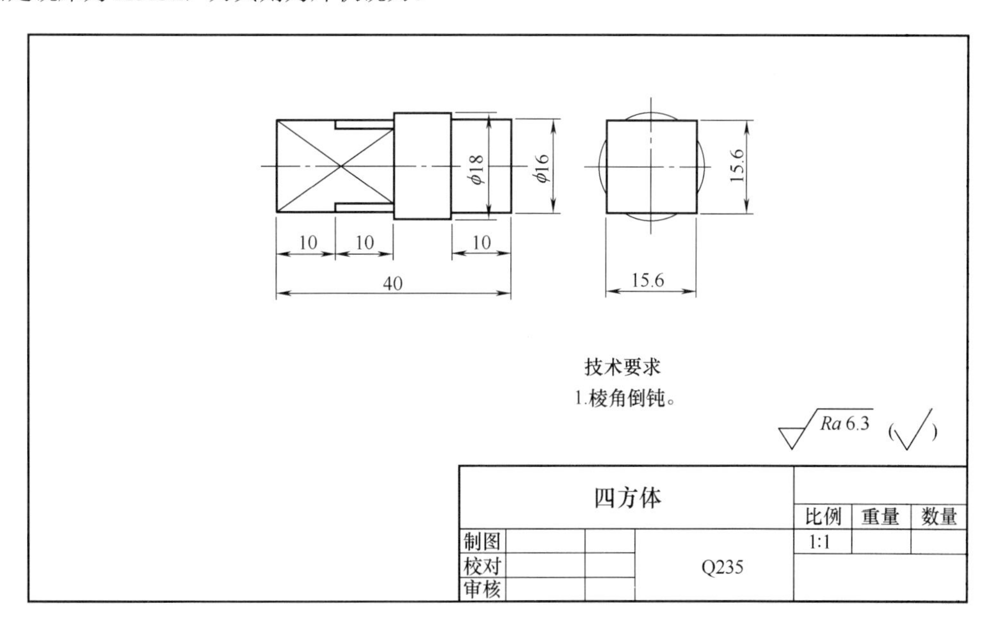

图7-36　四方体零件图

（3）卧铣加工齿轮　齿轮零件如图7-37所示。齿轮铣削操作流程如表7-4所示。

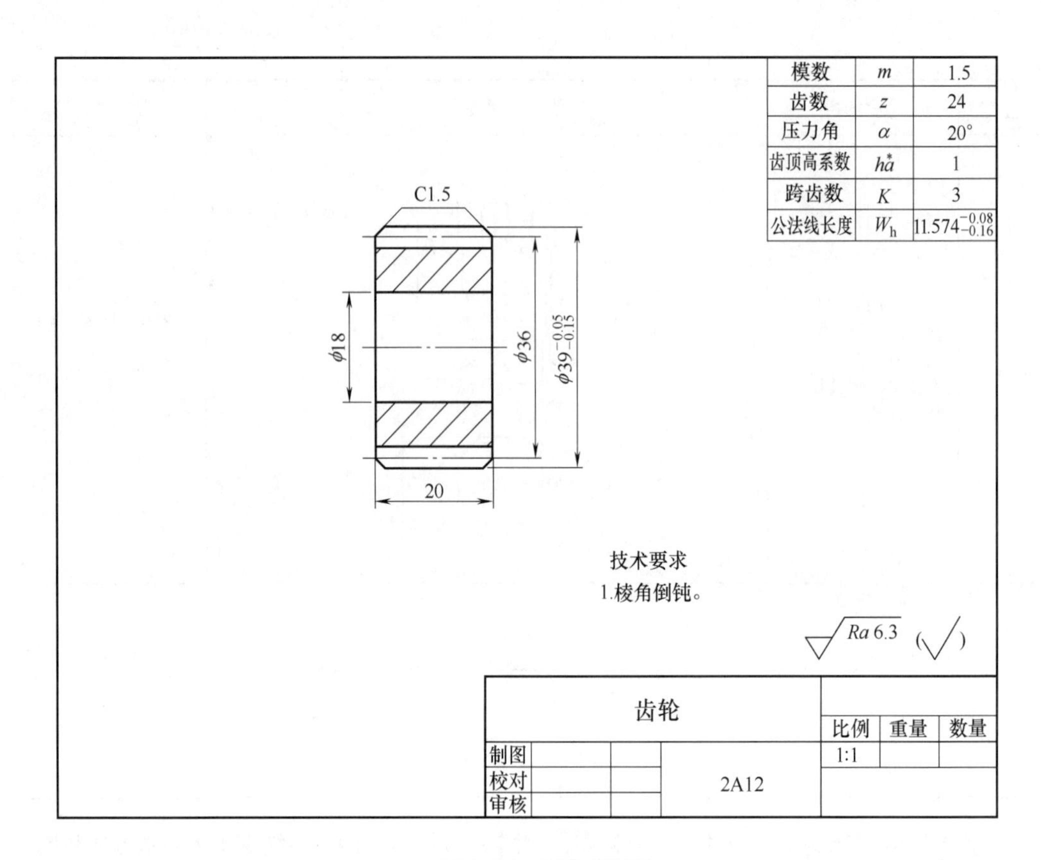

图 7-37 齿轮零件图

表 7-4 齿轮铣削操作流程 单位：mm

材料	铝合金	毛坯种类	圆料	毛坯尺寸	ϕ40×260
加工顺序	操作流程	说明			机床、夹具 刀具、量具
1	齿轮坯安装在心轴上，用螺母紧固	心轴用顶尖支承			X6132 铣床、万能分度头、心轴、顶尖
2	根据齿数计算等分数，对刀，铣削第一个齿				X6132 铣床、万能分度头、心轴、模数齿轮铣刀、顶尖
3	根据计算的等分数进行分度，依次铣削齿形，直至结束	分度时，手柄转过一周后，再沿孔数为 24 的孔圈转过 16 个孔距			X6132 铣床、万能分度头、心轴、模数齿轮铣刀、顶尖、公法线千分尺

第8章

磨削加工

8.1 概述

8.1.1 磨削加工适用范围

磨削是用砂轮对工件表面进行加工的一种精加工方法。磨削加工应用范围很广，主要用于加工平面、内外圆柱面、内外圆锥面、沟槽、成形面（如花键、螺纹、齿轮等）以及刃磨各种刀具，以获得较高的尺寸精度和较低的表面粗糙度。几种常见的磨削加工典型表面如图8-1所示。磨削的加工精度可达IT6~IT5，表面粗糙度 *Ra* 值可达0.8~0.1μm。

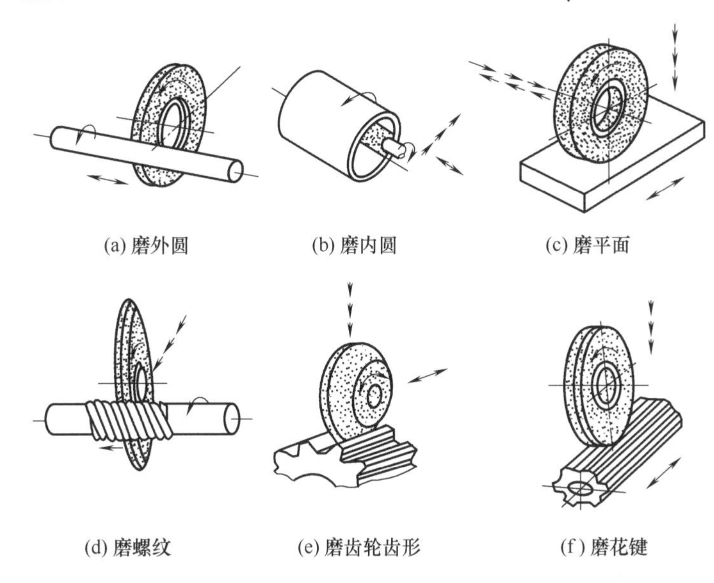

图8-1 磨削加工典型表面

磨削时，砂轮的高速旋转为主运动；工件绕本身轴线的旋转运动为圆周进给运动；工件沿着本身轴线的往复运动为纵向进给运动；砂轮径向切入工件的运动为横向进给运动。

8.1.2 磨削要素

① 磨削速度（m/s）：砂轮外圆的线速度。

② 工件转速（m/s）：又称圆周进给量，工件外圆的线速度。

③ 纵向进给量（mm/r）：工件每转一周沿本身轴线方向移动的距离。

④ 横向进给量（mm/dst）：工作台每双行程内砂轮相对于工件横向移动的距离，又称磨削深度。

8.1.3 磨削的特点

① 磨削用的砂轮是由许多细小而极硬的磨粒用黏结剂黏结而成，形成多刀多刃的超高速切削，如图 8-2 所示。

② 切削的温度高，产生大量的热，因而必须使用大量的冷却液。

③ 不仅可加工一般的金属材料，还能加工硬度很高的材料。

④ 加工的表面质量高。

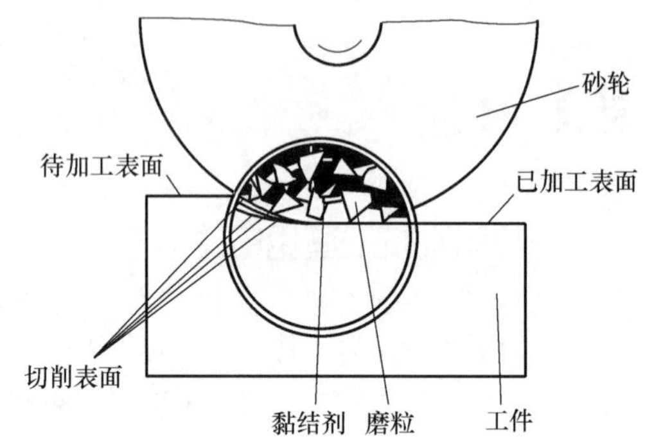

图 8-2 磨削原理

8.1.4 砂轮

砂轮是磨削的切削工具，它是由磨粒和黏结剂构成的多孔物体。磨粒、黏结剂和空隙是构成砂轮的三要素。

砂轮的特性与磨料及其粒度、黏结剂、组织、硬度等有关。

磨粒直接担负切削工作，必须锋利和坚韧。常见的磨粒有刚玉（Al_2O_3）、碳化硅（SiC）两类，其中刚玉（Al_2O_3）类适于磨削钢料及一般刀具，而碳化硅（SiC）类则适于磨削铸铁、青铜等脆性材料及硬质合金刀具。

磨粒的大小用粒度表示。粒度号数愈大，颗粒愈小。粗颗粒用于粗加工和磨软料，细颗粒则用于精加工。

磨粒用黏结剂可以黏结成各种形状和尺寸，以适应不同表面形状和尺寸的加工。

砂轮的硬度是指砂轮表面上的磨粒在外力作用下脱落的难易程度。磨粒黏结愈牢，砂轮的硬度愈高。注意砂轮的硬度与磨粒本身的硬度是两个完全不同的概念。

为便于区分和选用，在砂轮的非工作表面上印有其特性代号，如

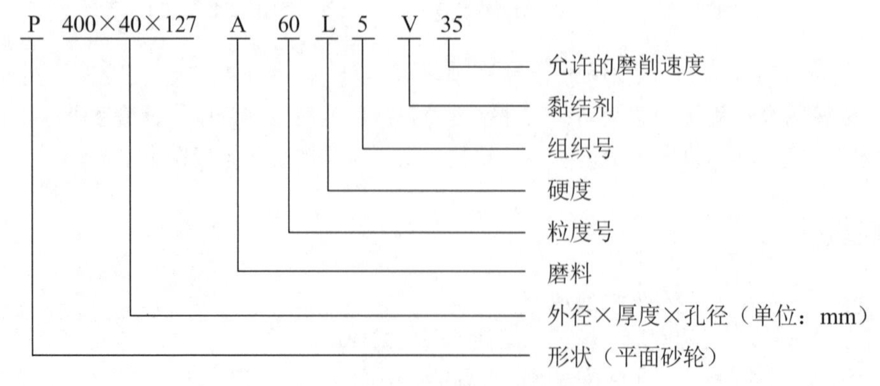

常用砂轮形状如图 8-3 所示。

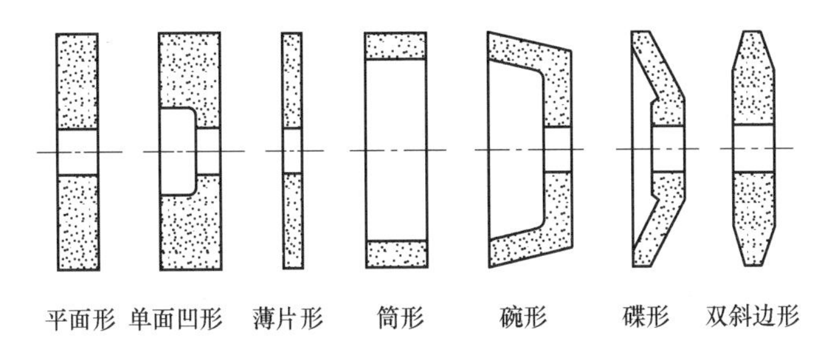

图 8-3 砂轮的形状

砂轮在安装使用前必须检查是否有裂纹，避免砂轮在高速旋转时破裂。要对砂轮进行静平衡试验，以保证砂轮工作平稳，如图 8-4 所示。安装砂轮时，将砂轮不紧不松地套在轴上，并在砂轮与法兰盘之间垫上 1~2mm 厚的弹性垫板，如图 8-5 所示。砂轮在工作一段时间后，用金刚石进行修整，以恢复砂轮的切削能力和正确的几何形状，如图 8-6 所示。

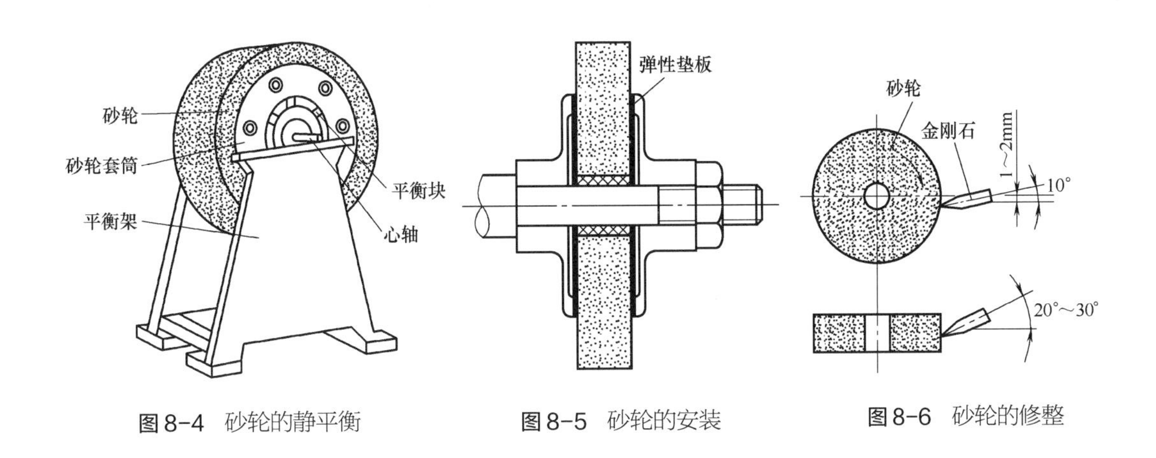

图 8-4 砂轮的静平衡　　图 8-5 砂轮的安装　　图 8-6 砂轮的修整

8.2 磨床

磨床的种类很多，常用的有外圆磨床、内圆磨床和平面磨床等。

8.2.1 外圆磨床

外圆磨床分为普通外圆磨床和万能外圆磨床。普通外圆磨床可磨削工件的外圆柱面和外圆锥面，万能外圆磨床不仅能磨削工件外圆柱面和外圆锥面，还能磨削内圆柱面、内圆锥面及端面，通用性较好。

下面以 M1420 万能外圆磨床为例进行介绍。

（1）编号

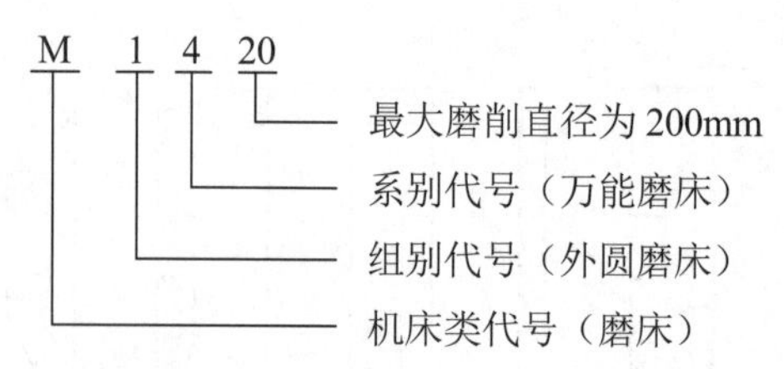

（2）外圆磨床的组成　外圆磨床主要由床身、工作台、头架、尾座和砂轮架等组成，如图8-7所示。

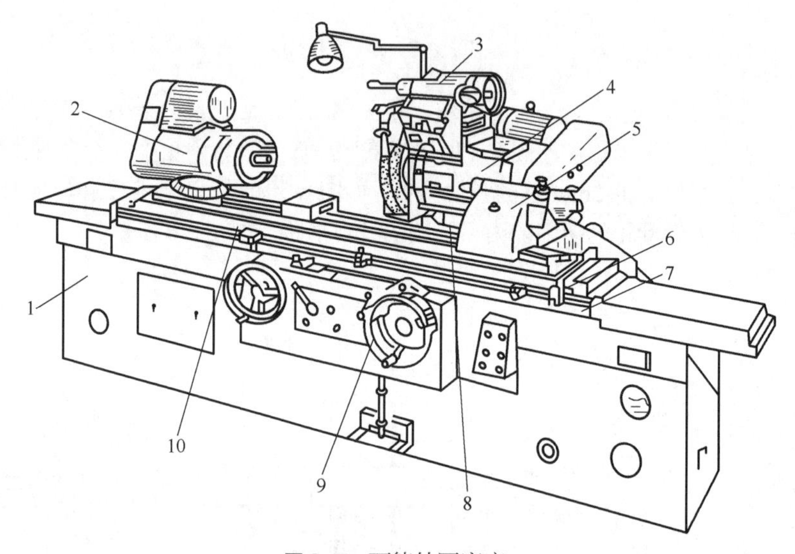

图8-7　万能外圆磨床

1—床身；2—头架；3—内圆磨头架；4—砂轮架；5—尾座；6—上工作台；7—下工作台；8—转台；9—横向进给手轮；10—行程挡块

① 床身。它是磨床的基础支承件，上面装有砂轮架、工作台、头架、尾座及横向滑鞍等部件，使它们在工作时保持准确的相对位置，床身内部用作液压油的油池。

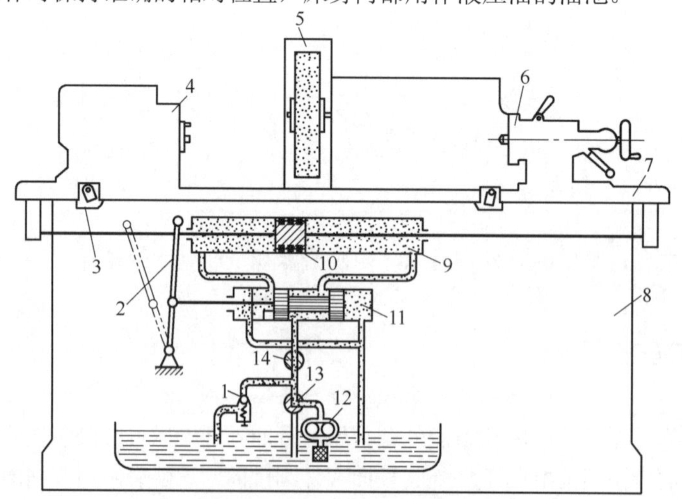

图8-8　外圆磨床液压传动原理图

1—溢流阀；2—换向手柄；3—挡块；4—头架；5—砂轮架；6—尾座；7—工作台；8—床身；9—油缸；10—活塞；11—换向阀；12—油泵；13—转阀；14—节流阀

② 头架。用于安装及夹持工件，并带动工件旋转。在水平面内可逆时针方向转90°。

③ 内圆磨头架。用于支承磨内孔的砂轮主轴，内圆磨头主轴由单独的电机驱动。

④ 砂轮架。用于支承并传动高速旋转的砂轮主轴。砂轮架装在滑鞍上，当需磨削短圆锥面时，砂轮架可以在水平面内调整至一定角度位置（±30°）。

⑤ 尾座。它和头架的前顶尖一起支承工件。

⑥ 工作台。由上下两层组成，上工作台可绕下工作台在水平面内旋转一定的角度（±10°），用以磨削锥度不大的长圆锥面。上工作台的上面装有头架和尾座，它们随着工作台一起，沿床身导轨作纵向往复运动。

各种磨床的传动系统大多采用液压传动。液压传动的优点是操作简单、传动平稳，可在较大范围内实现无级调速。图8-8为外圆磨床实现工作台纵向往复运动的液压传动原理图。

8.2.2 内圆磨床

内圆磨床主要用于磨削内圆柱面、内圆锥面及端面等。

如图8-9所示为M2120内圆磨床，它是生产中应用最广的一种内圆磨床。内圆磨床主要由床身、工作台、头架、砂轮架、砂轮修整器、砂轮架溜板等组成。头架装在工作台上，并由它带着沿床身上的导轨作纵向往复运动；头架主轴由电动机带动作圆周进给运动；砂轮架上装有磨削内孔的砂轮主轴，由电动机带动实现磨削主运动；砂轮架沿滑鞍的导轨作周期性的横向进给（液压或手动）。

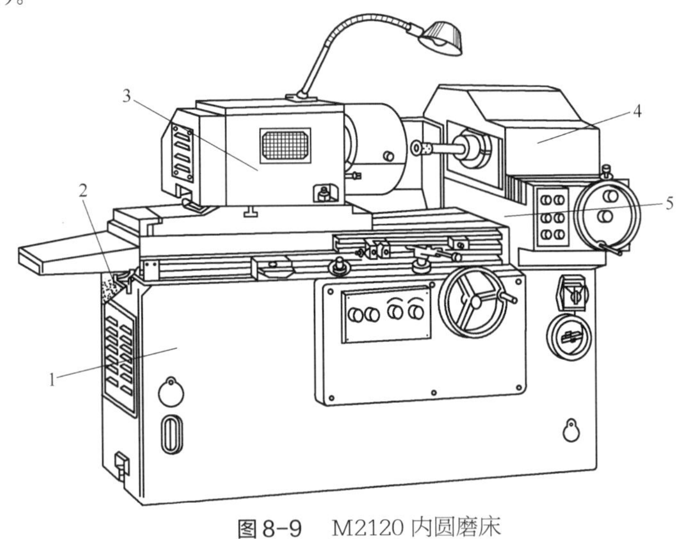

图8-9　M2120内圆磨床

1—床身；2—工作台；3—头架；4—砂轮架；5—砂轮架溜板

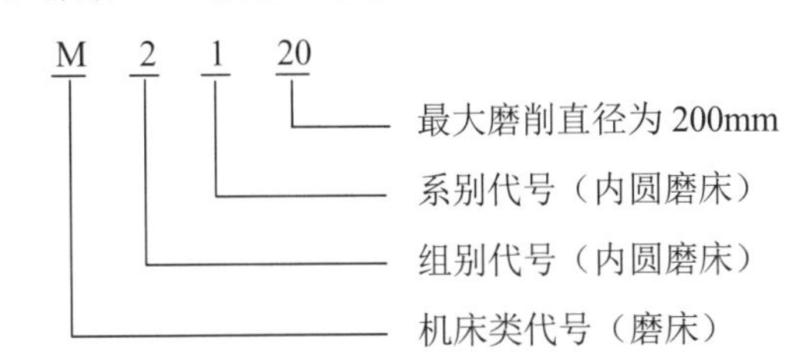

8.2.3 平面磨床

平面磨床主要用于磨削工件上的平面。

（1）编号

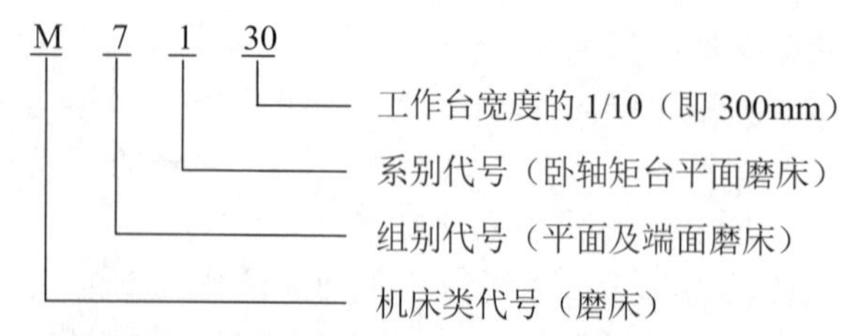

（2）平面磨床的组成 平面磨床由床身、工作台、磨头、滑鞍、立柱等组成。如图 8-10 所示为 M7130 平面磨床。

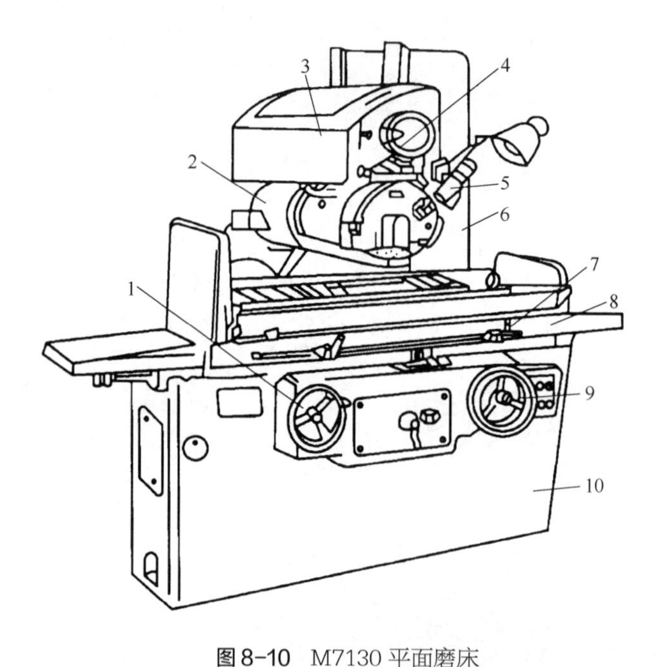

图 8-10 M7130 平面磨床

1—纵向手轮；2—磨头；3—滑鞍；4—横向手轮；5—砂轮修整器；6—立柱；7—撞块；8—工作台；9—升降手轮；10—床身

① 床身。用于支撑和连接磨床各个部件，其上装有工作台，内部装有液压手动装置。

② 工作台。工作台装在床身的导轨上，由液压传动系统带动实现直线往复运动，运动行程由两个撞块控制，还可以用升降手轮调整工作台。工作台上装有电磁吸盘或其他夹具，用以装夹工件，必要时也可把工件直接装夹在工作台上。

③ 磨头。磨头上装有砂轮，砂轮的旋转运动（主运动）由单独的电动机来实现。磨头上部有燕尾导轨，与滑鞍的水平燕尾导轨配合，由液压传动系统实现横向间隙进给（磨削时用）或连续移动（修整砂轮或调整位置时用）。横向手轮用来手动调整磨头的前后位置，或实现上述运动。

④ 滑鞍。滑鞍可沿立柱的导轨作垂直运动，以调整磨头的高低位置或实现垂直进给运动，这个运动也可转动手轮实现。

⑤ 立柱。与工作台面垂直，其上有两条导轨。

8.3 工件的装夹及磨削方法

8.3.1 外圆磨削

8.3.1.1 工件的装夹

① 顶尖装夹。轴类零件常采用顶尖装夹，如图 8-11 所示。磨床所用顶尖都不随工件一起

转动，可避免顶尖转动带来的误差，提高加工精度。顶尖是靠弹簧推力顶紧工件的，可自动控制松紧程度。

② 卡盘安装。磨削短工件的外圆时可用三爪或四爪卡盘装夹工件。

③ 心轴装夹。盘、圈、套类空心工件常以内孔定位磨削外圆，常用心轴装夹工件。

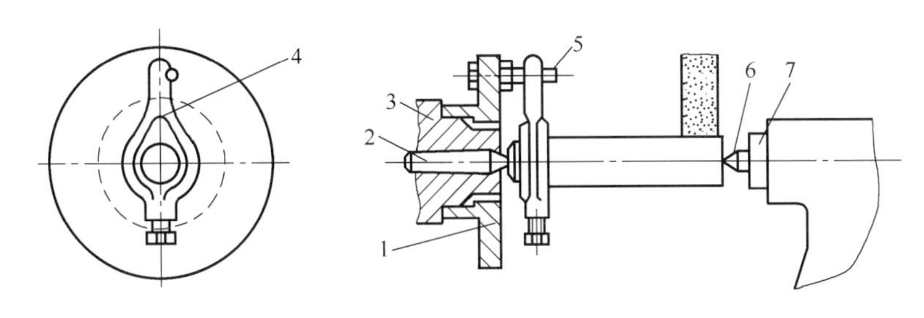

图 8-11　顶尖装夹

1—拨盘；2—前顶尖；3—头架主轴；4—夹头；5—拨杆；6—后顶尖；7—尾架套筒

8.3.1.2　磨削方法

在外圆磨床上磨削外圆的方法常用的有纵磨法和横磨法两种。 其中以纵磨法用得最多。

（1）纵磨法　如图 8-12 所示，磨削时工件转动并与工作台一起作直线往复运动，当每一纵向行程或往复行程终了时，砂轮按规定的吃刀深度作一次横向进给运动。当工件接近最终尺寸时，无横向进给再磨削几次至火花消失即可。纵磨法的特点：可用同一砂轮磨削长度不同的工件，加工质量好，但磨削效率低，用于单件、小批量生产及精度要求高的工件。

磨削轴肩端面的方法如图 8-13 所示。外圆磨削到尺寸后，将砂轮稍退出一些（0.05~0.10mm），手动工作台纵向手柄，使工件的轴肩端面靠向砂轮，磨平即可。

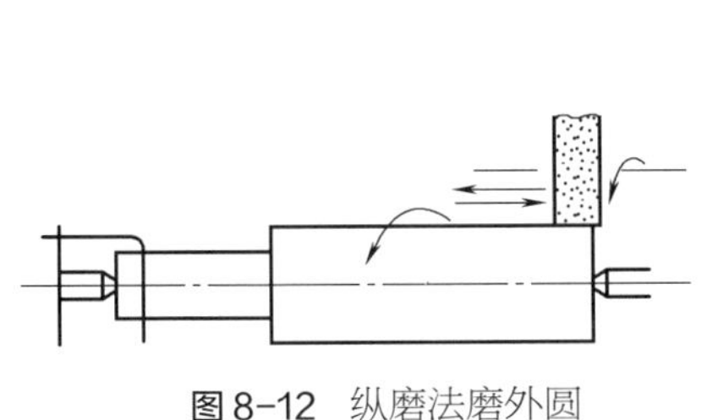

图 8-12　纵磨法磨外圆

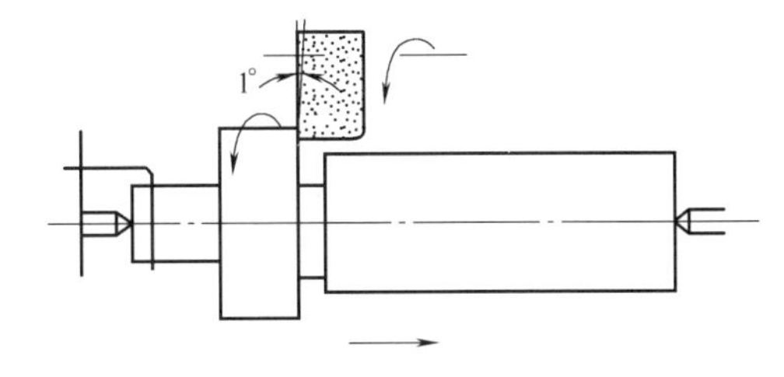

图 8-13　磨削轴肩端面

（2）横磨法　横磨法又称径向磨削法或切入磨削法，如图 8-14 所示。磨削时工件无纵向进给运动，砂轮慢速连续或断续向工件作横向进给运动，直至把磨削余量消除。横磨法的特点：生产效率高，但精度较低，表面粗糙度较高，多用于短外圆表面及两侧有台阶的轴颈加工。

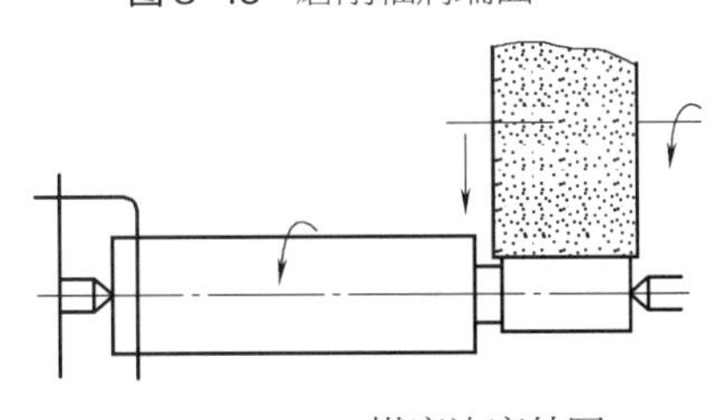

图 8-14　横磨法磨外圆

8.3.2　内圆磨削

（1）工件的装夹　磨削内圆时，工件大多数都是以外圆或端面为定位基准，采用三爪卡盘、四爪卡盘、花盘及弯板等夹具来装夹的，如图 8-15 所示。

（2）磨削方法　磨削内圆的方法有纵磨法和横磨法，其操作方法和特点与外圆磨削相似。

磨削内圆通常在内圆磨床或万能外圆磨床上进行。磨削时，砂轮与工件接触方式有两种：后接触和前接触，如图 8-16 所示。在内圆磨床上采用后接触，在万能外圆磨床上采用前接触。

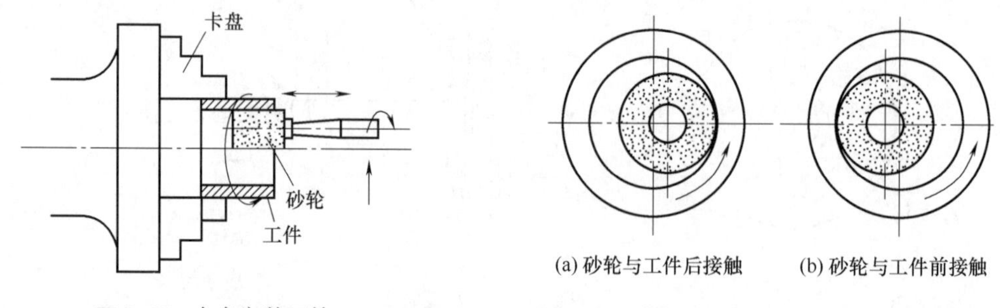

(a) 砂轮与工件后接触　(b) 砂轮与工件前接触

图 8-15　卡盘安装工件

图 8-16　磨削内圆时砂轮与工件的接触形式

磨削内圆时，砂轮轴和砂轮直径较小，易造成刚性差、生产率低、表面加工质量不好。所以砂轮和砂轮轴尽可能选用较大直径，砂轮轴伸出长度尽可能缩短。

8.3.3　圆锥面的磨削

磨削圆锥面时，工件的装夹方法同外圆、内圆磨削。常用圆锥面的磨削方法有三种，如图 8-17 所示。

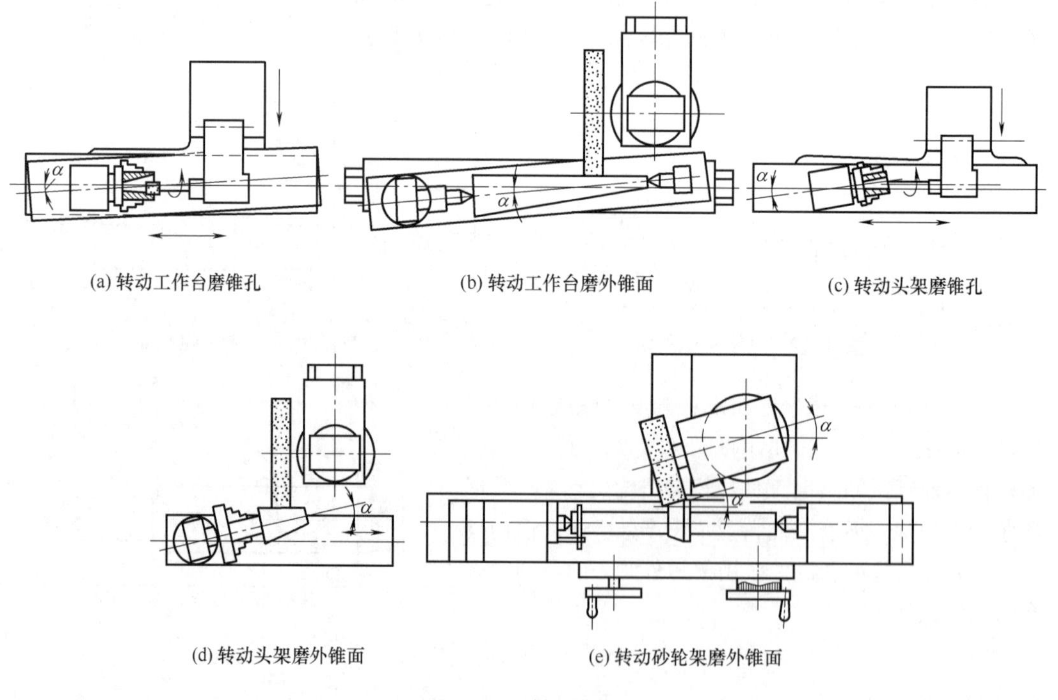

(a) 转动工作台磨锥孔　(b) 转动工作台磨外锥面　(c) 转动头架磨锥孔

(d) 转动头架磨外锥面　(e) 转动砂轮架磨外锥面

图 8-17　圆锥面磨削方法

① 转动工作台法。这种方法适用于磨削锥度较小、锥面较长的工件。磨削时将上工作台逆

时针转动α角（工件圆锥半角），使工件侧母线与纵向往复方向一致，如图 8-17（a）、（b）所示。

② 转动头架法。这种方法适用于磨削锥度较大、锥面较短的工件。磨削时将头架转动α角，使工件侧母线与纵向往复方向一致，如图 8-17（c）、（d）所示。当α角转至 90°时，称为端面磨削。

③ 转动砂轮架法。这种方法适用于磨削较长工件上的锥度较大且锥面较短的外锥面。磨削时将砂轮架转动α角，用砂轮的横向进给加工，精度不高，表面粗糙度值较大，因此一般较少使用，如图 8-17（e）所示。

磨削圆锥面时，常用圆锥量规进行检验。圆锥塞规用于检验内锥孔，圆锥环规用于检验外锥体，如图 8-18、图 8-19、图 8-20 所示。

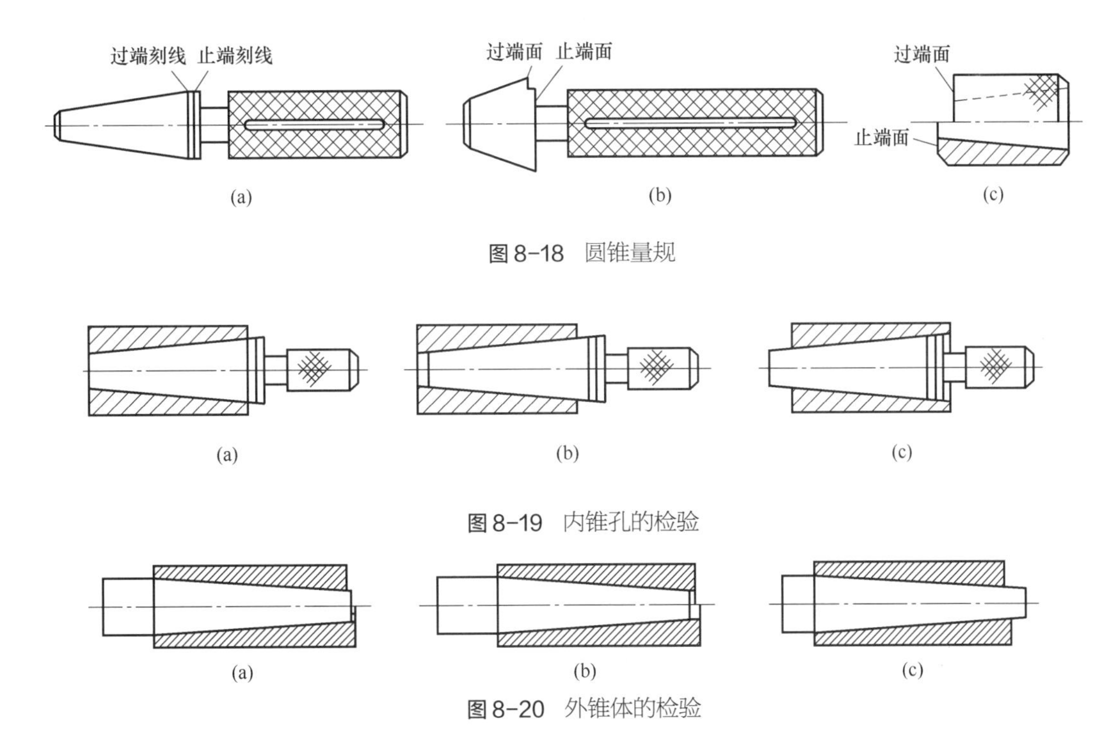

图 8-18 圆锥量规

(a) (b) (c)

图 8-19 内锥孔的检验

(a) (b) (c)

图 8-20 外锥体的检验

8.3.4 平面磨削

（1）工件的装夹 常采用电磁吸盘工作台吸住工件，而磨削键、薄壁套等尺寸小且壁薄的工件时，还应在工件的四周或左右两端用挡铁围住，如图 8-21 所示，避免因磨削力作用弹出造成事故。注意装夹前必须擦净电磁吸盘工作台和工件。

（2）磨削方法 平面磨削常用的方法有周磨法和端磨法两种，如图 8-22 所示。

① 周磨法。用砂轮的周边在卧轴矩形工作台或卧轴圆形工作台平面磨床上进行磨削。

② 端磨法。用砂轮的端面在立轴矩形工作台或立轴圆形工作台平面磨床上进行磨削。

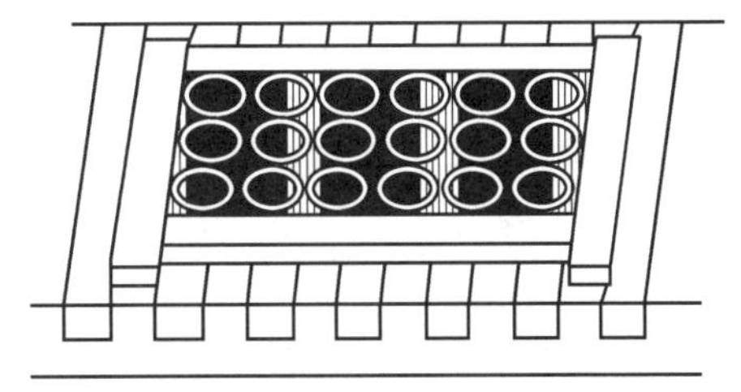

图 8-21 用挡铁围住工件

周磨法能获得较好的加工质量，但效率低，适用于精磨。端磨法磨削效率高，但磨削精度较低，适用于粗磨。

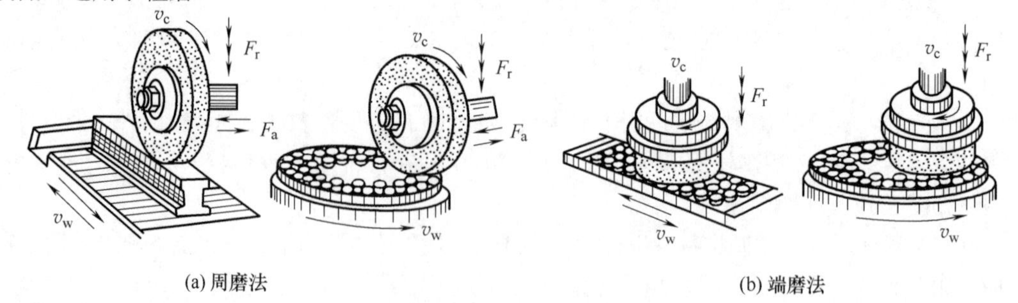

图 8-22 平面磨削方法

8.4 磨削实训

8.4.1 磨削实训内容与要求

磨削实训内容与要求如表 8-1 所示。

表 8-1 磨削实训内容与要求

序号	内容及要求	
1	基本知识	1. 了解磨削加工的特点及其在机械制造中的作用和地位，了解磨削加工范围 2. 了解磨床的种类，掌握 M1420 和 M7130 磨床的主要结构组成及功能 3. 掌握磨削基本运动 4. 了解砂轮的种类、特点和用途 5. 了解内孔和外圆锥的磨削方法 6. 掌握磨床的安全操作技术规程和设备的维护保养知识
2	基本技能	1. 熟练掌握 M1420 和 M7130 磨床基本操作，包括开车、停车、对刀等 2. 熟练掌握工件装夹、挡块位置调整，以及正确使用量具测量尺寸的操作 3. 熟练掌握磨削平面和外圆的基本操作方法 4. 能按照图纸的质量要求，独立操作磨床完成工件的加工

8.4.2 磨削安全操作规程

（1）开车前准备

① 做好个人防护工作，整理好工作服，戴好防护眼镜，长发盘入帽中；

② 检查砂轮罩、行程挡块是否完好紧固，各操作手柄位置是否正确，砂轮与工件应保持一定距离；

③ 检查油路系统是否正常，主轴等转动件润滑是否良好；

④ 工件安装正确，夹持牢固。

（2）开车后注意事项

① 操作者或其他人员不得站在砂轮可能飞出的方向，避免伤人；

② 不能测量旋转的工件尺寸；

③ 不能用手触摸旋转的工件和砂轮；

④ 砂轮启动进给时要轻要慢，避免切削力过大造成工件飞出或砂轮爆裂，导致事故发生；

⑤ 不能用手清除磨屑，必须用专用工具；

⑥ 操作时要集中精力，认真观察，不得离开机床。

（3）加工中，若发生事故

① 立即停车，关闭电源，保护现场并及时向指导老师汇报；

② 分析原因，寻找解决办法，总结经验，避免再次发生。

（4）加工结束后

① 关闭电源，擦拭机床，打扫场地，加注润滑油；

② 擦拭机床时注意铁屑伤手。

8.4.3 磨削操作训练

（1）平面磨削　平面磨削操作流程如表 8-2 所示。

表 8-2　平面磨削操作流程

材料	45	毛坯种类	板钢	毛坯尺寸	100mm×40mm×25mm
加工顺序	操作流程	说明			机床、夹具、刀具、量具
1	测量尺寸，装夹工件	测量工件厚度，根据要求计算加工余量。清理干净工作台，放置工件，打开电磁阀开关，吸牢工件			M7130 磨床、砂轮、外径千分尺
2	启动磨床电源，调整位置	先调整工作台位置，再调整砂轮架前后位置。行程挡块已调整到位，无需再调整			M7130 磨床、砂轮
3	磨削加工	启动砂轮电源，慢慢下降砂轮使之与工件接触产生火花 将工作台左右开启，打开冷却液阀门，调节冷却液流量 调整砂轮架前后手柄至右边 开始进刀磨削 中途停机测量工件尺寸 清理工作台，放置工件，吸紧，再启动机床（先下后上）进行磨削，直至加工完成			M7130 磨床、砂轮、外径千分尺
4	关机，测量尺寸，锐角倒钝，清理场地				平锉、外径千分尺

（2）外圆磨削　外圆磨削操作流程如表 8-3 所示。

表 8-3　外圆磨削操作流程

材料	45	毛坯种类	圆钢	毛坯尺寸	ϕ50mm×220mm
加工顺序	操作流程	说明			机床、夹具、刀具、量具
1	测量尺寸，装夹工件	测量工件直径，根据要求计算加工余量。工件装夹在三爪卡盘上并加紧（顶尖支承）			M1420 磨床、三爪卡盘、顶尖、砂轮、外径千分尺
2	调整位置，启动磨床电源	调整砂轮与工件的距离（大于 20mm），关上挡板，启动电源（按从右向左的顺序启动）。注意：确认启动后工件旋转了才能进行加工。行程挡块已调整到位，无须再调整			M1420 磨床、三爪卡盘、顶尖、砂轮
3	磨削加工	对刀时慢慢移动砂轮使之与工件接触产生火花 启动液压控制阀使工作台往复运动 打开冷却液阀门，调节冷却液流量 开始进刀磨削 中途停机（按从左向右的顺序关机）测量工件尺寸 再开机（按从右向左的顺序启动）进行磨削，直至加工完成			M1420 磨床、三爪卡盘、顶尖、砂轮、外径千分尺
4	关机，测量尺寸，清理场地				外径千分尺

第9章

钳工

9.1 概述

9.1.1 钳工基本操作技能

钳工是切削加工、机械装配和修理过程中的手工作业，因常使用虎钳夹持工件操作而得名。钳工的基本操作技能主要有：划线、錾削、锯削、锉削、钻削、攻螺纹和套螺纹、矫正和弯形、铆接、刮削、研磨、机器装配与调试、设备维修和简单的热处理等。

钳工加工灵活，可以完成机械加工难以完成的形状复杂和高精度零件的加工。由于是手持工具对零件进行加工，故生产效率低，劳动强度大，且对操作者技能要求较高。但是，在现代制造、智能制造高速发展的今天，钳工仍然是无可替代的工种，在机械制造、装配和维修中仍有十分重要的作用。

9.1.2 钳台和台虎钳

钳台是钳工最常用的工作台，也是机械制造中不可缺少的基本工具。钳台常用硬质木材或钢材制成，其结构牢固、平稳，台面高度通常在800~900mm，有单人用、双人用或多人用几种类型。在钳台上通常安装有台虎钳、防护网，可以放置一些简单的工具和零件等，如图9-1所示。

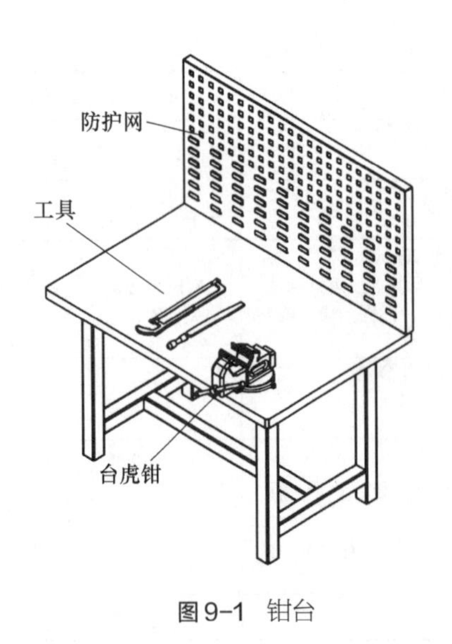

图9-1 钳台

台虎钳又称虎钳，是钳工操作夹持零件必备的夹具。虎钳有固定式和转盘式两种结构类型，如图9-2所示，转盘式虎钳的钳体可以绕转盘底座旋转，以使工件旋转到合适的工作位置，便于操作。虎钳的规格以钳口宽度来表示，常用的有100mm、125mm和150mm三种。钳口经过热处理淬硬，具有较好的耐磨性，在钳口的工作面上制有交叉的网纹，使工件夹紧后不易产生滑动。

在使用虎钳时应注意以下事项：

① 工件应尽可能地夹紧在钳口中部，以使钳口受力均匀；

② 夹持精密工件时，为了避免损伤表面，应该在钳口和工件之间垫铜皮等软质材料；

③ 夹紧工件时要松紧合适，只能用手扳紧手柄，不得借助其他工具加力，以免损坏丝杆、螺母；

④ 不能在钳口上敲击工件，而应该在固定钳体的砧台上进行，否则会损坏钳口；

⑤ 进行强力加工作业时，应尽量使力朝向固定钳体。

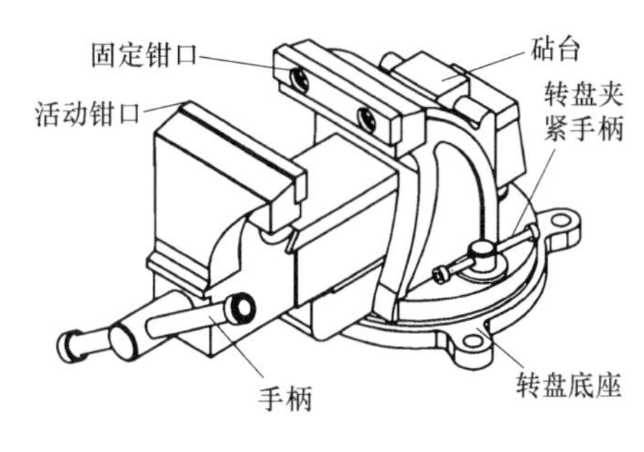

图9-2 台虎钳

9.2 划线

划线是根据零件图纸或实物尺寸，利用划线工具在毛坯或半成品上准确地划出加工图形或界线的操作。划线技术被广泛应用于单件或小批量生产中，在某些零件的大批量生产中也有被采用。

9.2.1 划线的作用

① 划出待加工位置和界限作为机械加工的依据；

② 检查毛坯或半成品质量是否符合要求；

③ 合理分配加工余量，避免后续加工造成工时和人力的浪费。

9.2.2 划线的种类

根据划线表面或位置的不同，划线分为平面划线和立体划线两种。

（1）平面划线　在工件的一个平面上划线，能明确表明加工界限，其划线方法与平面作图法类似。

（2）立体划线　在工件上的几个相互成不同角度的表面上划线，即长、宽、高三个面上划线，是平面划线的复合。

9.2.3 划线工具

（1）划线平板　划线平板是用铸铁制成，上表面经过精刨和刮削加工，是划线的基准工具，如图9-3所示。常用的中小型平板一般牢固安置在木制或钢制的支撑架上，且上平面要调水平。为了保持平面的精度，使用时严防撞击，为了防止锈蚀，要经常清洁，长期不用则要涂防锈油。

（2）方箱　方箱是由铸铁制成的空心立方体，其六个表面都经过刨削和刮削加工，各相邻的表面均相互垂直，如图 9-4 所示。方箱用于夹持、支承尺寸较小而加工面较多的工件，通过翻转方箱，便可在工件的表面上划出互相垂直的直线。方箱上的两条 V 形槽是用来夹持圆柱形工具的。在使用方箱时要注意清洁，防止工件翻转过程中松动和重心不稳。

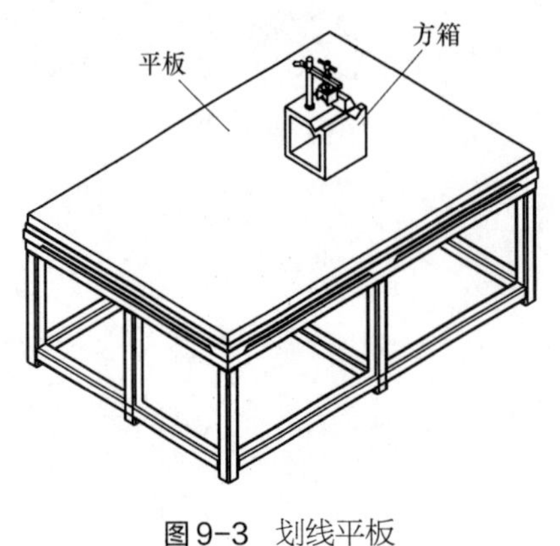

图 9-3　划线平板

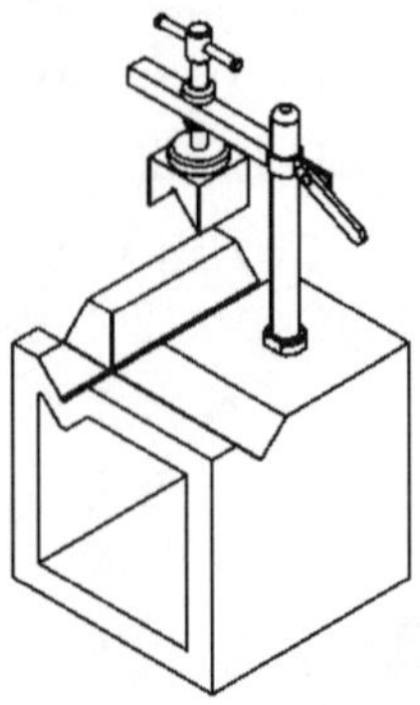

图 9-4　方箱

（3）V 形铁　V 形铁一般由碳钢制成，相邻表面相互垂直，主要用于支承圆柱形工件，能使工件轴线与平板平行。V 形铁一般两个作为一组，形状和大小相同，带 C 形夹持架的 V 形铁，可翻转三个方向，能在工件表面划出相互垂直的线，如图 9-5 所示。

（4）千斤顶　千斤顶在平板上支撑较大及不规整工件时使用，其高度可微调，结构如图 9-6 所示。工作时用三个千斤顶支撑工件，通过调整丝杆改变工件的高度，以确定工件的基准。在使用时，工件上的支撑点应尽可能远一些，可在支撑点处预先打样冲眼，保证支撑稳定可靠。

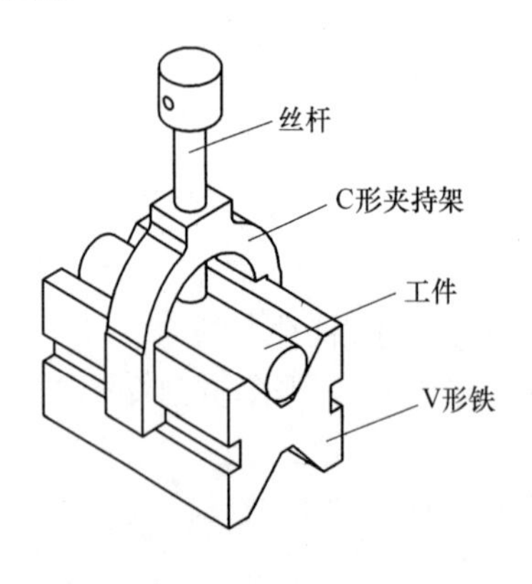

图 9-5　V 形铁

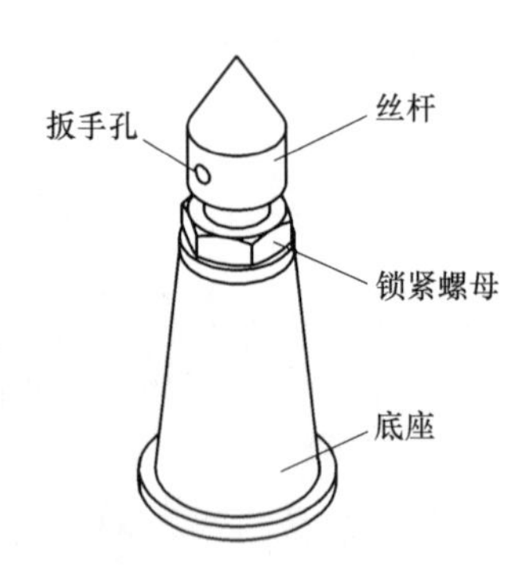

图 9-6　千斤顶

（5）划针　划针是最常用的绘划工具，分为直头和弯头两种，一般由直径 ϕ（4~6）mm 的工具钢或弹簧钢钢丝直接磨成，针尖角为 10°~20°，并经淬火硬化，或在尖端焊接硬质合金，如图 9-7（a）所示。当靠在钢板尺或样板上划线时，划针应向外，并与运动方向倾斜一定的角度，如图 9-7（b）所示。

（6）划规　划规是用来划圆、弧、等分角度或线段、截取尺寸的工具，一般由工具钢制成，尖部经淬火硬化，如图 9-8 所示。划规的使用方法与制图用的圆规相似，在微调时，可在木块上轻轻磕动划规腿的尖部使其合拢，或轻轻磕动划规顶端使划规腿分开。

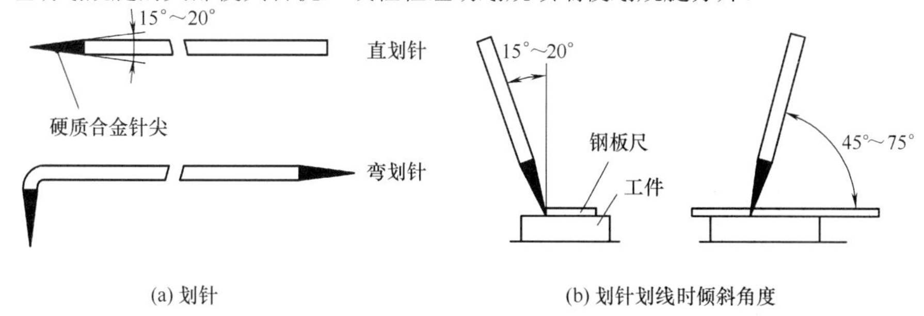

(a) 划针　　(b) 划针划线时倾斜角度

图 9-7　划针及其用法

（7）划卡　划卡又称单脚划规，主要用于确定轴和孔的中心位置，沿加工好的直面划平行线或沿加工好的圆弧面划同心圆线，如图 9-9 所示。

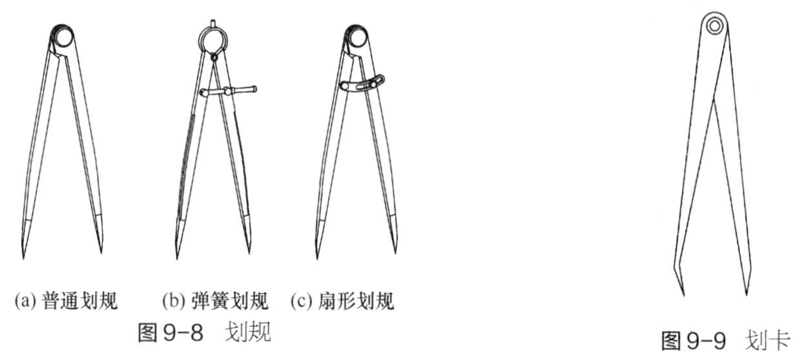

(a) 普通划规　(b) 弹簧划规　(c) 扇形划规

图 9-8　划规

图 9-9　划卡

（8）样冲　样冲是用来在已经划出的线条上打样冲眼的工具，如图 9-10 所示。样冲由工具钢制成，并经淬火硬化，或由报废的刀具改制而成（如丝锥）。冲眼的目的是便于寻找线痕，一般在十字线中心、线条交叉点和折角处都要冲眼。较长的直线冲眼距离要比圆弧稀疏，除毛坯线外，冲眼深度不可过深，有特殊要求的表面或已经精加工的表面可不冲眼，在钻孔前，先轻冲眼并反复找正，再将冲眼加深。在进行冲眼操作时，先将样冲尾部向外倾斜约 30°，观察冲尖，待其对准冲眼位置后，再将样冲立直，最后进行锤击。

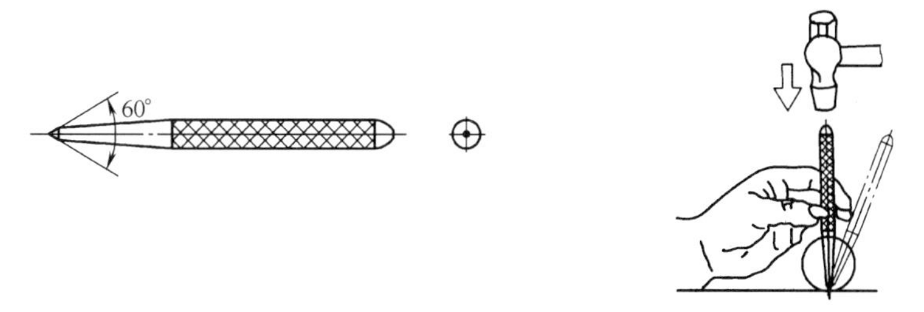

图 9-10　样冲及其用法

（9）划线盘　划线盘是立体划线常用的找正和绘划工具，分为微调划线盘和普通划线盘两种，如图 9-11 所示。微调划线盘微调方便，但结构松弛、刚性不好，用于划线时容易抖动，发生走样，故一般不用来直接划线，仅用于工件的找正。普通划线盘刚性好，能划出清晰、深刻的线条，尤其在毛坯上划线时，优点显著，被广泛采用。

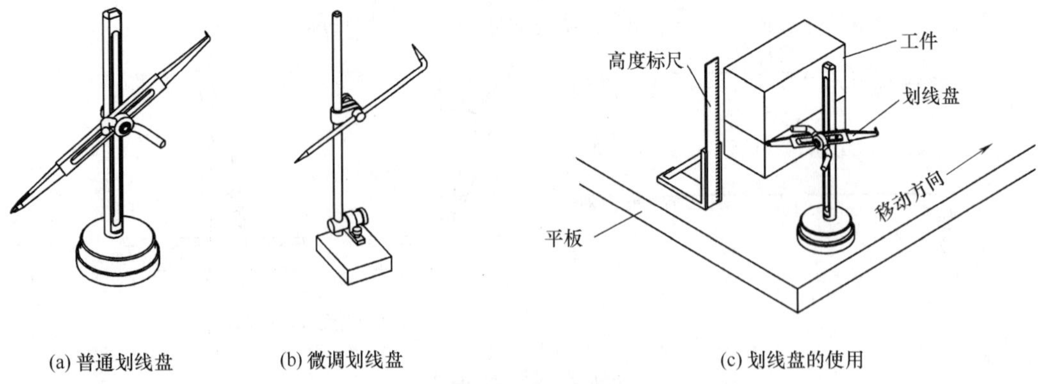

图 9-11　划线盘及其用法

（10）高度游标尺　在精密划线中，还常用到高度游标尺，如图 5-9 所示，由于高度游标尺有测量功能，用来划线十分方便，但要注意保护好量爪，不可在粗糙的表面上划线，通常只用它划出短痕，然后再用普通划线盘对准短痕，将线条引长。

（11）直角尺　直角尺是检验和划线中常用的量具。在平面划线中，直角尺的作用主要是按工件某一基准边划线，划出与它相垂直的线。在立体划线中，主要用来校正工件某一基准面、边或线与平台的垂直度，如图 9-12 所示。

（12）高度标尺　高度标尺由尺架和钢板尺构成如图 9-13 所示。将钢板尺用螺钉紧固在中间滑块上，通过调整螺母可以改变钢板尺的上下位置。使用时，先用划线盘找准零件的基准线后，再将钢板尺某一整数刻度调整到划线盘划针的针尖的高度，以便于随后划线的计算。

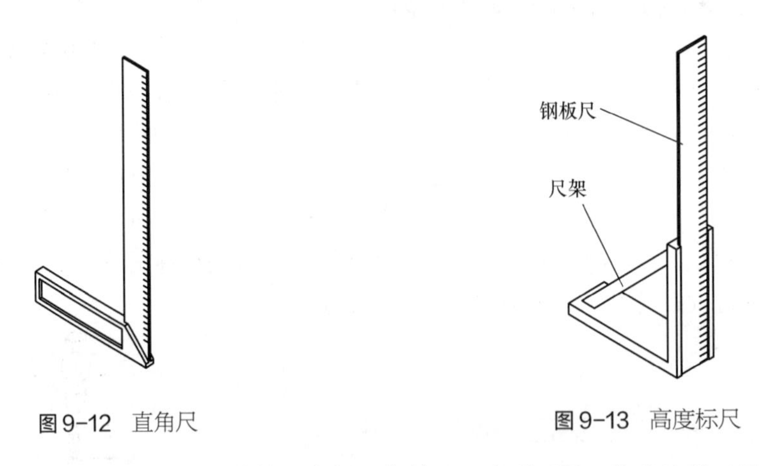

图 9-12　直角尺　　图 9-13　高度标尺

在划线工作中，有时还会用到垫箱、弯板、楔铁、工字形平尺、分度头等工具，在此不再赘述。

划线涂料的作用是在待划线表面上涂色，使后续所划线条清晰可辨。在毛坯零件上常用大白浆或粉笔，其中大白浆是白灰、乳胶和水调成的浆糊。已加工表面常用硫酸铜溶液、龙胆紫等深色颜料。

9.2.4　划线基准

划线时在工件上选择一个或几个点、线、面作为依据，来划出工件的几何形状和各部分的相对位置，这样的点、线、面称为划线基准。基准的确定要以保证精度、合理分配加工余量、简化划线操作为原则，一般划线基准与设计基准应一致。常用的基准有重要孔的中心线、已加工平面或零件上尺寸标注的基准线。如图 9-14 所示是划线常见的基准类型。

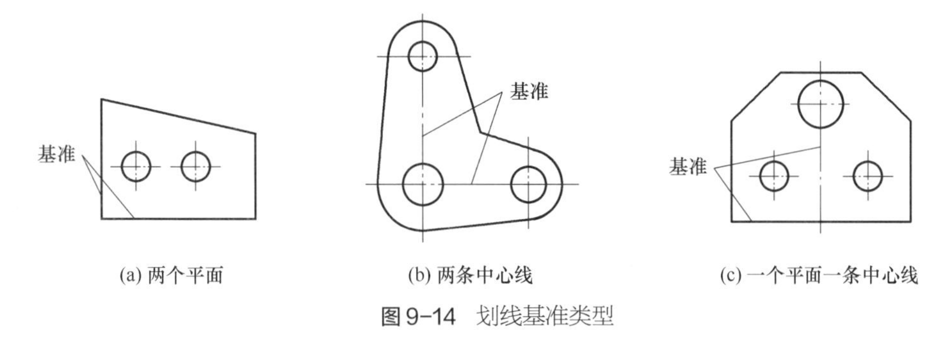

图 9-14　划线基准类型

9.2.5　划线步骤

① 看懂图样，分析零件的加工顺序和加工方法。

② 清理工件表面，去掉毛坯或半成品上的型砂、氧化皮、毛刺、飞边或油污等。

③ 确定划线基准，制订划线方案。

④ 选用合适的涂料在待划线表面涂色。涂色的作用是使后续所划线条清晰可辨。在毛坯零件上常用白灰水或粉笔为涂料，已加工表面常用硫酸铜溶液、龙胆紫等深色颜料。

⑤ 若是立体划线，需找平工件并支撑稳固，在有孔的表面划圆或等分圆周，需安装临时的中心塞块，以确定孔的中心，一般常用铅块、木块或塑料块等。

⑥ 正确使用划线工具、量具进行划线。值得注意的是，在一次支撑中，要将所需平行线全部划出。

⑦ 反复校对，避免出错。

⑧ 在线条上打样冲眼，其位置要准确，深浅和疏密要合适。

9.3　锯削

用手锯锯断工件或在工件上切槽的操作称为锯削，或称之为锯割、锯切。锯削操作简单、方便、灵活，在单件小批量生产及切割异性工件等场合应用广泛，但加工精度低，常需要进一步加工。

9.3.1　锯削工具

（1）锯弓　锯弓是用来夹持并张紧锯条的，有固定式和可调式两种，如图 9-15 所示为常用的可调式锯弓结构。

（2）锯条　锯条用碳素工具钢制成，并经淬火处理，其形状如图 9-16 所示。常用的锯条长 300mm 左右，宽 12mm，厚 0.8mm。可按锯路样式或锯齿的粗细进行分类，常见的锯路样式有交叉锯路、波浪形锯路和薄背锯路。按锯齿粗细可分为粗齿锯条、中齿锯条和细齿锯条。

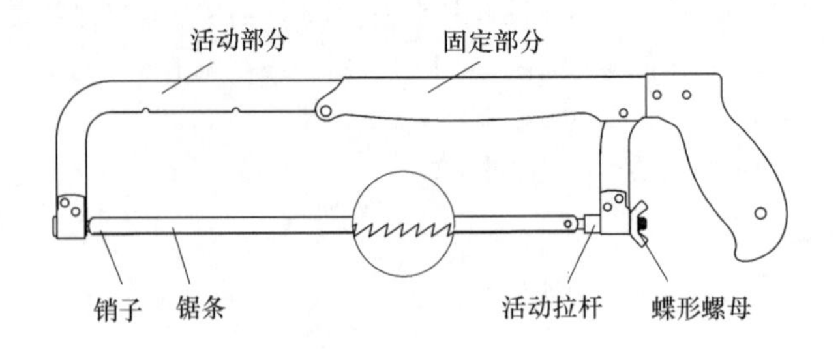

图 9-15　可调式锯弓结构

锯齿的粗细是以 25mm 长度内所含齿数进行区分的，其中，14~16 个齿的为粗齿，18~22 个齿的为中齿，24~32 个齿的为细齿。粗齿锯条适合锯割铜、铝等软金属及较厚的工件；中齿锯条适合加工普通钢、铸铁及中等厚度的工件；细齿锯条适合锯切硬钢、薄板和管子等。

安装锯条时锯齿应向前，如图 9-16 所示。锯条安装在锯弓上要松紧适当，太紧轴向拉力大，易崩断；太松会使锯条扭曲而折断，而且锯缝容易歪斜。

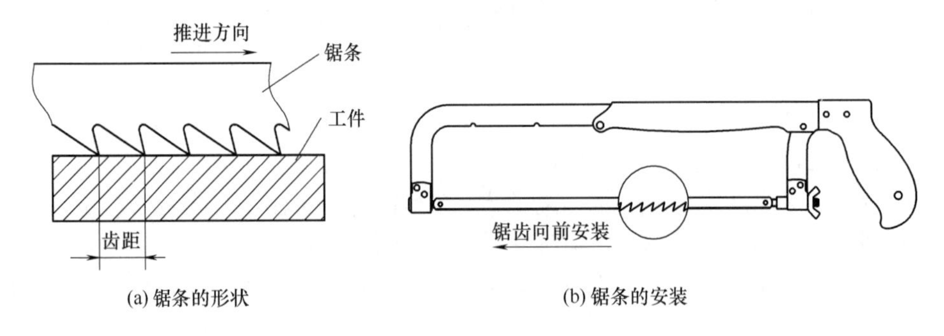

(a) 锯条的形状　　(b) 锯条的安装

图 9-16　锯条的形状及安装

9.3.2　锯削步骤

（1）装夹工件　工件应装夹在台虎钳的左边，以免碰伤手。工件伸出钳口要短，锯切线离钳口要近，以免锯削时刚性不足产生颤动。此外，工件上所划的线与水平面垂直为宜，锯削时锯缝不易歪斜。

（2）起锯方法　起锯是锯削工作的开始，起锯质量的好坏直接影响锯削的质量。为了利于操作，起锯时身体要稍微向前倾，保持正确的站姿；为了起锯平稳和准确，可用左手拇指挡住锯条，右手稳推锯弓，使锯条保持在正确的位置上，如图 9-17（a）所示。起锯有远起锯和近起锯两种，其中，从工件远离操作者身体的一端起锯称为远起锯，如图 9-17（b）所示；从工件靠近操作者身体的一端起锯称为近起锯，如图 9-17（c）所示。一般情况下，采用远起锯较好，因为锯齿是逐步切入工件，锯齿不易被卡住，起锯比较方便。此外，起锯时，要有合适的起锯角度（不超过 15°），如果起锯角度太大，则起锯不平稳，若太小，则不易切入工件，使锯缝发生偏离。当起锯的锯缝切至 2mm 深后，应逐步减小起锯角度将锯条调整至水平，再逐步加力推动锯条。

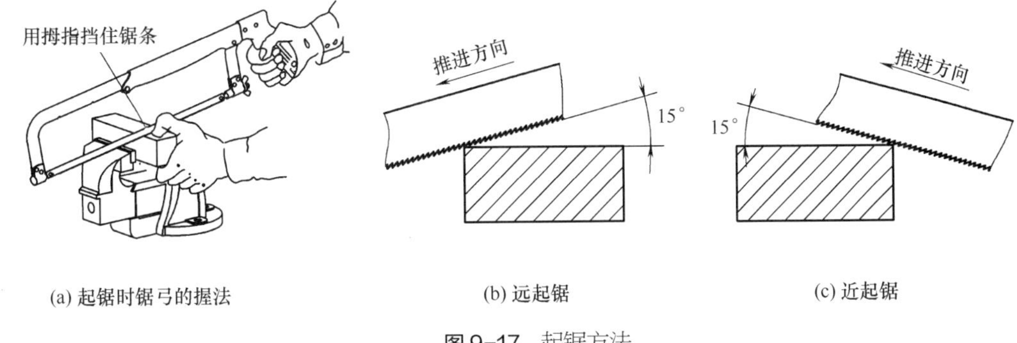

(a) 起锯时锯弓的握法　　(b) 远起锯　　(c) 近起锯

图 9-17　起锯方法

（3）锯削方法　锯削时，一般左手扶在锯弓前端起扶正作用，右手握手柄，控制锯削时的推力和压力，其握法如图 9-18 所示。操作时，锯弓应直线往复，不得左右摆动，当推动锯条向前运动时右手应均匀施加压力，当拉动锯条返回时应在工件上轻轻滑过。锯割时，施加压力不能太大，否则锯条易卡在锯缝中而折断。应尽可能使锯条全长的 2/3 参与锯削，其锯割速度一般在 20~40 次/min 左右，以免速度过快使锯条发热过度，造成锯齿过早磨损。

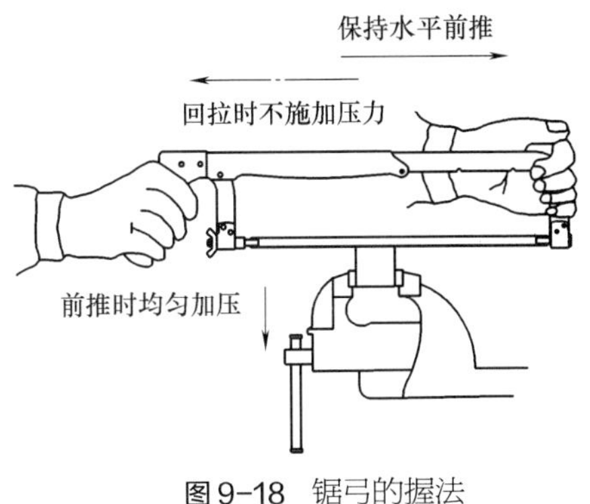

图 9-18　锯弓的握法

9.3.3　典型工件的锯削方法

（1）棒料的锯削　锯削棒料时，如果要求锯削的断面比较平整，应从开始连续锯切到结束。若对锯出的断面要求不高，锯削时可多改变几次方向，使棒料转过一定角度再锯，这样使锯割面变小而更容易锯切，以提高工作效率。锯毛坯材料时，为了节省锯削时间，可分几个方向锯割，每个方向都不锯到中心，然后将毛坯折断，如图 9-19 所示。

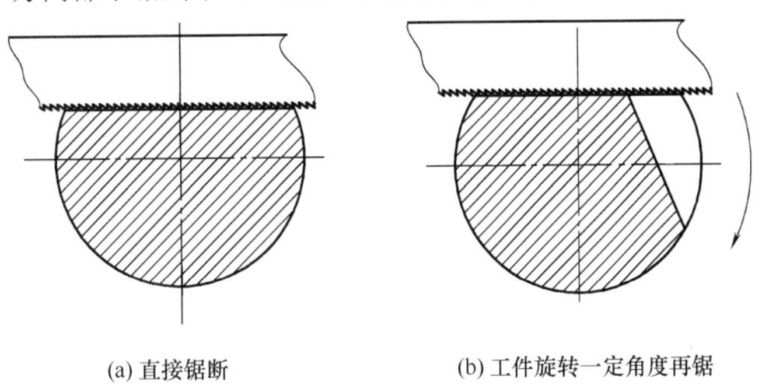

(a) 直接锯断　　(b) 工件旋转一定角度再锯

图 9-19　棒料的锯削

（2）管件的锯削　锯削管件时，首先要做好正确装夹，对于薄壁管和精加工过的管件，应夹在有 V 形槽的垫木之间，以防夹偏或夹坏管件；然后在锯削过程中，管子要多转动几个方向，每个方向只锯削至管子内壁处，直到锯断为止，如图 9-20 所示。

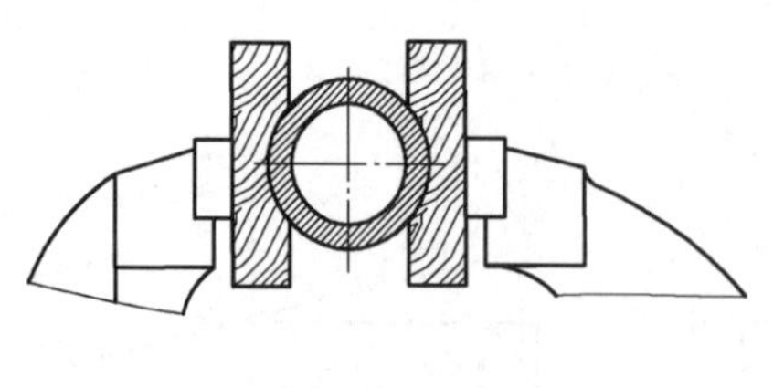

(a) 管子的夹持

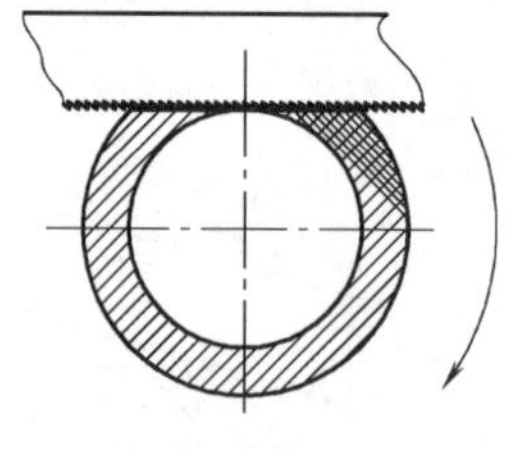

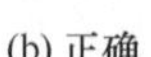

(b) 正确

(c) 不正确

图 9-20　管件的锯削

（3）厚件的锯削　如果工件厚度大于锯弓高度，先正常锯削，当锯弓碰到工件时再将锯条转 90° 后锯削。若锯切宽度也大于锯弓高度，可将锯条转过 180° 后锯切，如图 9-21 所示。

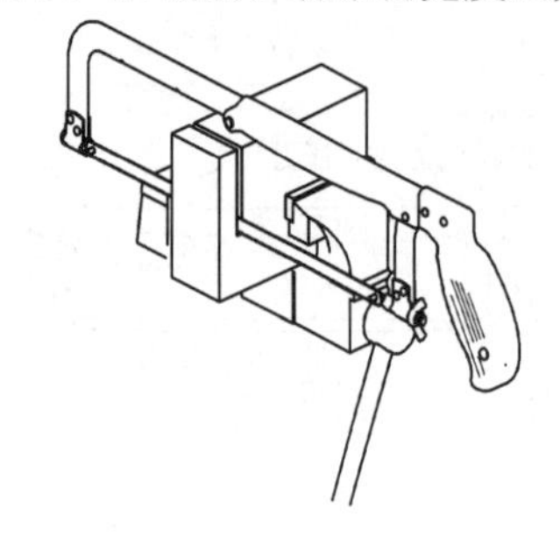

(a) 正常锯削

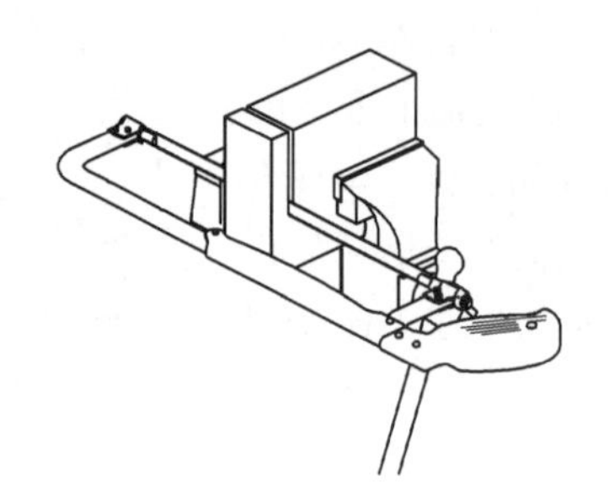

(b) 锯条转90°

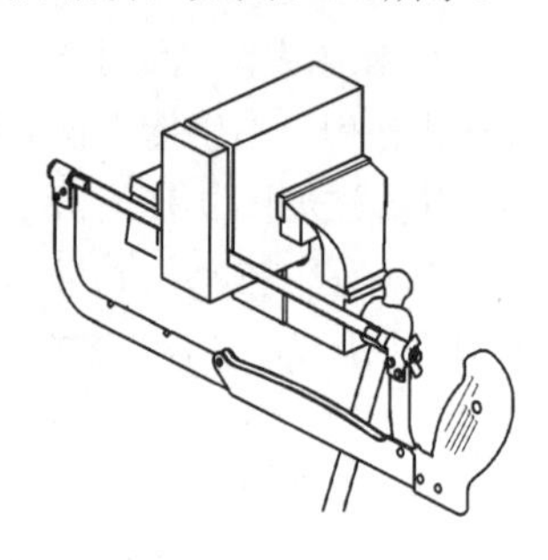

(c) 锯条转180°

图 9-21　厚件的锯削

（4）薄板的锯削　锯割薄板材料时，应将薄板夹在两块木板之间，连同木板一起锯割，这样可以增加板料的刚度，减少颤动，避免锯齿钩住而崩落，如图 9-22 所示。

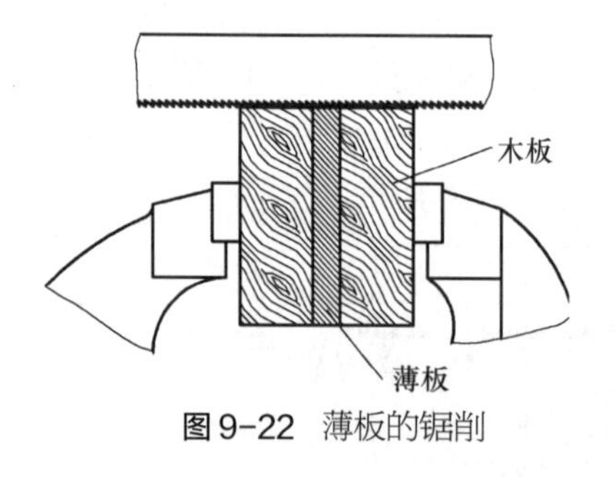

图 9-22　薄板的锯削

9.3.4　锯削操作注意事项

① 安装锯条时，锯齿应朝前，不得反装。张紧锯条时，要松紧合适。

② 装夹工件要正确，　避免锯削时产生抖动而折断锯条。

③ 锯削过程中，施加压力要适中，压力过大易造成锯条卡在锯缝中而折断，也不可突然增加压力，否则易造成锯条崩齿。

④ 锯缝歪斜后不得强行修正，否则会扭断锯条。

⑤ 新换锯条后，为了防止锯条在旧锯缝中卡住而折断，一般应更换锯缝方向再锯，若要沿旧锯缝方向锯切，应减慢速度并特别仔细。

⑥ 锯削薄板或薄壁管件时，应选用细齿锯条，避免崩齿。

⑦ 锯削硬材料时，应适当加注切削液，避免锯条过热而磨损。

⑧ 操作时，应掌握好身体的重心，避免锯条突然折断，重心不稳而致伤。

9.4 锉削

锉削是利用锉刀对工件表面进行切削加工，使其达到零件图纸要求的形状、尺寸和表面粗糙度的加工方法。锉削加工简便，工作范围广，多用于錾削、锯削之后的进一步加工，或用于精度要求高、形状复杂工件的修整和装配工序中。锉削可加工平面、曲面、内外圆弧、沟槽以及复杂表面，精度可达 0.005mm，表面粗糙度可达 *Ra*0.8~1.6μm。锉削是钳工主要操作方法之一。

9.4.1 锉刀

（1）锉刀的构造　锉刀用碳素工具钢制成，并经淬火处理，由锉刀面、锉刀边、锉刀舌、锉刀尾、木柄等部分组成。锉刀的规格以锉刀面的工作长度来表示，分别有 100mm、150mm、200mm、250mm、300mm、350mm、400mm 等七种。

（2）锉刀的种类　锉刀按每 10mm 锉面上齿数的多少分，有粗锉（4~12 齿）、细锉（13~24 齿）和光锉（30~40 齿）；按齿纹分，有单齿纹锉和双齿纹锉两种；按用途不同分，有普通锉、特种锉和整形锉（也称什锦锉）三类；按截面形状分，常见的有平锉、方锉、三角锉、半圆锉和圆锉五种，其中，平锉用来锉平面、外圆面和凸弧面，方锉用来锉方孔、长方孔和窄平面，三角锉用来锉内角、三角孔和平面，半圆锉用来锉凹弧面和平面，圆锉用来锉圆孔、半径较小的凹弧面和椭圆面，如图 9-23 所示。

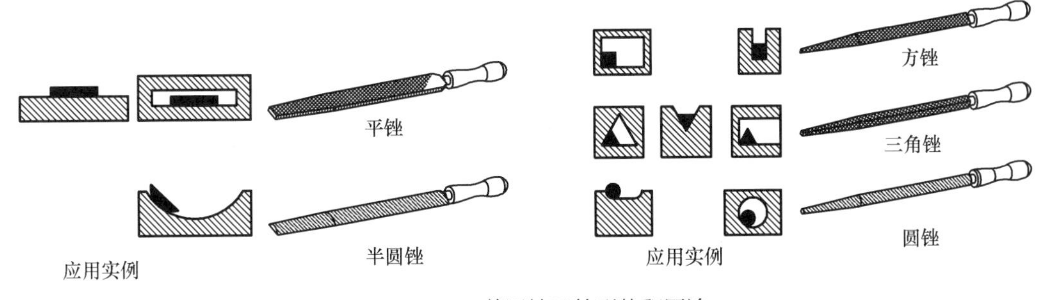

图 9-23　普通锉刀的形状和用途

（3）锉刀的选用　合理选用锉刀，对保证加工质量、提高工作效率和延长锉刀使用寿命有很大的影响。一般选择锉刀的原则是：

① 根据工件形状和加工面的大小选择锉刀的形状和规格。

② 根据材料的软硬选择锉刀的齿纹。单齿纹锉适用于锉削铜、铝等软金属材料；双齿纹锉适合锉削硬材料。

③ 根据材料硬度、加工余量、精度和表面粗糙度要求选择锉刀的粗细。粗锉适用于锉削加工余量大、加工精度和表面粗糙度要求低的工件或较软的材料；细锉适用于锉削加工余量小、加工精度和表面粗糙度要求高的工件；光锉只用来修光已加工表面，锉刀愈细，锉出的工件表面愈光，但生产率愈低。

9.4.2 锉削操作

9.4.2.1 装夹工件

工件必须牢固地夹在台虎钳钳口的中部，需锉削的表面略高于钳口 5~10mm，夹持已加工表面时，应在钳口与工件之间垫以铜片或铝片，保护表面不被夹伤。

9.4.2.2 锉刀的握法与锉削姿势

由于各种锉刀的大小和形状不同，因而其握法也不同，正确握持锉刀有助于提高锉削质量，如图 9-24 所示。

（1）大锉刀的握法　用右手握住锉刀木柄，柄端顶住掌心，大拇指放在锉刀木柄的上面，其余手指满握锉刀木柄，右手四指弯曲，右肘部要适当抬高，配合大拇指捏住锉刀木柄，左手则根据锉刀的大小和用力的轻重，可有多种姿势。

（2）中锉刀的握法　右手握法大致和大锉刀握法相同，左手用大拇指和食指捏住锉刀的前端。

（3）小锉刀的握法　右手食指伸直，拇指放在锉刀木柄上面，食指靠在锉刀的刀边，左手几个手指压在锉刀中部。

（4）什锦锉的握法　一般只用右手拿着锉刀，食指放在锉刀面上，拇指放在锉刀的左侧。

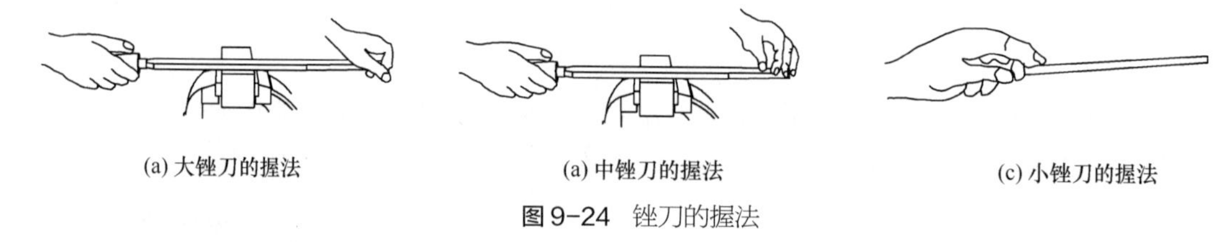

(a) 大锉刀的握法　　(a) 中锉刀的握法　　(c) 小锉刀的握法

图 9-24　锉刀的握法

此外，正确的锉削姿势能够减轻疲劳，提高锉削质量和效率。人站立时一般左腿弯曲在前，右腿伸直在后，两腿站稳不动，身体略微前倾，重心落在左腿上。

9.4.3 锉削方法

9.4.3.1 平面的锉法

（1）交叉锉法　如图 9-25（a）所示，锉刀以两个方向交叉的顺序依次对工件表面进行锉削。交叉锉法去屑快、效率高，可根据锉痕判断锉削面的高低情况，容易把平面锉平。在交叉锉进行到平面锉削完成之前，要改用顺锉法，使锉痕变直。

（2）顺锉法　如图 9-25（b）所示，锉刀顺着刀的轴线方向前后移动的锉削。当表面已基本锉平、余量很小的时候，用顺锉法可以得到比较平直、光洁的工件表面，因此常用于平面的精锉。

（3）推锉法　如图 9-25（c）所示，用两手横握锉刀，垂直于锉刀的轴线方向前后推锉。推锉法一般用来锉削狭长平面，在加工余量较小和修正尺寸时也常用。

锉削平面推进锉刀时，两手加在锉刀上的压力，应保持锉刀平稳而不上下摆动，这样才能锉削出平整的平面。为使锉刀在工件上保持平衡，必须使右手的压力随锉刀的推动而逐渐增加，左手的压力则相反。锉削回程时不加压力，以减少锉齿的磨损。

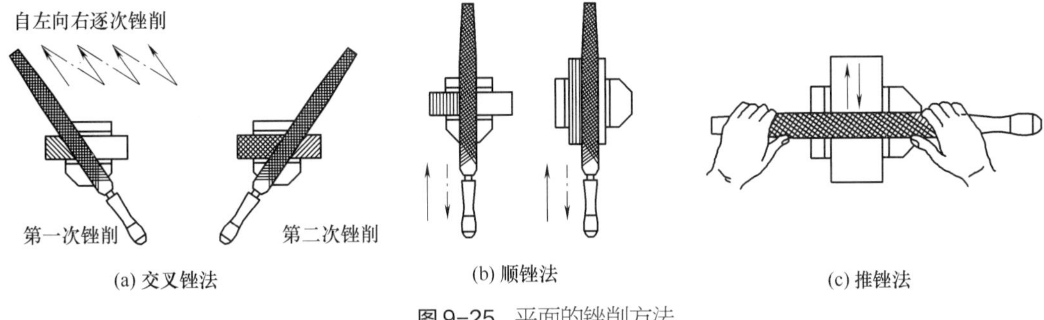

图 9-25　平面的锉削方法

9.4.3.2　曲面的锉法

锉削凸曲面时，常用滚锉法和横锉法。滚锉法是用平锉刀顺圆弧面向前推进，同时锉刀绕圆弧面中心摆动，操作时，锉刀紧靠工件，锉刀尾抬高，然后开始推锉并使锉刀头逐渐由下向上作弧线运动；横锉法是用平锉刀沿圆弧面的横向进行锉削，当工件的加工余量较大时常采用横锉法，如图 9-26 所示。

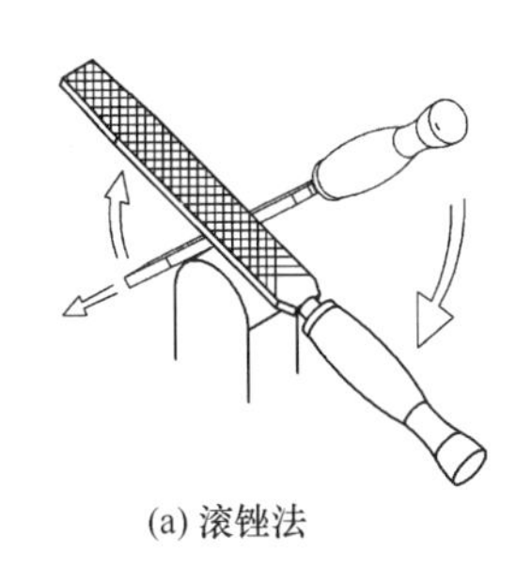
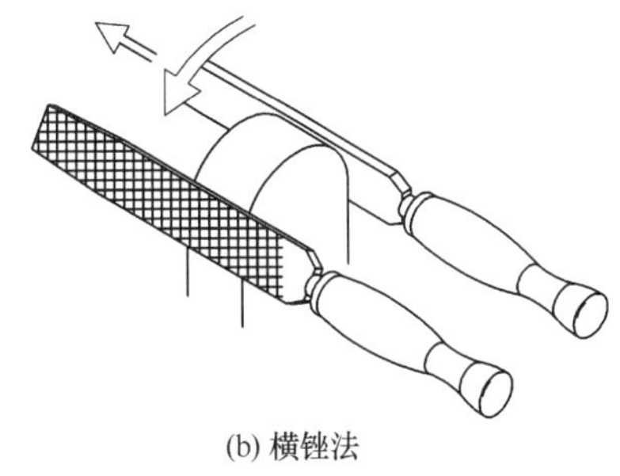

(a) 滚锉法　　(b) 横锉法

图 9-26　凸曲面的锉削

锉削凹曲面时，要使锉刀作前进运动的同时，还要使锉刀本身作旋转运动和向左或右移动，这三个运动组合完成了凹曲面的锉削，如图 9-27 所示。

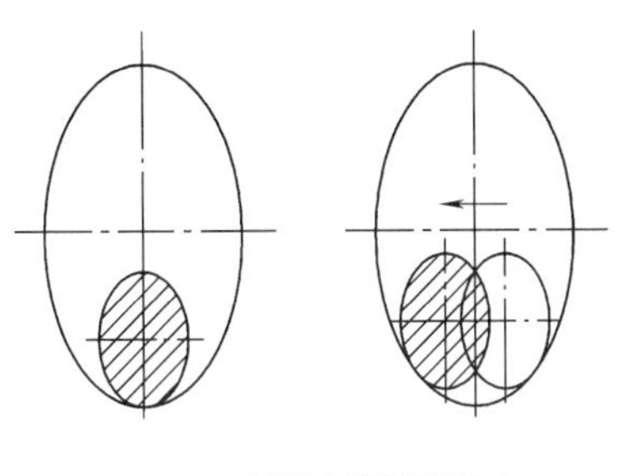
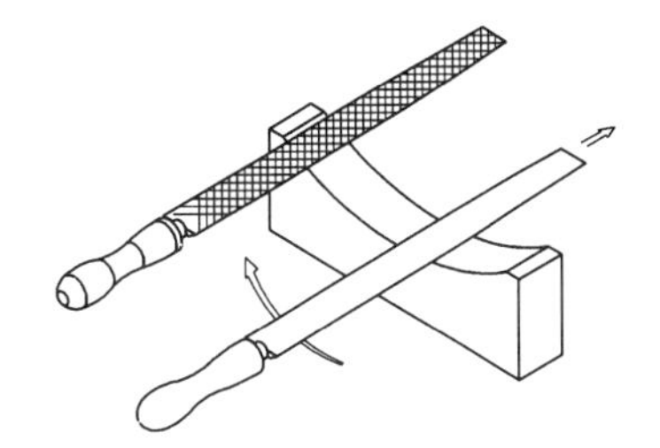

(a) 锉削小半径凹曲面　　(b) 锉削大半径凹曲面

图 9-27　凹曲面的锉削

9.4.4　锉削质量的检验

直线度、平面度可用钢板尺、刀口尺、角尺等检验，常将钢板尺、角尺的窄面或刀口尺的刃口靠在锉削平面上，通过观察缝隙大小（透光情况）判断锉削表面的平整度。锉削的尺寸精度一般用游标卡尺检验；垂直度用角尺检验，如图 9-28 所示。表面粗糙度一般用肉眼观察，必要时可用粗糙度样板对照检验。

9.4.5 锉削操作注意事项

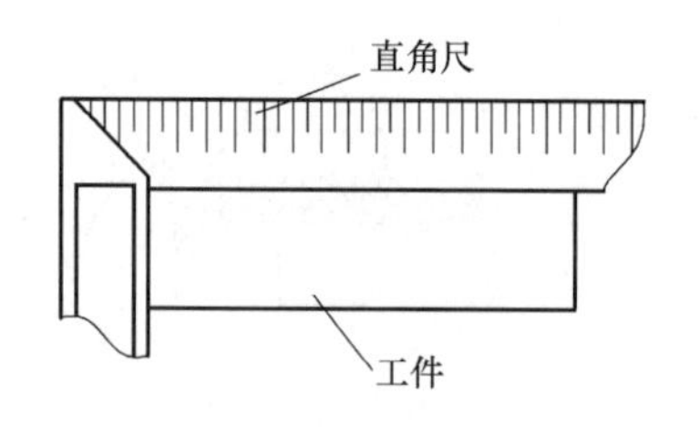

图 9-28 检验锉削表面的垂直度

① 锉刀必须装柄使用，以免刺伤手腕；

② 锉刀较脆，要防止跌落而脆断，更不能将锉刀作撬棍使用，防止锉刀折断伤人；

③ 铸件、锻件的硬皮或沙粒，应预先用砂轮磨去或錾去，然后再锉削；

④ 不能用手触摸刚锉削过的表面，以免被汗渍或油渍污染，再锉时打滑；

⑤ 不能用手清理锉屑或用口吹锉屑，以防锉屑伤手或飞入眼中；

⑥ 锉刀面被锉屑堵塞时，用钢丝刷顺着锉纹的方向刷去锉屑；

⑦ 工件夹紧力要适当，有时虽有垫片保护，若夹紧力过大，也会将工件表面夹坏；

⑧ 细心操作，防止将已锉好的相邻表面锉坏；

⑨ 正确选用锉刀粗细和规格，保证表面光洁。

9.5 錾削

錾削是用手锤击打錾子对金属材料进行切削加工的操作。錾削主要用于分割材料，去除毛坯上的凸缘和毛刺，粗加工平面和沟槽等，经常用于不便于机械加工的场合。

9.5.1 錾削工具

（1）錾子　錾子是錾削过程中的切削工具，由碳素工具钢锻造而成，其构成分为头部、柄部及切削部分。头部一般制成锥形，以便锤击力能通过錾子轴心；柄部一般制成六边形，以便操作者定向握持；切削部分根据切削要求的不同有各种楔形。

常用的錾子有扁錾、尖錾和油槽錾，如图 9-29 所示。扁錾用于錾平面和分割细或薄的材料，刃宽一般为 10~15mm；尖錾用于錾槽和分割曲线形板料，刃宽约为 5mm；油槽錾用于錾润滑油槽，錾刃需磨成与油槽形状相符的形状。

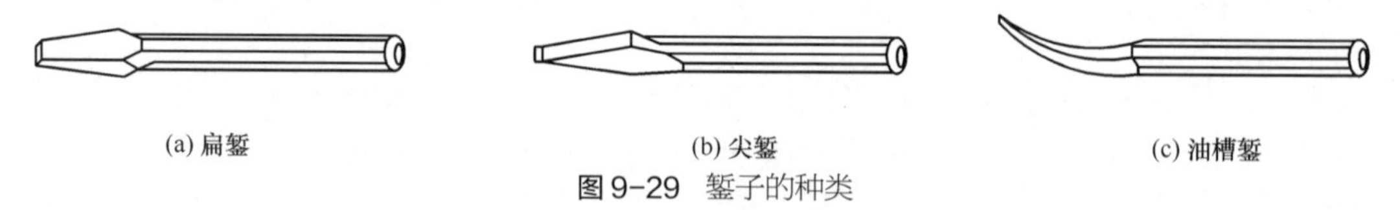

图 9-29 錾子的种类

（2）手锤　手锤又称榔头，是钳工的重要工具，錾削和装配等都需要手锤来敲击。手锤由锤头和木柄组成，如图 9-30 所示，其中，锤头用碳素工具钢制成，并经淬火处理；木柄选用比较坚固的木材制成。手锤的规格以锤头的重量［单位为磅（1 磅=0.453592kg）］来表示，有 0.5 磅、1 磅和 1.5 磅等几种，常用的 1.5 磅手锤的柄长为 350mm 左右。

图 9-30 手锤

9.5.2 錾削操作

（1）錾子的握法　使用錾子时，用左手的中指、无名指和小指握持，大拇指与食指自然合拢，让錾子的头部伸出约 20~25mm。錾削时，小臂要自然平放，并使錾子保持正确的角度，如图 9-31 所示。

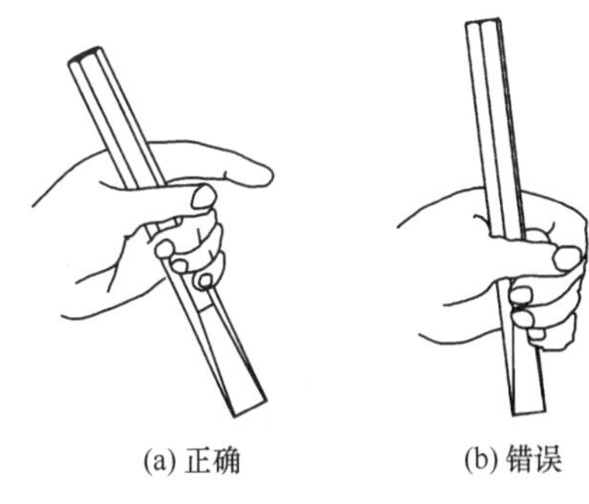

(a) 正确　(b) 错误

图 9-31　錾子的握法

（2）手锤的握法与挥法　握手锤主要是靠拇指和食指，其余各指仅在锤击时才握紧，柄端只能伸出 15~30mm。根据錾削力度的不同，挥锤方法分手挥、肘挥和臂挥三种，如图 9-32 所示。无论哪一种挥锤方法，都应使锤头的中心线与錾子中心线成一直线，只有这样才会使锤击力集中，錾子平稳，使锤击力有效地作用在刃口上。

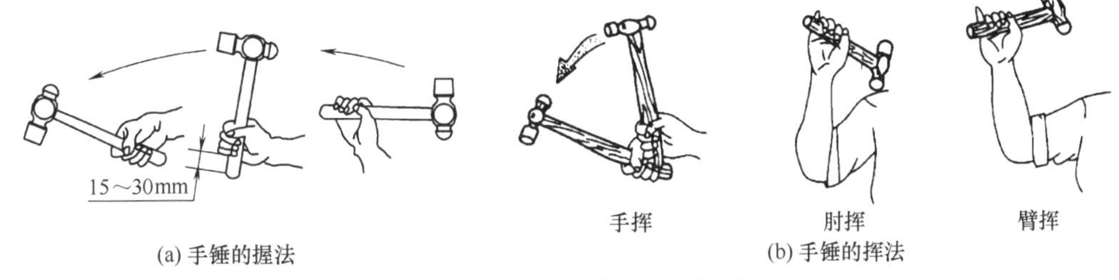

(a) 手锤的握法　(b) 手锤的挥法

图 9-32　手锤的握法与挥法

（3）錾削姿势　錾削时，操作者两脚互成一定角度，身体自然站立，重心偏于右脚，方便用力，自然挥锤。眼睛注视錾刃，而非錾头。

（4）錾削过程　錾削过程可分为起錾、錾削和錾出三个阶段。起錾可在工件中部或两端进行，起錾时握平錾子，以便切入，起錾后要把錾子角度调整到利于材料均匀錾掉的位置，如图 9-33 所示。錾削时要保持錾子的正确角度和前进方向，以得到光滑平整的表面。快錾出时，应调转工件，逆向錾去余下部分，以免工件边缘崩裂，如图 9-34 所示。

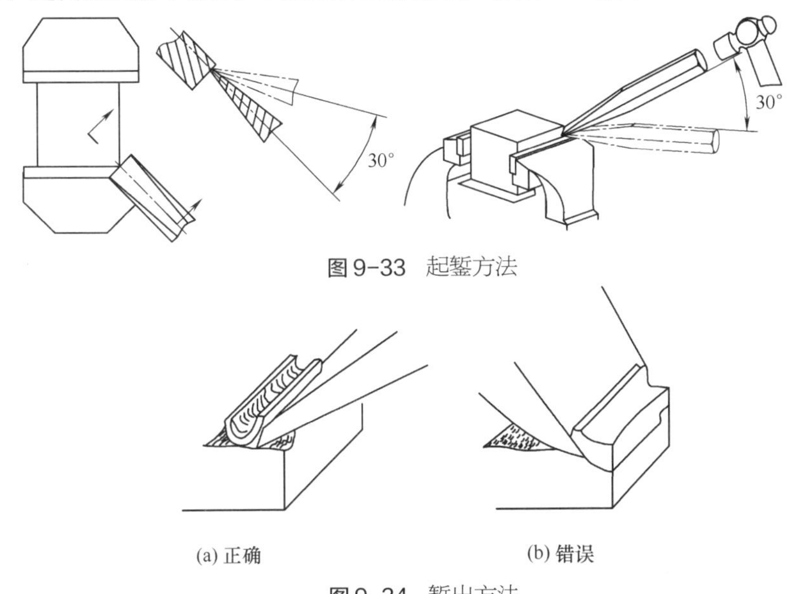

图 9-33　起錾方法

(a) 正确　(b) 错误

图 9-34　錾出方法

9.5.3 錾削方法

（1）平面的錾削方法　錾削平面时，主要采用扁錾。开始錾削时应从工件侧面的尖角处轻轻起錾。起錾后，再把錾子逐渐移向平面中间。錾削较大平面时，应先用尖錾在工件上开若干条平行槽，再用扁錾錾平，如图 9-35 所示。

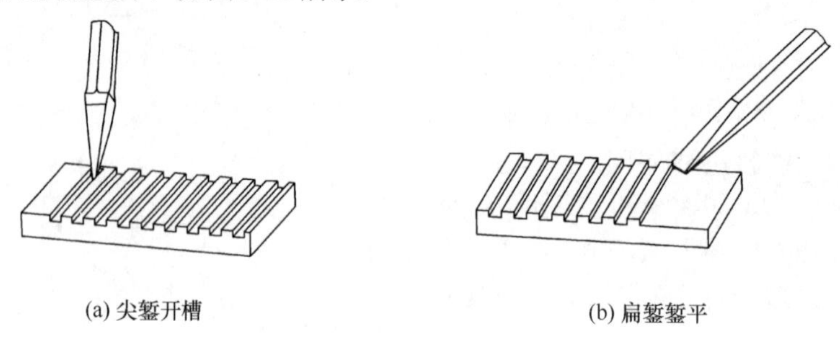

(a) 尖錾开槽　(b) 扁錾錾平

图 9-35　錾削大平面

（2）油槽的錾削方法　錾削油槽时錾刃形状应磨成与油槽截面形状一致，如果是在曲面上錾削油槽，錾子的倾斜角度要随曲面的变化而变化，以使不同的錾削点保持相同的切削角度，从而保证油槽深浅一致，且表面光滑，如图 9-36 所示。

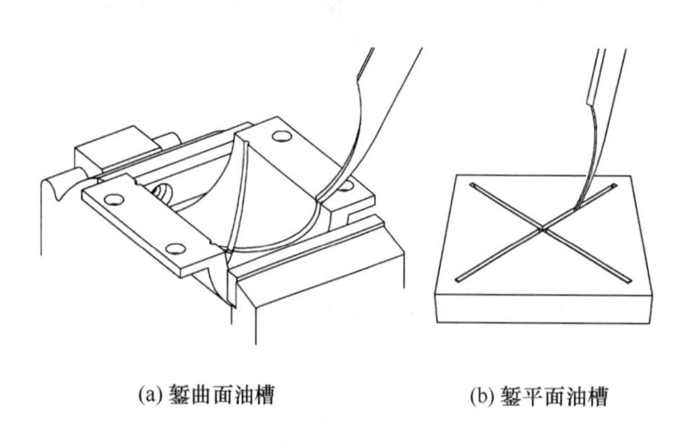

(a) 錾曲面油槽　(b) 錾平面油槽

图 9-36　錾削油槽

（3）錾切板料　小而薄的板料需要在台虎钳上进行錾切；而錾切较长且较厚（4mm 以上）的板料时，一般在砧铁上从一面錾开，如图 9-37 所示；錾切轮廓复杂的工件时，应在轮廓上钻出密集的小孔，然后再錾断。

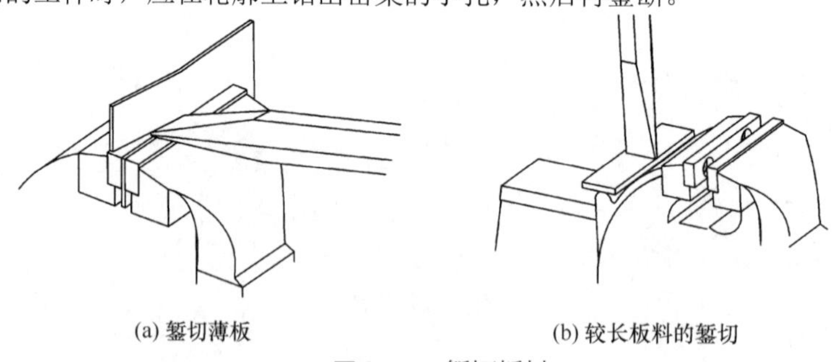

(a) 錾切薄板　(b) 较长板料的錾切

图 9-37　錾切板料

9.5.4 錾削操作注意事项

① 錾削时，操作者应戴上防护眼镜，且錾削方向不准对着人，以免錾下的铁屑飞出伤人；

② 手锤木柄有松动或损坏时，要立即装牢或者更换，以免锤头脱落伤人；

③ 錾子要经常刃磨，保持锋利，过钝的錾子不但工作费力，錾出的表面也不平整，也容易

产生打滑造成手部划伤等事故；

④ 錾子头部有明显的毛刺时，要及时磨掉，避免碎裂伤手；

⑤ 錾头、錾柄不准有油，避免锤击时滑脱伤手。

9.6 钻削

孔加工是金属切削加工中最常见的加工工艺，各种零件的孔，除去一部分由车、镗、铣等机床完成外，很大一部分是由钳工利用钻床和钻孔工具完成的，因此，钻削是主要的孔加工方式。

9.6.1 钻床

常用的钻床有台式钻床、立式钻床和摇臂钻床三种，手电钻也是常用的钻孔工具。在钻床上可完成的工作很多，有钻孔、扩孔、铰孔、锪孔、锪凸台和攻螺纹等，如图 9-38 所示。

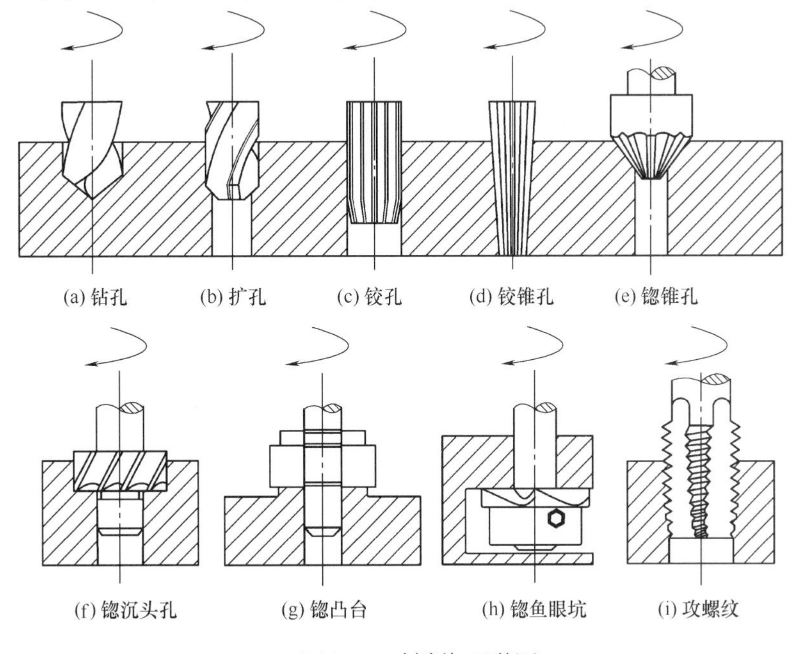

图 9-38 钻削加工范围

（1）台式钻床　台式钻床简称台钻，是一种放置在台桌上使用的小型钻床，其钻孔直径范围在 1~12mm。如图 9-39 所示的 Z4012 型台钻，型号中 Z 表示钻床类，40 表示台式钻床，12 表示最大钻孔直径为 12mm。台钻小巧灵活，使用方便，结构简单，主要用于加工小型工件上的各种小孔，在仪表制造、钳工和装配中用得较多。

（2）立式钻床　立式钻床简称立钻，一般用来加工孔径在 25mm 以下的中型工件的钻孔，其规格用最大钻孔直径表示，常用的有 25mm、35mm、40mm 等几种，如图 9-40 所示。

（3）摇臂钻床　如图 9-41 所示，摇臂钻床由机座、立柱、摇臂、主轴箱、工作台等部分组成。摇臂可绕立柱回转以及竖直上下移动，主轴箱还能在摇臂上作横向移动，这样可使主轴调整到机床可加工面积内的任何位置上，因此，摇臂钻床加工范围广泛，适用于加工大中型工件上直径小于 50mm 的孔或加工多孔工件。

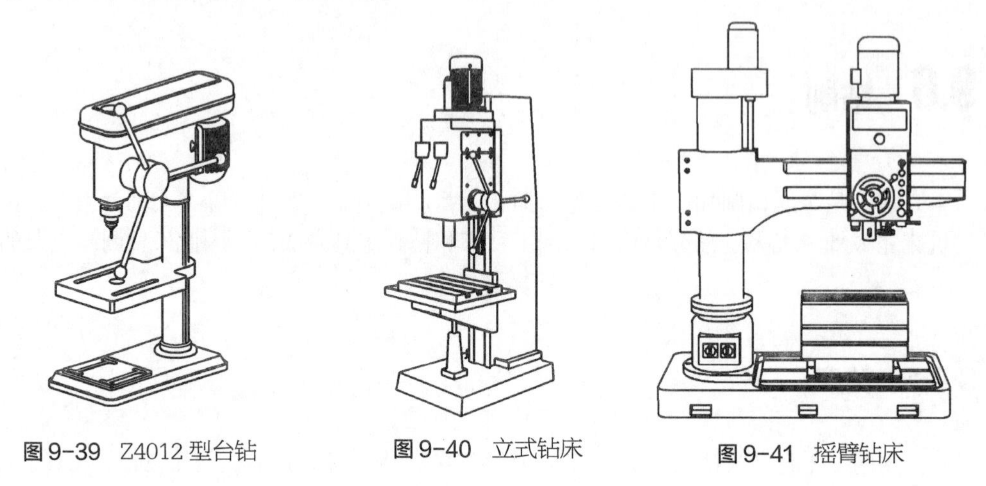

图 9-39　Z4012 型台钻　　图 9-40　立式钻床　　图 9-41　摇臂钻床

此外，在不便使用钻床的情况下，多用手电钻进行钻孔，其钻孔直径范围在 12mm 以内。

9.6.2　钻孔

用钻头在实体材料上加工孔的方法叫钻孔，钻孔加工精度一般在 IT10 级以下，表面粗糙度为 Ra12.5μm 左右，属粗加工。在钻床上钻孔时，钻头同时完成主运动和进给运动。主运动是钻头绕轴线的旋转运动，进给运动是钻头沿着轴线方向对着工件的直线运动。

（1）麻花钻　麻花钻是钻孔最常用的刀具，常用高速工具钢制造，由柄部、颈部及工作部分组成，如图 9-42 所示。

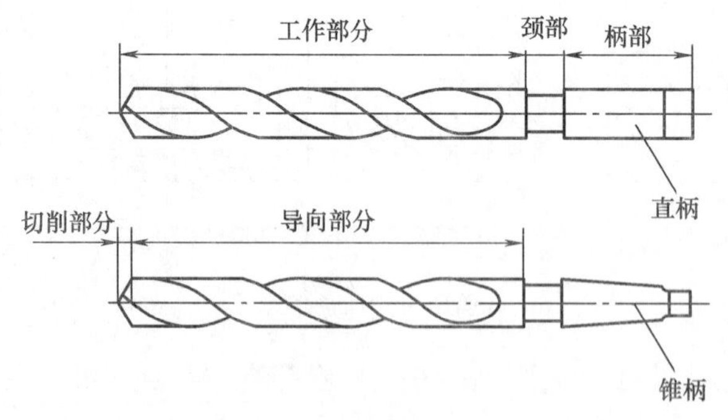

图 9-42　麻花钻的组成

柄部是钻头的夹持部分，起传递动力的作用，分直柄和锥柄两种，直柄传递转矩较小，一般用在直径小于 13mm 的钻头，锥柄可传递较大转矩，用在直径大于 13mm 的钻头。

颈部是砂轮磨削钻头时退刀用的越程槽，钻头的规格一般刻印在这里。

麻花钻工作部分包括导向部分和切削部分。导向部分有两条狭长、螺纹形状的刃带和螺旋槽，刃带的作用是引导钻头和修光孔壁，螺旋槽的作用是排除切屑和输送切削液。钻头切削部分由两条对称的主切屑刃和一条横刃构成，其作用是担负主要的切削工作。两条主切屑刃之间的夹角通常为 116°~118°，称为顶角或锋角。钻头顶部有一条横刃，横刃的存在使钻削的轴向力增加，是影响钻孔精度和生产率的主要因素之一，如图 9-43 所示。

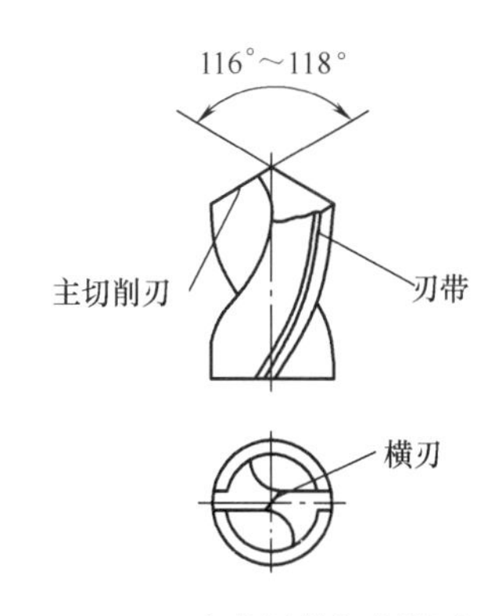

图 9-43　麻花钻的切削部分

（2）钻头的安装　直柄钻头用钻夹头装夹，如图 9-44（a）所示，转动紧固扳手，使三个夹爪自动定心并夹紧钻头。锥柄钻头尺寸大的可直接装在机床主轴的锥孔内，锥柄尺寸较小时，要选用合适的过渡套筒进行安装，如图 9-44（b）所示，在拆卸钻头时，要先用手握住钻头，再击打退锥楔铁，以免钻头落下造成损伤。

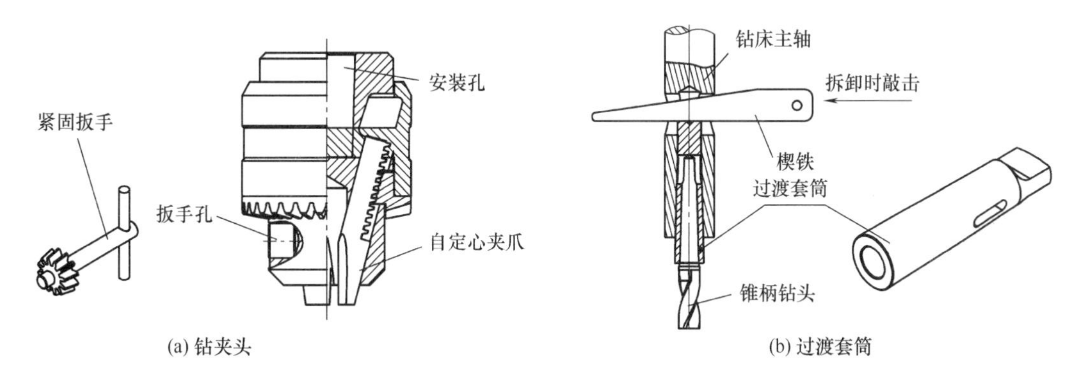

图 9-44　麻花钻的安装

（3）工件的装夹　在台钻或立钻上加工孔时，小型工件通常用平口钳装夹，大型工件可用压板、螺栓直接装夹在工作台上，如图 9-45 所示。工件夹紧时要使工件表面与钻床主轴轴线垂直。在圆形工件上加工孔时，一般把工件安装在 V 形铁上。

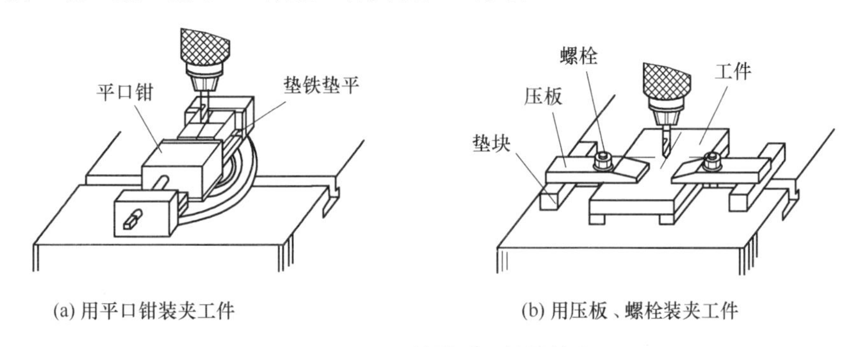

图 9-45　钻孔时工件的装夹

（4）钻孔方法　单件、小批量生产时，钻孔前应划线，并在孔的中心线上打样冲眼。然后使钻头对准孔的中心线，再开动机床将钻头慢慢地接触工件，使钻头在孔的中心钻一小坑，检查小坑是否偏斜，如偏离，则需校正。而大批量生产时，广泛应用钻模夹具，可免去划线工作。

在钻通孔快钻透时，应减小进给量，以免钻穿的瞬间钻头抖动而卡钻；钻盲孔时可以通过调整钻床深度标尺上的挡块来控制钻孔深度，或在钻头上装定位环或用粉笔作标记来控制深度；钻深孔，即当孔深超过孔径的 3 倍时，要经常退出钻头以便及时排屑和冷却。直径超过 30mm 的孔应分两次钻，先用（0.5~0.7）*D* 的钻头，再用所需直径的钻头将孔扩大到所要求的直径。

9.6.3 扩孔

扩孔是用扩孔钻对工件上已有的孔进行扩大加工。扩孔可以校正孔的轴线偏差，获得较正确的几何形状和较小的表面粗糙度，一般精度为 IT9~IT10 级，*Ra*3.2~6.3μm。扩孔也可作为铰孔前的预加工。

扩孔钻的外形与麻花钻相似，不同的是扩孔钻有 3~4 个刀刃，没有横刃，容屑槽较小、较浅，刚性较好，加工时不易变形或颤动，多用于加工余量较小时的扩孔，如图 9-46 所示。

9.6.4 锪孔

锪孔是在已加工的孔上加工圆柱形沉头孔、锥形沉头孔和凸台端面的一种加工方式，锪孔时使用的刀具称为锪钻。如图 9-47 所示是一种常用的锥形锪钻，也称倒角钻，锥形锪钻的锥角按工件锥形埋头孔的要求不同，有 60°、75°、90°、120° 四种。其中 90° 的用得最多，锥形锪钻可用普通麻花钻改制。

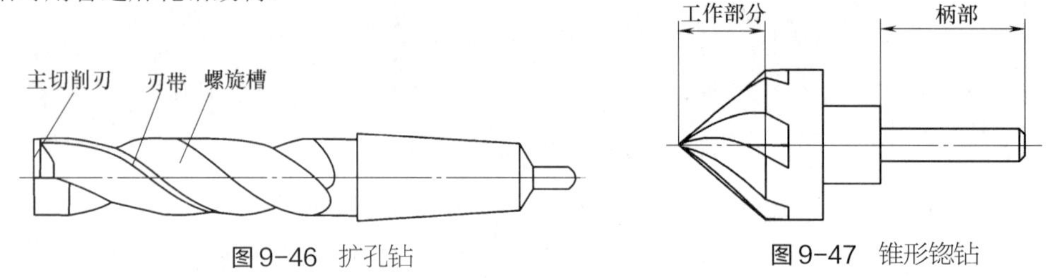

图9-46 扩孔钻　　图9-47 锥形锪钻

9.6.5 铰孔

用铰刀从工件孔壁上切除微量金属层，以提高孔加工质量的方法称为铰孔。铰孔属于孔的精加工方法之一，尺寸精度可达 IT7，表面粗糙度 *Ra* 值可达 0.8~1.6μm。

铰刀是多刃切削刀具，有 6~12 个切削刃，其导向性好、刚性好、加工余量小。如图 9-48 所示，铰刀前端是切削部分，它担任主要切削工作，铰刀后端为修光部分，起校准孔径、修刮孔壁的作用。此外，按照铰刀柄部的不同形状，柄部是直柄的为手用铰刀，柄部是锥柄的多为机用铰刀，按照所铰孔形状，铰刀又分为圆柱形和圆锥形两种。

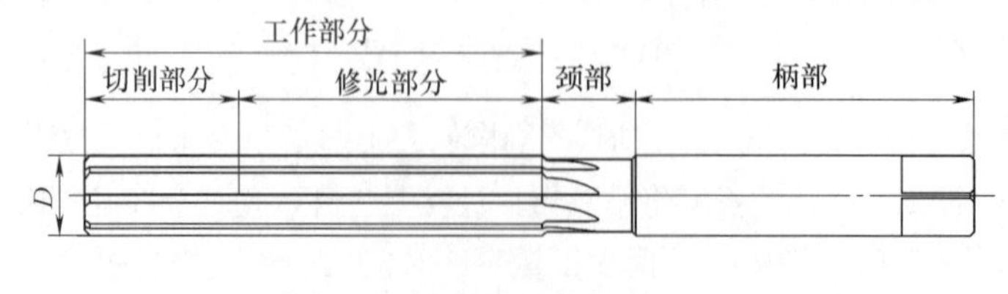

图9-48 铰刀

在铰孔时，要根据铰刀的种类和铰孔直径选择合理的加工余量，一般切削余量的范围可参考表 9-1。此外，要根据铰刀和工件的材料选择合适的切削速度和进给量，手铰时，两手要用力平衡，旋转要均匀，轻轻进刀，不可猛力压铰杠。使用高速工具钢铰刀铰削钢质孔时，一般切削速度为 10m/min，进给量为 0.4mm/r，使用硬质合金铰刀铰孔，一般切削速度为 8~12m/min，进给量为 0.3~0.8m/r。此外，在加工过程中铰刀不能在孔中倒转，否则铰刀和孔壁之间易挤住切屑，造成孔壁划伤或造成崩刃。当铰深孔或锥孔，或铰削余量较大时，因切屑较多，刀齿负荷大，每进 2~3mm 要退出一次，清除切屑，加上切削液再铰。铰通孔时，铰刀切削部分不可全部露出孔外，否则孔的末端会被划伤，铰刀也不能顺利退回。铰孔结束，要先退出铰刀再停车。此外，采用合适的冷却润滑液，以提高孔壁表面质量。

⊡ 表 9-1　铰削余量

铰孔直径/mm	<5	5~20	21~32	33~50	51~70
铰削余量/mm	0.1~0.2	0.2~0.3	0.3	0.5	0.8

9.6.6　钻削加工注意事项

① 工作前对设备、工具、夹具等进行全面检查，确认无误后，方可使用。
② 一般要用台钳或压板将工件夹紧，不准用手直接握住工件钻削。
③ 手不准触摸旋转部位，严禁戴手套操作钻床。
④ 清除铁屑，可用铁钩或毛刷，严禁用手拉。
⑤ 装夹工件、更换钻头及换挡变速时，必须停机操作。
⑥ 钻斜孔时必须用专用工装夹具，加工薄型工件时，工件下面要用垫铁垫平。
⑦ 当孔将被钻透时，必须停止自动走刀，用手轻压钻把，直至钻透。
⑧ 使用摇臂钻床钻孔时，必须锁紧摇臂，摇臂回转范围内不得有任何障碍物。
⑨ 精铰深孔时，应尽量抬高钻杆。测量工件时，手不要碰钻头，以免刃口伤手。
⑩ 工作结束后，及时关闭电源，清理机床、工具、量具，及时保养设备。

9.7　攻螺纹和套螺纹

用丝锥加工内螺纹的方法称为攻螺纹，俗称攻丝；用板牙加工外螺纹的方法称为套螺纹，俗称套扣。攻螺纹和套螺纹有机动和手动两种加工方法。

9.7.1　攻螺纹

9.7.1.1　攻螺纹工具

丝锥是攻螺纹用的刀具，一般用碳素钢或合金钢制成，并经淬硬处理，由柄部和工作部分组成，如图 9-49（a）所示。柄部用来装铰杠，以传递转矩；工作部分由切削部分和校准部分组成，切削部分有一定斜度，担任主要切削工作；校准部分有完整的螺纹廓形，用以修光螺纹和引导丝锥。如图 9-49（b）所示，铰杠是手工攻螺纹时转动丝锥的工具，有固定式铰杠和活动式铰杠两种，活动式铰杠较为常用。

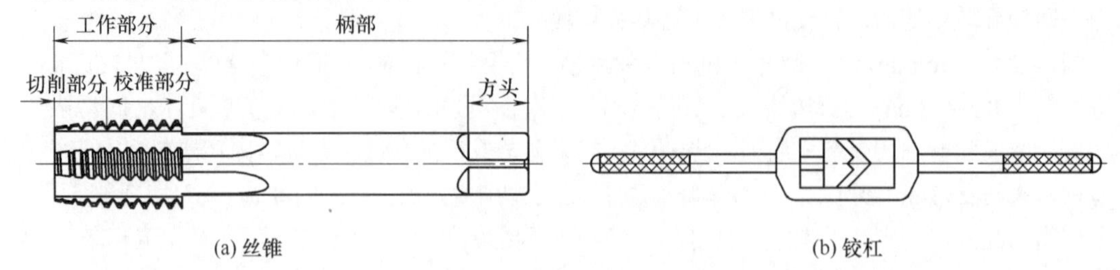

(a) 丝锥　　(b) 铰杠

图 9-49　丝锥和铰杠

丝锥按照形状可分为螺旋槽丝锥、刃倾角丝锥、直槽丝锥和管用螺纹丝锥等，按照规格可以分为公制和英制丝锥等。

为减小切削力和提高丝锥使用寿命，将整个切削量分配给几支丝锥来承担，一套丝锥一般由三支组成，分别称为头锥、二锥和三锥。攻 M6 以下及 M24 以上的螺纹时，每套丝锥有三支；M6~M24 以内的，每套有两支，细牙螺纹不论大小都为一套两支。每套丝锥中各丝锥的大径、中径和小径均相等，只是切削部分的长短和锥角不同，头锥切削部分较长，锥角较小，约有 6 个不完整的齿以便切入，二锥切削部分较短，锥角较大，约有 2 个不完整的齿。

9.7.1.2　攻螺纹方法

（1）钻底孔　攻螺纹时，丝锥除了切削金属以外，还会挤压金属。材料的塑性越大，挤压作用越显著，因此螺纹底孔的直径必须大于螺纹标准中规定的螺纹小径。底孔直径可根据经验公式计算：

钢件及其他塑性材料：$D_0=D-P$

铸铁及其他脆性材料：$D_0=D-(1.05\text{-}1.1)P$

式中　D_0——螺纹底孔直径，mm；

D——螺纹大径，mm；

P——螺距，mm。

在盲孔中攻螺纹时，由于丝锥不能攻到底，故底孔的深度要大于螺纹长度，其大小等于要求的螺纹长度加上螺纹大径的 0.7 倍。

（2）攻螺纹操作　攻螺纹前，工件要装正。一般情况下，需要攻螺纹的一面应置于水平或垂直位置，以便攻螺纹时保持丝锥垂直于工件。

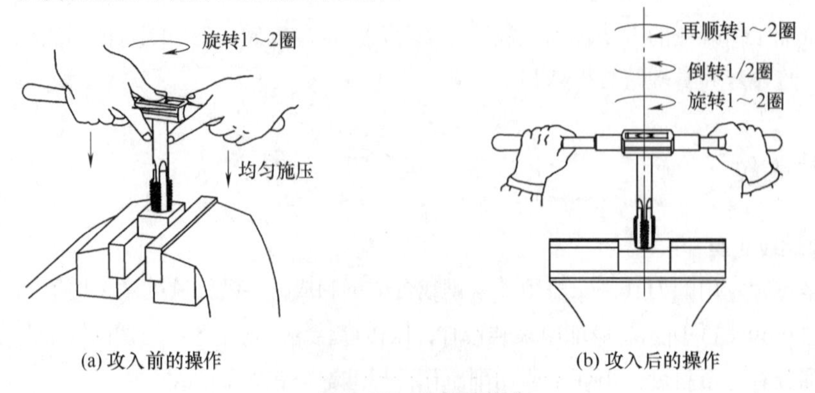

(a) 攻入前的操作　　(b) 攻入后的操作

图 9-50　攻螺纹操作

在开始攻螺纹时，应尽量将丝锥放正，使丝锥轴线与螺纹底孔轴线重合（可用直角尺在互相垂直的两个方向检查）。然后，两手握住铰杠中部，均衡用力，轻压铰杠使丝锥旋入孔内 1~2 圈，如图 9-50（a）所示。当丝锥的切削部分全部切入工件，不要再施加轴向压力，只需平稳转动铰杠，使丝锥自然旋进，且丝锥每旋进 1~2 圈后，应反转丝锥约 1/2 的行程，以便断屑，如图 9-50（b）所示。

对于 M5 以下的丝锥，一次旋进量应不得大于 1/2 转；攻 M3 以下的螺纹孔时，如果工件不大，可一只手拿工件，一只手拿铰杠操作；加工细牙螺纹时，每次旋进量应更小；攻削较深的螺纹时，每次回转的行程还应该多一些，并需往复旋转多次，这样利于切屑排出，减少丝锥切削刃粘屑现象，使丝锥切削刃保持锋利，同时使切削液能顺利地流入切削部位，起到冷却和润滑的作用；用成组丝锥攻螺纹时，在头锥攻完后，应先用手将二锥或三锥旋入螺纹孔内，直到旋不动时，才能使用铰杠操作，以防出现乱牙现象；攻削不通孔螺纹时，要经常退出丝锥清理铁屑，以保证螺纹孔的有效长度；攻削通孔螺纹时，丝锥的校准部分不要拧出头，以免退损坏最后几扣螺纹；攻削塑性材料时，应加注切削液，一般情况下，攻削钢件采用机油。

9.7.2 套螺纹

9.7.2.1 套螺纹工具

板牙是加工外螺纹的刀具，常用合金钢制成，并经热处理淬硬，其形状像圆螺母，有固定式和开缝式两种，如图 9-51（a）、（b）所示。圆板牙由切削部分、校正部分和排屑孔组成，板牙两面都有切削部分，可任选一面套螺纹，切削部分的锥形倒角一般为 40°～60°，校准部分起修光和导向作用。开缝式板牙的螺纹直径可在±（0.1~0.25）mm 的范围内调整。

板牙架是用来夹持板牙并带动板牙旋转的工具，如图 9-51（c）所示，板牙安装在板牙架的圆孔内，四周有紧固和调整的螺钉。

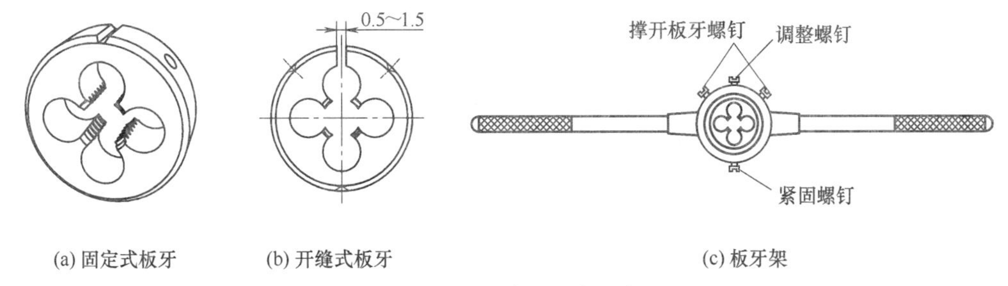

图 9-51　板牙和板牙架

9.7.2.2 套螺纹方法

（1）套螺纹前圆杆直径的确定　与攻螺纹相同，套螺纹时，板牙对金属材料既切割又挤压。所以，被套螺纹的圆杆直径应比螺纹大径小一些，可用下列公式计算：

$$d_0=d-0.13P$$

式中　d_0——圆杆直径，mm；

d ——螺纹大径，mm；

P ——螺距，mm。

（2）套螺纹操作　套螺纹前，为了使板牙容易对准工件和切入材料，被套圆杆的端部应倒角成 15°~20° 左右，如图 9-52（a）所示。装夹工件时，在满足套螺纹长度要求的前提下，圆杆伸出钳口的长度应尽量地短。套螺纹过程与攻螺纹相似，如图 9-52（b）所示，板牙端面应与圆杆垂直，施加轴向压力要大，转动要慢，待套入 3~4 扣后，只转动不加压，并常反转，以便排屑。在套螺纹的过程中，应加切削液润滑，以提高螺纹加工质量，延长板牙寿命。

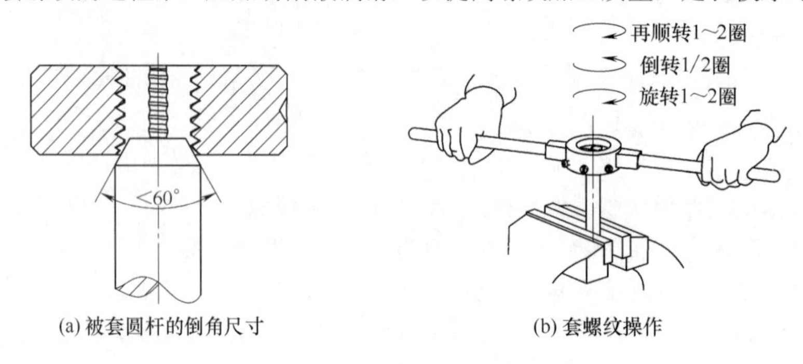

图 9-52　套螺纹操作

9.8 钣金

钣金是对金属薄板进行剪、切、折弯、冲压、铆接、焊接的一种工艺。常见的铁桶、油箱油壶、通风管道、电脑机箱、配电柜、汽车外壳等一般采用钣金工艺进行加工制作。钣金产品具有重量轻、强度高、导电、成本低、大规模量产、性能好等特点，在电子电器、通信、汽车工业、医疗器械等领域得到了广泛应用。

钳工钣金主要是利用手工剪或机器剪完成材料的剪切，利用台虎钳、手锤等工具完成工件的折弯、卷边、拼接、焊接等操作。此外，对变形的板料或型材通过锤击等方式进行校正也属于钣金钳工的工作。本节主要介绍部分钳工钣金的工艺。

随着技术的进步，钣金已经逐步发展成为一个独立的工种。在生产中主要利用剪板机、数控冲床、激光切割机、数控等离子切割机等对板料进行剪切；利用卷边机、折弯机等对切割的板料进行弯制成形；然后通过焊接、铆接等工艺对成形的零件进行连接；最后，为了防护和美观的需要，还需对钣金件进行喷漆、喷塑等表面处理。

9.8.1 板料的剪切

钳工主要采用手工剪对板料进行分割。操作时主要根据切口类型选择剪刀，对于短而直和弯曲度不大的切口一般用直口手剪刀，如图 9-53（a）所示；剪切长而直的工件用直通剪刀，如图 9-53（b）所示；剪切零件曲线时用圆剪刀或孔剪刀，如图 9-53（c）所示。此外，剪切大型薄板零件还会用到杠杆剪、铡刀剪等。

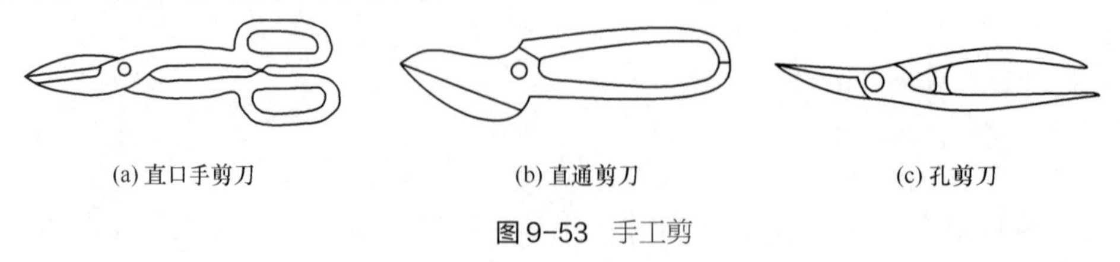

图 9-53　手工剪

9.8.2 板料的弯曲

（1）板料折弯成角形　如图 9-54 所示，先把板料划上线，在虎钳上用垫铁或木块夹紧，在用手扳的同时，用手锤敲击折弯处，折弯的角度可用直角尺、角度尺等进行检查。

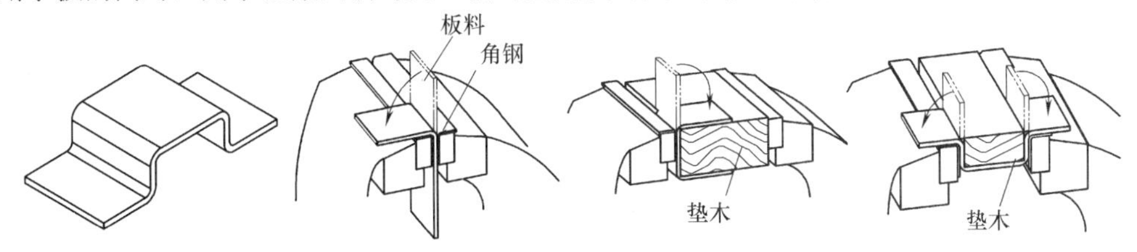

图 9-54　板料的折弯

（2）卷边　先把板料划出两条卷边线，如图 9-55（a）所示，其中 $L=2.5d$，$L_1=1/4\sim1/3L$，d 为板厚。然后把板料放到平台上，伸出 L_1 长，并弯曲成 90°。接着逐渐伸出板料，并逐步进行弯曲，直到 L 为止，如图 9-55（b）所示。翻转板料，敲打卷边向里扣，并将铁丝放入卷边内，边放边扣，如图 9-55（c）所示。最后，扣紧铁丝，将接口靠紧平台缘角，轻敲接口咬紧，如图 9-55（d）所示。

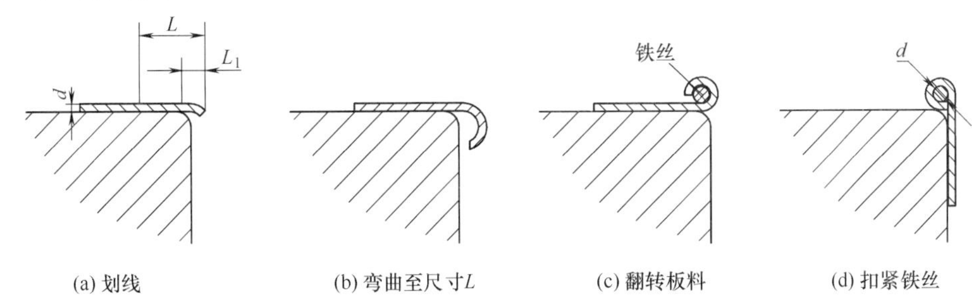

图 9-55　卷边

此外，在钳工钣金中还有弯圆筒、咬缝、拱曲、弯管、弯角钢、钎焊等操作，在此不赘述。

9.9 装配

任何一台机器设备由许多零件组成，将若干合格的零件按规定的技术要求组合成部件，或将若干个零件和部件组合成机器设备，并经过调整、试验等成为合格产品的工艺过程称为装配。装配是机器制造中最后一道工序，因此它是保证机器达到各项技术要求的关键，装配工作的好坏，对产品的质量起着重要的作用。

9.9.1 装配前的准备工作

① 研究和熟悉装配图的技术条件，了解产品的结构和零件作用，以及连接关系。

② 确定装配的方法、顺序和所需的工具。

③ 领取和清洗零件，去除油污，涂防护润滑油，以及完成需要的修配工作。

9.9.2 装备顺序、方法和组织形式

装配按照组件装配、部件装配和总装配的顺序进行，并经调整、试验、检验、喷漆、装箱等步骤。

① 组件装配：将若干个零件安装在一个基础零件上而构成组件。

② 部件装配：将若干个零件、组件安装在另一个基础零件上而构成部件。

③ 总装配：将若干个零件、组件、部件组合成整台机器的操作过程称为总装配。例如车床就是把几个箱体和尾座等部件安装在床身上而构成的。

根据生产批量、精度要求和组织形式的不同，常用的装配方法有完全互换法、不完全互换法、分组选配法、调整法和修配法几种。

装配工作的组织分为固定装配和移动装配两种方式。其中固定装配有集中装配和分散装配两种方法，分别适用于单件生产和成批生产类型；移动装配主要用于产品的大批量生产，分为产品按一定节拍周期移动到工作位置进行装配和产品按一定速度经输送装置连续经过工作位置进行装配等。

9.9.3 装配常用工具

（1）紧固工具　装配通用的紧固工具有梅花扳手、开口扳手、开口-梅花扳手、冲击梅花扳手、内六角扳手、螺丝刀、扭力扳手等。

（2）测量工具　装配过程中经常要做各种测量，除了常用的外径千分尺、游标卡尺外，还有内径千分尺、深度尺、塞尺等。

此外，在装配过程中需要对一些零件进行敲击，常用的工具有手锤、铜棒、衬垫，使用铜棒和衬垫的目的是在敲打的过程中不损伤零件。

9.9.4 典型零件的装配方法

（1）螺钉和螺母的装配　螺纹连接在机器制造中广泛使用，具有拆装、更换方便，易于多次拆装等优点。螺钉、螺母装配中的注意事项有：

① 螺纹配合应做到用手能自由旋入，过紧会咬坏螺纹，过松则受力后螺纹会断裂；

② 螺母端面应与螺纹轴线垂直，以受力均匀；

③ 装配成组螺钉、螺母时，为保证零件贴合面受力均匀，应按一定顺序旋紧，如图 9-56 所示，并且不要一次完全旋紧，应按次序分两次或三次旋紧；

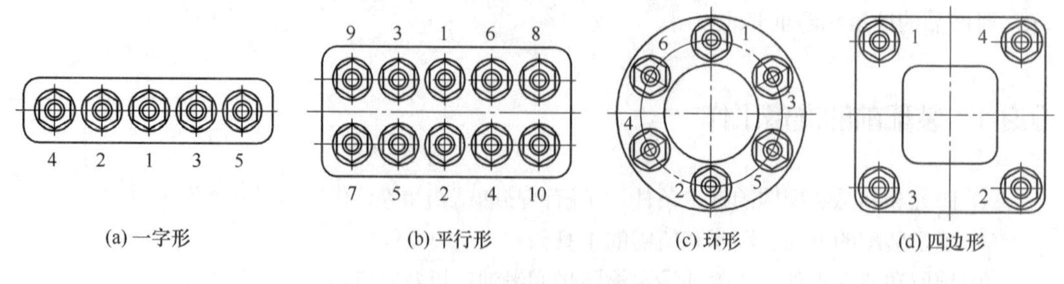

(a) 一字形　(b) 平行形　(c) 环形　(d) 四边形

图 9-56　螺纹的拧紧顺序

④ 对于振动、冲击和变载荷下工作的螺纹连接，必须采用防松保险装置。

（2）滚动轴承的装配　滚动轴承的装配多数为较小的过盈配合，装配时常用手锤或压力机压装。轴承装配到轴上时，应通过垫套施力于内圈端面上；轴承装配到机体孔内时，则应施力于外圈端面上；若同时压到轴上和机体孔中，则内外圈端面应同时加压。

如果没有专用垫套，也可用手锤、铜棒沿着轴承端面四周对称均匀地敲入，用力不能太大。

如果轴承与轴是较大过盈配合，可将轴承吊放到80~90℃的热油中加热，然后趁热装配。

9.9.5 装配工作的要求

① 装配时，应检查零件与装配有关的形状和尺寸精度是否合格，检查有无变形、损坏等，并应注意零件上各种标记，防止错装。

② 固定连接的零部件，不允许有间隙。活动的零件，能在正常的间隙下，灵活均匀地按规定方向运动，不应有跳动。

③ 各种运动部件的接触表面，必须保证有足够的润滑，若有油路，必须畅通。

④ 各种密封部件，装配好后不得有渗漏现象。

⑤ 试车前，应检查各部件连接的可靠性和运动的灵活性，各操纵手柄是否灵活和手柄位置是否在合适的位置，试车前，从低速到高速逐步进行。

9.9.6 拆卸工作的要求

拆卸是装配的逆过程，在机器维修、保养等环节需要对机械零部件进行拆装。在进行拆卸工作时应遵循以下基本要求：

① 拆卸前，先熟悉装配图及有关资料，了解机械结构及各部件的关系，周密制订拆卸顺序，机械拆卸常用的顺序一般是先外后内，先上后下的顺序。

② 确定拆卸方法，常用的拆卸方法有击卸、拉卸、压卸和破坏性拆卸。

③ 合理选用拆卸工具，严防乱敲打、硬撬拉，避免损坏零件。

④ 先拆紧固、连接、限位件（顶丝、销钉、卡圆、衬套等），拆卸时，零件的旋松方向必须辨别清楚。

⑤ 拆下的零件要有秩序地摆放整齐，做到键归槽、钉插孔、滚珠丝杠盒内装。

⑥ 配合件要做上记号，记下拆卸顺序，以便按相反顺序复装。

⑦ 当拆卸不下或装不上时不要硬来，要分析原因（分析图纸）后再操作。

⑧ 注意安全，拆卸时要注意防止箱体倾倒或掉下，拆下零件要往桌案里边放，以免掉下砸人。

9.10 钳工实训

9.10.1 钳工实训内容与要求

钳工实训内容与要求如表9-2所示。

⊡ 表 9-2 钳工实训内容与要求

序号	内容及要求	
1	基本知识	1. 了解钳工的特点及其在机械制造中的作用和地位 2. 掌握划线的作用和种类，了解常用划线工具的用途 3. 掌握锯条的种类，能正确选择锯条 4. 掌握锉削基本方法，能正确选择锉刀 5. 掌握钻削加工工作范围，了解钻床种类，掌握钻孔基本方法 6. 掌握攻螺纹和套螺纹，能计算攻螺纹底孔直径和套螺纹圆杆的直径 7. 了解钣金加工工艺流程 8. 掌握装配的基本工艺过程，了解常用拆装工具
2	基本技能	1. 掌握平面划线基本操作 2. 掌握锯切基本操作 3. 掌握平面锉削基本操作 4. 掌握利用台钻钻孔的基本操作 5. 掌握攻螺纹和套螺纹基本操作 6. 按要求独立完成小榔头和书立零件的加工制作

9.10.2 钳工生产安全技术操作规程

① 钳台要放在便于工作和光线适宜的地方；钻床和砂轮一般应放在场地的边缘，以保证安全。

② 要经常检查机床、工具，发现损坏不得使用。

③ 虎钳夹持工件时，不得用榔头敲击虎钳手柄或套上钢管施加夹紧力。

④ 使用电动工具时，要有绝缘保护和安全接地措施；使用砂轮时，要戴好防护眼镜；在钳台上要安装防护网。

⑤ 毛坯和零件应放置在规定位置，排列整齐、安放平稳，要保证安全，便于取放，避免碰伤已加工表面。

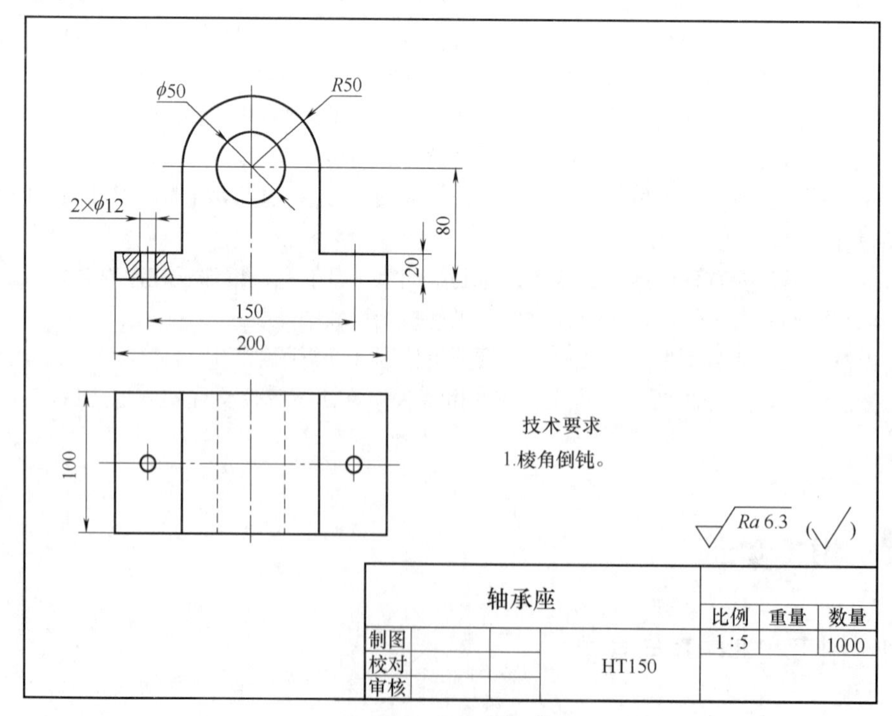

图 9-57 轴承座零件图

⑥ 钻孔、扩孔、铰孔、攻螺纹、套螺纹时，工件要夹牢，加工通孔时要把工件垫起或让刀具对准工作台槽。

⑦ 使用钻床时，不得戴手套，不得拿棉纱操作。更换钻头等刀具时，要用专用工具，不得用榔头击打钻夹头。

9.10.3 钳工操作训练

（1）立体划线训练　如图 9-57 所示的轴承座零件，其生产数量较大，加工该零件常采用铸造获得毛坯，再通过切削加工完成。且在机械加工之前，还需通过立体划线确定其加工界限，其划线步骤如表 9-3 所示。

⊡ 表 9-3　轴承座的立体划线步骤

材料	HT150	毛坯种类	铸件	毛坯尺寸	205mm×135mm×102mm
顺序	工序内容	工序简图			工具、量具
1	分析图样，清理型砂，去毛刺，塞孔，着色找平工件				千斤顶、划线盘、高度标尺
2	划出底面加工线和大孔的水平中心线	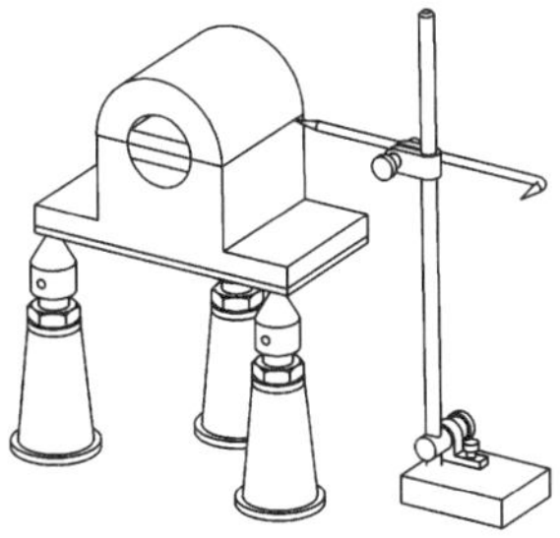			千斤顶、划线盘、高度标尺
3	翻转 90°，用直角尺找正划出大孔垂直中心线和螺栓孔中心线	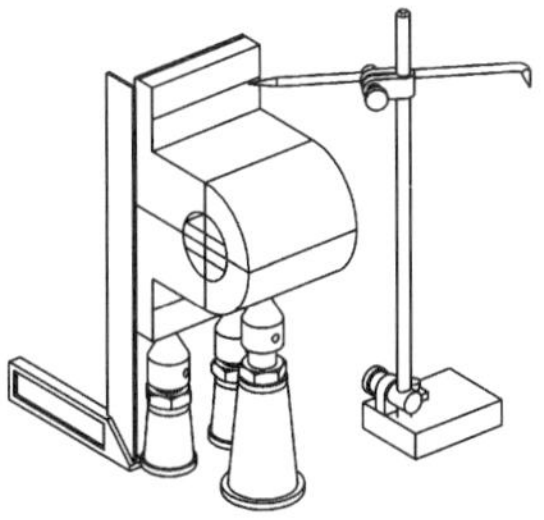			千斤顶、划线盘、高度标尺、直角尺

续表

顺序	工序内容	工序简图	工具、量具
4	再翻转 90°，找正划出螺栓孔另一方向中心线，划出端面加工线		千斤顶、划线盘、高度标尺、直角尺
5	划出各孔圆轮廓线打样冲眼		划规、样冲、手锤

（2）小榔头零件的加工　如图 9-58 所示的小榔头是钳工操作训练用的典型零件，加工该零件需要用到划线、锉削、锯切、钻孔、攻螺纹的基本操作，其加工工艺过程如表 9-4 所示。

（3）书立的加工　图 9-59 为书立零件图，加工该零件需要用到划线、锉削、錾削和折弯操作，其加工工艺过程如表 9-5 所示。

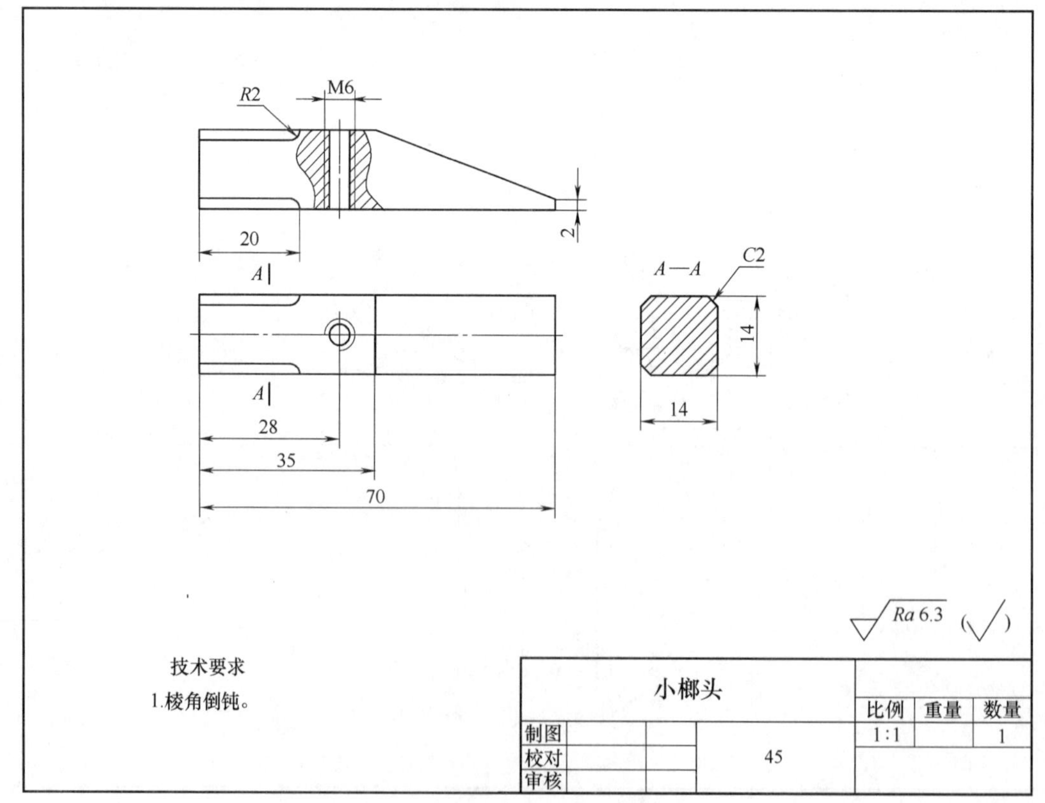

图 9-58　小榔头零件图

⊡ 表 9-4　小榔头零件加工工艺过程　　　　单位：mm

材料	45	毛坯种类	方钢	毛坯尺寸	15×15×72
加工顺序	工序内容	工序简图			工具、刀具、量具
1	锉平一表面，保证与其平行表面尺寸为 14.5	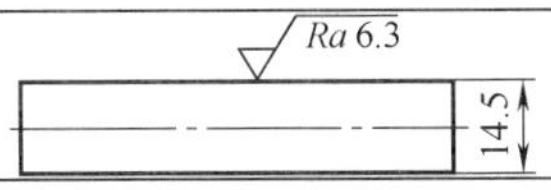			平锉、游标卡尺、钢板尺
2	以已加工表面尺寸为基准，将与其垂直的相邻表面锉平至尺寸 14，确保各加工表面的垂直度和平行度	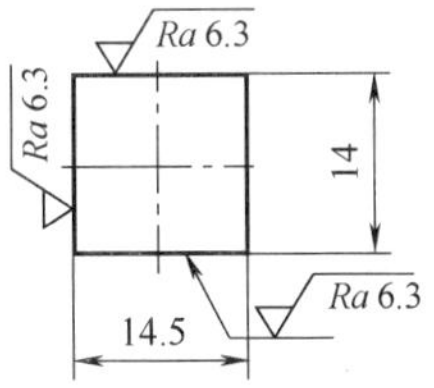			平锉、游标卡尺、钢板尺
3	将余下表面锉平，保证尺寸 14	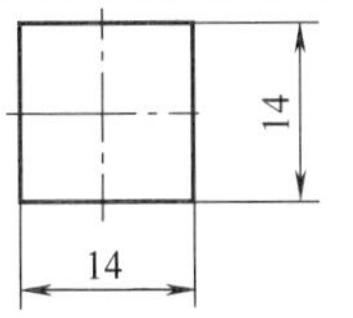			平锉、游标卡尺、钢板尺
4	将一端面锉平，保证总长 71	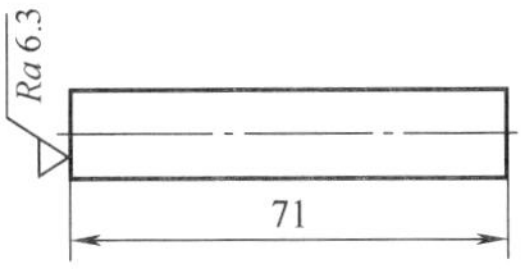			平锉、游标卡尺、钢板尺
5	以一端面为基准，划线 70，锉削另一端面，保证长度 70 划出斜面的加工界限	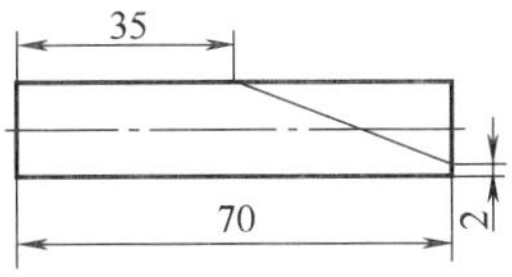			平锉、划针、游标卡尺、钢板尺
6	锯削斜面，保证锉削余量	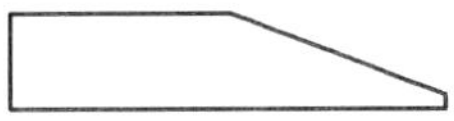			锯弓、锯条
7	将斜面锉削至尺寸	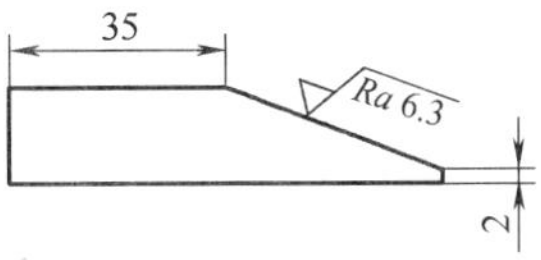			平锉、游标卡尺、钢板尺
8	划出倒角的加工界限，锉削倒角至尺寸	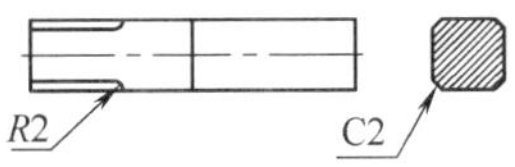			平锉、半圆锉、游标卡尺、高度游标尺、钢板尺
9	划线、钻螺纹底孔 $\phi5.2$	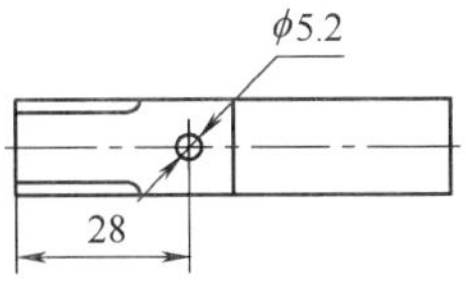			高度游标尺、样冲、榔头、$\phi5.2$ 钻头
10	攻螺纹 M6，打标	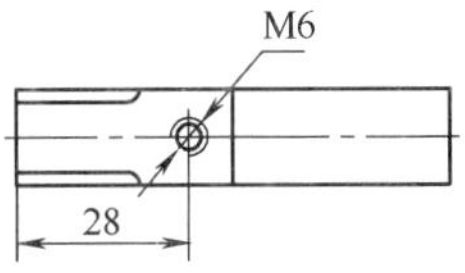			M6 丝锥、铰杠、钢字冲头、榔头

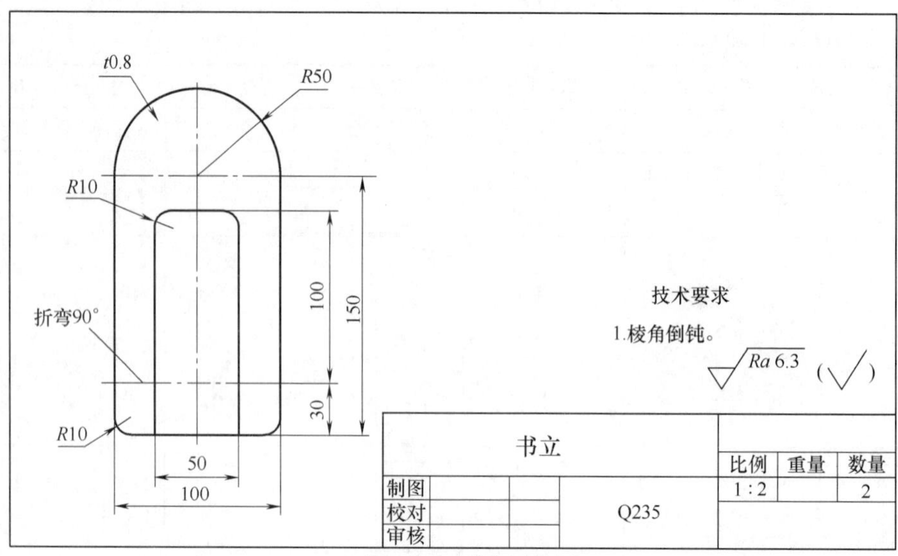

图 9-59　书立零件图

⊡ 表 9-5　书立零件加工工艺过程

材料	Q235	毛坯种类	板材	毛坯尺寸	110mm×210mm×0.8mm
加工顺序	工序内容	工序简图			工具、刀具、量具
1	确定书立中心线，划出书立各轮廓线				钢板尺、划针、划规、样冲、榔头
2	剪切出书立外轮廓				直口手剪刀
3	錾削书立内轮廓，按划线折弯，锉削各轮廓至尺寸，去毛刺，倒钝棱角				錾子、手锤、平锉、半圆锉

第10章

数控加工技术基础

10.1 概述

数字控制是近代发展起来的一种自动控制技术，是用数字化信息实现机械设备控制的一种方法，在数控加工技术方面有广泛的应用。数控加工是根据被加工零件的图样和工艺要求，编制以代码表示的程序，再输入到机床数控系统中，以自动控制机床上工件和刀具的相对运动，从而加工出合格零件的一种方法。该方法能有效解决复杂、精密、小批量多边零件的加工问题，使机械制造技术得到了飞速的发展。

10.1.1 数控机床的加工原理

数控机床的加工原理如图10-1所示。在数控机床上加工零件时，要事先根据零件图的要求确定零件加工的工艺过程、工艺参数和刀具参数，再用规定的指令和格式将加工工艺编写为数

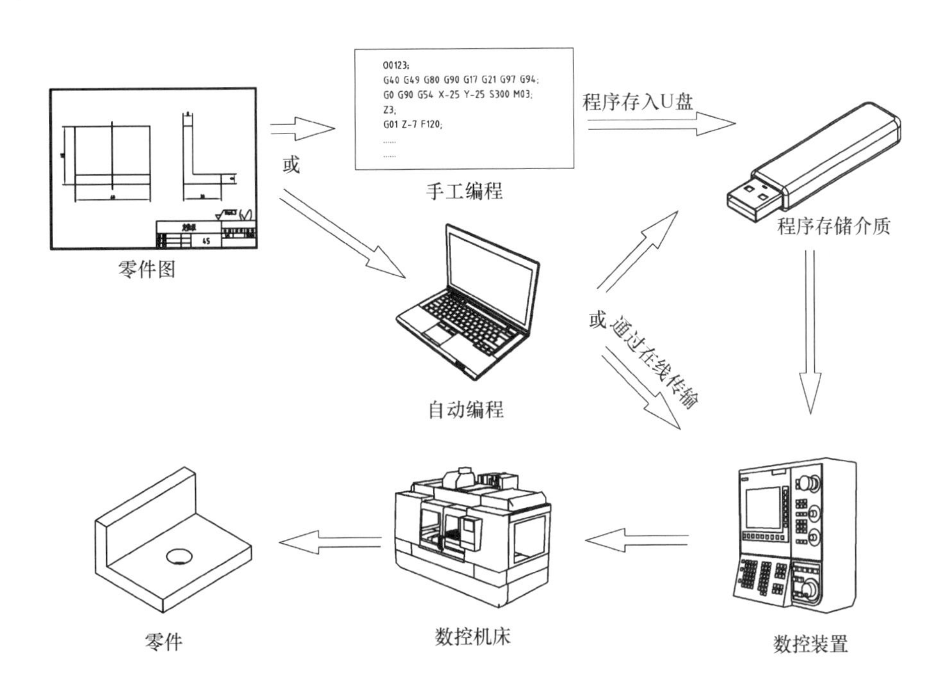

图10-1 数控机床的加工原理

控加工程序，然后将加工程序输入到数控系统，在刀具和工件安装、调试完好的情况下，数控系统将加工程序经过分析处理后发出的相应指令传输给机床的伺服系统，以控制刀具相对于工件按预定的轨迹运动，从而实现零件的自动加工。

通常情况下，用调试合格的程序进行零件的批量生产时，数控机床的操作者只需要完成工件的装卸工作，其余的零件成形过程均由机床自动完成。

10.1.2 数控机床的基本组成

数控机床由数控系统和机床本体两部分组成，而数控系统又由输入装置、数控装置、伺服驱动系统和辅助控制装置等部分组成。

（1）输入装置　输入装置的作用是将零件的加工程序传输至数控装置，不同的程序载体对应不同的输入装置。主要有键盘输入、磁盘输入（U 盘、储存卡等）、CAD/CAM 软件直接通信方式输入和连接上级计算机的 DNC 输入。

（2）数控装置　数控装置是数控机床的核心，主要由计算机硬件和软件组成，简称 CNC 系统。其作用是将加工程序进行编译，再输出各种信号和指令控制机床的伺服驱动系统或辅助控制装置，进行规定、有序的动作。

（3）伺服驱动系统　伺服驱动系统是数控机床的重要组成部分，由伺服驱动电路和伺服电机组成。其作用是与机床上的机械传动部件和执行部件组成数控机床的进给系统。

（4）辅助控制装置　辅助装置的作用是接收数控装置的指令来控制机床完成各种辅助功能，如主轴电机的启停、转速的确定、刀具的选取、冷却泵的开关、工件的装夹等。

（5）机床本体　机床本体即数控机床的机械部分，主要包括主运动部件、进给运动部件、传动部件、工作台、立柱床身等支承部件，此外，还有冷却、润滑、排屑、刀库等装置。

10.1.3 数控机床的分类

数控机床的分类方式有很多，按照工艺用途的不同可以分为以下几类。

（1）金属切削类　这类数控机床包括数控车床、数控铣床、数控镗床、数控磨床、数控钻床、加工中心等，目前有很多机床已经实现了数控化，品种越来越多。其中加工中心是带有刀库和自动换刀装置的数控机床，它将铣削、镗削、钻削、攻螺纹等功能集中在一台设备上，使其具有多种工艺手段，与传统切削加工或普通数控机床相比较，其工序更集中，效率更高。

（2）金属成形类　这类数控机床包括数控板料折弯机、数控直角剪板机、数控冲床、数控弯管机、数控压力机等。这类机床发展较快。

（3）特种加工类　这类数控机床包括数控电火花线切割机床、数控电火花成形机床、带有自动换电极功能的电加工中心、数控激光切割机床、数控激光热处理机床、数控激光板材成形机床、数控等离子切割机床、数控火焰切割机等。

10.1.4 数控加工的特点

与普通机床加工零件相比，数控加工主要有如下特点。

（1）自动化程度高　通常情况下，在数控机床上加工零件时，除了手工装卸工件外，其余加工过程都可由机床自动完成。

（2）生产效率高　零件加工所需要的时间包括切削时间和辅助时间两部分。数控机床能有效地减少这两部分时间，从而使生产效率比普通机床高很多倍。

（3）具有加工复杂形状零件的能力　数控机床具有较强的运动控制能力，加之优质高效的加工程序，能较好实现形状复杂零件的加工。

（4）加工精度高、质量稳定　数控机床的传动装置和床身结构具有很高的结构刚度和热稳定性，而且在传动机构中采取了减少误差的措施，使其加工的尺寸精度可达到±0.005mm，最高尺寸精度可达±0.01μm。

（5）对加工对象的适应性强、生产周期短　在数控加工中，只需重新编制程序，就能实现对新零件的生产加工。

（6）方便管理　采用数控机床加工，能准确计算零件的加工工时和费用，并有效地简化检验工装夹具和模具的管理工作。

此外，数控加工也存在一些不足，主要是机床价格昂贵，技术复杂，对工艺和编程要求高，加工成本高，设备维修困难等。

当今，数控机床已经在机械加工部门占有非常重要的地位，是柔性制造系统、计算机集成制造系统、自动化工厂的基本构成单位。努力发展数控加工技术，是当今机械制造业发展的方向，2015 年 5 月，由国务院印发的部署全面推进实施制造强国的战略文件《中国制造 2025》中指出：要开发一批精密、高速、高效、柔性数控机床与基础制造装备及集成制造系统。加快高档数控机床、增材制造等前沿技术和装备的研发。以提升可靠性、精度保持性为重点，开发高档数控系统、伺服电机、轴承、光栅等主要功能部件及关键应用软件，加快实现产业化。

10.2 数控编程基础

数控加工技术涉及数控机床加工工艺和数控编程技术两个方面。数控机床是数控加工的硬件基础，其性能对加工效率、精度等方面有决定性的影响。数控加工程序的编制是实现数控加工的重要环节，对产品质量的控制有重要的作用，特别是对复杂零件的加工，其编程的重要性甚至超过了数控机床本身。数控编程所追求的目标是如何更有效地获得更高效的加工程序，以充分发挥数控机床的性能，获得更高的加工效率和质量。

10.2.1 数控编程的内容和步骤

如图 10-2 所示为数控编程的基本步骤，其内容如下：

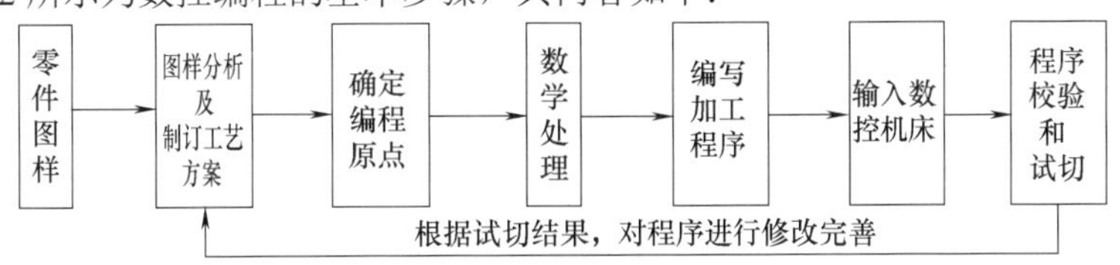

图 10-2　数控编程的步骤

（1）分析零件图样，制订工艺方案　数控加工工艺与普通加工工艺相比，其工艺内容十分明确且具体、准确和严密，除了根据零件加工要求选择合适的机床外，其余有关工件的装夹、加工的顺序、刀具配置和使用顺序、刀具轨迹、切削参数等都必须详细每一个操作细节，并由编程人员在编程时预先确定。

（2）数学处理　根据零件图确定加工路线，计算加工过程中刀具相对工件的运动轨迹，以获得编程所需要的所有相关位置的坐标数据。对于加工由圆弧、直线组成的简单零件，只需计算零件轮廓上相邻几何元素的交点或切点（基点）的坐标，得出直线的起点、终点，圆弧的起点、终点和圆心坐标值。对于复杂的曲线，其计算过程相对较烦琐。

（3）编写程序　根据所计算出的刀具运动轨迹坐标值和已确定的切削用量以及机床辅助动作，结合数控系统规定的指令代码和程序格式要求，编写零件加工程序。值得注意的是数控机床配置的数控系统不同，指令代码、程序格式也会不同。

（4）输入程序至数控装置　程序输入的方式有多种，通常可将加工程序存储在 U 盘上再输入到数控装置，而简单的加工程序，可通过数控系统操作面板上的键盘手工键入。

（5）程序校验和试切削　编制的加工程序必须通过空运行、图形动态模拟或试切等方法校验程序的正确性。当发现错误时，要及时调整加工参数或修改程序，直到加工出合格零件为止。

10.2.2 数控编程方法

根据问题的复杂程度不同，数控加工程序的编制方法有手工编程与自动编程两种。

（1）手工编程　手工编程是指从零件图分析、工艺处理、数值计算、编写程序、程序传输到校验等均由人工完成。这要求编程人员具备数值计算能力、数控加工工艺知识，以及熟悉数控指令及编程规则。在机械制造中，对于外形简单的零件普遍采用手工编程。

如图 10-3 所示的工件，其轮廓由直线和圆弧构成，形状较为简单，故数学处理过程相对较容易。各轮廓交点或切点的坐标值如表 10-1 所示。

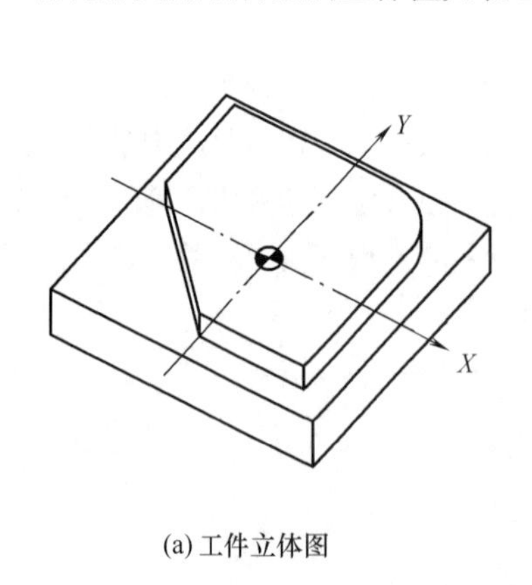

(a) 工件立体图

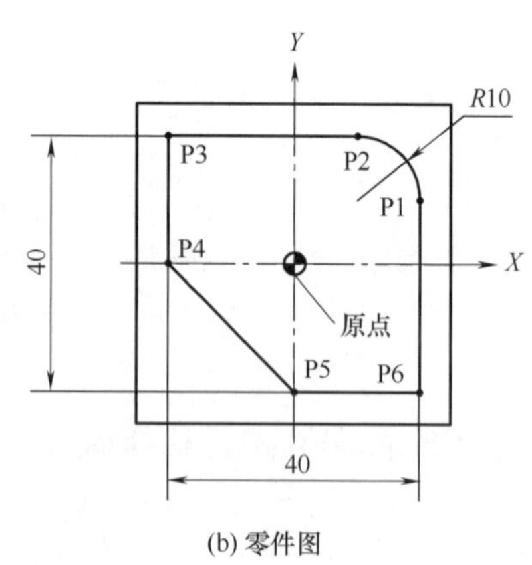

(b) 零件图

图10-3　数学处理图例

表10-1　计算坐标值

基点 P*x*	P1	P2	P3	P4	P5	P6
坐标值（*X*，*Y*）	（20，10）	（10，20）	（-20，-20）	（-20，0）	（0，-20）	（20，-20）

（2）自动编程　当遇到工件的形状较复杂，特别是轮廓由非圆曲线、空间曲线等几何元素组成的，或者几何元素并不复杂但程序量很大的零件，如在一个零件上有数百甚至上千个孔等这些情况时，编程的数值计算非常烦琐且易出错，此时手工编程就难以完成。为了解决复杂零件的编程问题，就需要采用自动编程。

自动编程是由计算机软件完成程序编制中的大部分或全部工作的编程方法。这种方法具有速度快、精度高、直观性好、使用简便、便于检查等优点。用于自动编程的CAD/CAM软件有MasterCAM、UG、CAXA等。

10.2.3　数控机床的坐标系

数控机床的坐标系是用来确定刀具运动路径的依据，坐标系对数控程序设计十分重要。统一规定数控机床坐标系各轴的名称和方向，可简化数控程序编制，并使程序在同类机床有互换性。

10.2.3.1　标准坐标系及运动方向

根据有关标准，数控机床中的坐标系都统一采用标准的右手笛卡尔直角坐标系，并规定机床在加工零件时，不论是刀具移动，还是被加工工件移动，都永远假定工件是静止的，而刀具相对于静止的工件运动，且运动的正方向是使刀具与工件之间距离增大的方向，即刀具远离工件为正，接近工件为负。这一原则使编程人员在编程时不需要考虑是刀具移向工件，还是工件移向刀具，只需要根据零件图样进行编程。如图10-4所示，坐标系的三个坐标轴*X*、*Y*、*Z*及其正方向可用右手定则判断。相应地，分别绕轴*X*、*Y*、*Z*回转的轴*A*、*B*、*C*的旋转正方向可用右手螺旋法则判断。

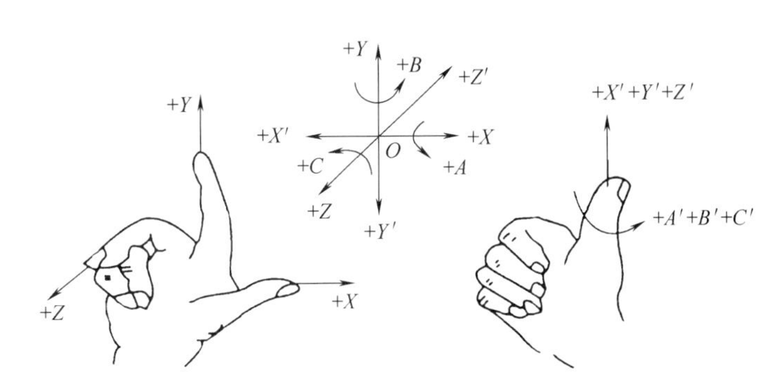

图10-4　笛卡尔直角坐标系与右手法则

10.2.3.2　机床坐标系坐标轴的确定

（1）*Z*轴的确定　机床主轴是传递主要切削力的轴，可以表现为加工过程中带动刀具旋转，也可表现为带动工件旋转。例如立式数控铣床的主轴是带动刀具旋转，而卧式数控车床的主轴是带动工件旋转。统一规定与机床主轴重合和平行的刀具运动坐标为*Z*轴，且远离工件的刀具运动方向为*Z*轴正向，即+*Z*。

（2）*X*轴的确定　*X*轴为水平方向，且垂直于*Z*轴并平行于工件的装夹平面。对于工件旋转的机床，如车床等，取平行于横向导轨的方向为*X*轴。

（3）*Y*轴的确定　*Y*轴垂直于*X*、*Z*轴，在*X*、*Z*轴方向确定后，用右手笛卡尔坐标系可确定*Y*轴方向，而普通卧式数控车床，不需要垂直方向的运动，所以不规定*Y*轴方向。

如图10-5所示是卧式数控车床和立式升降台数控铣床的机床坐标系。

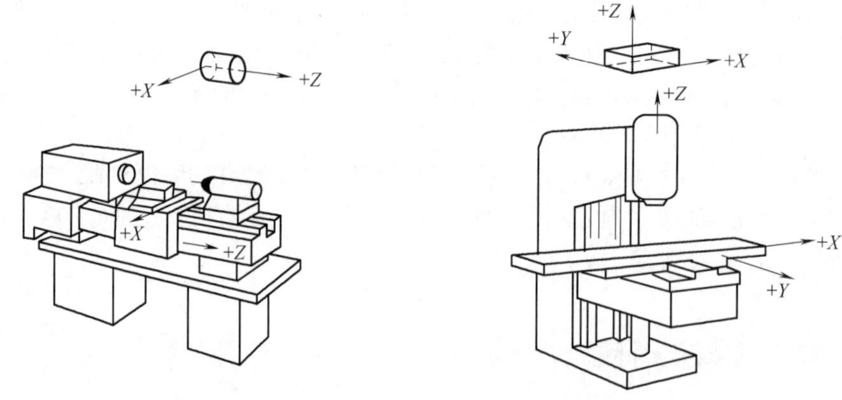

图10-5 卧式数控车床和立式升降台数控铣床的机床坐标系

10.2.4 机床原点和机床参考点

（1）机床原点 机床原点又称机床零点，它是机床坐标系的原点。该点是机床上一个固定的点，在机床设计、制造和调试后，这个原点便被确定下来，通常不允许用户更改。

（2）机床参考点 机床参考点是机床坐标系中一个固定不变的位置点，是用于机床工作台与刀具相对运动的测量系统进行标定和控制的点。通常情况下，机床参考点设置在机床各轴靠近正向极限的位置，通过行程开关进行定位，如图10-6所示为数控车床的原点和参考点。

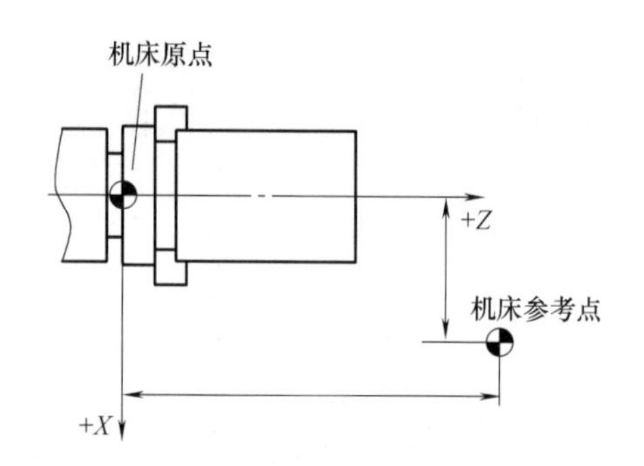

图10-6 数控车床的原点和参考点

机床参考点的坐标相对机床原点坐标是一个已知的定值，那么，可以通过参考点间接地找到机床原点。数控装置通电时并不知道机床的原点位置，为了机床工作时建立正确的机床坐标系，机床在启动时，通常要进行机动或手动回参考点的操作，以建立起机床坐标系。

10.2.5 工件坐标系

工件坐标系是在数控编程时用来定义工件形状和刀具相对于工件运动的坐标系，为保证编程在机床加工的一致性，工件坐标系也应用右手笛卡尔坐标系。工件装夹到机床上时，应使工件坐标系的轴与机床坐标系的坐标轴方向保持一致。

工件坐标系的原点称为工件原点或编程原点，工件原点在工件上的位置可以任意选择，但要满足数学处理简单、编程方便、加工误差小等条件。一般情况下，工件原点应选在零件图样的基准、对称中心或尺寸精度高、表面粗糙度低的工件表面上。

在数控机床上装夹好工件后，还需要进行对刀和工件坐标系设置操作。对刀的目的是在工件毛坯上找到工件原点的位置。工件坐标系设置的目的是将工件原点在机床坐标系中的坐标值记录于机床数控装置，从而建立起工件坐标系与机床坐标系的联系，此后，数控机床执行加工程序时，刀具相对工件的运动，实质是在机床坐标系里面运动。

10.2.6 程序的结构与格式

数控加工程序是用来控制数控机床连续地产生一系列动作和状态，从而实现零件切削加工的指令组合。机床配置的数控系统不同，指令代码、程序格式也不同，因此编程人员必须严格按照要求进行编程。下面以 FANUC 系统为例介绍程序的结构和格式，国内的其他数控系统与 FANUC 系统的指令代码和程序格式基本相同。

10.2.6.1 程序的结构

下面是一个完整的数控加工程序，可分为程序号、程序段和程序结束三个部分。

```
O4321                                        （程序号）
N10 G00 G40 G49 G80 G90 G17 G21 G97 G94;     （程序段 1）
N20 M6 T1;                                   （程序段 2）
N30 G0 G90 G54 X-25 Y-25 S300 M03;           （程序段 3）
N40 Z3;                                      （程序段 4）
N50 G01 Z-7 F120;                            （程序段 5）
N60 X-10 Y5;                                 （程序段 6）
N70 X40 M08;                                 （程序段 7）
N80 G03 R5 X45 Y10;                          （程序段 8）
N90 G01 Y45;                                 （程序段 9）
N100 X10;                                    （程序段 10）
N110 G03 R5 X5 Y40;                          （程序段 11）
N120 G01 Y-5;                                （程序段 12）
N130 G0 Z5 M09;                              （程序段 13）
M30;                                         （程序结束）
```

以上程序中，程序号为程序的开始部分，采用英文字母 O 和四位数字（0000~9999）编号构成，编号的作用是区别不同的加工程序。

程序号与程序结束之间的每一行即称为一个程序段，在一个程序段后以“；”（分号）表示程序段的结束。

程序的最后一段 M30，表示程序结束，数控装置读取到该指令时，机床主轴会停止工作。

10.2.6.2 程序段的格式

程序段是若干互不干涉的动作或状态指令的集合。程序段由地址符（字母）、数字、结束符（;）、小数点（.）、正负号（+、-）、跳段符（/）和空格组成。程序段里的地址符和数字被称为程序字或指令。每一程序段至少由一个程序字组成，在一个程序段中，程序字之间无排列顺序的要求，不需要的字以及与上一程序段相同的续效指令可以不写，各程序字之间必须用一个或以上的空格隔开。如表 10-2 所示为地址符字母含义。

⊡ 表 10-2 地址符字母含义

功能	地址符字母	含义
程序号	O、P	程序编号、子程序号的指定
程序段顺序号	N	程序段顺序编号

续表

功能	地址符字母	含义
准备功能	G	指令动作的方式
坐标字	X、Y、Z	坐标轴的移动指令
	A、B、C；U、V、W	附加轴的移动指令
	R，I、J、K	半径符号，圆弧圆心坐标
进给功能	F	进给速度指令
主轴转速功能	S	主轴转速指令
刀具功能	T	刀具编号指令
辅助功能	M	辅助功能
补偿功能	H、D	长度、直径补偿号
暂停功能	P、X	暂停时间指定
循环次数	L	子程序及固定循环的重复次数

格式：

/ N_ G_ X_ Y_ Z_ F_ M_ S_ T_ L；

例如：

N10 G01 X25 Y-25 Z-5 F200 T1 S800 M03；

其中：

N 后面加上 1~9999 中的任意数字表示程序段顺序号，程序段顺序号用来标记不同的程序段。实际上，数控装置是把两个分号"；"之间的指令识别为一个段落，并按先后顺序依次执行，一般情况下与顺序号无关，故可任意编号或者不使用程序段顺序号。但是在循环指令中，必须给特定程序段编号。

X、Y、Z 与+、-符号及数字构成坐标移动指令，+号可以省略不写。

若机床打开了跳段开关，在加工过程中，有跳段符"/"的程序段将被跳过不执行。若跳段开关没有被打开，有跳段符"/"的程序段将仍然被执行。此功能极大提高了编程和加工的灵活性。

后续内容对 G、M、S、T 功能的应用做进一步介绍。

10.2.7 数控程序的指令代码

数控程序所用的代码，主要有准备功能 G 代码、辅助功能 M 代码、进给功能 F 代码、主轴转速功能 S 代码和刀具功能 T 代码。

10.2.7.1 准备功能

准备功能 G 代码是使数控机床建立起某种加工方式的指令，如插补、刀具补偿、固定循环等。G 代码由地址符 G 和两位数字来表示，如表 10-3 所示为加工中心常用准备功能 G 代码。

⊡ 表 10-3　加工中心常用准备功能 G 代码

分组	G 代码	功能	分组	G 代码	功能
01	*G00	快速定位	08	G43	刀具长度补偿+
01	*G01	直线插补	08	G44	刀具长度补偿−
01	G02	顺时针圆弧插补	08	*G49	取消刀具长度补偿
01	G03	逆时针圆弧插补	14	*G54	选用 1 号工件坐标系
00	G04	暂停，精确停止	14	G55	选用 2 号工件坐标系
02	*G17	选择 *XY* 平面	14	G56	选用 3 号工件坐标系
02	G18	选择 *ZX* 平面	14	G57	选用 4 号工件坐标系
02	G19	选择 *YZ* 平面	14	G58	选用 5 号工件坐标系
00	G27	返回并检查参考点	14	G59	选用 6 号工件坐标系
00	G28	返回参考点	09	*G80	取消固定循环
00	G29	从参考点返回	03	*G90	绝对值坐标方式
07	*G40	取消刀具半径补偿	03	*G91	增量值坐标方式
07	G41	左侧刀具半径补偿	10	*G98	固定循环返回初始点
07	G42	右侧刀具半径补偿	10	G99	固定循环返回 R 点

表 10-3 中，G 代码被分为了不同的组，除 00 组外，其他组的代码均为模态指令，也称续效指令。所谓模态指令，是指代码一经执行后，其定义的功能或状态将保持有效，直到后续程序中出现另一个同组的代码为止。同组的模态 G 代码之间是不相容的，如果在一个程序段中出现两个同组的 G 代码，数控装置将最后出现的 G 代码视为有效代码。而 00 组的 G 代码是非模态的，这些 G 代码只在它们所在的程序段中起作用，当下次需要执行相同的功能时，需要重新输入。除了 G 代码有模态代码以外，表 10-2 中的坐标字 X、Y、Z、A、B、C、U、V、W，以及 F、S、T 功能等都是模态的。

表 10-3 中，标有*号的 G 代码称为初态代码。数控系统开机上电后，初态代码未经执行，其功能就有效。对于 G01 和 G00，G90 和 G91 上电时的初始状态由参数决定。

此外，机床配置的数控系统不同，部分 G 代码的功能会有一定区别。

下面介绍部分常用的插补指令。

（1）G00 快速定位　格式：G00 X_ Y_ Z_；

G00 使刀具以快的速率移动到 X_Y_Z_指定的坐标位置，被指令的各轴之间的运动是互不相关的，也就是说刀具移动的轨迹不一定是一条直线。G00 的移动速度不受当前 F 值的控制。当各运动轴到达运动终点并发出位置到达信号后，数控装置认为该程序段已经结束，并转向执行下一程序段。

例如刀具的起点位置为（X−50，Y−75），指令 G00 X150 Y25；将使刀具按图 10-7 所示的轨迹移动。

（2）直线插补 G01　格式：G01 X_ Y_ Z_ F_；

G01 使刀具从当前位置以给定的进给速度移动到 X_Y_Z_指定的坐标位置，其轨迹是一条直线，第一次使用该指令时，必须给定 F 值。

例如刀具的起点位置为（X−50，Y−75），指令 G01 X150 Y25 F200；将使刀具按图 10-8 所示的轨迹移动。

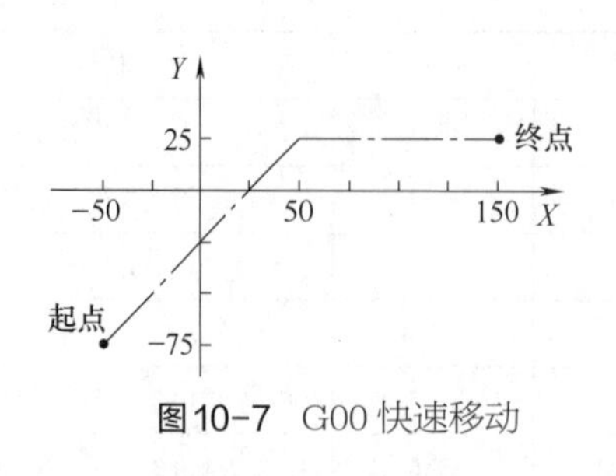

图10-7　G00 快速移动

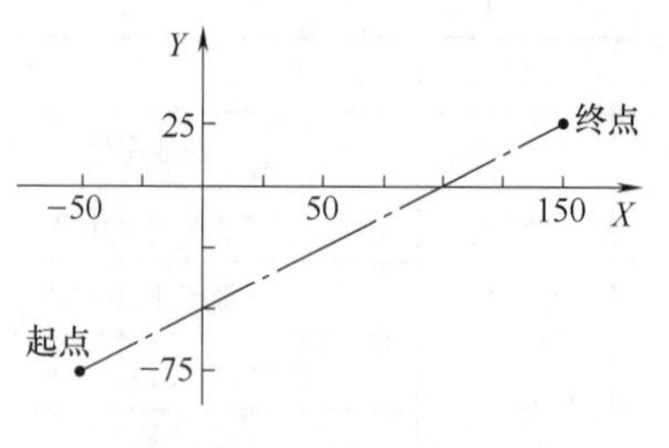

图10-8　G01 直线插补

（3）G02、G03 圆弧插补　格式：{G02/G03 } X_　Y_　{（I_ J_ ）/ R_ } F_；

圆弧插补指令可以使刀具沿圆弧轨迹以指定的进给速度 F 运动。其中，X_ Y_是圆弧的终点坐标；I_J_是圆弧起点到圆心的距离，其数值根据相对位置，有正负之分；R 是圆弧半径值，有正负之分，对小于 180° 的圆弧编程时 R 用正值，对一段大于 180° 的圆弧编程时 R 用负值，而对整圆进行编程，只能使用 I、J 给定圆心的方式。

顺时针方向的圆弧插补用 G02 代码，逆时针方向的圆弧用 G03 代码。圆弧方向是指：在指定的平面内，沿垂直于平面的轴，从轴的正向往负向观察指定平面时所看到的圆弧方向。如图 10-9（a）所示为 *XY* 平面内圆弧的方向。例如刀具的起点位置为（X5，Y5），指令 G02 X10 Y10 R5；将使刀具按照图 10-9（b）所示的顺时针圆弧轨迹移动至坐标点（X10，Y10）。

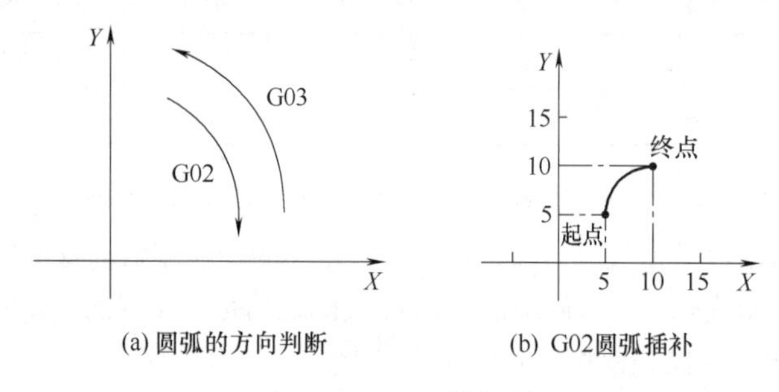

(a) 圆弧的方向判断　　(b) G02圆弧插补

图10-9　圆弧插补

数控车床是两坐标轴的机床，只有 *X* 轴和 *Z* 轴，在判断圆弧的逆、顺时，应按右手定则将 *Y* 轴也加上去考虑。观察者让 *Y* 轴的正向指向自己，然后观察 *XZ* 平面内所加工圆弧曲线的方向，即可判断圆弧的逆、顺方向。

（4）G90、G91 绝对值和增量值编程　在 G90 模态指令下，刀具运动的终点坐标是当前坐标系中的坐标值；在 G91 模态指令下，刀具运动的终点坐标值是终点相对于起点的增量值。如图 10-10 所示是两种编程的区别。G90、G91 多用于数控铣床和加工中心的编程，在数控车削编程中，一般用坐标字 U、W 来定义增量值编程。

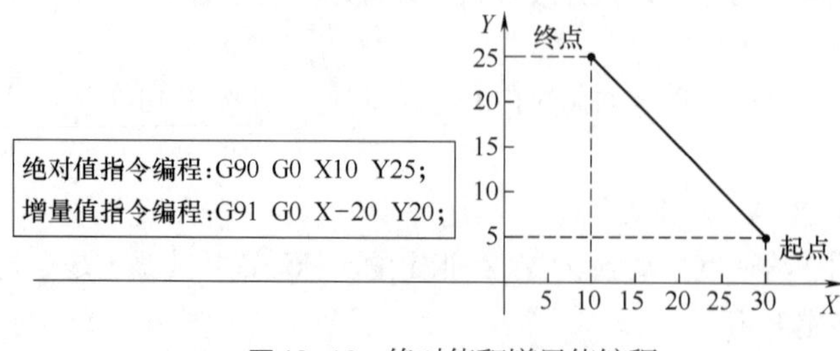

图10-10　绝对值和增量值编程

10.2.7.2　辅助功能

辅助功能指令使用于主轴的选择方向、启动、停止，冷却液的开关，工件或刀具的夹紧或松开，刀具的更换等功能，辅助功能指令由地址符 M 和后面的两位数字表示，如表 10~4 所示为常用辅助功能代码。

使用 M 指令时，一个程序段中只能编写一个，若同时出现两个以上，数控装置只识别最后一个 M 代码为有效代码，其余 M 代码将不执行。

⊡ 表 10-4 常用辅助功能代码

代码	含义	备注	代码	含义	备注
M00	程序暂停运行		M08	冷却液开	功能互锁，状态保持
M02	程序停止		M09	冷却液关	
M03	主轴正转	功能互锁，状态保持	M30	程序结束	
M04	主轴反转		M98	调用子程序	
M05	停止主轴		M99	子程序结束，返回主程序	

例如程序段：N50 G01 Z-7 F120 M08;当数控装置执行该段程序时，机床的冷却液将打开，M08 为模态指令，直到后续程序段出现 M09 或 M30 时，冷却液才会关闭。

10.2.7.3 进给功能

进给功能又称为 F 功能，用来指定 G01、G02、G03 以及固定循环中的进给速度，F 后面的数字表示进给速度的大小，其单位需要由 G 代码进行指定。例如，在数控铣床的系统中，G94 F200 表示进给速度为 200mm/min，G95 F0.2 则表示每转进给 0.2mm，即 0.2mm/r。F 是一个模态的值，即在给定一个新的 F 值之前，原来给定的 F 值一直有效。

切削进给速度还可以由操作面板上的进给倍率开关来控制，实际的切削进给速度应该为 F 的给定值与倍率开关给定倍率的乘积。

10.2.7.4 主轴转速功能

主轴转速功能由地址码 S 和在其后面的 1~4 位数字组成，有恒转速（单位：r/mm）和恒线速度（单位：m/min）两种方式，该功能只定义转速大小，并不会让主轴转动，同 M03 或 M04 指令一起使用时，主轴才会生效。例如 M03 S800，表示主轴以每分钟 800 转的转速进行正转。S 代码是模态的，即转速值给定后始终有效，直到下一个 S 代码改变模态值。

10.2.7.5 刀具功能

刀具功能又称为 T 功能，在自动换刀的数控机床中，该指令用于选择所需的刀具和刀补号，例如在数控车床中，T0102 表示选择 1 号刀和调用 2 号刀具补偿。

第11章

数控车削

11.1 概述

11.1.1 数控车削加工的范围及特点

数控车削加工是指在数控车床上完成轴类、套类、盘盖类等回转体零件加工的一种切削加工工艺。在数控车床上能完成普通车削加工所能完成的所有工艺内容，如图 6-1 所示。但是，由于是程序自动控制刀具相对于工件运动，与普通车削加工相比，数控车削能省去划线、靠模、成形刀加工等操作和方法，因此，数控车削更适合形状复杂、精度要求高的零件加工，如图 11-1 所示，是较为典型的数控车削零件。数控车削加工具有加工灵活、通用性强、操作者劳动强度低等特点，能满足多品种、小批量、自动化的加工需求，被广泛用于机械制造业。在国内，数控车床是数控机床中最为常见的一种，其使用量和覆盖面较大，约占整个数控机床的 25%。

图 11-1 数控车削典型零件

11.1.2 数控车床的类型及结构

数控车床主要由数控装置、床身、主轴箱、刀架及其进给系统、尾座、液压系统、冷却系统、润滑系统、排屑机等部分组成。数控车床种类繁多，按主轴的位置不同可分为立式和卧式两大类；按刀架类型可分为单刀架、双刀架、转塔刀架三类；按控制系统和结构的档次又分为经济型数控车床、普通数控车床和车削中心等。

卧式数控车床是应用较广泛的一类普通数控车床，卧式数控车床又有水平导轨和斜导轨两种形式。水平导轨结构的车床一般采用前置单刀架，常见机床型号有 CK6132、CK6140 等，例如，一种型号为 CK6132H 的数控车床，其型号含义为：C—车床、K—数控、6—落地式、1—卧式、32—主轴最大回转直径为 320mm。斜导轨结构的车床多采用前后双刀架或后置转塔刀架，常见机床型号有 CL-20A 等，斜导轨结构车床具有更大的刚性，导轨倾斜易于排除铁屑，且通常配合排屑机一起使用，如图 11-2 所示。

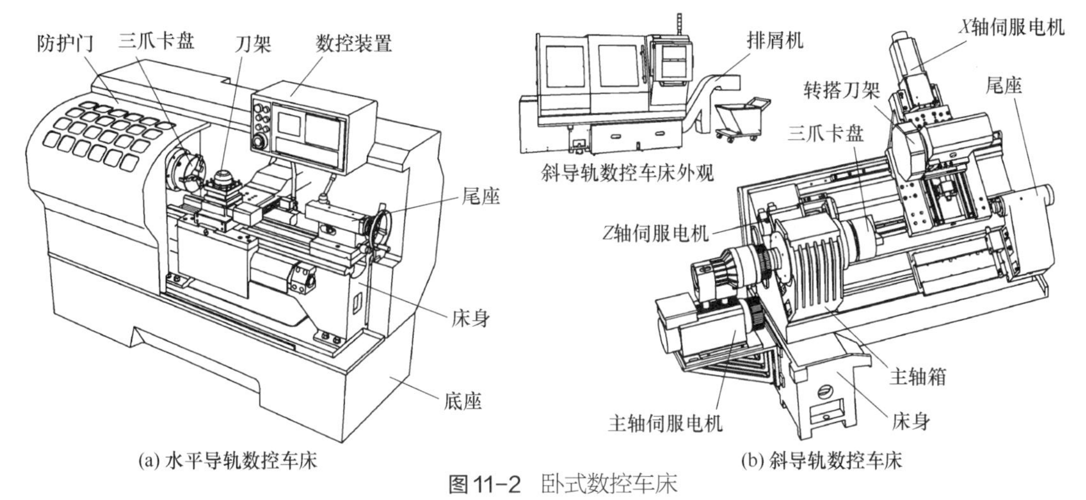

(a) 水平导轨数控车床　　(b) 斜导轨数控车床

图 11-2　卧式数控车床

车削中心是在数控车床基础上发展起来的复合加工机床，其主轴具有不等速回转和连续精确分度的 C 轴功能，其转塔刀架上有使刀具旋转的动力刀座，可安装铣刀或钻头，且车床的各个轴可以联动，能在工件的端面、径向等位置实现车、铣、钻、镗的加工动作，因此能大大减少工件装夹的次数，使工序更集中，让加工时间更短，加工精度更高。

11.1.3　数控车削用刀具

（1）数控车削加工对刀具的性能要求　数控车床刚性好，精度高，可一次装夹完成工件的粗加工、半精加工和精加工。粗加工时，通常采用大切深、大走刀来提高工作效率，因此，要求粗车刀具有高的强度和好的耐用度。在精车时，为了保证加工精度，则要求刀具刚性好、精度高、耐用度高。此外，为了减少辅助时间，刀具的安装和调整还应方便。数控车削一般选用机夹可转位车刀，这种刀具将可转位的硬质合金刀片通过夹紧机构夹持在刀杆上使用，如果刀刃磨损，可通过旋转刀片，用相邻的新切削刃继续工作，效率较高，如图 11-3 所示。

（2）刀片外形的选择　一般外圆车削常用桃形（W 型）、方形（S 型）和 80°菱形（C 型）刀片。成形面车削常用 55°菱形（D 型）、35°菱形（V 型）和圆形（R 型）刀片。90°主偏角常用三角形（T 型）刀片。一般情况下刀尖角越大，刀尖强度越高，但加工时越易产生振动，如图 11-4 所示。在机床刚性、功率允许的情况下，粗加工时应选用刀尖角较大的刀片，精加工时应选用刀尖角较小的刀片。

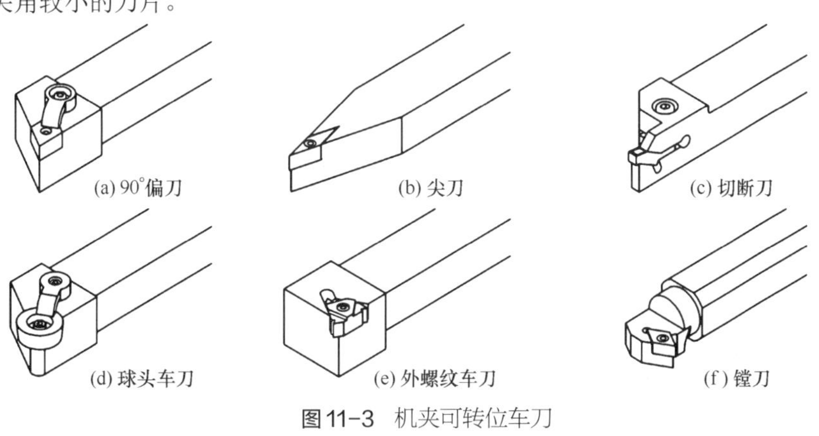
(a) 90°偏刀　(b) 尖刀　(c) 切断刀
(d) 球头车刀　(e) 外螺纹车刀　(f) 镗刀

图 11-3　机夹可转位车刀

图 11-4 刀片的形状

此外，还应根据待加工表面的形状和位置选择合适的刀杆形式；根据工件的材质和粗、精加工的情况选择合适的刀片后角度、刀尖圆弧半径和断屑槽的槽形等。

11.1.4 数控车削加工工艺制订原则

在编写数控加工程序前，要根据被加工对象的形状、材质、生产批量等要求确定加工方案。在制订工艺路线时，要根据先粗后精、先近后远、刀具集中、走刀路线最短、程序段最少的原则综合考虑。在粗加工时应尽可能留足均匀的余量，以保证精加工时能一次连续走刀加工出零件的轮廓，对于有内、外圆的回转体表面，应先进行内外表面的粗加工，再进行精加工；为了缩短刀具的移动距离，减少空行程，提高效率，应先车削离起刀点近的表面，后加工离起刀点远的表面；此外，为了减少换刀次数，应尽可能用一把刀完成相应部位的车削后，再换其他刀具。

11.2 数控车削程序编制

11.2.1 数控车床的坐标系

按刀架与机床主轴的相对位置划分，数控车床有前刀架坐标系和后刀架坐标系，前、后刀架坐标系的 X 轴方向正好相反，而 Z 轴方向是相同的，如图 11-5 所示。在后面的实例中将以后刀架坐标系来说明编程的应用。数控车床的机床原点设置在卡盘端面与主轴中心线的交点处，机床参考点一般设置在 Z、X 轴正向的极限位置。车削加工时刀具只能在机床参考点与原点之间的有效行程内移动，否则将发生超程报警或撞刀事件。数控车床的工件原点一般设置在工件

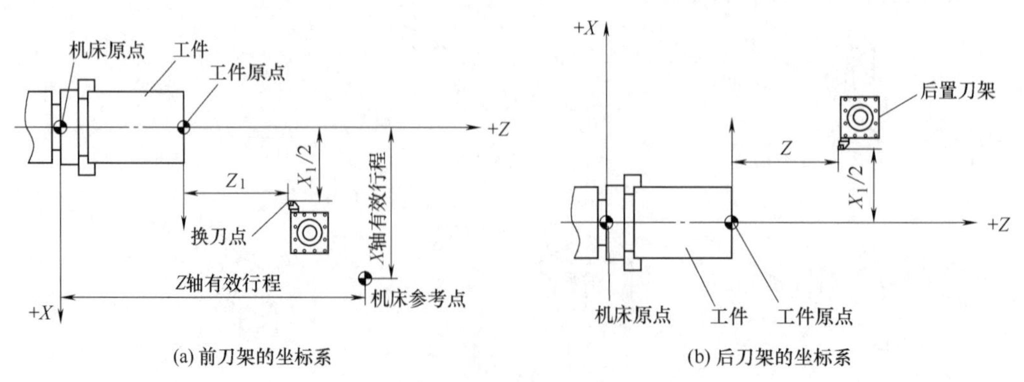

图 11-5 数控车床的坐标系

毛坯右端面与主轴中心线的交点处。在车削时，刀具是由工件毛坯外逐步切入的，此时，刀具切入工件前的起点称为起刀点，起刀点一般设置在毛坯外、接近切削开始的位置。有时，在车削过程中还要进行换刀操作，在换刀时刀尖要远离工件毛坯，以免刀尖与工件碰撞发生撞刀事件，因此，在换刀前，刀架应先退至换刀点位置后再进行换刀，且换刀点的坐标值应大于刀尖回转的半径值。

此外，在编制数控车削程序时，X 坐标值默认按直径值输入，即采用直径编程。图 11-5 中，刀尖至 Z 轴的距离 $X_1/2$ 为 X 坐标值的一半。

11.2.2 数控车削程序结构与格式

下面主要介绍广州数控 GSK980TDb 系统的程序结构与格式。GSK980TDb 系统要求以符号“%”表示程序的开始和结尾，其余程序结构、程序段格式与第 10 章所述的结构和格式一致，在此不再赘述。GSK980TDb 系统的程序实例如下：

```
%                              （程序开始符）
O1234                          （程序号）
N10 G50 X50 Z100;              （程序段 1）
N20 G01 X25 Z1 F0.2;           （程序段 2）
…… …… …… ……                    （…… ……）
N__ G00 X__ Z__;               （程序段 N）
M30;                           （程序运行结束）
%                              （程序结束符）
```

11.2.3 准备功能 G 代码

GSK980TDb 系统常用的 G 代码如表 11-1 所示。

表 11-1 GSK980TDb 系统常用的 G 代码

分组	G 代码	功能	分组	G 代码	功能
01	*G00	快速定位	00	G70	精加工循环
	G01	直线插补		G71	轴向粗车循环
	G02	顺时针圆弧插补		G72	径向粗车循环
	G03	逆时针圆弧插补		G73	仿形加工复合循环
00	G04	暂停		G74	轴向切槽循环
06	G20	英制单位选择		G75	径向切槽循环
	G21	公制单位选择		G76	多重螺纹切削循环
00	G28	自动返回机床参考点	01	G90	轴向切削循环
01	G32	等螺距螺纹切削		G92	螺纹切削循环
	G34	变螺距螺纹切削		G94	径向切削循环
07	*G40	取消刀尖半径补偿	02	G96	恒线速度控制
	G41	刀尖半径左补偿		*G97	恒转速控制
	G42	刀尖半径右补偿	03	G98	每分钟进给（mm/min）
00	G50	设置工件坐标系		*G99	每转进给（mm/r）

在表 11-1 中，G 代码被分为了 6 个组，除 00 组外，其余均为模态代码。有符号“*”的为初态代码。同第 10 章所述的 G 代码一样，在数控车床中，模态的 G 代码被执行后，其定义的功能或状态保持有效，直到被同组的其他 G 代码改变，并且在其定义的功能或状态改变以前，后续的程序段中可以不必重复输入该 G 代码。

下面介绍数控车床常用 G 代码。

11.2.3.1 G00 快速定位

格式：G00X（U）_Z（W）_；

G00 将使 X 轴、Z 轴同时从起点以各自的快速移动速度移动到终点，即两轴的运动是独立的，短轴先到达终点，长轴独立移动剩下的距离，其合成轨迹不一定是直线，如图 11-6 所示。

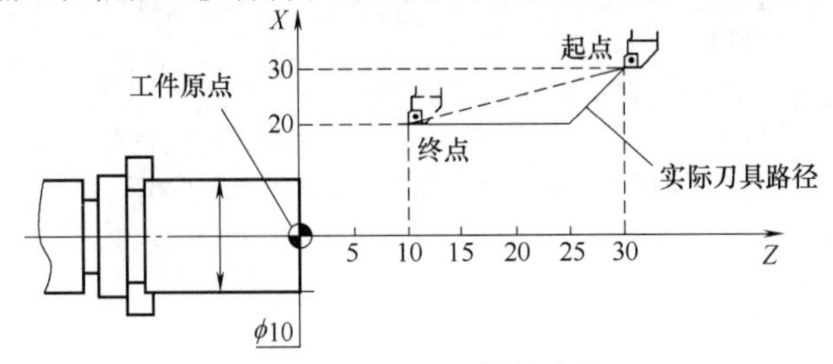

图 11-6 G00 快速定位

此外，在编写程序时还可以采用坐标绝对值编程、坐标增量值编程和二者混合编程三种方式。使用终点的 X、Z 坐标绝对值编程称为绝对值编程，其坐标值用 X_Z_表示；使用终点相对于起点在坐标系中的增量值来编程称为坐标增量值编程，其坐标值用 U_W_表示；或者两种方式混合使用，格式为 X_W_或 U_Z_；在图 11-6 中（X 坐标值已标注为直径值），刀具从起点（X30，Z30）快速移动到终点（X20，Z10）的程序可编写为：

绝对值编程：G00 X20 Z10；

坐标增量值编程：G00 U-10 W-20；

混合坐标编程：G00 X20 W-20；或 G00 U-10 Z10。

11.2.3.2 G01 直线插补

格式：G01 X（U）_Z（W）_F_；

G01 将使刀具以给定的进给速度 F 值，从起点以直线移动至终点。该功能用于刀具相对于工件直线切削。在一个程序中，第一次使用 G01 指令时，代码所在程序段必须给定 F 值。此外，在数控车削程序中，坐标字地址符 X、Z、U、W 后的值，以及进给功能 F 值是模态的，这些代码的值被执行后，将一直保持，直到新的值被执行。如图 11-7 所示，刀具以直线插补的方式从起点 A（X10，Z5）移动至 B 点（X10，Z-15），再移动至终点 C（X20，Z-15）的程序编写如下：

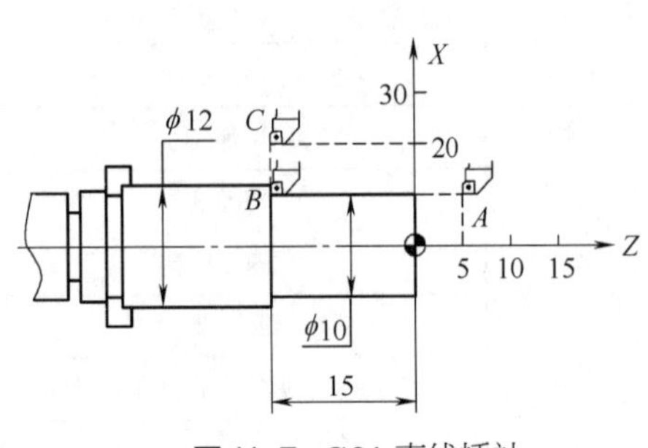

图 11-7 G01 直线插补

N10 G01 X10 Z-15 F0.2；（A 至 B）

N20 X20；　　　　　　（B 至 C）

由于 B 点和 C 点的 Z 坐标值相同，故在 N20 程序段中不用给定 Z 值，N10 程序段中的代码 G01、

Z-15、F0.2 将在 N20 程序段中持续有效。

11.2.3.3 G02、G03 顺时针、逆时针圆弧插补

格式：G02 X（U）_ Z（W）_ R_;或 G03 X（U）_ Z（W）_ R_;

G02 代码将使刀具以给定的半径 R 值和给定的进给速度 F 值，从起点按顺时针圆弧轨迹移动至终点；G03 代码将使刀具以给定的半径 R 值和给定的进给速度 F 值，从起点按逆时针圆弧轨迹移动至终点，如图 11-8 所示。

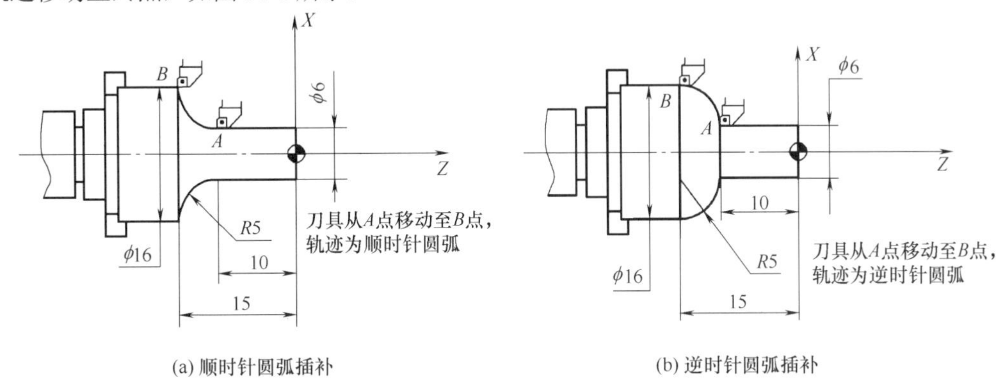

(a) 顺时针圆弧插补　　(b) 逆时针圆弧插补

图 11-8　圆弧插补

程序中，R 后的数值为圆弧半径值，当圆弧小于或等于 180°时 R 为正值，当圆弧大于 180°小于 360°时 R 为负值。若 G02、G03 所在程序段之前的程序段中无 F 值的定义，还应该在 G02、G03 所在的程序段中给定 F 值。

在图 11-8（a）中，刀具从起点 *A* 移动至终点 *B* 的程序为：G02 X16 Z-15 R5 F0.2。

在图 11-8（b）中，刀具从起点 *A* 移动至终点 *B* 的程序为：G03 X16 Z-15 R5 F0.2。

11.2.4 辅助功能 M 代码

GSK980TDb 系统常用的 M 代码及功能如表 10-4 所示，下面介绍部分 M 代码的功能。

（1）M00 程序暂停运行　执行 M00 代码后，程序运行停止，显示“暂停”字样，按循环启动键后，程序继续运行。

（2）M03、M04 和 M05　M03：主轴逆时针转。M04：主轴顺时针转。M05：主轴停止。

M03、M04 指令需同 S 代码一起使用。

（3）M08、M09　M08：冷却液开。M09：冷却液关。

（4）M30 程序运行结束　在自动方式下，执行 M30 代码，当程序段的其他代码执行完成后，自动运行结束，光标将返回程序开头。

11.2.5 主轴功能 S 代码

主轴转速功能由地址码 S 和在其后面的 1~4 位数字组成，有恒转速（单位：r/mm）和恒线速度（单位：m/min）两种方式，S 功能要同 M03 或 M04 指令一起使用。

例如 S2000 M03；表示主轴以 2000r/min 转速正转，该指令在车削螺纹或工件直径变化不大时使用。

由于 G97 为初态代码，当在程序中无 G96 或 G97 代码出现时，系统默认为恒转速。若要采用恒线速度，则应在 S 代码之前或当前程序段中用 G96 代码。

例如 G96 S100 M03；表示主轴正转，切削点的线速度为 100m/min。该指令在车削端面或工件直径变化较大时使用。

11.2.6 进给功能 F 代码

F 功能用于指定进给速度，有每转进给和每分钟进给两种模式。

例如 F0.2；表示主轴每转一圈，刀具进给 0.2mm。

同样 G99 为初态代码，若要采用每分钟进给，则应在 F 代码之前或当前程序段中用 G98 代码。

例如 G98 F100；表示刀具以 100mm/min 的速度进给。

11.2.7 刀具功能 T 代码

GSK980TDb 的刀具功能 T 代码具有两个作用：自动换刀和执行刀具补偿。

格式：T□□○○；前两位数字□□为刀具号（01~32，前导 0 不能省略），后两位○○是刀具补偿号（00~32，前导 0 不能省略）。刀具补偿号（刀补号）可以和刀具号相同，也可以不同，即一把刀具可以对应多个刀补号。

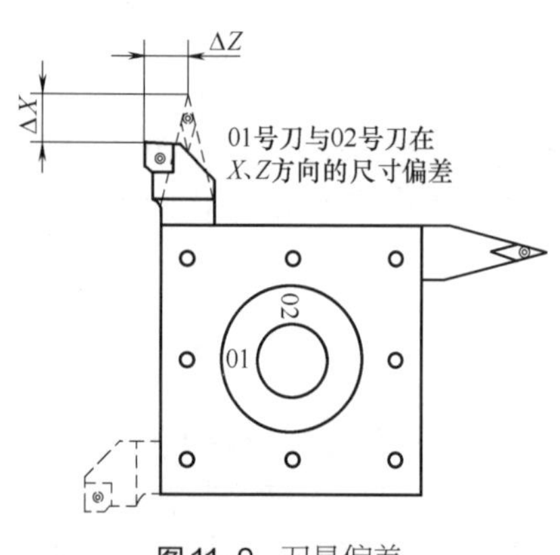

图 11-9 刀具偏差

如图 11-9 所示，车刀安装于车床刀架后，其刀尖位置在 X、Z 向存在偏差，刀具补偿的目的就是要消除这种偏差，以使每把刀都能按拟订的轨迹移动。刀具补偿包括刀具长度补偿和刀尖圆弧半径补偿，加工前，通过对刀获得每一把刀的补偿数据。

11.2.8 数控车削编程实例

如图 11-10 所示的轴，加工该零件时，用 35°外圆车刀（01 号刀）车削外圆，用切断刀（02 号刀，宽度 3mm）进行切断。编程时，工件坐标系设置在轴右端 O 点，其精加工程序编制如下：

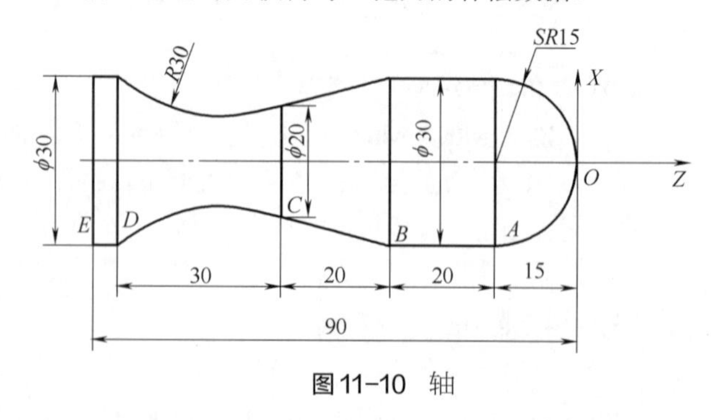

图 11-10 轴

%　　　　　　　　　　（程序开始符）

```
O0001;                 （程序号为 0001）
G00 X50 Z100;          （刀架移动至换刀点）
T0101;                 （换 01 号刀，调用 01 号刀补）
M03 S800;              （主轴以 800r/min 的转速正转，G97 为初态代码，无需写出）
G00 X34 Z1;            （刀具快速移动至起刀点）
G01 X0 Z0 F0.3;（刀具以 0.3mm/r 的速度，直线移动至 O 点，G99 为初态代码，无需写出）
G03 X30 Z-15 R15;      （走逆时针圆弧从 O 至 A 点）
G01 Z-35;              （直线插补，从 A 至 B 点）
X20 Z-55;              （直线插补，从 B 至 C 点）
G02 X30 Z-85 R30;      （走顺时针圆弧从 C 至 D 点）
G01 Z-93;
                       （直线插补至 Z-93，轴多加工 3mm 长，为切断留足余量）
G00 X50;               （快速退刀远离工件，先 X 后 Z）
Z100;                  （快速移动至换刀点）
T0202;                 （换 02 号刀，调用 02 号刀补）
G00 X34 Z-93;          （快速移动至切断起刀点，准备切断）
G01 X0 F0.2;           （切断工件）
G00 X50 Z100;          （快速移动至换刀点）
M30;                   （程序结束）
%                      （程序结束符）
```

为了使程序精简，以上程序中省去了各程序段的顺序号，初态指令、模态指令和值均没有重复编写。

11.3 数控车床基本操作

11.3.1 数控机床操作面板

GSK980TDb 采用集成式操作面板，面板布局划分如图 11-11 所示。

（1）状态指示灯　GSK980TDb 系统操作面板状态指示灯如表 11-2 所示。

表 11-2　GSK980TDb 系统操作面板状态指示灯

指示灯	说明	指示灯	说明
X　Y　Z　4h	轴回零结束指示灯		机床锁指示灯
	快速指示灯	MST	辅助功能锁指示灯
	单段运行指示灯		空运行指示灯
	跳段运行指示灯		

（2）编辑键盘　GSK980TDb 系统操作面板编辑键盘按键功能如表 11-3 所示。

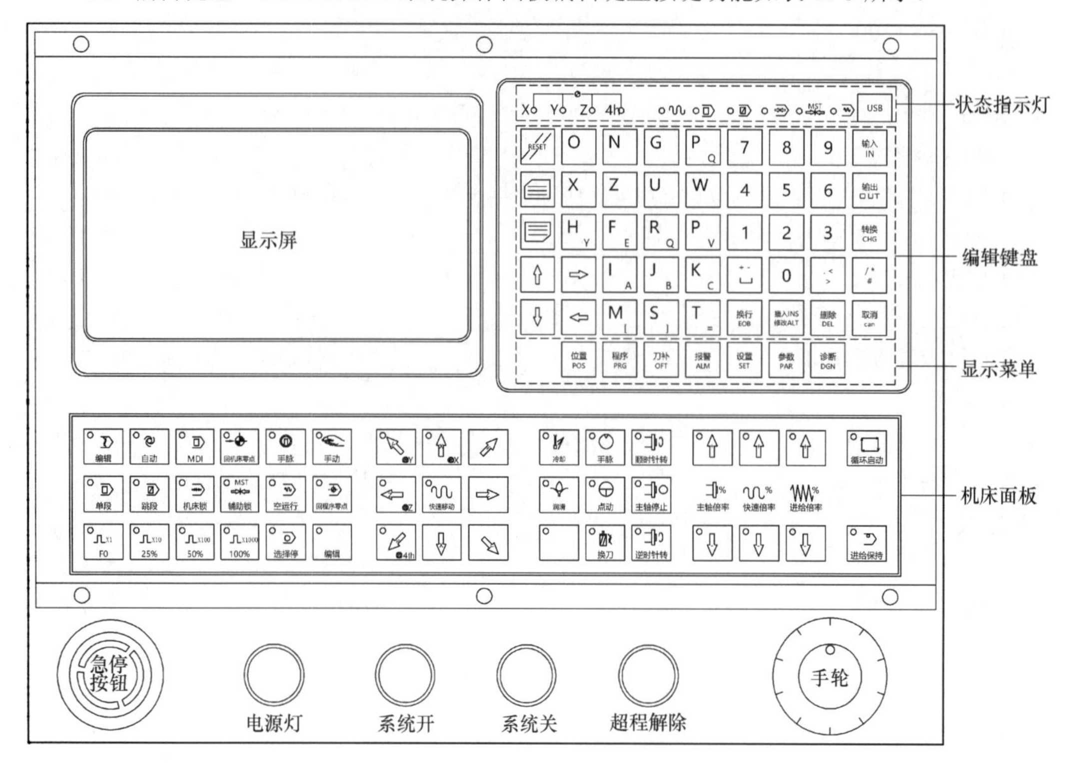

图 11-11　GSK980TDb 系统操作面板

⊡ 表 11-3　GSK980TDb 系统操作面板编辑键盘按键功能

编辑按键	名称	功能说明
RESET	复位键	使 CNC 复位，机床所有轴运动停止，M、S 功能输出将无效
输入 IN	输入键	参数、补偿量等数据输入的确定
输出 OUT	输出键	启动通信输出
转换 CHG	转换键	信息、显示的切换
插入INS 修改ALT　删除 DEL　取消 can	编辑键	编辑时程序、字段等的插入、修改、删除

续表

编辑按键	名称	功能说明
换行 EOB	换行 EOB 键	程序段结束符的输入
⇧ ⇨ ⇩ ⇦	光标移动键	控制光标移动
	翻页键	同一显示界面下页面的切换

注：编辑键盘中的字母和数字按键未列出。

（3）显示菜单　GSK980TDb 系统操作面板显示菜单各按键功能如表 11-4 所示。

表 11-4　GSK980TDb 系统操作面板显示菜单各按键功能

菜单键	功能说明
位置 POS	进入位置界面。位置界面有相对坐标、绝对坐标、综合坐标、坐标&程序等四个页面
程序 PRG	进入程序界面。程序界面有程序内容、程序目录、程序状态、文件目录四个页面
刀补 OFT	进入刀补界面、宏变量界面、刀具寿命管理页面，反复按此键可在三个界面间转换
报警 ALM	进入报警界面、报警日志，反复按此键可在两个界面间转换
设置 SET	进入设置界面、图形界面，反复按此键可在两界面间转换
参数 PAR	进入状态参数界面、数据参数界面、螺补参数界面、 U 盘高级功能界面，反复按此键可在各界面间转换
诊断 DGN	进入 CNC 诊断界面、PLC 状态界面、PLC 数据界面、机床软面板界面、版本信息界面

（4）机床面板　GSK980TDb 机床面板各按键功能如表 11-5 所示。

表 11-5　GSK980TDb 机床面板各按键功能

按键	功能说明	按键	功能说明
编辑	进入编辑模式	空运行	加工程序、MDI 代码空运行

续表

按键	功能说明	按键	功能说明
自动	进入自动模式	选择停	选择停有效时，程序中有 M01 代码时，将执行暂停
MDI	进入录入（MDI）操作模式	机床锁	机床锁指示灯亮，进给轴输出无效
回机床零点	进入机床回零操作模式	MST 辅助锁	辅助锁指示灯亮， M、S、T 功能输出无效
手脉	进入手轮操作模式	冷却	任意操作模式下，按此键，冷却液在开关之间切换
手动	进入手动操作模式	润滑	机床润滑开/关
回程序零点	进入程序回零操作模式	换刀	手动操作模式下，按此键，刀架顺序依次换刀
单段	单段指示灯亮时，程序将单段运行，运行下一段需点击“循环启动”按钮	循环启动	自动或 MDI 模式下，按此键运行程序
跳段	跳段指示灯亮时，段首标有“/”号的程序段将被跳过不运行	进给保持	在程序运行中，通过此按钮暂停

按键	功能说明	按键	功能说明
X1 F0　X10 25%　X100 50%　X1000 100%	增量与快速倍率挡位选择键	顺时针转　主轴停止　逆时针转	手动、手轮、回零模式下，主轴正、反转及停止控制
Y　X　Z　快速移动　4th	X、Z 等轴的进给键 手动模式下，按下各轴的方向键，可正、负向移动轴，按下快速移动键后，各轴可分别快速移动 回零模式下，各轴的正向移动 手轮模式下，移动轴的选择	主轴倍率　快速倍率　进给倍率	主轴倍率修调：以设定的主轴转速 S 为基准，通过+、-键提高或降低主轴转速 快速倍率修调：以选定的快速倍率为基准，通过+、-键提高或降低 G00 速度 进给倍率修调：以设定的进给速度 F 值为基准，通过+、-键提高或降低进给速度

11.3.2 机床开关机操作

开机时，先打开机床电源开关，然后按下机床面板上的启动按钮，此时 GSK980TDb 数控系统显示器将显示欢迎界面，再经过自检、初始化后，显示器将显示位置页面，表示机床开机完成。最后按下急停按钮，可进行后续其他操作。

关机时，待刀架远离工件或卡盘后，先按下机床面板上的急停按钮，再按下系统关按钮，最后关闭电源即可。

11.3.3 轴的移动操作

（1）手动进给和快速移动　在手动操作模式下，可以使 X、Z 两轴手动进给、手动快速移动。按住 X 轴或 Z 轴的进给键，可控制刀具分别沿 X 轴、Z 轴的正向或负向进给。按下快速移动键，快速指示灯亮，则进入手动快速移动状态。

手动进给的速度可通过机床面板上的增量与快速倍率挡位选择键进行修调。手动快速移动的速度可通过机床面板上的快速倍率按键或快速倍率挡位选择键进行修调。

（2）手轮进给　按手脉键进入手轮操作模式。手轮是一种可旋动的手摇脉冲发生器，安装在 GSK980TDb 数控系统面板的右下角，如图 11-11 所示。

在手轮操作模式下，按标有手脉符号的进给键选择相应的轴，通过旋转手轮实现轴的移动，一般情况下，手脉顺时针为正向进给，逆时针为负向进给。手轮进给速度可通过增量与快速倍率挡位选择键进行修调。

此外，在手动操作模式和手轮操作模式下，均可以实现主轴正反转控制、主轴倍率修调、手动换刀、冷却液开和关等操作。

11.3.4 机床回零操作

通常情况下，数控车床开机后要执行回机床零点（参考点）的操作，目的是通过回零点建立起机械坐标系。其操作步骤如下。

① 按回机床零点键，进入机床回零操作模式，显示页面的最下行显示“机床回零”字样，如图 11-12 所示。

② 先按 X 轴的正向进给键，此时，机床刀架将横向退出，经过减速信号、零点信号检测后回到 X 轴机床零点，此时 X 轴停止移动，回零结束指示灯 X 亮起。然后再按 Z 轴的正向进给键，对 Z 轴回零，直到回零结束指示灯 Z 亮起。

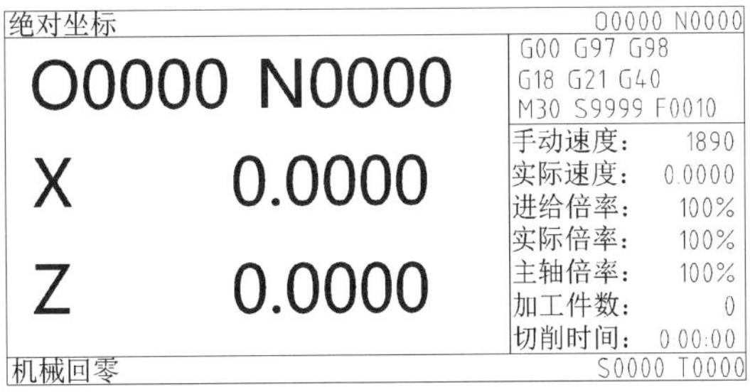

绝对坐标		O0000 N0000
O0000 N0000		G00 G97 G98 G18 G21 G40 M30 S9999 F0010
X	0.0000	手动速度： 1890 实际速度： 0.0000 进给倍率： 100% 实际倍率： 100%
Z	0.0000	主轴倍率： 100% 加工件数： 0 切削时间： 0:00:00
机械回零		S0000 T0000

图 11-12　机床回零时的显示页面

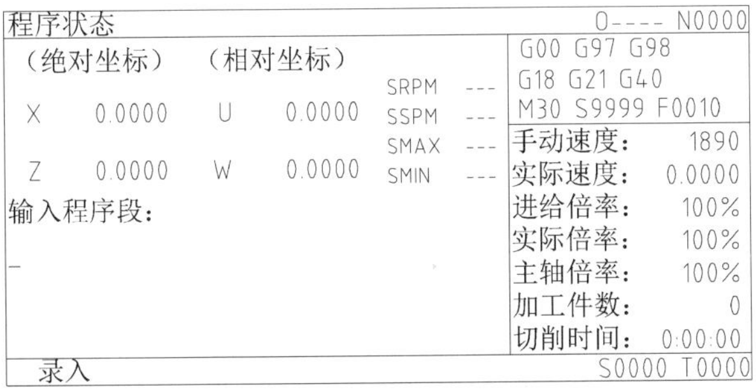

程序状态							O---- N0000
（绝对坐标）		（相对坐标）					G00 G97 G98 G18 G21 G40 M30 S9999 F0010
X	0.0000	U	0.0000	SRPM SSPM	--- ---		
Z	0.0000	W	0.0000	SMAX SMIN	--- ---		手动速度： 1890 实际速度： 0.0000
输入程序段：							进给倍率： 100% 实际倍率： 100% 主轴倍率： 100% 加工件数： 0 切削时间： 0:00:00
录入							S0000 T0000

图 11-13　程序状态页面

11.3.5 录入（MDI）操作

在录入（MDI）操作模式下，可进行参数的设置、代码的输入以及代码的执行。

选择录入操作模式下，输入一个程序段 G50 Z100 X50 的操作步骤如下：

① 按 MDI 键进入录入操作模式。

② 按程序键和翻页键进入程序状态页面，如图 11-13 所示。

③ 通过编辑键盘的字母和数字按键依次输入 G、5、0、Z、1、0、0、X、5、0，输入时的页面状态如图 11-14 所示。

```
程序状态                                              O---- N0000
（绝对坐标）   （相对坐标）                      G00 G97 G98
                                   SRPM  ---    G18 G21 G40
X    0.0000    U    0.0000         SSPM  ---    M30 S9999 F0010
                                   SMAX  ---    手动速度：    1890
Z    0.0000    W    0.0000         SMIN  ---    实际速度：  0.0000
输入程序段：                                     进给倍率：    100%
G50 Z100 X50_                                   实际倍率：    100%
                                                主轴倍率：    100%
                                                加工件数：       0
                                                切削时间：  0:00:00
  录入                                              S0000 T0000
```

图 11-14　输入程序时的状态

④ 字符输入结束后，还需要通过输入（IN）键进行确认。

⑤ 按循环启动键可运行程序，按复位（RESET）键可停止运行。

在录入（MDI）操作模式下，还可进行主轴倍率、快速倍率和进给倍率的修调。

11.3.6　程序的输入

在编辑操作模式下，可进行程序的输入、选择、修改、复制、删除等操作。输入一个新程序的操作步骤如下。

```
程序内容    行：6    列：1     插入                O0002 N0000
O0002;                                 G00 G97 G98
G98 G00 X100 Z100;                     G18 G21 G40
T0101;                                 M30 S9999 F0010
G00 X90;                               手动速度：     1890
S800 M03;                              实际速度：   0.0000
_;                                     进给倍率：     100%
%                                      实际倍率：     100%
                                       主轴倍率：     ----
                                       加工件数：        0
                                       切削时间：  0:00:00
  编辑                                       S0000 T0000
```

图 11-15　程序内容显示页面

① 按编辑键进入编辑操作模式。

② 按程序键和翻页键进入程序内容显示页面，如图 11-15 所示。

③ 通过编辑键盘输入程序号，例如 O0001，再按换行 EOB 键，一个新的程序即被建立，如图 11-16 所示。

④ 将编制好的零件程序逐个输入，每输入一个程序段按一次换行键，直至将 M30 代码输入为止。

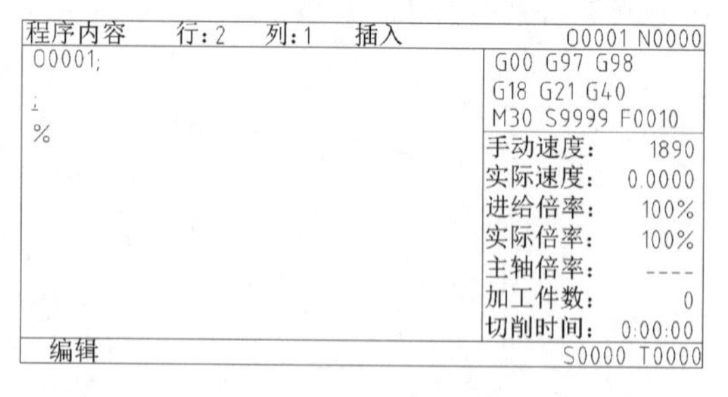

图 11-16　建立新程序时的程序内容页面

⑤ 在输入过程中，如果字符输入错误，可以通过“取消 can”键删除光标所在位置前的一个字符，通过“删除 DEL”键删除光标所在位置的字符。

⑥ 如果要插入字符，可通过光标移动键，将光标移至字符插入位置，按插入 INS/修改 ALT 键进入插入状态，此时光标为一下划线，再输入要插入的字符即可。

需要注意的是，在插入状态下，若光标不在行首，插入代码时会自动生成空格；若光标在行首，不会自动生成空格，必须手动插入空格；在插入状态下，若光标前一位为小数点且光标不在行末时，输入地址字，小数点后将自动补 0。

11.3.7 程序的删除

以删除程序 O0001 为例，其操作步骤如下。

① 选择编辑操作模式，进入程序内容显示页面。

② 依次输入字符 O、0、0、0、1。

③ 按删除 DEL 键，程序 O0001 就被删除。

11.3.8 程序的选择

当数控装置中有多个程序时，可通过以下步骤进行选择。

① 选择编辑或自动操作模式，按程序键和翻页键进入程序内容显示页面。

② 输入程序号，例如 O0001。

③ 按光标移动键下键，在程序内容显示页面将显示检索到的程序，若程序不存在，系统将报警。

11.3.9 程序的执行

当新输入一个程序，或选择一个已有的程序后，进行执行的操作步骤如下。

① 选择自动操作模式，按复位键，确保光标在程序的开始。

② 按循环启动键，程序会自动运行，刀具会自动进给完成零件加工。

③ 在程序运行过程中，可通过进给保持暂停，再次按下“循环启动”时，程序又会继续运行。

④ 加工过程中若遇到危险或紧急情况，可按下急停按钮或复位键停止程序运行。

11.3.10 对刀操作与刀补设置

数控车削加工时，在按下“循环启动”自动运行程序之前，还应该进行工件装夹和对刀的操作。在数控车床上装夹工件的方法和普通车床相同，具体方法参照第 6 章相应内容。在数控车床上对刀的目的是确定程序零点，建立工件坐标系。在数控车床中是通过对刀操作获得刀具偏置数据而设定工作坐标系的。GSK980TDb 提供了定点对刀、试切对刀及回机床零点对刀三种对刀方法。下面主要介绍试切对刀法的操作步骤。

① 如图 11-17（a）所示，工件原点在工件右端面与轴线的交点处。

② 选择一把刀，使刀具沿端面切削后沿 X 轴退出，Z 轴不能动，如图 11-17（b）所示。

③ 按刀补键进入刀具偏置页面，如图 11-18 所示，移动光标选择某一偏置号。

④ 在编辑键盘依次输入 Z、0，并通过输入键进行确认，Z 轴偏置值就被设定。

⑤ 使刀具试切外圆表面后沿 Z 轴退出，并停止主轴转动，X 轴不能动，如图 11-17（c）所示。

⑥ 测量已加工外圆直径，图 11-17（c）所示为 $\phi 10$。

⑦ 按刀补键进入刀具偏置页面，如图 11-18 所示，移动光标至该刀具对应的偏置号。

⑧ 在编辑键盘依次输入 X、1、0，并通过输入键进行确认，X 轴刀具偏置值就被设定。

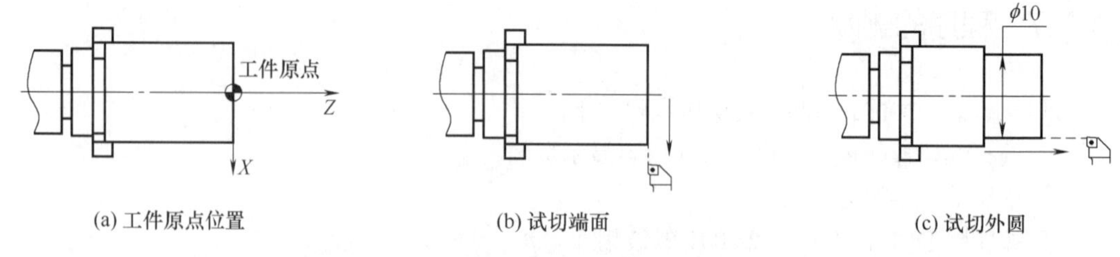

(a) 工件原点位置　　(b) 试切端面　　(c) 试切外圆

图 11-17　试切法对刀

刀具偏置磨损					O0001 N0000
序号	X	Z	R	T	相对坐标
01	0.0000	0.0000	0.0000	0	U　0.0000
	0.0000	0.0000	0.0000	0	
02	0.0000	0.0000	0.0000	0	W　0.0000
	0.0000	0.0000	0.0000	0	
04	0.0000	0.0000	0.0000	0	绝对坐标
	0.0000	0.0000	0.0000	0	
04	0.0000	0.0000	0.0000	0	X　0.0000
	0.0000	0.0000	0.0000	0	
01偏置					Z　0.0000
录入					S0000 T0000

图 11-18　刀具偏置页面

⑨ 移动刀具至安全换刀位置，手动换另外一把刀，再重复以上操作。由此完成所有刀具的对刀和刀补设置操作。由于第一把刀已经将端面车平，故后续刀具不需要车端面，只需要与端面轻微划擦后沿 X 轴退出，再将刀具偏置值设置为 Z0 即可。

⑩ 一个刀补号只能记录一把刀具的偏置值。当一个刀补号被使用，其他刀具应通过移动光标选择其他刀补号进行输入偏置值。

11.4 数控车削加工实训

11.4.1 数控车削实训内容与要求

数控车削实训内容与要求如表 11-6 所示。

表 11-6　数控车削实训内容与要求

序号	内容及要求	
1	基本知识	1. 了解数控加工的原理、特点及其在机械制造中的作用和地位 2. 了解数控机床的种类，掌握 CK6132H 车床的主要结构组成及功能 3. 掌握数控编程的内容和步骤，了解数控编程的方法 4. 掌握数控机床坐标系的定义，掌握各坐标系的区别和联系 5. 掌握 GSK980TDb 系统程序的结构和格式，掌握常用指令的功能和用途 6. 了解常用数控车削刀具的结构、特点和应用 7. 了解数控车削编程的工艺原则
2	基本技能	1. 具备数控车削工艺分析的能力，能对零件图进行数学处理 2. 能根据数控系统规定的格式和代码，手工编制数控车削精加工程序 3. 掌握数控车床对刀、输入程序、修改程序和运行程序的基本操作流程 4. 能独立编程和操作机床，完成零件的车削加工

11.4.2 数控车削加工安全操作规程

（1）加工前准备

① 检查机床各部件是否处于正常位置、系统是否正常、安全罩是否安装完好、各处润滑油是否充分；

② 刀具安装要垫好放正夹牢；

③ 工件安装要装正夹牢，工件安装或者拆卸后要及时取下卡盘扳手；

④ 检查程序是否已经输入到系统中，不得随意删除数控系统内的程序；

⑤ 确认对刀操作是否已经完成、刀补是否已经设定完毕；

⑥ 手动操作时，要注意刀具的运动方向，防止刀具与工件干涉，或发生超程报警；

⑦ 操作过程中，只能一人操作一台机床；

⑧ 所有同学必须穿着工作服，并将领口和袖口扣好，女生将长发盘入帽中。

（2）加工中注意事项

① 不能打开保护舱门；

② 不能测量旋转的工件尺寸；

③ 不能用手触摸旋转的工件和卡盘；

④ 不能用手清除切屑，必须用专用工具或者毛刷；

⑤ 机床启动后，集中精力，不得离开机床，不得将头伸向刀架附近观察。

（3）加工中，若发生事故

① 立即按下急停按钮，停车；

② 保护现场并及时向指导老师汇报；

③ 分析原因，寻找解决办法，总结经验，避免再次发生。

（4）加工结束后，下班时

① 先将刀架停在 X 轴、Z 轴的中间区域，手动加注润滑油；

② 关闭电源，擦拭机床，打扫场地；

③ 机床擦拭中注意铁屑、刀尖伤手，注意卡盘、溜板、刀架、尾座发生碰撞。

11.4.3 数控车削编程练习

如图 11-19 所示的轴是典型的数控车削零件。请按表 11-7 所示的工艺过程编写该零件的精加工程序。

11.4.4 数控车削加工练习一

如图 11-20 所示的零件，其精加工程序如表 11-8 所示，请在 CK6132H 车床上独立完成程序的输入、工件的装夹、对刀和加工。

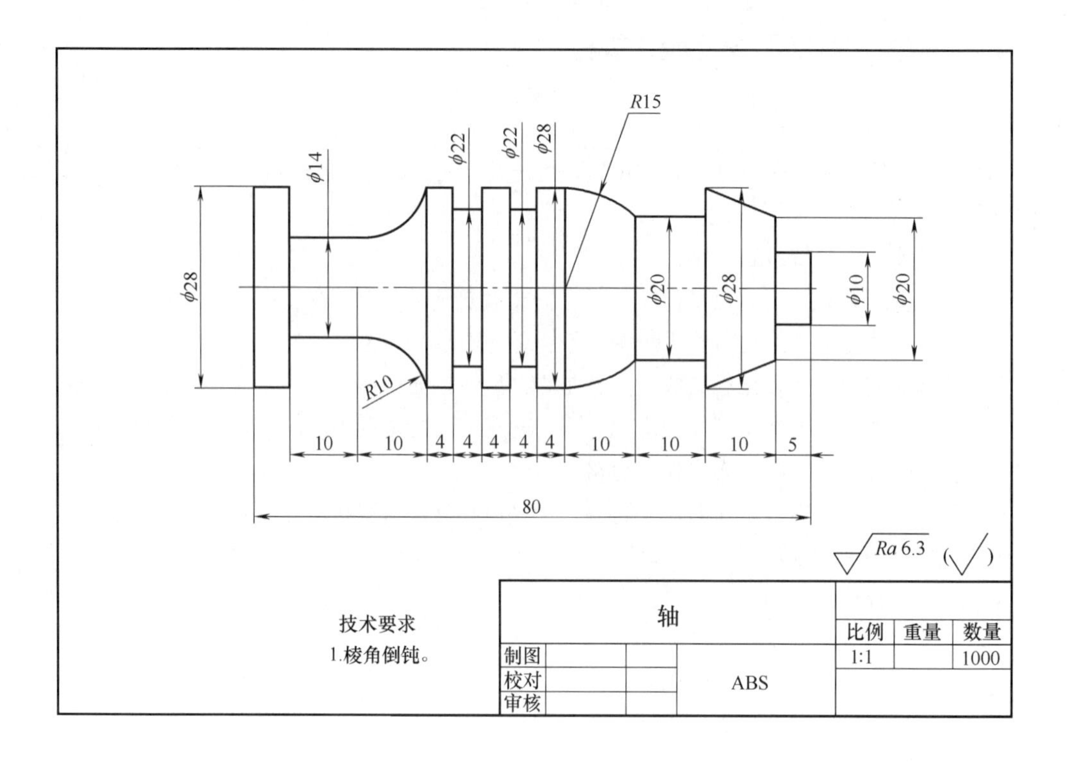

图 11-19 编程练习

表 11-7 轴的数控车削工艺过程

材料	ABS	毛坯种类	棒料	毛坯尺寸	ϕ30mm×110mm
加工顺序	工序内容	工序简图			机床、夹具、刀具、量具
1	夹 ϕ30 毛坯，长 100，车轮廓				CK6132H 数控车床、三爪卡盘、35° 菱形车刀、游标卡尺
2	切槽、切断				CK6132H 数控车床、三爪卡盘、切断刀、游标卡尺

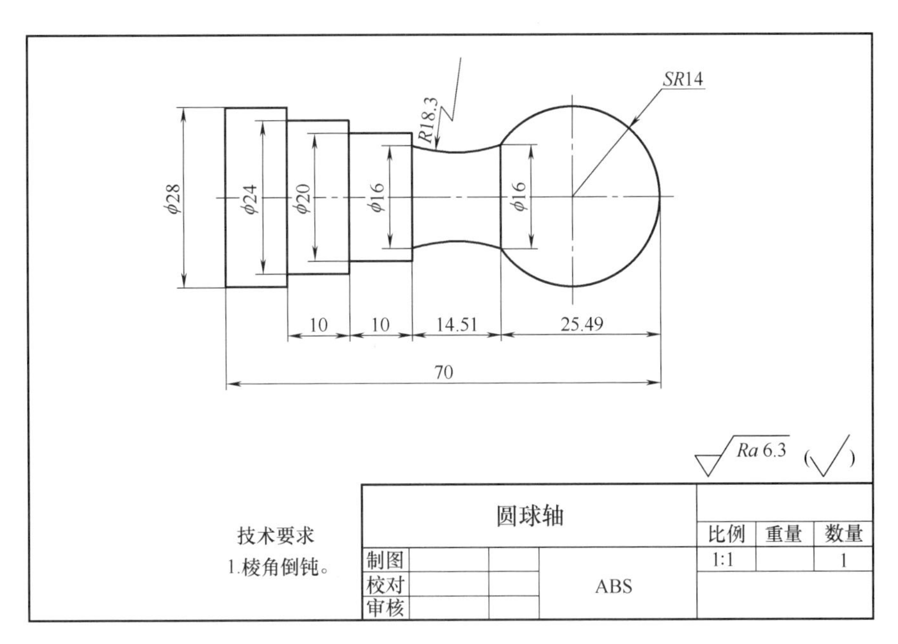

图 11-20　加工练习件一

⊡ 表 11-8　加工练习件一的加工程序

材料	ABS	毛坯种类	棒料	毛坯尺寸	ϕ30mm×110mm
加工参数	刀具名称	刀具号	刀补号	主轴转速（S）	进给速度（F）
	外圆车刀	01	01	800r/min	0.3mm/r
	切断刀	02	02	800r/min	0.2mm/r
程序内容					
% O0001; N10 G00 X50 Z100; N20 T0303; N30 M03 S800; N40 G00 X34 Z1; N50 G01 X0 Z0 F0.3; N60 G03 X16 Z-25.49 R14; N70 G02 Z-40 R18.3; N80 G01 X20; N90 Z-50;			N100 X24; N110 Z-60; N120 X28; N130 Z-73 N140 G00 X50 Z100; N150 T0202; N160 G00 X34 Z-73; N170 G01 X0 F0.2; N180 G00 X50 Z100; N190 M30; %		

11.4.5　数控车削加工练习二

以图 11-21 所示的轴类零件图为参考，再根据表 11-9 所示的要求，设计一个轴类零件并完成加工。

⊡ 表 11-9　轴类零件设计要求

毛坯材料	木材或 ABS	毛坯种类	棒料	毛坯尺寸	ϕ30mm×110mm
零件类型	轴类零件		允许的零件最大尺寸		ϕ29mm×70mm
表面类型要求	圆柱面、圆锥面、圆弧成形面				
轴端结构要求	必须有一端为平面，不得有尖锐的顶端				
工艺性要求	各表面之间的衔接要平缓，要充分考虑刀具尺寸和换刀次数，工序要集中 轴在加工时，要有足够的刚性，轴中间部位直径尺寸不得小于 ϕ10				

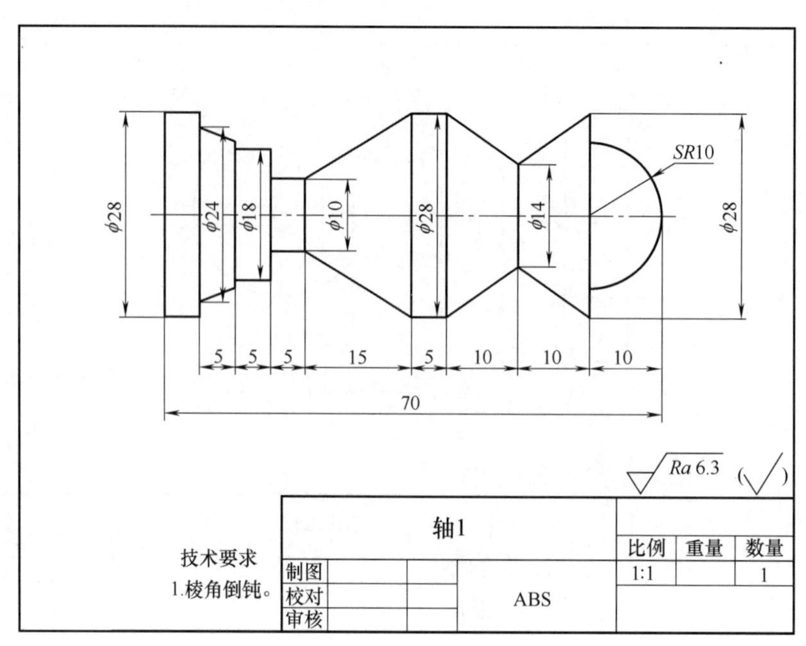
SR10
ϕ28
ϕ24
ϕ18
ϕ10
ϕ28
ϕ14
ϕ28
5
5
5
15
5
10
10
10
70
Ra 6.3
轴1
比例
重量
数量
技术要求
1.棱角倒钝。
制图
校对
审核
ABS
1:1
1

图 11-21 参考零件图

第12章

数控铣削

12.1 概述

数控铣削加工是数控加工中最为常见的加工方法之一，在复杂零件的加工中应用广泛，可以完成铣削、钻削、镗削、复杂曲面的加工，应用于机械设备制造、模具加工等领域。数控铣削加工的主要设备有数控铣床和数控加工中心（也称加工中心）。数控铣床加工范围广、工艺复杂、涉及的技术问题多，而且加工精度高、效率高、劳动强度低。数控铣床如配上刀具自动交换装置后可成为数控加工中心，柔性制造系统也是在数控铣床的基础上产生和发展起来的。

12.1.1 数控铣床的分类

数控铣床按机床主轴的布局形式分为三类：立式数控铣床、卧式数控铣床和立卧两用数控铣床。

（1）立式数控铣床　立式数控铣床是数控铣床中数量最多的一种。立式数控铣床的主轴轴线垂直于工作台，适用于加工平面凸轮、形状复杂的平面或立体零件，以及模具的内、外型腔等。小型数控铣床一般采用工作台升降方式，中型数控铣床一般采用主轴升降方式，龙门数控铣床采用龙门架移动方式，即主轴可在龙门架的横向与垂直导轨上移动。

（2）卧式数控铣床　卧式数控铣床的主轴轴线平行于工作台。为了扩大加工范围和扩充功能，卧式数控铣床通常采用增加数控回转工作台来实现四坐标或五坐标加工，这样可以省去很多专用夹具或专用角度的成形铣刀。对箱体类零件或需要在一次安装中改变工位的工件来说，选择带数控回转工作台的卧式数控铣床进行加工是非常方便的。

（3）立卧两用数控铣床　立卧两用数控铣床的主轴轴线方向可以变换，使一台铣床具备立式数控铣床和卧式数控铣床的功能，其使用范围更加广泛，功能更加完善。

12.1.2 数控铣床的结构

数控铣床的组成如图 12-1 所示，一般由数控系统、主传动系统、进给伺服系统、冷却润滑系统

图12-1　数控铣床的组成

等几大部分组成。

① 主传动系统，包括动力源、传动件及主运动执行件（主轴）等。其作用是将驱动装置的运动及动力传给主运动执行件，以实现主切削运动。

② 进给传动系统，包括动力源、传动件及进给运动执行件（工作台、刀架）等。其作用是将伺服驱动装置的运动与动力传给进给运动执行件，以实现进给切削运动。

③ 基础支承件，包括床身、立柱、导轨、滑座等。其作用是支承机床的各主要部件，并使它们在静止或运动时保持相对正确的位置。

④ 辅助装置，包括自动换刀系统、液压气动系统、冷却润滑系统等。

数控铣削与普通铣床相比，具有如下特点。

① 零件加工的适应性强、灵活性好，能加工轮廓形状特别复杂或难以控制尺寸的零件，如模具类零件、壳体类零件等。

② 能加工普通机床无法加工或很难加工的零件，如用数学模型描述的复杂曲线零件以及三维空间曲面类零件。

③ 能加工一次装夹定位后，需进行多道工序加工的零件。

④ 加工精度高、加工质量稳定可靠。

⑤ 生产自动化程序高，可以减轻操作者的劳动强度。

⑥ 生产效率高。

⑦ 从切削原理上讲，无论是端铣还是周铣都属于断续切削方式，而不像车削那样连续切削，因此对刀具的要求较高，需要具有良好的抗冲击性、韧性和耐磨性。

12.2 数控铣削编程

12.2.1 编程功能代码

数控铣削编程常用的准备功能代码、辅助功能代码分别如表 12-1、表 12-2 所示。

表 12-1 数控铣削编程常用的准备功能（G 功能）代码

G 代码	功能	组别
G00	快速点定位	01
G01	直线插补	
G02	圆弧插补/螺旋线插补 CW（顺圆）	
G03	圆弧插补/螺旋线插补 CCW（逆圆）	
G17	*XY* 平面选择	02
G18	*XZ* 平面选择	
G19	*YZ* 平面选择	
G40	刀具半径补偿取消/三维补偿取消	07
G41	左侧刀具半径补偿/三维补偿	
G42	右侧刀具半径补偿/三维补偿	
G54	选择工件坐标系 1	14
G55~G59	选择工件坐标系 2~6	09
G80	固定循环取消/外部操作功能取消	

续表

G代码	功能	组别
G81	钻孔循环、锪镗孔循环或外部操作功能	09
G90	绝对值编程	03
G91	增量（相对）值编程	
G92	设定工件坐标系或最大主轴速度钳制	00
G98	固定循环返回到初始点	10
G99	固定循环返回到R点	

表12-2 数控铣削编程常用的辅助功能（M功能）代码

M代码	功能	M代码	功能
M00	程序暂停	M08	冷却液开
M01	程序选择停	M09	冷却液关
M02	程序结束	M30	程序结束并返回程序头
M03	主轴正转	M98	调用子程序
M04	主轴反转	M99	返回主程序
M05	主轴停止		

12.2.2 手工编程

用人工完成程序编制的全部工作称为手工编程。对于点位加工或几何形状较为简单的零件，数值计算较简单，程序段不多，用手工编程即可实现，比较经济。对于比较复杂的零件，若能利用数控系统指定的固定循环指令进行编程，手工编程也是非常方便的。对于空间曲面零件，或零件轮廓简单但程序量很大时，使用手工编程既麻烦又费时，且易出错。为了缩短编程时间，提高机床的利用率，必须采用“自动编程”的方法。

手工编程时，以完成某种数控系统下的零件加工指令代码程序单为主要目的。要求编程人员对所用机床及数控系统的指令代码十分熟悉。数控机床手工编程主要分三个阶段：首先是工艺准备阶段，包括对被加工零件图的分析，制订零件的装夹方案与工艺过程，选择适当的刀具；其次是程序编制过程，包括零件加工原点的选取，计算刀具运动的路径，选择合理的加工用量；最后是零件的首件试切削，根据实际切削情况，对程序的刀具轨迹与路径、切削用量等进行修正并完成程序的存档。

手工编程的一般步骤可分为五步。

① 分析零件图，确定合理的工艺过程及工艺路线。在制订零件加工工艺时，与普通机床一样，应先根据图纸对零件的形状、尺寸、技术条件、材质和毛坯等进行详细分析，遵循一般的工艺原则确定工艺方案。

② 选择机床，准备刀具，确定装夹方案，合理选择切削用量。切削用量的选择要综合机床、夹具、刀具、工件材料等多方面的因素，切削用量包括主轴转速、进给速度、切削深度和切宽等。

③ 选定工件坐标系，然后进行运动轨迹上有关各点的坐标计算。工件坐标系也可以简称为工件零点或程序零点。确定工件坐标原点，是要建立工件坐标系与机床坐标系的关系，其可作

为加工零件在本次装夹时刀具路径的计算基准。

④ 编制数控加工程序。编程时要根据数控加工的特点，做到工序集中，尽量减少换刀次数，缩短空行程路线，使程序实用、高效。

⑤ 输入程序，调试程序，首件试切。程序的输入可以通过控制介质（如磁盘）送入机床的控制装置,也可采用面板编辑输入方式，直接由机床操作面板键入程序。为了避免在实际加工中出现意外，要求操作和编程人员在实际切削前做好程序调试工作。

为了尽可能一次成功，操机人员还应调整 Z 向的工件零偏，在“自动运行”方式下启动数控程序，让刀具在工件外面（不切入工件）空运行一遍。确定刀具运动轨迹正确无误后方可正式试切。

试切过程中可通过修调切削参数（转速和进给等）获得满意的加工效果。如果实践证明原加工方案不是最佳的，必要时应重新调整加工的次序，并及时修改程序。

12.2.3 自动编程

自动编程是指在计算机及相应的软件系统的支持下，自动生成数控加工程序的过程。它充分发挥了计算机快速运算和存储的功能。

自动编程一般要借助于 CAD/CAM 软件，采用简单、习惯的语言对加工对象的几何形状、加工工艺、切削参数及辅助信息等内容按规则进行描述，再由计算机自动地进行数值计算、刀具中心运动轨迹计算、后置处理，产生出零件加工程序，并且对加工过程进行模拟。

对形状复杂，具有非圆曲线轮廓、三维曲面等零件编写加工程序，采用自动编程方法效率高，可靠性好。在编程过程中，程序编制人员可及时检查程序是否正确，需要时可及时修改。由于使用计算机代替编程人员完成了烦琐的数值计算工作，并省去了书写程序单等工作，因而可提高编程效率，解决了手工编程无法解决的许多复杂零件的编程难题。目前有许多优秀的自动编程 CAD/CAM 软件，如 UG、Pro/E、MasterCAM 等。

12.2.3.1 UG

UG（Unigraphics）是 EDS 公司开发的一款集 CAD/CAE/CAM 为一体的三维参数化工业设计软件，是当今世界先进的计算机辅助设计、分析和制造软件。

UG 软件在航空航天、汽车、通用机械、工业设备、医疗器械以及其他高科技领域得到了广泛的应用。自 UG 软件进入中国市场以来，以其先进的理论、强大的工程背景、完善的功能和专业的技术服务赢得了广大用户的认可，在中国市场获得了长足的发展。

12.2.3.2 Pro/E（Creo）

Pro/E（Creo）是美国参数技术公司（Parametric Technology Corporation，PTC）的重要产品。在目前的三维造型软件领域中占有着重要地位，并作为当今世界机械 CAD/CAE/CAM 领域的新标准而得到业界的认可和推广，是现今最成功的 CAD/CAM 软件之一。

Pro/E 第一个提出了参数化设计的概念，并且采用了单一数据库来解决特征的相关性问题。另外，它采用模块化方式，用户可以根据自身的需要进行选择，而不必安装所有模块。Pro/E 的基于特征方式，能够将设计至生产全过程集成到一起，实现并行工程设计。

12.2.3.3 MasterCAM

下面以MasterCAM 9.0为例介绍CAM软件的使用，该软件是美国CNC公司开发的基于PC平台的CAD/CAM软件。它集二维绘图、三维实体造型、曲面设计、体素拼合、数控编程、刀具路径模拟及真实感模拟等功能于一身，对系统运行环境要求较低，使用户无论是在造型设计、数控铣床、数控车床还是CNC线切割等加工操作中，都能获得最佳效果。它具有方便直观的几何造型，MasterCAM提供了设计零件外形所需的理想环境，其强大稳定的造型功能可设计出复杂的曲线、曲面零件。

（1）软件的启动方式　软件的启动可以通过桌面的快捷方式，也可以通过计算机开始菜单中的程序选项启动，如图12-2所示。

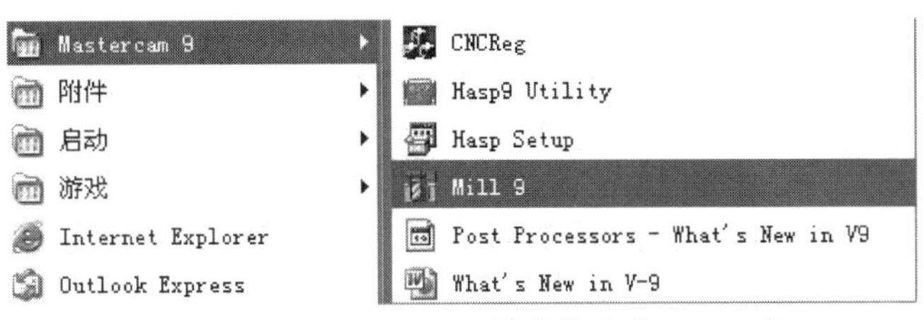

图12-2　开始菜单启动

（2）软件界面　软件启动后进入软件主界面，如图12-3所示。

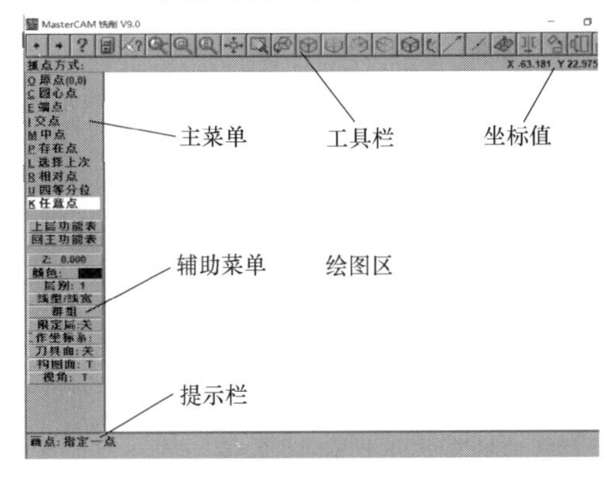

图12-3　软件主界面

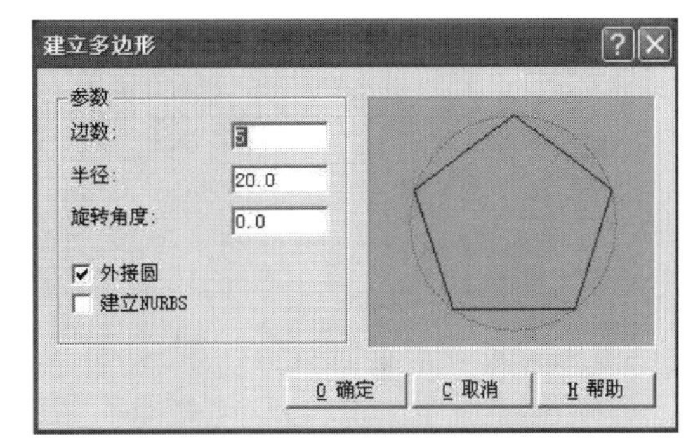

图12-4　建立多边形

（3）软件编程举例

① 绘制平面图。下面以平面五角星为例介绍绘制过程。首先选用主功能表中的绘图命令项进入下一级菜单，选择“下一页”找到绘制多边形的命令，在弹出的参数对话框中输入五边形参数并确定，如图12-4所示，在绘图区给定五边形的中心点，完成五边形的绘制。然后用鼠标选择回主功能表，退出当前命令状态。再次选择绘图命令项中的直线命令，接着在绘图区选择五边形的五个顶角，绘制出五角星。利用删除命令去除多余的辅助线段。进入修整命令选择打断，在交点处选择所有的直线后执行。最后删除多余的线段，完成平面五角星的绘制。

② 建立三维实体图。在绘制的平面图形的基础上，我们选择实体主菜单，进入实体操作，然后依次选择实体挤出，在图上选择要挤出的图素，点击“执行”，弹出实体挤出对话框，如图12-5所示，在对话框中我们可以设定实体的高度方向以及拔模角度等，确定参数生成一个三维实体的五角星，如图12-6所示。

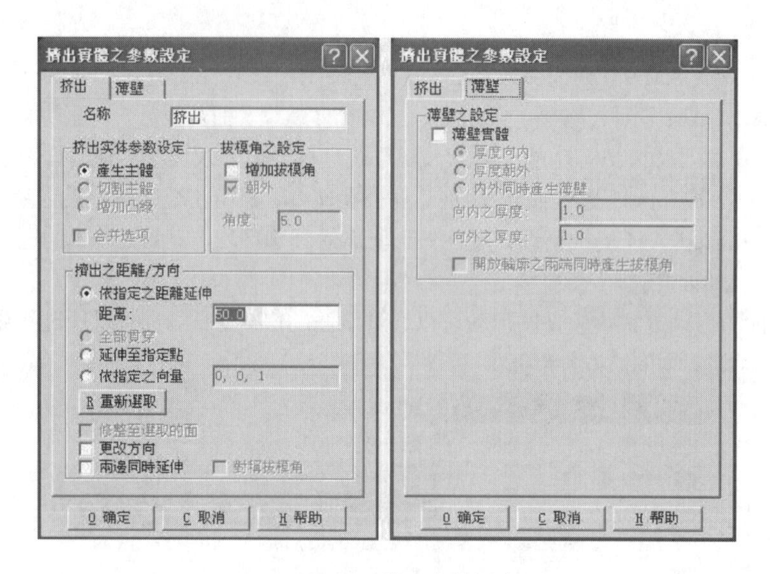

图12-5　挤出参数设定

图12-6　五角星模型建立成功

③ 加工设置。在完成实体绘制后，通过主功能表中的刀具路径对所建立的实体模型进行加工方式的选择，如图 12-7 所示。

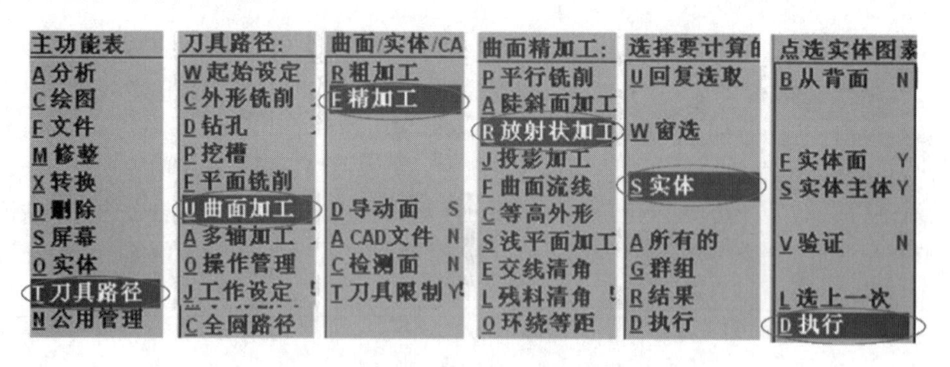

图12-7　加工路径设置步骤

完成设置后在操作管理的对话框中可以看到我们所设计的加工操作相关数据，如图 12-8 所示，对于不正确的参数、选项在这里还可以加以编辑修改。

设置完成后进行一次重新计算，使所有的更改生效，然后进行实体验证，如图 12-9 所示。

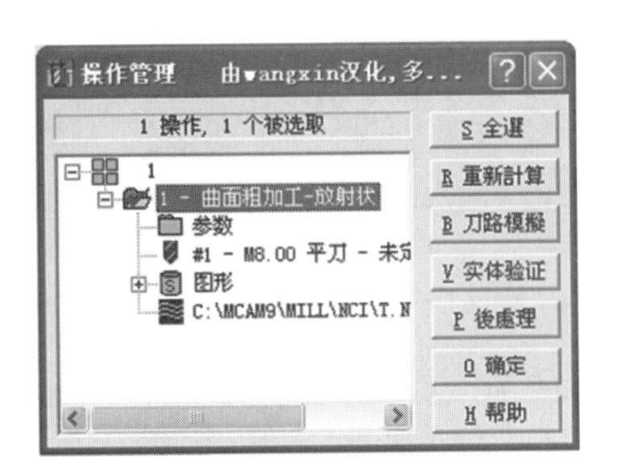

图 12-8 操作管理

图 12-9 实体验证

完成实体验证后，如无错误就进行下一步操作，通过后处理（如图 12-10 所示）生成加工代码（如图 12-11 所示）。

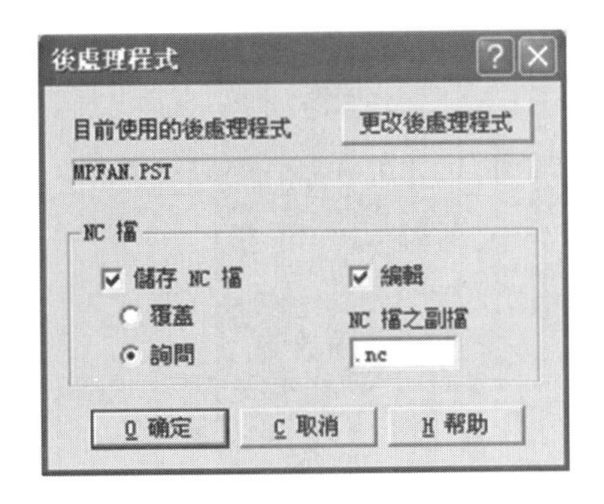

图 12-10 后处理

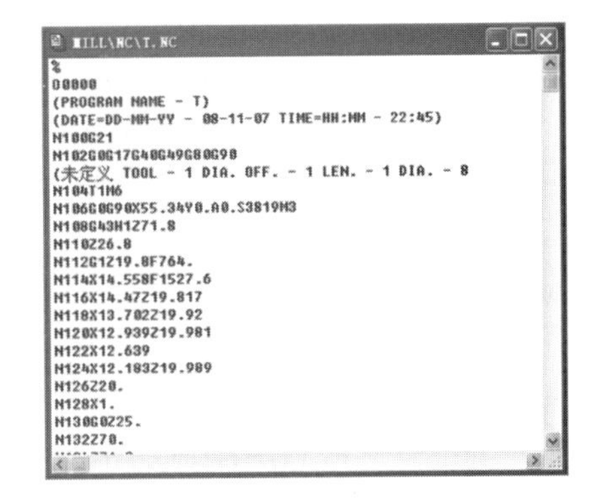

图 12-11 加工代码

12.3 数控铣床的基本操作

12.3.1 机床介绍

下面以 XKN5230 数控摇臂铣床为例介绍。该机床数控装置采用武汉华中世纪星（HNC-21/22M）数控系统，具有对 *X*、*Y*、*Z* 三轴联动进给控制功能。

该机床的主轴控制部分由三相异步双速电动机通过三角皮带传动，具有高低速开关及机械变速器，共有 16 级速度。

12.3.2 机床参数

XKN5230 数控摇臂铣床参数见表 12-3。

⊡ 表 12-3　XKN5230 数控摇臂铣床参数

工作台尺寸/mm	1270×250	主轴套筒行程/mm	100
工作台 X方向行程/mm	680	机床外形尺寸（长×宽×高）/mm	1560×1530×2320
工作台 Y方向行程/mm	300	主轴转速范围/（r/min）	80~5440
工作台 Z方向行程/mm	400		

12.3.3　机床控制面板

HNC-21/22M 机床数控装置操作台如图 12-12 所示，采用 7.7 英寸（in，1in=0.0254m）彩色液晶显示屏、标准 MDI 键盘、全汉字操作界面，具有故障诊断与报警、图形显示加工轨迹和仿真功能，操作简便，易于掌握和使用。

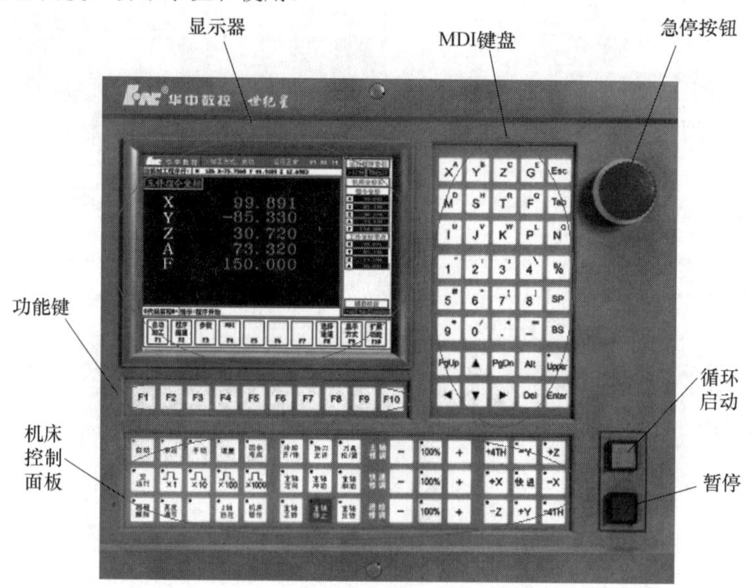

图 12-12　HNC-21/22M 机床数控装置操作台

标准机床控制面板的大部分按键（除“急停”按钮外）位于操作台的下部，“急停”按钮位于操作台的右上角，HNC-21/22M 控制面板如图 12-13 所示，用于直接控制机床的动作或加工过程。

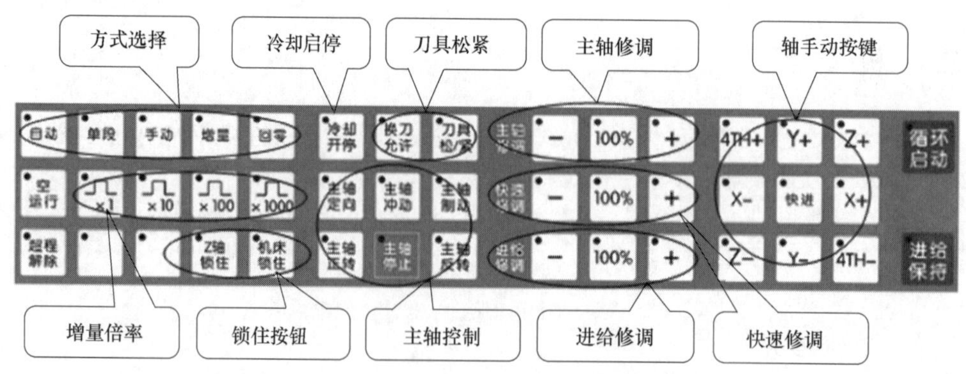

图 12-13　HNC-21/22M 控制面板

12.3.4 数控系统操作界面

HNC-21/22M 的软件操作界面如图 12-14 所示，其界面由以下几部分组成。

（1）显示窗口　可以根据需要，用功能键 F9 设置窗口的显示内容。

（2）倍率修调

① 主轴修调：当前主轴修调倍率；

② 进给修调：当前进给修调倍率；

③ 快速修调：当前快进修调倍率。

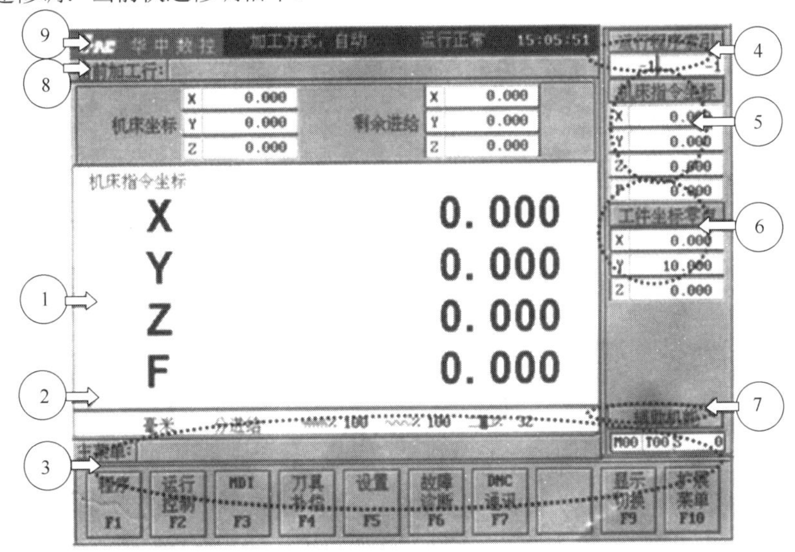

图 12-14　HNC-21/22M 的软件操作界面

（3）菜单命令条　通过菜单命令条中的功能键 F1~F10 来完成系统功能的操作。

（4）运行程序索引　自动加工中的程序名和当前程序段行号。

（5）选定坐标系下的坐标值

① 坐标系可在机床坐标系/工件坐标系/相对坐标系之间切换；

② 显示值可在指令位置/实际位置/剩余进给/跟踪误差/负载电流/补偿值之间切换。

（6）工件坐标零点　工件坐标零点是在机床坐标系下的坐标。

（7）辅助机能　自动加工中的 M、S、T 代码。

（8）当前加工程序行　当前正在或将要加工的程序段。

（9）当前加工方式、系统运行状态及当前时间

① 工作方式：系统工作方式可根据机床控制面板上相应按键的状态在自动（运行）、单段（运行）、手动（运行）、增量（运行）、回零、急停、复位等之间切换；

② 运行状态：系统工作状态在“运行正常”和“出错”间切换；

③ 系统时钟：当前系统时间。

12.3.5 数控机床上电、关机、急停等操作

介绍机床数控装置的上电、复位、回参考点、急停、超程解除、关机等操作。

（1）上电

① 检查机床状态是否正常；

② 检查电源电压是否符合要求，接线是否正确；

③ 按下急停按钮；

④ 机床上电；

⑤ 检查风扇电机运转是否正常；

⑥ 检查面板上的指示灯是否正常。

接通数控装置电源后HNC-21MD自动运行系统软件此时的液晶显示器显示系统上电（软件操作界面），工作方式为“急停”。

（2）复位　系统上电进入软件操作界面时，系统的工作方式为“急停”，为控制系统运行，需右旋并松开操作台右上角的“急停”按钮使系统复位，并接通伺服电源。

（3）回参考点　控制机床运动的前提是建立机床坐标系，为此，系统接通电源复位后首先应进行机床各轴回参考点操作。

注意事项：

① 回参考点时应确保安全，在机床运行方向上不会发生碰撞，一般应选择Z轴先回参考点，再将刀具抬起；

② 在每次电源接通后，必须先完成各轴的回参考点操作，然后再进入其他运行方式，以确保各轴坐标的正确性；

③ 在回参考点过程中，若出现超程，请按住控制面板上的“超程解除”按键，向相反方向手动移动该轴使其退出超程状态。

（4）急停　机床运行过程中，在危险或紧急情况下按下“急停”按钮，CNC即进入急停状态，伺服进给及主轴运转立即停止工作（控制柜内的进给驱动电源被切断）；松开“急停”按钮（右旋此按钮，自动跳起），CNC进入复位状态。

解除紧急停止前，先确认故障原因是否排除，且紧急停止解除后应重新执行回参考点操作，以确保坐标位置的正确性。

注意事项：在上电和关机之前应按下“急停”按钮以减少设备电冲击。

（5）超程解除　在伺服轴行程的两端各有一个极限开关，作用是防止伺服机构碰撞而损坏。每当伺服机构碰到行程极限开关时，就会出现超程。当某轴出现超程（“超程解除”按键内指示灯亮）时，系统视其状况为紧急停止，要退出超程状态必须：

① 松开急停按钮置工作方式为手动或手摇方式；

② 一直按压“超程解除”按键（控制器会暂时忽略超程的紧急情况）；

③ 在手动（手摇）方式下，使该轴向相反方向退出超程状态；

④ 松开“超程解除”按键。

若显示屏上运行状态栏中“运行正常”取代了“出错”，表示恢复正常，可以继续操作。

注意事项：在操作机床退出超程状态时请务必注意移动方向及移动速率，以免发生撞机。

（6）关机　按下控制面板上的急停按钮，断开机床电源。

12.4 数控加工中心

加工中心是由机械设备与数控系统组成的适用于加工复杂形状工件的高效率自动化机床，如图12-15所示。加工中心有刀库与自动换刀装置，是对工件一次装夹后自动进行多工序加工的数控机床。可连续完成钻、镗、铣、铰、攻螺纹等多种工序，因而大大减少了工件装夹、测量和机床调整等辅助工序时间，使机床的切削时间达到机床开动时间的 80%左右（普通机床仅为 15%~20%）；对加工形状比较复杂、精度要求高、品种更换频繁的零件具有良好的经济效果。

加工中心与数控铣床有共性也有区别。

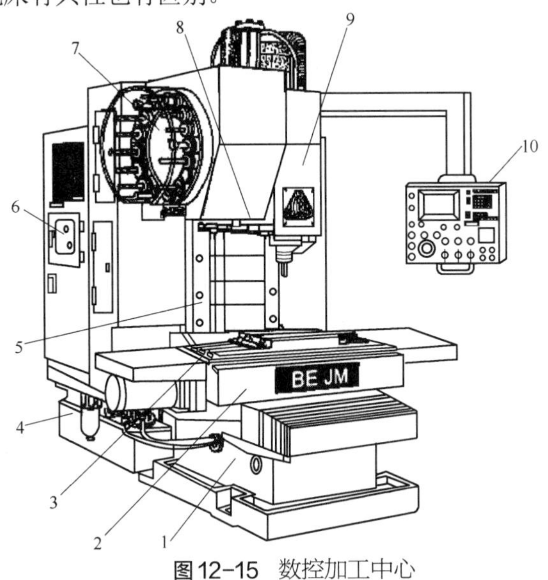

图 12-15 数控加工中心

1—床身；2—滑座；3—工作台；4—润滑装置；5—立柱；6—数控装置；
7—刀库；8—自动换刀装置；9—主轴箱；10—操作面板

与数控铣床相同的是，加工中心同样是由计算机数控系统（CNC）、伺服系统、机械本体、液压系统等各部分组成。

但加工中心又不等同于数控铣床，加工中心与数控铣床的最大区别在于加工中心具有自动交换刀具的功能，通过在刀库安装不同用途的刀具，可在一次装夹中通过自动换刀装置改变主轴上的加工刀具，实现钻、镗、铰、攻螺纹、切槽等多种加工功能。

12.5 数控铣削加工实训

12.5.1 数控铣削实训内容与要求

数控铣削实训内容与要求如表 12-4 所示。

表 12-4 数控铣削实训内容与要求

序号	内容及要求	
1	基本知识	1. 了解数控铣削特点、应用范围以及在机械制造中的地位和发展前景 2. 了解数控铣削工作原理及数控加工常用设备 3. 了解数控铣床基本结构，理解数控铣床坐标系 4. 掌握数控铣削编程的工艺分析及刀具的选择 5. 了解数控铣床控制面板及掌握主要控制按钮功能 6. 了解立式加工中心的特点、加工范围、加工过程
2	基本技能	1. 掌握数控铣削编程软件（Mastercam Mill 软件）的基本编程方法 2. 掌握数控铣床对刀、输入程序、修改程序和运行程序的基本操作流程 3. 根据零件加工图纸，利用编程软件编制数控铣削加工程序 4. 能独立操作机床，完成零件的铣削加工

12.5.2　数控铣削加工安全操作规程

① 工作时应穿工作服，女同学戴工作帽并将头发全部塞进帽子，禁止戴手套操作机床。

② 通电时保证工件、刀具夹紧到位，工作台上无其他物品。

③ 其他非加工人员处于工作台活动范围之外。

④ 先开机床的总电源开关，再开数控系统上电源开关。

⑤ 机床报警时查明原因，并排除警报。

⑥ 机床一定按先 Z 轴，后 X、Y 轴回参考点的顺序，防止刀具与工件碰撞。

⑦ 加工过程中及加工结束后，保持机床清洁。

⑧ 程序运行完毕后，要将工作台移到中间位置后再关机。

⑨ 按先断开系统电源、再断开机床总电源的顺序停机。

12.5.3　数控铣削加工操作训练

12.5.3.1　五角星梅花柱体零件数控铣削编程

如图 12-16 所示的五角星梅花柱体零件，具有多个复杂三维空间曲面，需要采用数控铣削（简称数铣）曲面加工方式进行加工。

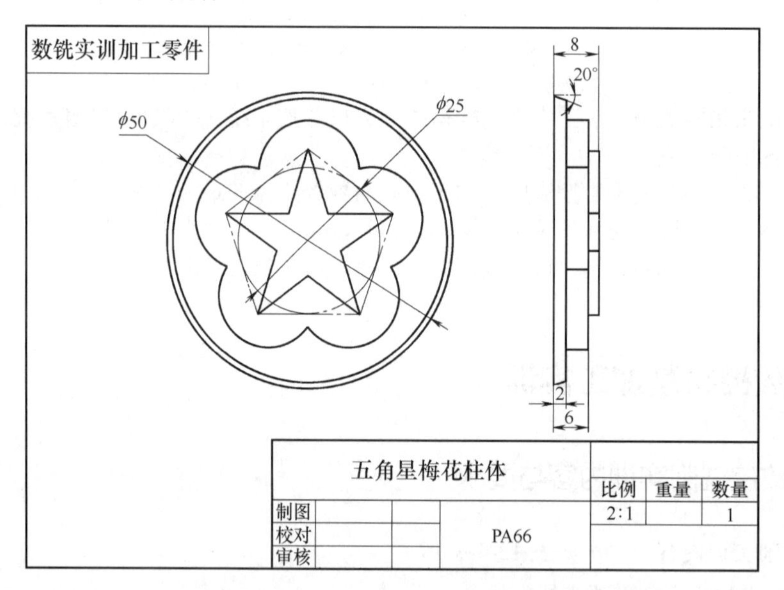

图 12-16　五角星梅花柱体零件图

采用软件 Mastercam Mill 对五角星梅花柱体零件进行数控铣削编程，其步骤如下。

① 双击 Mastercam Mill 软件快捷方式图标，打开软件。

② 在软件坐标原点处作一参考点，如图 12-17 所示。

③ 以原点处参考点为圆心，作直径为 50mm 的圆，如图 12-18 所示。

④ 以原点处参考点为中心点，作内切圆半径为 12.5mm 的五边形，如图 12-19 所示。

⑤ 连接五边形各顶点，在五边形内部作五角星，如图 12-20 所示。

⑥ 以相邻两五角星角点，以及两角点之间任意点为三点，采用“三点画弧”命令，作一个梅花圆弧，如图 12-21 所示。

⑦ 采用“旋转”“复制”命令，选择梅花圆弧，以原点处参考点为旋转中心点，复制出其

他 4 个梅花圆弧，如图 12-22 所示。

⑧ 采用“打断”命令，将五角星各边在交点处打断，便于后续删除线条，如图 12-23 所示。

⑨ 采用“删除”命令，删除图形中的辅助线条，如图 12-23 所示。

⑩ 采用旋转命令，对梅花圆弧旋转 36°，如图 12-24 所示。

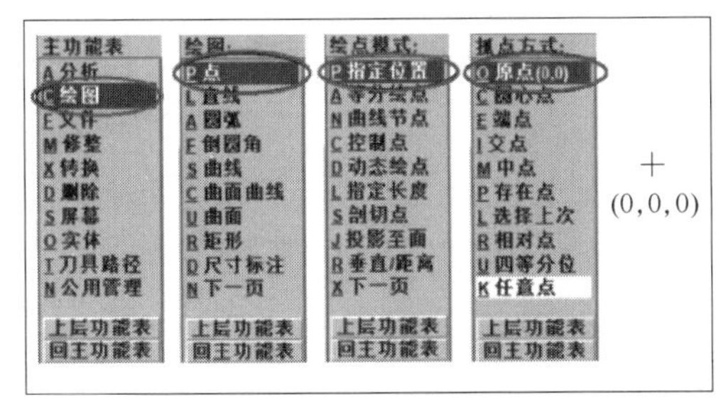

图 12-17 作参考点

图 12-18 作圆

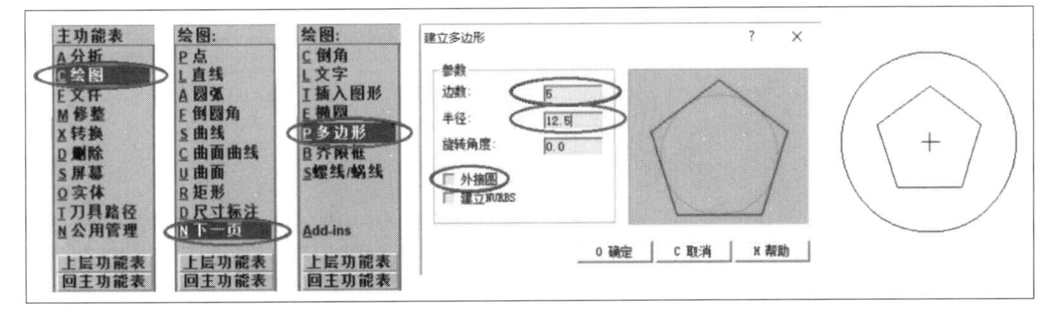

图 12-19 作五边形

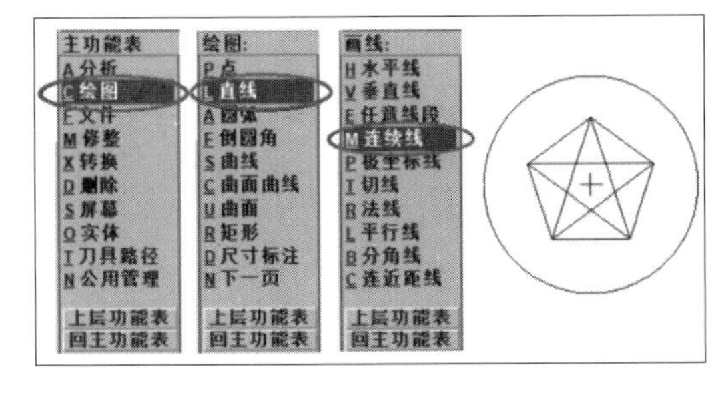

图 12-20 作五角星

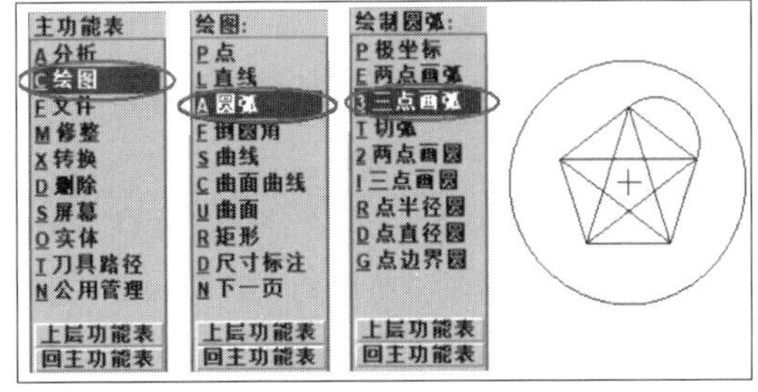

图 12-21 作梅花圆弧

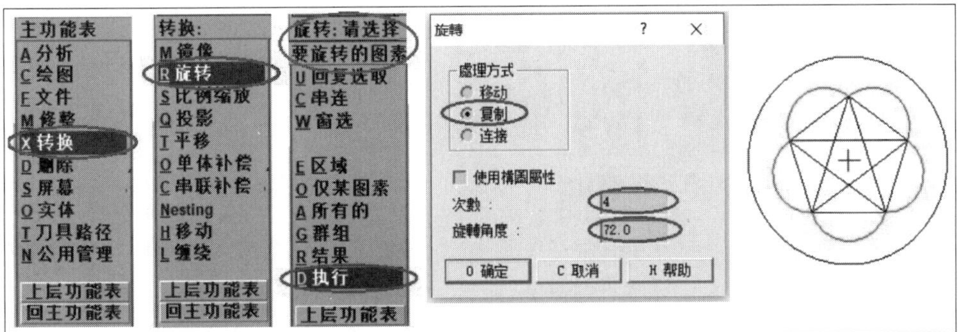

图 12-22 作旋转复制梅花圆弧

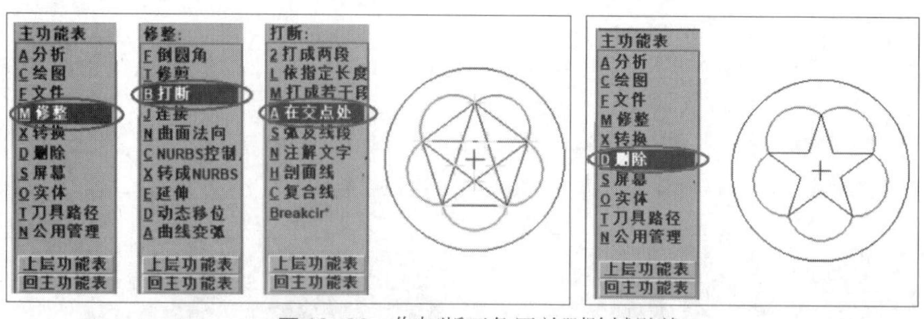

图12-23 作打断五角星并删除辅助线

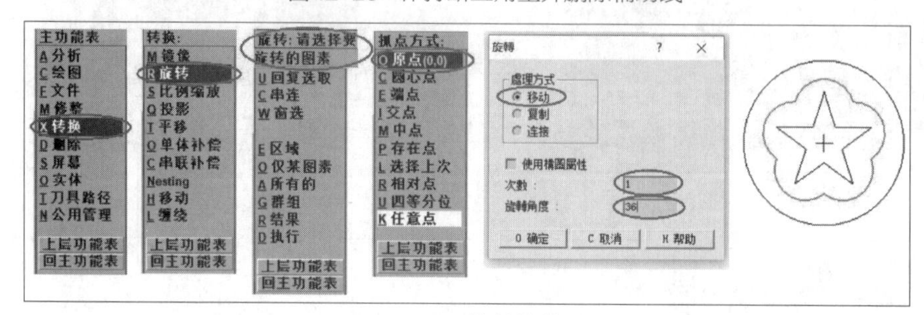

图12-24 旋转梅花圆弧

⑪ 采用“等角视图”“适度化”“缩小0.8倍”等工具按钮，调整图形视角如图12-25所示。

⑫ 采用“挤出”命令，将五角星面沿 Z 轴正向挤出高度为8mm的五角星柱体，如图12-26所示。

⑬ 如果挤出的柱体有误，可以在“实体管理员”中，双击“挤出”中的“参数”修改挤出方向、挤出高度等参数。修改参数后，需要单击“全部重算”，使模型更新，如图12-27所示。

⑭ 采用“彩现”工具按钮，对五角星柱体进行着色显示，如图12-28所示。

⑮ 采用“挤出”命令，沿 Z 轴正向，分别挤出高度为6mm的梅花柱体和高度为2mm的圆柱体。并将圆柱体增加20°的拔模角度，如图12-29所示。

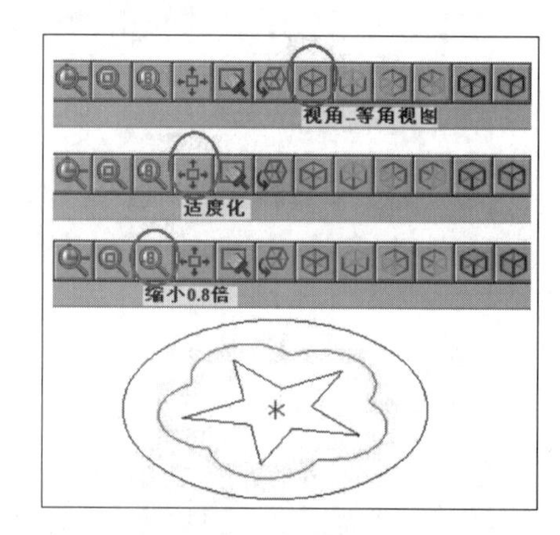

图12-25 调整视角

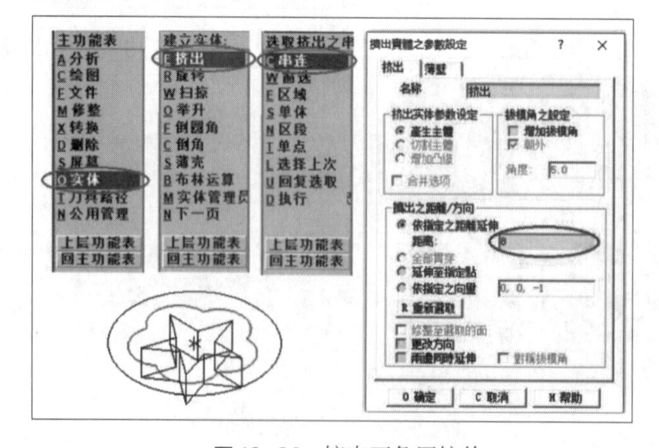

图12-26 挤出五角星柱体

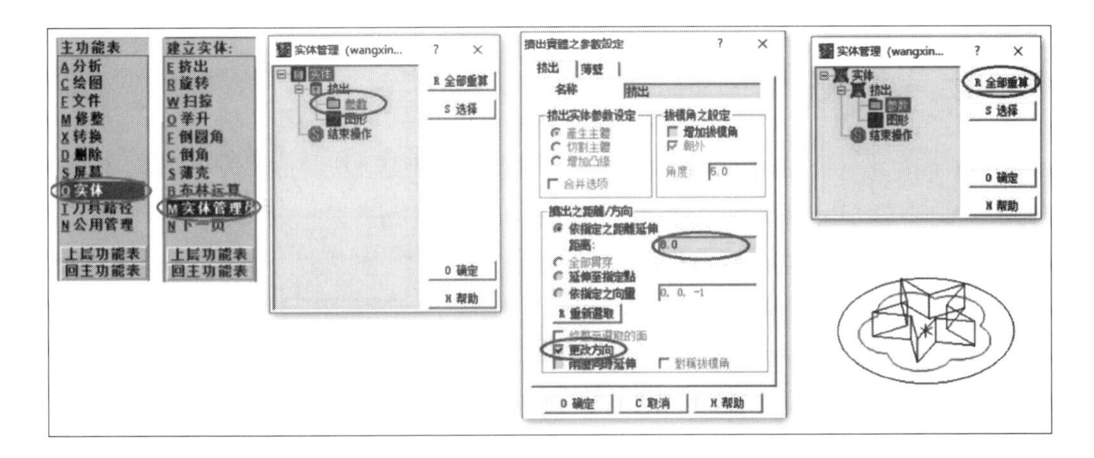

图 12-27　修改五角星实体参数

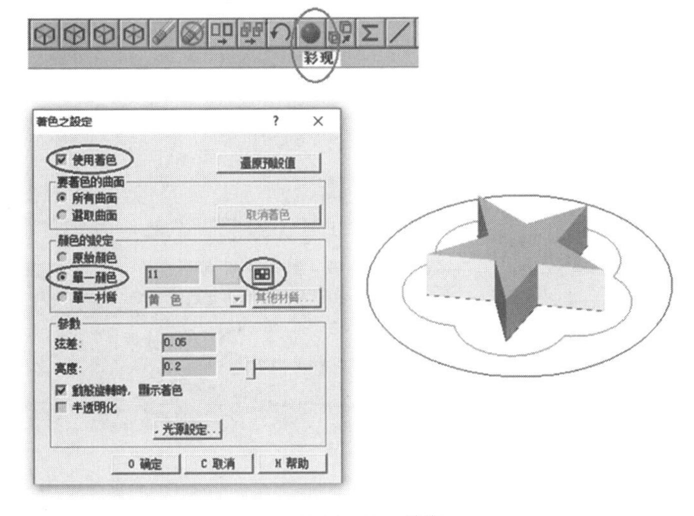

图 12-28　着色

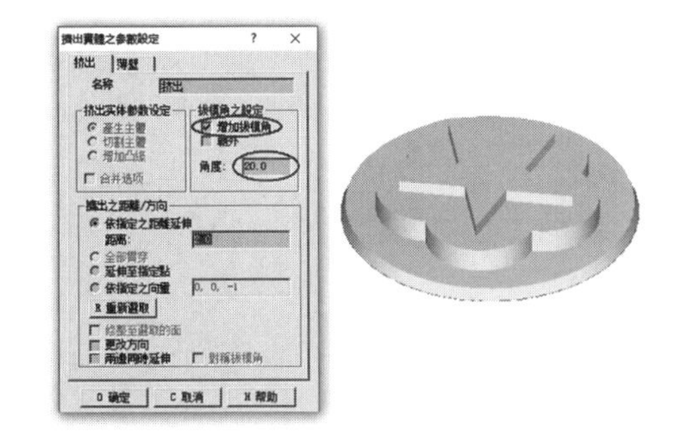

图 12-29　作圆柱体、梅花柱体

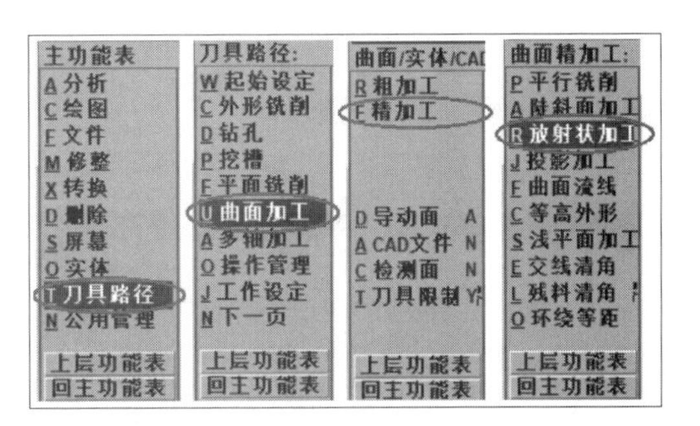

图 12-30　生成刀具路径

⑯ 基于梅花柱体三维模型，采用“曲面加工”命令，生成该柱体的数控铣削加工刀具路径。刀具选用 4mm 的平刀。刀具参数设置为：进给率 400，Z 轴进给率 100，提刀速度 1000。放射状精加工参数设置为：最大角度增量 2°，起始补正距离 0。参数设置结束后，单击“确定”“执行”，选择“原点”为放射状加工的中心点，最终生成刀具路径，如图 12-30~图 12-33 所示。

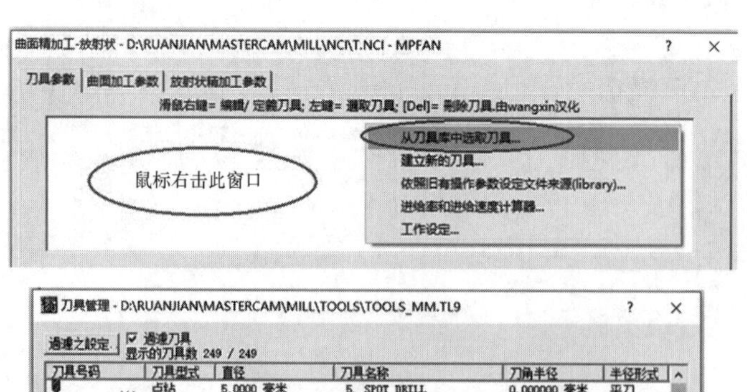

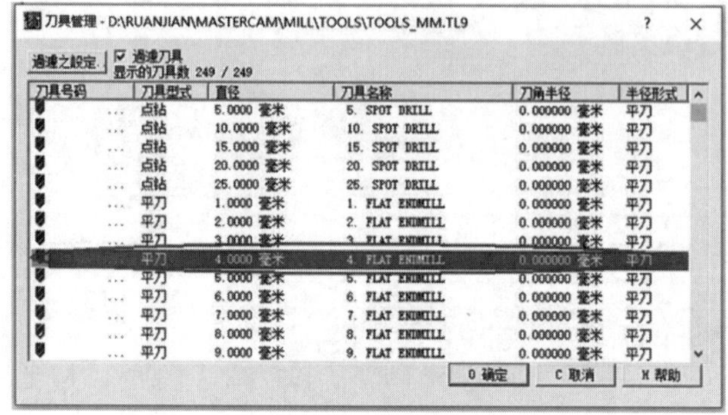

图12-31　选刀具

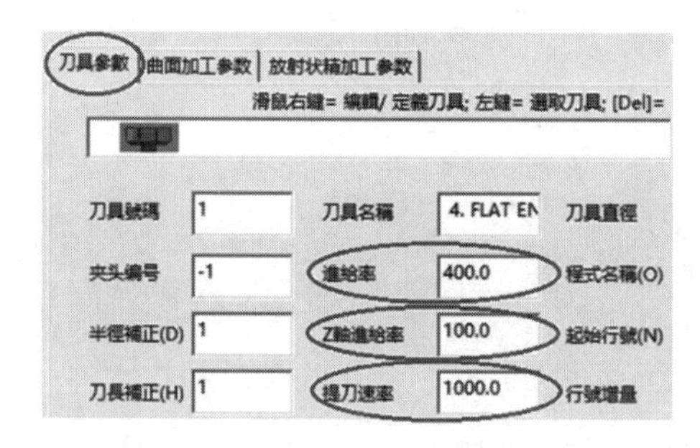

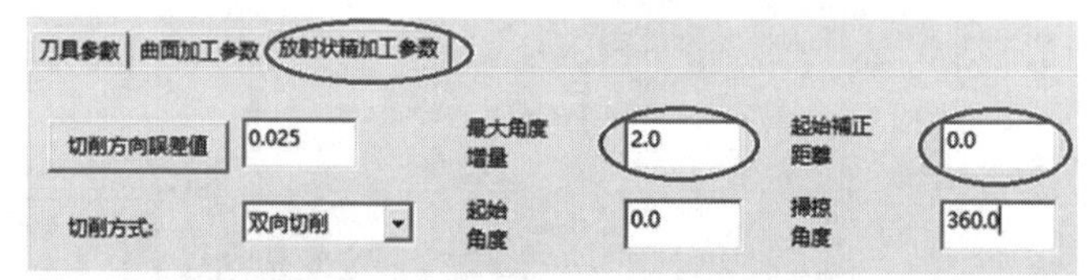

图12-32　设置刀具路径参数

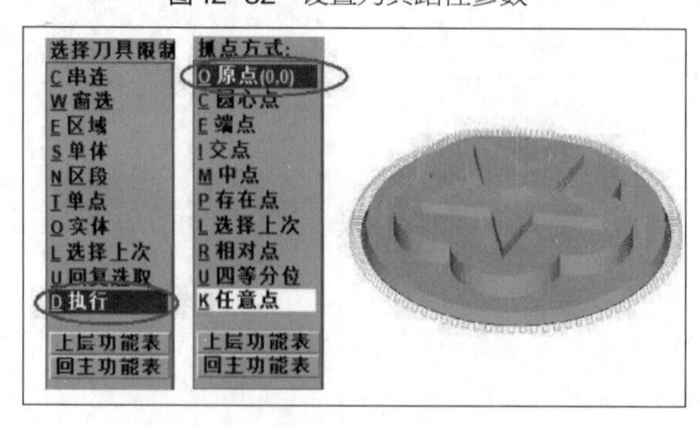

图12-33　确定放射状加工中心

⑰ 如果刀具路径参数设置有误，可以在“刀具路径”中的“操作管理”命令下，双击“参

数”进行修改，修改结束后，需要单击“重新计算”来更新刀具路径参数，如图 12-34 所示

⑱ 在“操作管理”命令对话框，单击“实体验证”，对梅花柱体的数控铣削加工过程进行模拟。单击工具条上的播放按钮，可以查看加工过程动画，如图 12-35 所示。

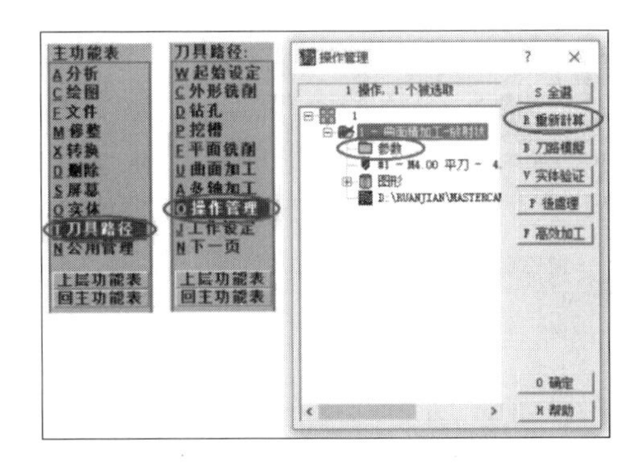

图 12-34　修改刀具路径参数

⑲ 在“操作管理”命令对话框，单击“后处理”，设置数控铣削加工程序的格式为“NC”档，并且可以“编辑”，最后设置程序文档的存储路径，可以自动生成梅花柱体的数控铣削加工程序，如图 12-36 所示。

⑳ 对 Mastercam 自动生成的程序语句作适当修改，如图 12-37 所示。

㉑ 将梅花柱体的数控铣削编程过程，采用“文件”“存文件”等命令，保存为“.MC9”格式的文件。

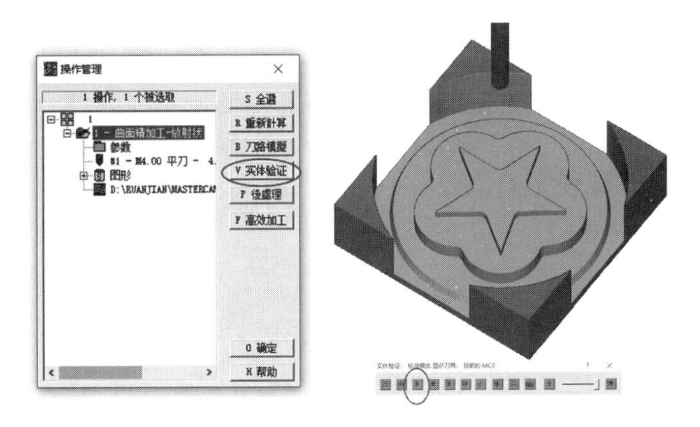

图 12-35　加工仿真

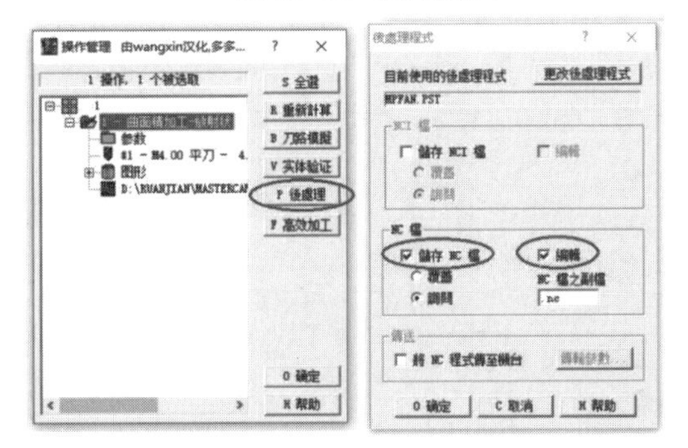

图 12-36　后处理

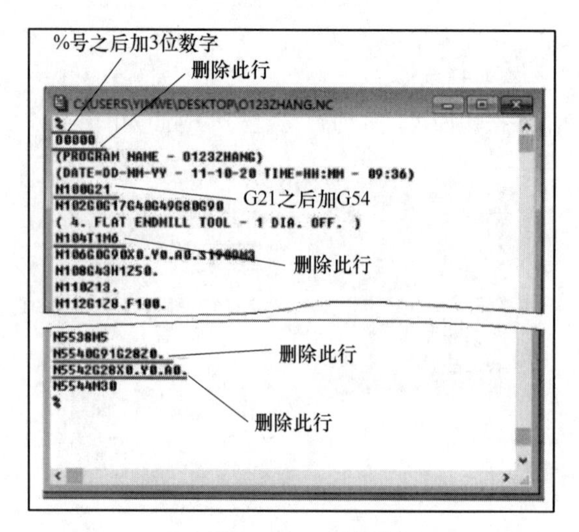

图12-37　生成程序

12.5.3.2　数控铣床操作练习

（1）开机　开总电源→开数控装置电源→松开急停按钮。

（2）零件加工

① 回参考点（建立机床坐标系）。按亮回参考点按钮→先按+Z 按钮→再按+X，+Y 按钮，等工作台到 0。

② 对刀（将铣刀中心对到工件坐标系原点上）。

a. 装夹工件；

b. 按亮手动按钮→分别按−X，−Y，−Z 按钮，让工件靠近铣刀；

c. 按亮“增量”按钮→摇动手轮，移动工作台，将铣刀中心停在工件坐标系原点上；

d. 输入工件坐标系原点位置，按设置→坐标系设定→将屏幕右上角机床实际坐标值输入到 G54 窗口。

③ 执行程序。

a. 摇动手轮让铣刀离开工件一定安全距离。

b. 编写、拷贝、读取程序。

c. 校验程序。按亮自动按钮→程序→程序校验→循环启动。

d. 运行程序。程序校验完成后，若无错误按“循环启动”。

（3）关机打扫卫生　复原工作台→急停→关数控装置→关电源→打扫卫生。

第13章

电火花加工技术

13.1 概述

电火花加工是在加工过程中，使工具和工件之间不断产生电火花，靠放电时瞬时产生的高温将多余金属去除的一种加工方法。1943 年，电火花加工由苏联科学家拉扎林科夫妇发明，他们受到了开关触点在火花放电时，电火花的瞬时高温可以使局部的金属熔化、气化而被蚀除掉的现象的启发。经过不断研究和开发，电火花加工已成为一种重要的加工手段，在机械、汽车、航空、电子、仪器等领域获得了广泛的应用，尤其是随着微电子、自动控制和计算机技术的不断进步，电火花加工技术得到了飞速发展。

13.1.1 工作原理

当电源插头接触不良或闭合电路保险盒时，常常看到接触处产生火花放电，使得接触件表面产生一些麻点和不整齐的缺口。这种由于放电而形成金属材料表面损坏的现象，叫电腐蚀，简称腐蚀。电火花加工就是利用火花放电现象产生电腐蚀而对金属材料进行加工的一种方法。电腐蚀实际上是电热和介质流体动力综合作用的结果。

图 13-1 为电火花加工原理示意图。工件与工具分别与脉冲电源的两输出端相连接。伺服系统（自动进给调节装置）使浸入绝缘液体介质（煤油、变压器油等）的工具电极（紫铜或石墨）和工件电极之间持续保持很小的放电间隙（几微米到几十微米之间）。当脉冲电压加到两极之间时，便在当时条件下相对间隙最小处或绝缘强度最低处击穿介质，介质击穿后，被电离成电子和正离子，在电场的作用下，电子奔向阳极，正离子奔向阴极，在局部产生火花放电，在放电通道中产生瞬时高温（10000℃左右），使金属迅速熔化，甚至气化。每次火花放电后，工件表

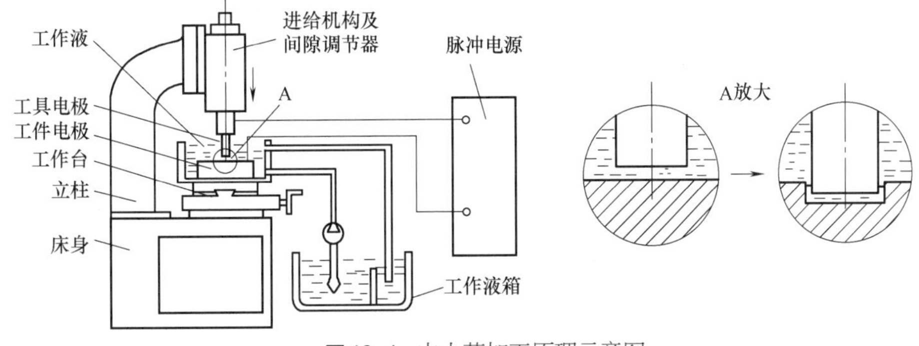

图 13-1 电火花加工原理示意图

面就形成一个微小的凹坑。此脉冲放电过程连续不断，周而复始，随着工具电极不断向工件电极送进，工件表面重叠起无数个电腐蚀的小凹坑，从而将工具电极的轮廓形状精确地复制在工件上，达到成形加工的目的。若将工具电极继续进给，直到打穿为止，就成为穿孔加工。

13.1.2 工艺特点

① 适应性强，只要能导电的材料均能加工。特别适于高强度、高硬度、特别难以切削的耐热合金的加工。

② 可加工特殊和形状复杂的零件。由于加工时，工具电极并不回转，所以如果将工具电极做成任何截面的形状，即可加工出各种复杂形状的通孔或盲孔来。又因加工时没有显著的机械切削力，有利于小型、薄壁、窄槽和型腔工件的加工，也适于精密的细微加工。

③ 脉冲参数可以任意调节，故可以在同一台机床上连续进行粗、半精、精加工。加工后的尺寸精度视加工方式而异，穿孔可达 0.01~0.05mm，型腔可达 0.1mm 左右。

13.1.3 电火花加工应用

电火花成形加工是利用火花放电腐蚀金属的原理、用工具电极对工件进行复制加工的工艺方法。电火花成形加工主要分为穿孔加工和型腔加工两大类。

（1）穿孔加工　穿孔加工是电火花加工中应用最广的一种，它可以加工各种截面的型孔、小孔（ϕ0.01~ϕ3）等。例如冷冲落料或冲孔凹模、拉丝模和喷丝孔等。如图 13-2 所示为加工各种形式的孔。

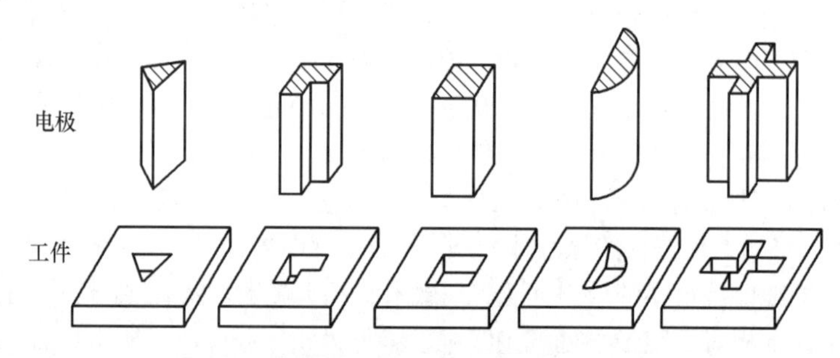

图 13-2　加工各种形式的孔

（2）型腔加工　锻模、压铸模、塑料模、胶木模、挤压模都属型腔模。它的加工比较困难，由于是盲孔加工，工作液循环和电腐蚀产物排除条件差，工具电极损耗后无法靠主轴进给补偿精度，金属蚀除量大。其次是加工面积变化大，由于型腔模形状复杂，电极损耗不均匀，对加工精度影响很大。因此对型腔模的电火花加工，既要求蚀除量大，加工速度高，又要求电极损耗低，并保证获得所要求的精度和表面粗糙度值。

13.2 电火花线切割加工

电火花线切割加工（Wire Cut EDM，WEDM）是在电火花加工的基础上发展起来的一种新的工艺形式，是用线状电极丝（铜丝或钼丝）靠火花放电对工件进行脉冲放电切割的，简称线切割（由于加工轨迹是由计算机控制，故又称为数控电火花线切割）。

电火花线切割已得广泛的应用，目前国内外的线切割机床已占电加工机床的60%以上。

13.2.1 加工原理

电火花线切割的基本原理是利用移动的细金属导线作电极，对工件进行脉冲火花放电、切割成形。

如图13-3所示，脉冲电源一端接工件（接高频脉冲电源的正极），另一端接工具电极即细金属丝（实际是接在导轮和储丝筒上），数控装置发出电脉冲信号给步进电机，步进电机驱动工作台带动工件在水平面*X*、*Y*方向上各自作进给移动。金属丝穿过工件上预先加工出的小孔经导轮由储丝筒带动作正反往复交替移动。工件与金属丝并不接触，始终保持0.01mm左右的放电间隙，当两极靠近，在它们之间产生脉冲放电，从而电腐蚀工件，依据工件与金属丝运动合成的轨迹将零件切割成形。在切割过程中，在工件与金属丝之间不断注入工作液，冲刷并排出电腐蚀物，保证切割正常进行。

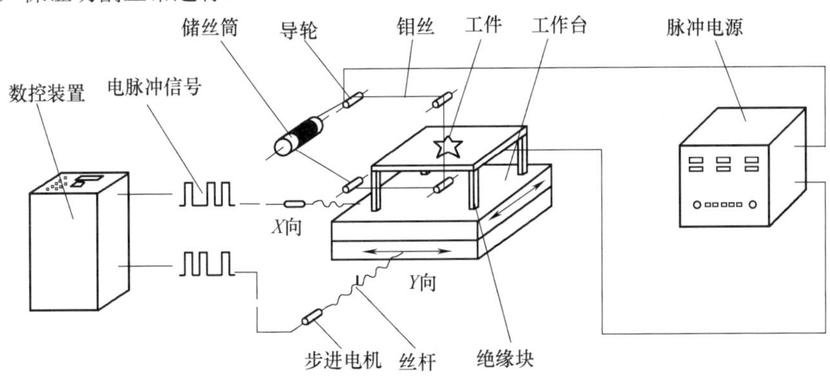

图13-3 数控电火花线切割加工原理示意图

13.2.2 工艺特点及应用

电火花线切割加工具有电火花加工的共性，金属材料的硬度和韧性并不影响加工速度，常用来加工淬火钢、硬质合金和普通机械加工难以切削的高强度、高硬度、高韧性、耐高温、形状复杂、易变形的导电材料。线切割加工的生产应用为新产品的试制、精密零件的加工、模具的制造开辟了一条新的工艺途径。当前多数线切割机床采用数字程序控制，其特点如下。

① 不需要像电火花成形加工那样制造特定形状的工具电极，而是采用直径不等的细金属丝（铜丝或钼丝）做工具电极，因此切割用的刀具简单，大大降低了生产准备工时。

② 可加工用传统方法难以加工或无法加工的微细异形孔、窄缝和形状复杂的工件。

③ 利用电腐蚀原理加工，电极与工件不直接接触，两者之间的作用力小，因而工件的变形很小，电极丝不需要太高的强度。

④ 无论被加工工件的硬度如何，只要是导体或半导体的材料都能实现加工。

⑤ 直接利用电能进行加工，可以方便地对影响加工精度的加工参数（如脉冲宽度、间隔、电流）进行调整，有利于加工精度的提高，实现加工过程的自动化控制。

⑥ 电极丝是不断移动的，单位长度损耗少，故加工精度高。

⑦ 加工冲模时可实现凸凹模一次加工成形。

⑧ 采用乳化液或去离子水的工作液不必担心发生火灾，可以实现昼夜无人连续加工。

13.2.3 数控电火花线切割加工设备简介

按工具电极丝运行速度不同，可将电火花线切割机床分为高速走丝电火花线切割机床（快走丝）和低速走丝电火花线切割机床（慢走丝）两大类。高速走丝电火花线切割机床的电极丝作高速往复运动，其是我国生产和使用的主要机型，也是我国独创的电火花线切割加工模式。低速走丝电火花线切割机床的电极丝作低速单向运动，这是国外生产和使用的主要机种。两种电火花线切割机床的区别具体表现在以下几个方面。

（1）走丝速度不同　线切割机床中，快走丝和慢走丝是按照电极丝在工作时走丝速度来区分的，快走丝的走丝速度一般为300~700m/min。慢走丝的走丝速度一般为3~15m/min。

（2）电极丝材料不同　快走丝的电极丝一般使用钼丝，钼丝直径较粗，一般为0.1~0.2mm；而慢走丝的电极丝一般采用铜丝或者其他的金属涂覆线，丝径为0.03~0.035mm。

（3）工作液不同　快走丝要求不太严格，工作液一般使用乳化液。慢走丝的工作液为去离子水或者煤油，而且还需配备过滤系统，在生产中不断过滤工作液中的杂质。

（4）精度不同　快走丝由于是电极丝循环使用，随着电极丝的不断磨损，影响了加工精度。快走丝一般加工出来的产品精度为±0.015~0.02mm。慢走丝的电极丝不循环使用，大大提高了加工精度，机床的加工精度可以达到±0.002mm。

（5）成本不同　快走丝线切割机床比较普遍，技术含量也较低，生产厂家比较多，机床价格便宜。而且钼丝循环使用，加工效率也较高，加工费低。慢走丝线切割机床技术含量高，设备造价昂贵，加工成本也高。

如图13-4所示为DK7732高速走丝电火花线切割机床，主要由机床本体、脉冲电源、控制装置、工作液循环系统等部分组成。

（1）机床本体　机床本体由床身、走丝机构、工作台及丝架等组成。

床身通常为铸铁件，是机床的支撑体。其上装有工作台，内部装有机床电器及工作液循环系统。

走丝机构采用电动机通过联轴器带动储丝筒交替作正反向转动，钼丝整齐地排列在储丝筒内，并通过丝架导轮作往复高速移动。

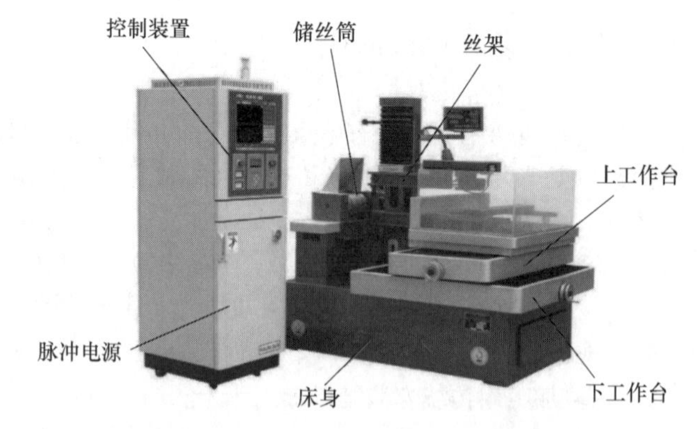

图13-4　DK7732高速走丝电火花线切割机床

工作台用来装夹工件，分为上下两层，分别与X、Y向丝杆相连，由两个步进电机分别驱动。

丝架的作用主要是在电极丝按给定线速度运动时，对电极丝起支撑作用，并使电极丝作用部分与工作台平面保持一定的几何角度。

（2）脉冲电源　脉冲电源又称高频电源，作用是把普通的50Hz交流电转换成高频率的单向脉冲电压，提供火花放电的能量。加工时，电极丝接脉冲电源负极，工件接正极。

（3）控制装置　控制装置的作用主要是轨迹控制和加工控制。电火花线切割机床的轨迹控制系统曾经历过靠模仿形控制、光电仿形控制阶段，现已发展到计算机直接控制阶段，加工控制包括进给控制、短路回退、间隙补偿、信息显示、自动诊断功能等。

（4）工作液循环系统　工作液循环系统由工作液泵、工作液箱和循环导管组成。工作液起绝缘、排屑和冷却的作用。每次脉冲放电后，工件与电极丝之间必须迅速恢复绝缘状态，否则脉冲放电，就会转变成稳定持续的电弧放电，影响加工质量。在加工过程中，工作液可把加工过程中产生的金属颗粒迅速从电极之间冲走，使加工顺利进行，工作液还可冷却受热的电极丝和工件，防止烧丝和工件变形。

13.2.4　数控电火花线切割编程简介

数控电火花线切割机床的控制装置是按照指令去控制机床加工的。因此，所谓数控电火花线切割编程，就是事先把要切割的图形用机器所能接受的“语言”编排好“命令”，然后控制机床进行加工。目前我国数控电火花线切割机床常用的程序格式为3B、4B及符合国际标准的ISO代码（G代码）格式。本书以3B代码格式为介绍的重点。而编程方法主要分手工编程和自动编程两大类。对于简单的零件图形，我们可以采用手工编程的方法，再通过控制器键盘直接向系统输入程序。若遇到复杂的零件图形，手工编程时关于刀位点的计算烦琐复杂且易出错，这时我们就采用另一种方式——自动编程。

为了便于机器接收“命令”，必须按照一定的格式来编制线切割机床的数控程序。高速走丝电火花线切割机床一般采用3B格式，而低速走丝电火花线切割机床通常采用国际上通用的ISO（国际标准化组织）或EIA格式。为了便于国际交流和标准化，我国生产的线切割控制系统将逐步采用ISO代码。

数控线切割编程，是根据图样提供的数据，经过分析和计算，编写出线切割机床能接受的程序。数控编程可分为手工编程和自动编程两类。手工编程采用各种数学方法，使用一般的计算工具，根据图纸把图形分割成直线段和圆弧段，并且把每段的起点、终点、中心线的交点、切点的坐标一一定出，按这些直线的起点、终点，圆弧的中心、半径，起点、终点坐标进行编程。当零件的形状复杂或具有非圆曲线时，手工编程的工作量大，并容易出错。

为了简化编程工作，利用计算机进行自动编程是必然趋势。自动编程使用专用的数控语言及各种输入手段，向计算机输入必要的形状和尺寸数据，利用专门的应用软件即可求得各交、切点坐标及编写数控加工程序所需的数据，从而编写出数控加工程序。

13.2.5　自动编程软件简介

13.2.5.1　软件特点

这里以北航海尔软件有限公司开发的CAXA线切割V2编程软件为例进行介绍，它是目前数控线切割编程软件中最常用的一种CAD/CAM集成软件，它可以实现绘图设计、加工代码生成、连机通信等功能，集图样设计与代码编程于一体。使用软件的一般流程是设计图形→生成轨迹→轨迹仿真→生成代码→传送代码。

13.2.5.2 图样的输入

常用的图样输入方式主要有：采用中文或西文菜单及语言输入；采用 AutoCAD 方式输入；采用鼠标器，按标注尺寸输入；用数字化仪输入；用扫描输入等。下面就向大家介绍最常用的两种图样输入方法。

（1）AutoCAD 软件绘制图形的输入 AutoCAD 与 CAXA 线切割的绘图模式和绘图命令的基本原理基本相同，其图形的输入步骤如下。

① 在 AutoCAD 中先将所要转换的图形文件另存为 CAXA 线切割可读入的文件格式，如 DXF 格式。具体操作：从“文件”下拉菜单中选取“另存文件”，计算机弹出另存文件对话框，将保存类型改为*.dxf，输入文件名，将“保存”按钮或直接按回车键，则输出了文件。

② 打开 CAXA 线切割软件，从文件下拉菜单中选取数据接口中的“DWG/DXF”读入，系统弹出对话框，打开我们之前输出的文件即可。

以上原理适用于不同类型 CAD/CAM 软件的图形数据转换。

（2）实物图片扫描输入 CAXA 支持 BMP、GIF、JPG、PNG、PCX 格式的图形矢量化，生成可加工编程的轮廓图形。此功能解决了复杂曲线的切割问题。图像矢量化可应用于实物、美术画、美术字等各种图案的扫描处理及加工编程。

以 JPG 格式的“蜜蜂”图片，通过 CAXA 软件矢量化为例，其矢量化的具体操作步骤如下。

① 单击主菜单“绘制”→“高级曲线”→“位图矢量化”，系统弹出“选择图像文件”对话框，如图 13-5 所示。

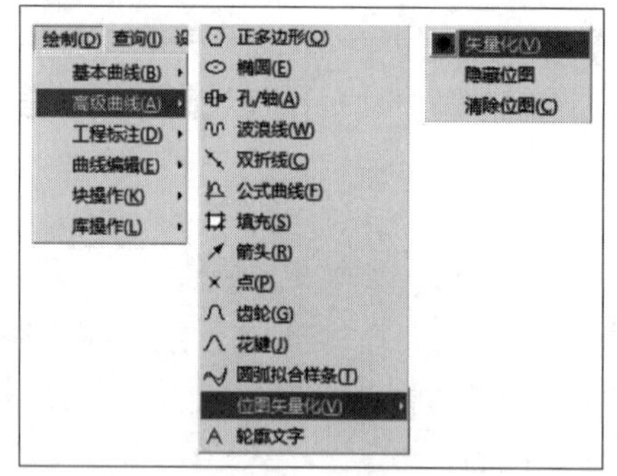

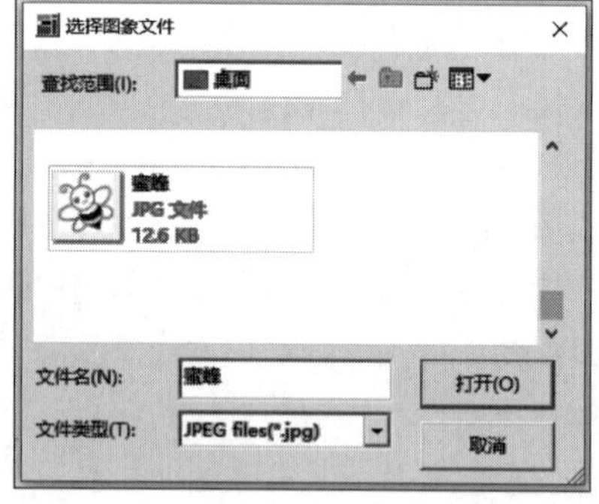

图 13-5 选择图像文件对话框

② 选择“蜜蜂”图像文件，单击“打开”按钮，在软件状态提示栏设置矢量化参数，如图 13-6 所示。

③ 矢量化参数可选择：“描亮色域边界”“直线拟合”，在图像实际宽度中选择度，“正常”。

④ 右击鼠标，系统即对图像进行矢量化处理，生成图像的外形轮廓。

⑤ 单击主菜单“绘制”→“高级曲线”→“位图矢量化”→“隐藏位图”，“蜜蜂”图像文件的图像即被隐藏起来，如图 13-7 所示。

图 13-6 蜜蜂图像文件

图 13-7 蜜蜂矢量图形文件

检查确定该轮廓线满足一笔画、不交叉、不重复的要求。继续执行轨迹生成→轨迹仿真→生成 3B 代码→传送 3B 代码的操作即可。

13.3 线切割加工实训

13.3.1 线切割实训内容与要求

线切割实训内容与要求见表 13-1。

表 13-1 线切割实训内容与要求

序号	内容及要求	
1	基本知识	1. 了解线切割加工的原理、特点和运用范围 2. 了解切割机床结构 3. 掌握 CAXA 线切割编程软件操作 4. 了解位图图片矢量化方法 5. 掌握线切割机床加工操作步骤
2	基本技能	1. 根据给定零件图纸，利用 CAXA 线切割软件完成零件线切割程序编写 2. 能够对图片矢量化并完成线切割程序编写 3. 独立操作线切割机床，利用所编写的程序完成零件的线切割加工

13.3.2 线切割加工安全操作规程

① 严格遵守学生守则的规章制度。

② 熟悉线切割加工工艺，合适地选取加工参数和操作顺序，防止断丝等故障发生。

③ 用手柄操作储丝筒后，应及时将手柄拔出，防止储丝筒转动时将手柄甩出伤人，拆下来的废丝应放在规定容器内。

④ 在加工前，要确认工件装置是否安装正确，防止碰撞丝架和超程撞坏丝杆、螺母等转动部件。

⑤ 机床附近不得安置易燃易爆物品，防止因工作液一时供应不足造成的放电火花引起事故。

⑥ 停机时应先切断高频脉冲电源，再停工作液，让电极丝运行一段时间后，并等储丝筒反向后再停走丝。

⑦ 工件加工前，要在计算机上先绘图、编程并模拟加工，检查正确后才能上机床正式加工工件。

13.3.3 线切割加工操作训练

如图 13-8 所示的梅花状平板零件，可以采用线切割加工方法从铝板上切割得到。

梅花零件线切割加工程序采用 CAXA 线切割编程软件生成，其步骤如下。

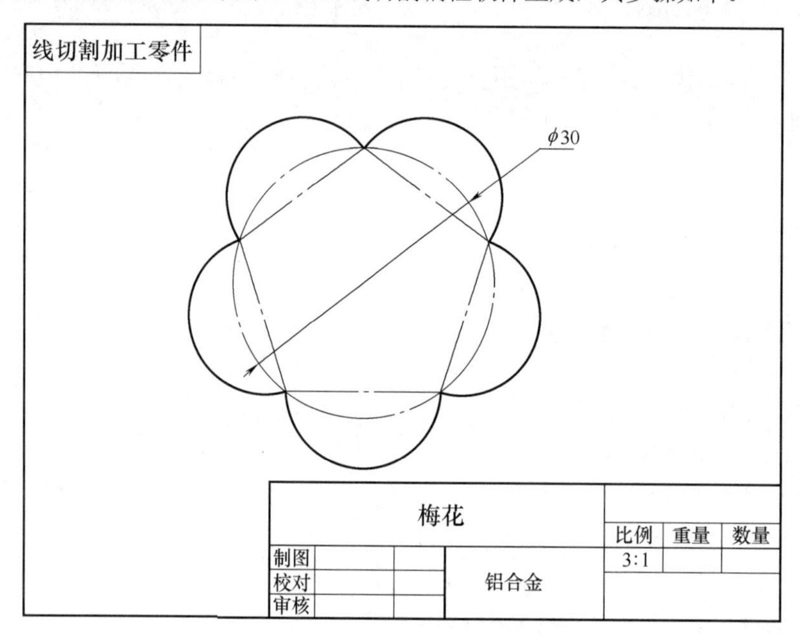

图 13-8 梅花状平板零件图

① 双击 CAXA 线切割编程软件快捷方式图标，打开软件。软件界面如图 13-9 所示。

② 在“高级曲线”命令图标下，采用“点”命令，在坐标原点处作一参考点，如图 13-10 所示。

③ 在“高级曲线”命令图标下，采用“正多边形”命令，以坐标原点处参考点为中心定位点，作一个内接于半径为 15 的圆内的正五边形，如图 13-11 所示。

④ 在“基本曲线”命令图标下，采用“圆弧”命令，以“三点画弧”的方式，取正五边形一条边的两端点及其之间的一点，作出梅花的一个圆弧，如图 13-12 所示。

⑤ 在“曲线编辑”命令图标下，采用“阵列”命令，以“圆形阵列”的方式，取原点为阵列旋转中心，选取梅花圆弧，阵列 5 分，得到 5 个等大均布的梅花圆弧，如图 13-13 所示。

⑥ 采用“删除”命令图标，选取辅助线正五边形的 5 条边后，确认删除辅助线，保留梅花图形，如图 13-14 所示。

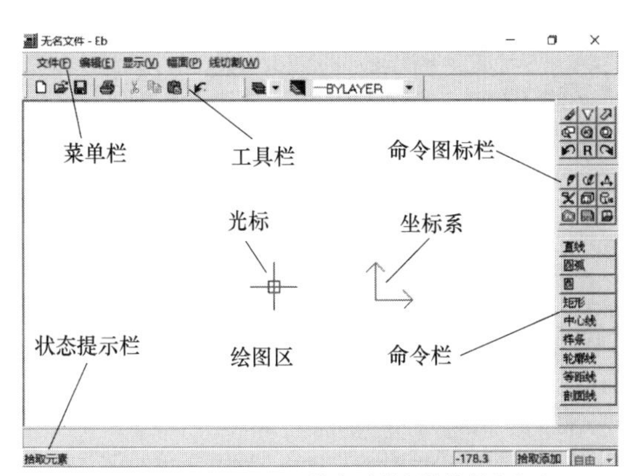

图 13-9　CAXA 线切割编程软件界面

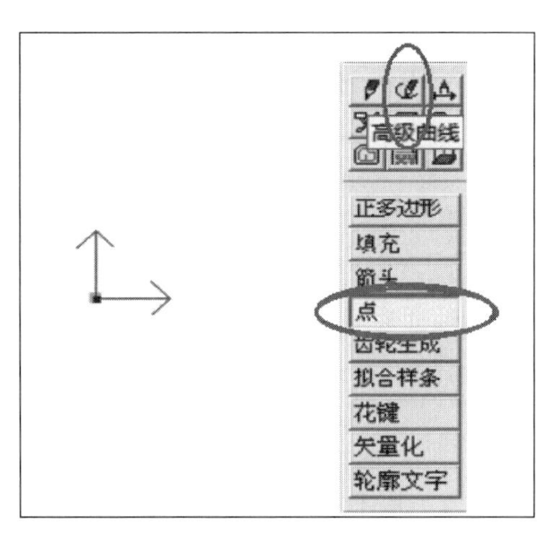

图 13-10　作参考点

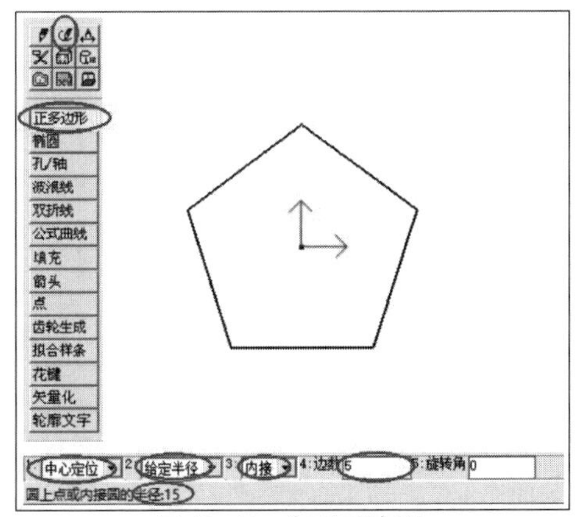

图 13-11　作正五边形

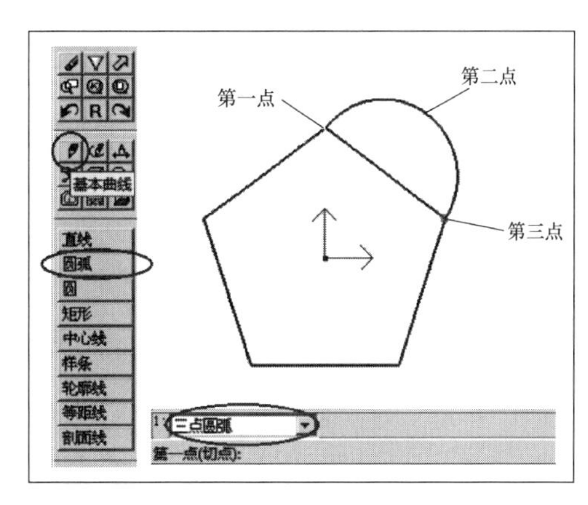

图 13-12　作梅花圆弧

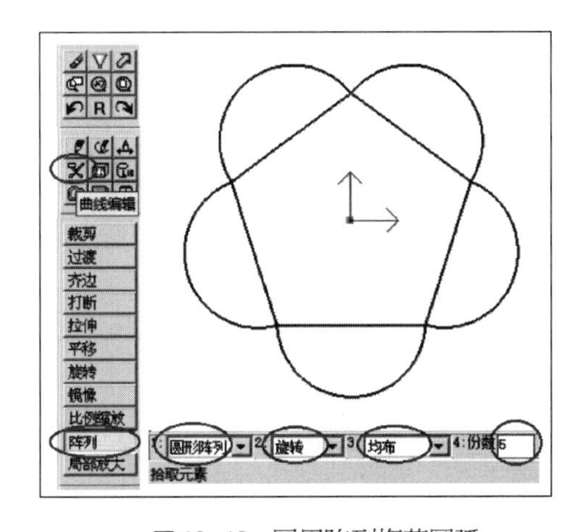

图 13-13　圆周阵列梅花圆弧

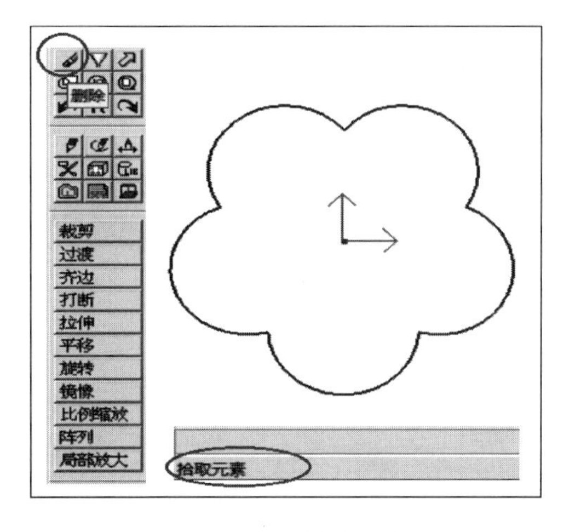

图 13-14　删除辅助线

⑦ 在“轨迹操作”命令图标下，采用“轨迹生成”命令，设置好轨迹生成参数，选取梅花图形轮廓，在梅花图形最大轮廓外作一点，作为穿丝点和退出点位置，生成基于梅花图形轮廓

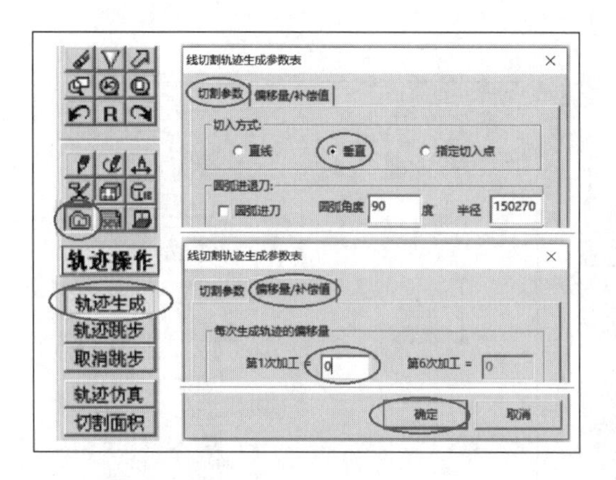

图 13-15　线切割轨迹生成

的线切割运动轨迹，如图 13-15 和图 13-16 所示。

⑧ 在“轨迹操作”命令图标下，采用“轨迹仿真”命令，选择基于梅花图形所生成的轨迹，设置好仿真参数，可对梅花零件的线切割加工过程进行仿真，如图 13-17 所示。

⑨ 在“代码生成”命令图标下，采用“生成 3B”命令，设置梅花零件线切割 3B 程序文件保存路径，选择基于梅花图形所生成的轨迹，生成梅花零件线切割 3B 程序，如图 13-18 所示。

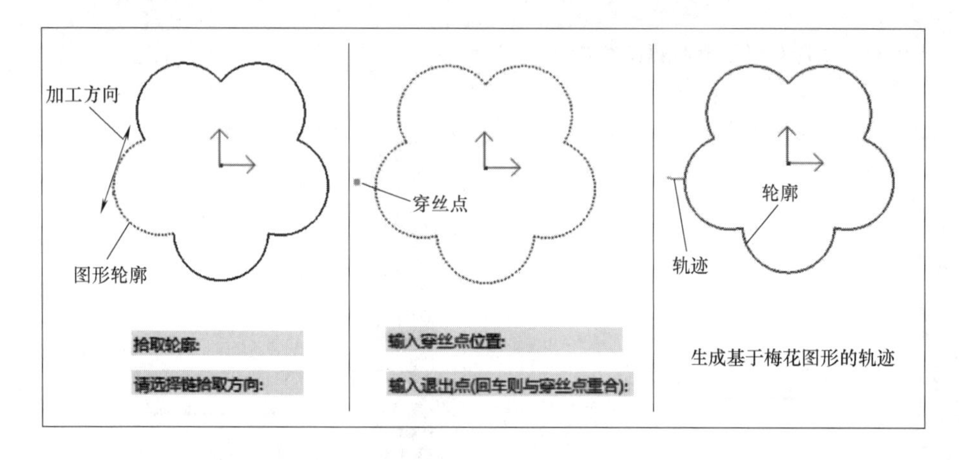

图 13-16　轨迹参数设置

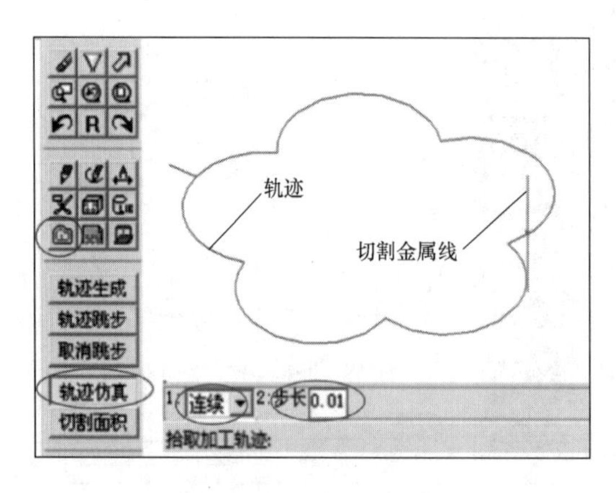

图 13-17　线切割加工仿真

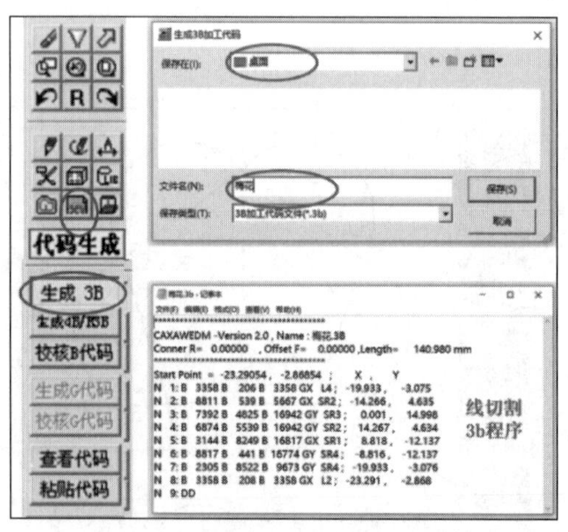

图 13-18　生成梅花线切割 3B 加工程序

⑩ 在“文件”菜单下，选择“存储文件”命令，将梅花零件线切割编程过程保存为“.exb”格式文件。

第**14**章

激光加工技术

激光与核能、半导体及计算机并称为20世纪的四项重大发明。经过多年的快速发展，激光已经成为当今世界的先进制造工具。激光加工技术将是21世纪最重要的先进制造技术之一。它具有非接触、能量精确可控、材料适应性广、柔性强、质量优、资源节约、环境友好等综合优势，既适用于大批量高效自动化生产，又适用于多品种、小批量加工，甚至个性化产品的定制。因此，成为传统制造业改造升级不可或缺的重要技术。激光加工技术已成为焊接、表面工程和增材制造技术领域重要的技术手段之一，形成了焊接、切割、制孔、快速成形、刻蚀、微纳加工、表面改性、喷涂及气相沉积等多种门类技术。

14.1 概述

14.1.1 激光加工工作原理

激光加工是利用光能经过透镜聚焦后，得到功能密度极高的激光束，照射到工件的被加工部位进行加工的一种方法，如图14-1所示。激光切割是聚焦后的激光沿着设计图形的路径在材料表面移动，材料熔化、燃烧或气化后，被辅助气体吹走，形成切缝，最终使材料被切下。激光雕刻是聚焦后的激光沿着设计图形生成的扫描线在材料表面往复移动，材料熔化、燃烧或气化后，被辅助气体吹走，在材料表面留下具有一定深度的印记。

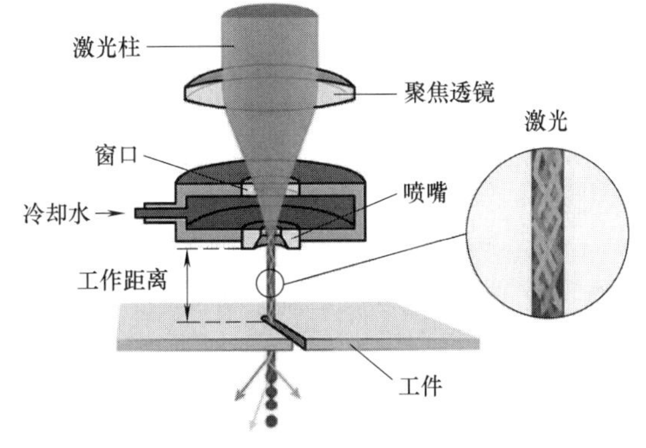

图14-1 激光切割原理示意图

14.1.2 激光切割特点及应用

激光切割目前是激光加工中发展最为成熟、应用最广的一种新技术。激光切割总的特点是速度快、质量高、适用范围广，其具体表现为：

① 切缝窄，节省材料，还可切割不穿透的盲槽；

② 切割速度快，热影响区小，工件变形小；

③ 无刀具磨损，没有接触能量损耗，也不需要更换刀具；

④ 光束无惯性，可实行高速切削，且任何方向都可同样切割，并可在任意位置开始切割或停止切割；

⑤ 切缝边缘垂直度好，切边光滑，可直接进行焊接；

⑥ 切边无机械应力，无切屑，切割石棉、玻璃纤维时尘埃极少；

⑦ 可同样方便地切割易碎、脆、软、硬材料和合成材料，也能多层层叠切割纤维织物；

⑧ 能实现多工位操作，易于数控或计算机控制；

⑨ 切割噪声小。

在一般材料的激光切割过程中，由于切割速度较快，零件产生的热变形很小，切割零件的尺寸精度主要取决于切割设备的数控工作台的机械精度和控制精度。

激光几乎可以对所有的金属和非金属材料，如硬质合金、不锈钢、耐热合金、陶瓷、金刚石、宝石等，进行打孔和切割。可加工各种微小孔（$\phi0.01$~ $\phi0.1$）、深孔及切割异形孔，且适于精密加工。近年来激光加工在各个行业都得到飞速发展，尤其在汽车、仪表行业、模具制造业等领域越来越多地应用了激光加工技术，效果十分理想。

14.1.3 激光切割工艺参数

影响激光切割质量的工艺参数很多，主要包括激光切割速度、焦点位置、辅助气体压力和激光输出功率等。

（1）切割速度　对于给定的激光功率密度和材料，在一个阈值以上，材料的切割速度与激光功率密度成正比，即增加功率密度可提高切割速度。功率密度与激光输出功率、光束质量、聚焦后的光斑大小有关。同时，切割速度与被切材料的密度和厚度成反比。因此，当材料参数保持不变，能提高切割速度的方法有：①提高激光输出功率；②改善光束模式；③减小聚焦光斑直径。

在其他工艺参数保持恒定的情况下，激光切割速度可以有一个相对调节范围而仍能保持较满意的切割质量，切割薄工件时的调节范围比切割厚工件的调节范围稍宽。金属材料激光加工时，切割速度太快，会造成切割不透，而切割速度太慢，材料发生自燃，热影响区增大，也会导致排出的热熔材料烧蚀切口表面，使切面更粗糙。

（2）焦点位置　聚焦透镜的焦距对聚焦光斑的大小以及焦深有很大影响，一般在切割薄板时，选择短焦距的透镜，有利于切割速度及质量，而对于厚板，则尽量选择长焦距透镜，可以保证切缝的垂直度。而由于对任何透镜来说，焦深是有一定限制的，因而相对于更换镜头来说，焦点位置的选择和保持是激光切割中的一个更重要的问题。在一般的切割过程中，视加工零件的厚度选择的焦点位置在材料表面或向下 1~2mm 处。

（3）辅助气体压力　一般情况下，材料切割都需要使用辅助气体，辅助气体的类型和压力选择最为重要。通常，辅助气体与激光束同轴喷出，保护透镜免受污染并吹走切割区底部熔渣。对非金属材料和部分金属材料，使用压缩空气或惰性气体，清除熔化和蒸发材料，同时抑制切割区过度燃烧。而对于大多数金属材料，激光切割则使用活性气体（主要为氧气），与炽热金属发生氧化放热反应，这部分附加热能够使切割速度提高 1/3~1/2。

在已确定辅助气体的前提下，气体压力大小是一个极为重要的因素。当高速切割薄型材料时，需要较高的气体压力以防止切口背面粘渣。当材料厚度增加或切割速度较慢时，则气体压力适当降低；为了防止塑料切边雾化，也以较低气体压力切割为好。

（4）激光输出功率　工件厚度一定时，激光功率随切割速度的要求而增加，切割速度越快，要求的激光功率越高，在激光功率一定时，切割速度与工件厚度成反比，工件越厚，切割速度越慢，热影响区也相应越大。

14.2 激光切割机

激光切割机主体部分由激光器、导光聚焦系统、控制系统及机械系统四部分组成。往往激光切割机还配有：水冷机，用于冷却激光器；风机和排风管路，用于排走烟尘，保证激光切割机内部清洁，避免烟尘腐蚀损坏设备零部件，如图 14-2 所示。

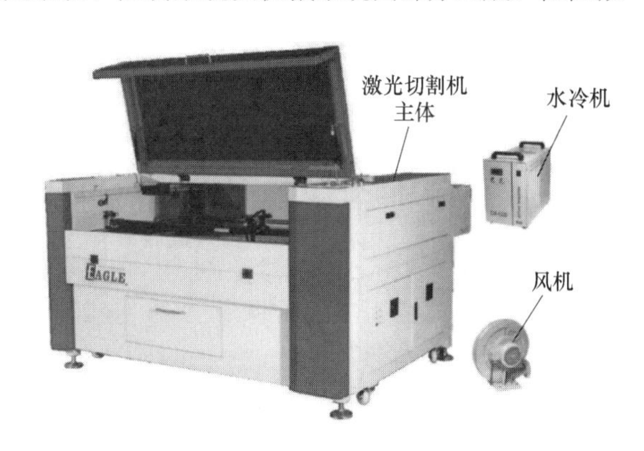

图 14-2　激光切割机

14.2.1 激光器

用于激光切割的激光器，主要有 CO_2 激光器、Nd.YAG 激光器和准分子激光器三种。CO_2 激光器输出波长为 10600nm 的激光，脉冲输出方式的输出能量为几焦耳，连续输出方式的输出功率为几十瓦到几千瓦。Nd.YAG 激光器输出波长为 1064nm 的激光，脉冲输出方式的输出能量为几焦耳到几十焦耳，连续输出方式的输出功率为几十瓦到几千瓦。

CO_2 激光器主要由电极、激光管、水冷管、储气管、全反镜、输出镜等结构组成，如图 14-3 所示。一般安装在机器激光管盒内，所产生的激光通过反射镜和聚焦镜导引至工件表面。

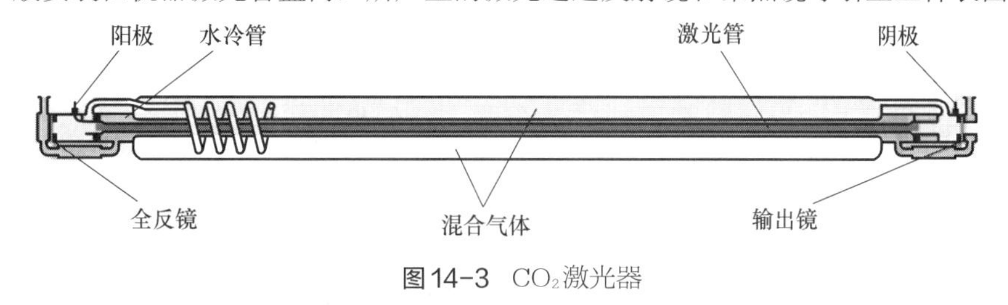

图 14-3　CO_2 激光器

14.2.2 导光聚焦系统

用于激光切割的导光聚焦系统一般分为固定式和移动式两种。固定式的结构简单，但需要配备体积庞大的机床。

（1）激光传输系统　常用的移动式导光聚焦系统有两种：一种是利用镜片反射原理制作出激光导光臂；另一种是把激光耦合进入光纤，利用光纤对激光进行传输。

① 利用镜片反射原理制作的导光臂的光路如图 14-4 所示。理论上，只要有两块反射镜就可以实现，如果增加反射镜，可以增大导光臂的使用范围和灵活性，但是也会增加成本，并且增大系统体积。

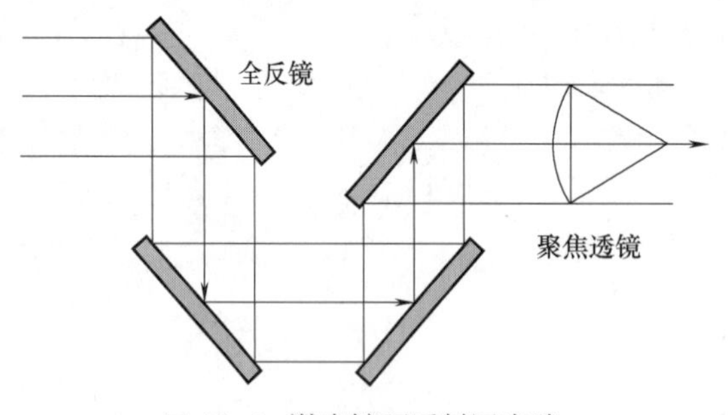

图 14-4 激光镜面反射导光臂

② 利用光纤传输激光实现激光切割，可以不受切割形式和幅面的影响，从而减少了其他传导激光方式的振动及环境的影响。光纤传输系统示意图如图 14-5 所示，激光经全反镜和扩束镜后，通过光纤耦合器射入光纤，再由光纤传输并输出，最后由聚焦镜聚焦在工件表面上。

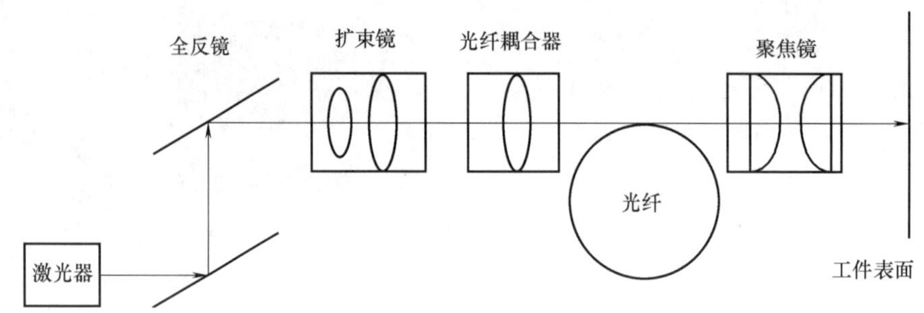

图 14-5 光纤传输系统示意图

（2）激光聚焦系统 激光切割一般需要较高的激光能量，并且需要较小的光斑，所以激光束的聚焦性能是影响整个激光雕刻机性能的重要因素。通常情况下，当激光功率密度为 10^5~10^6W/cm^2 时，各种材料（包括陶瓷）会被熔化或气化，而中等强度的激光束经过透镜聚焦后，在聚焦处得到的激光功率密度值，会远远大于切割所需要的激光能量密度值。

14.2.3 控制系统

激光切割机的图像处理和控制系统是由计算机来协调控制的。它通过计算机控制图像的摄取，并对图像进行必要的处理，同时向激光器的光闸、调节开关发出信号，向振镜及步进电机发出控制信号，从而产生相应的动作。计算机在控制激光切割的过程中，要考虑图像的点数和灰度级、工作面的大小和形状、调节开关的工作频率、振镜的扫描响应时间与频率、步进电机的步距等因素，从而给出最佳的控制方案。激光切割机控制系统面板如图 14-6 所示。

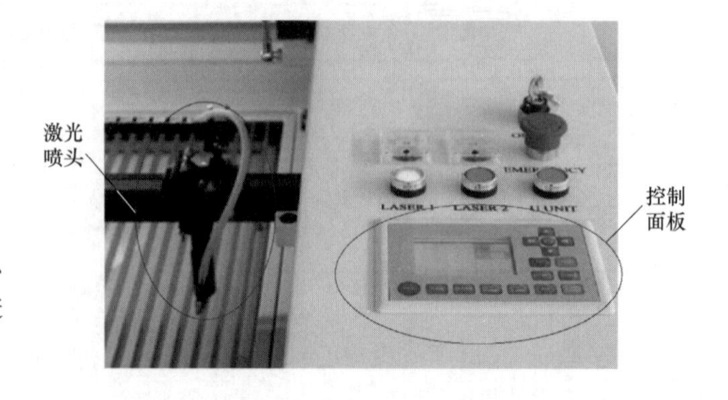

图 14-6 激光切割机控制系统面板

14.2.4 机械系统

如图 14-7 所示。

（1）主轴　主轴一般由电机经传动带带动，这类电机的特点是力矩大，但是它的精度一般不是很理想，由于切割精度不高，其主要用于粗加工。使用变频无刷电机，可以提高精度，并且其转速很高、无需更换电刷，但是造价较高。

（2）导轨　一般采用线性圆柱导轨和线性方形导轨。小幅面的激光切割机普遍采用线性圆柱导轨，而大幅面的激光切割机多采用线性方形导轨。

（3）传动　激光切割机多采用丝杆传动。丝杆分为普通螺纹丝杆和精密滚珠丝杆。普通螺纹丝杆摩擦力大、易磨损，在高速运动时容易发生卡死现象。精密滚珠丝杆精度高、阻力小、寿命长，零件加工的精度很大程度上都取决于它。

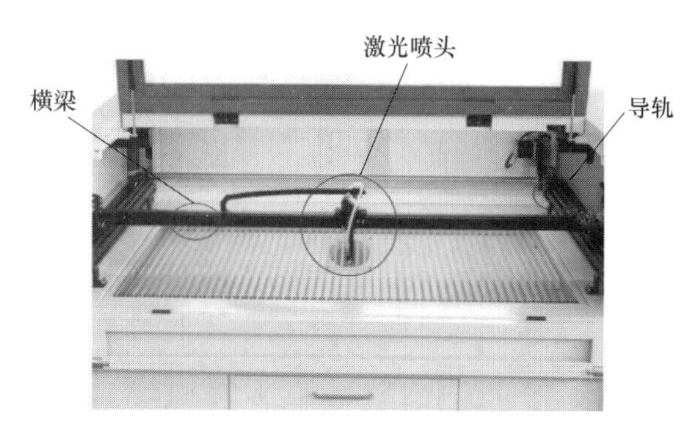

图 14-7　激光切割机机械系统

14.3 激光切割机基本操作

14.3.1 激光切割机控制软件

14.3.1.1 软件界面

以 EagleWorks 软件为例介绍激光切割机控制软件的基本操作。软件主界面包括菜单栏、绘图区、工具栏、功能区和加工控制栏等元素，如图 14-8 所示。

菜单栏提供了 EagleWorks 软件绝大部分功能的访问入口，有文件、编辑、查看和帮助等常见菜单，绘制菜单包含了绘图功能，设置、处理、工具和主板型号菜单则提供了针对激光加工特有的功能。与大多数 CAD 类软件类似，EagleWorks 软件的中央区域为大片的绘图区，用户可以在这里完成绘图、编辑和排版等主要工作。

系统工具栏提供了最常见的软件功能，例如新建、打开和保存文件，导入和导出图形，撤销和恢复操作，针对绘图软件的查看功能，以及其他常用功能。附加工具栏包含了 EagleWorks 软件中针对激光加工应用的特殊功能，例如曲线平滑、切割优化和删除重线等。

编辑工具栏，在软件中也叫作切割属性工具栏，用于修改图形的位置、尺寸和旋转角度等基本属性。排版工具栏，在软件中也叫作对齐工具栏，包含对齐图形、统一图形尺寸和移动图形至特定位置等排版功能。绘图工具栏，在软件中也叫作绘制工具栏，包含基本的绘图、编辑和排版功能，用于创建简单的图形，编辑曲线节点和进行阵列等排版操作。图层工具栏，在软件中也叫作颜色工具栏，用于修改图形的颜色，将图形分配给不同的图层，便于灵活地设置加工工艺。

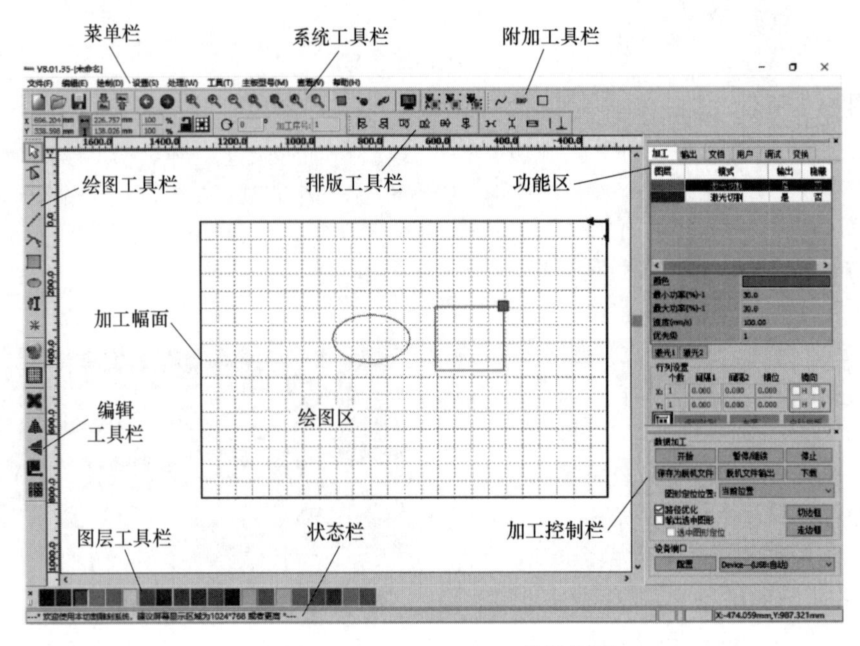

图14-8 EagleWorks 软件界面

功能区，在软件中也叫作系统工作区，包含 6 个功能板块，分别为加工、输出、文档、用户、调试和变换，对应了不同的功能组。例如，加工功能组包含了图层工艺设置功能，文档功能组允许在软件中直接管理联机设备中的任务文件，变换功能组包含了一些图形编辑功能。

加工控制栏包含了连接设备、直接加工控制和加工任务文件下载和保存等功能，用于输出任务和控制加工。状态栏用于显示 EagleWorks 软件当前的操作状态，帮助用户获取信息

14.3.1.2 软件基本操作

利用 EagleWorks 软件对零件从设计到加工包括导入设计、编辑排版、工艺设置、加工预览和输出加工等五大流程。

（1）导入设计 EagleWorks 软件仅提供了最基础的绘图功能，因此，设计工作一般在其他绘图软件中完成。单击软件中“文件”→“导入”菜单项，或系统工具栏中的“导入”按钮，打开导入对话框，选中要导入的文件，单击“打开”即可。建议设计文件使用 DXF 文件格式，此格式的图像文件与 EagleWorks 软件的兼容性比较好。

（2）编辑排版 导入设计后，可以在 EagleWorks 中做简单的编辑和排版，例如修改图形尺寸、阵列图形等。

（3）工艺设置 完成编辑和排版后，可以根据加工工艺要求为图形设置图层，然后在功能区的加工栏中设置图层工艺参数。

（4）加工预览 设置好加工工艺后，单击“编辑”→“加工预览”菜单项，或系统工具栏中的“加工预览”按钮来预览加工过程，确认加工过程与预期一致，没有意外情况发生。

（5）输出加工 完成加工预览后，如果设备正与电脑联机，则可以通过加工控制栏中的实时控制功能直接控制设备加工；也可以下载加工任务文件至设备，再从设备端操作。如果设备处于脱机状态，则可以保存加工任务文件，并使用 U 盘转存至设备，再从设备端操作。

14.3.2 激光切割机控制系统

控制系统的操作面板由一块彩色显示屏和一系列操作按键组成。显示屏用于显示控制系统的功能、操作和状态等信息，按键用于完成各项操作，如图 14-9 所示。

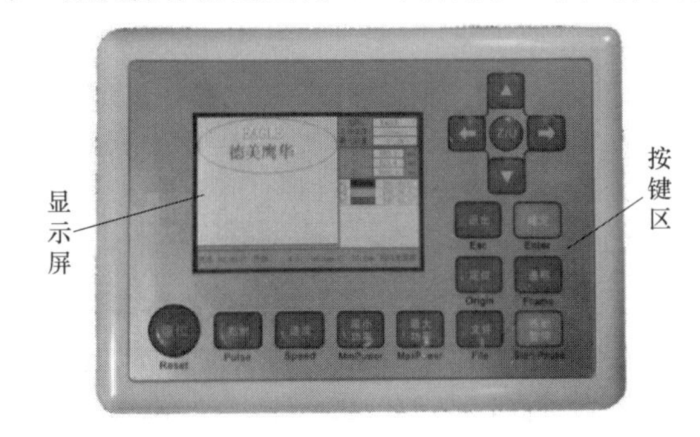

图 14-9 激光切割机控制系统控制面板

14.3.2.1 控制系统按键功能

① 方向键。在设备空闲状态下，可以使用方向键前后、左右移动切割头至期望的位置。在系统设置中可以设置连续移动或点动，即一次移动一段固定的距离。

② Z/U 键。点击按键可以进入系统菜单，菜单中最常用的是轴移动，就是上下移动工作台。

③ 确定和退出键。确定和退出键分别用于进入和退出菜单，以及确认和取消操作等。

④ 定位和边框键。用于确定和预览文件任务的加工位置。

⑤ 启动暂停键。启动暂停键用于启动加工，控制加工中的暂停和继续，如需取消，暂停后按退出键即可。

⑥ 文件键。点击文件键可以进入文件操作界面，选择相应的文件并进行操作。

⑦ 最大、最小功率键和速度键。空闲状态下，速度键和最大、最小功率键用于设置方向键移动速度和激光点射功率。加工状态下，速度键和最大、最小功率键用于设置加工速度和激光加工功率。

⑧ 点射键。用于在空闲状态下进行激光点射，主要用于激光系统测试和调整光路。

⑨ 复位键。设备使用过程中出现碰撞切割头等意外情况时，经过检查和修复后，可在不关机的情况下，点击复位键使切割头回到加工区域右上角复位点重新建立设备坐标系，否则，可能出现切割头移动超出加工区域的问题。

14.3.2.2 文件管理面板

文件管理界面如图 14-10 所示。界面左侧大块矩形区域为文件列表区，使用方向键上下移动进行选择。中间为文件操作功能区，包含多个功能的操作按键。使用左右方向键可在文件列表区和功能区之间切换。使用上下方向键可在不同功能间切换。右侧从上至下分别为运行参数区、当前坐标区和图形预览区，选中文件的图形会在预览区中显示。下方为状态栏，显示设备当前状态信息。

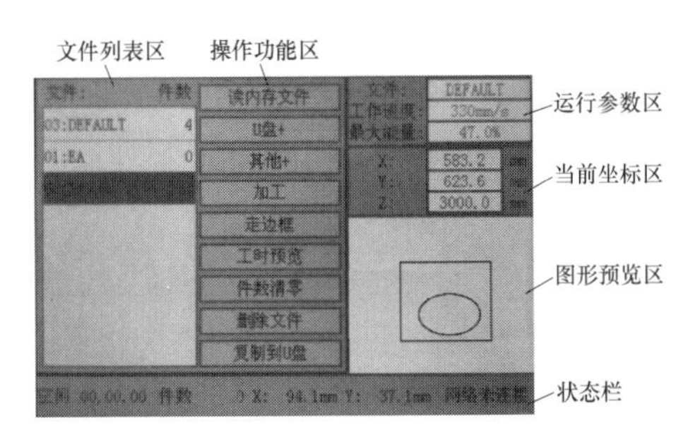

图 14-10 文件管理界面

点击控制面板上的“文件”键后，会进入文件管理界面。文件列表会自动显示当前设备内存中的所有文件。如果此时从联机的电脑上下载文件至设备，则需要使用“读内存文件”功能进行刷新，或者退出并重新进入文件管理界面。如果使用U盘传输文件，将U盘插入设备后，可进入“U盘+”菜单进行相关操作，例如拷贝文件至内存等。所有文件都需要拷贝至内存后才能进行加工等后续操作。“其他+”菜单中包含一些不常用的文件管理功能，例如删除所有文件和格式化内存等。

对于已多次加工、且加工参数已相对固定的文件任务，可以使用走边框和加工功能，在文件管理界面中直接预览文件任务的加工位置并进行加工，简化操作流程。对于内容复杂的文件任务，可以在加工前使用“工时预览”功能估算加工时间，便于更加合理地安排加工任务。计件加工时，可以根据需要使用“件数清零”功能将加工计数清零，对后续的加工开始重新计数。

可以使用“删除文件”功能删除不再使用的文件，释放内存空间，同时避免文件过多，影响日常使用。“复制到U盘”功能可以将内存中的文件拷贝至U盘，有时，在缺少原始设计文件的情况下可使用该功能在其他设备上实现加工。

14.3.2.3 激光切割机操作步骤

（1）开机

① 启动水冷机。目视检查水冷机的水路和电气连接，并确认水位线位于绿色区域。确认无误后，启动水冷机，并观察确认有无漏水情况。

② 启动排风机。目视检查排风机的风管和电气连接。确认无误后，启动排风机。检查有无异常噪声。如有任何异常情况，立即关闭排风机。

③ 启动激光切割机主机。目视检查电气连接，确认设备后侧空气保护开关已打开，打开设备上盖，确认工作台面上无杂物，不会出现碰撞切割头的危险。确认无误后，转动钥匙开关启动设备。观察切割头回到设备工作区域右上角复位点，并返回之前保存的加工定位点。确认控制面板进入待机状态。

（2）放置材料

① 由于铝刀条在激光切割时会反射激光，造成工件背面出现小凹槽，影响切割质量，因此，在保证工件支撑稳固的情况下，应使用尽可能少的刀条来支撑工件。

② 由于实际使用中，工件大小各异，薄厚也不同，因此，可在加工平台上一部分区域布置较密的刀条，用于支撑尺寸较小，或厚度比较薄的工件；另一部分布置比较稀疏的刀条，用于支撑尺寸较大，或厚度较厚的工件，如图14-11所示。

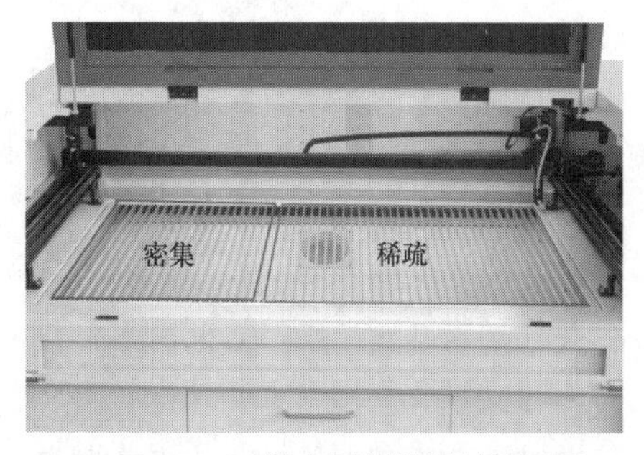

图14-11 激光切割机材料放置区

③ 由于加工时通常使用人为确定的加工位置，因此工件可以在加工区域内随意放置，为了方便拿取工件，以及取得尽可能好的加工质量，通常将工件放置在加工平台的左下角区域，左侧比右侧激光光程更短，光路偏差更小。

④ 对于绝大多数薄板材料，保证加工平台与周围设备框架齐平即可，对高度较高的材料，需先降低加工平台再放置材料。

（3）焦距调整

① 对于厚度小于30mm薄板材料，首先，将工件放置好，并确认其放置稳固，其次，使用控制面板上的方向键将切割头移动至工件上方，再次，将随机附带的对焦块放在切割头喷嘴和

工件之间，松开切割笔的锁紧螺栓，让切割笔自然落下至对焦块上，最后，拧紧锁紧螺栓，取出对焦块，完成对焦，如图 14-12 所示。

② 对于厚度较大的材料，首先，按下面板上的 Z/U 键，进入系统菜单，选中 Z 轴移动，按下左方向键降低加工平台，放入材料，使用左右方向键调整材料上加工面的高度，大概与设备工作台周围框架齐平即可，然后，使用同上述薄板材料同样的方法调整焦距。

（4）加工控制　开始加工前，关上设备上盖，确认激光器使能按钮已按下，然后按下面板上的启动/暂停键开始加工，如图 14-13 所示。

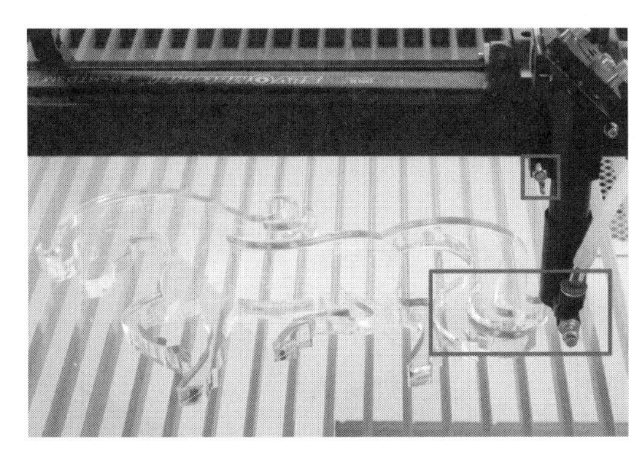

图 14-12　激光切割机焦距调整

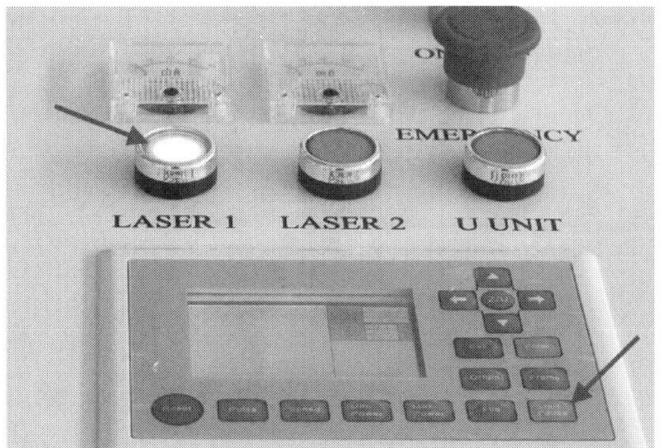

图 14-13　激光切割机加工启动

加工过程中可能出现各种情况，自始至终需要有人值守。切割亚克力等易燃材料时，可能出现材料下表面着火的情况。这时，需要立即按下启动/暂停键暂停加工，待火灭了之后，如果需要，适当加大辅助气体吹气量，然后再次按下启动/暂停键继续加工。切割亚克力等硬质板材时，有时切完的部分因为下方刀条支撑位置偏离重心，会出现翘起的情况。这时，需要适时按下启动/暂停键暂停加工，取出翘起的部件，防止其与切割头发生碰撞，然后再次按下启动/暂停键继续加工。

出现其他异常情况，如异响、切割头移动异常等，也应立即按下启动/暂停键暂停加工，排除故障，并视具体情况按下启动/暂停键继续加工，或按下退出键取消加工。加工结束后，设备会发出提示音，切割头自动返回指定的停靠点，面板显示相应的统计信息，如加工计时和计数等。这时可以打开设备上盖，取出切下的工件和废料。

14.4 激光加工实训

14.4.1 激光加工实训内容与要求

激光加工实训内容与要求如表 14-1 所示。

⊡ 表14-1　激光加工实训内容与要求

序号	内容及要求	
1	基本知识	1. 了解激光加工在机械制造中的应用 2. 了解激光雕刻切割机原理、特点和加工范围 3. 掌握二维绘图软件基本绘图操作方法 4. 掌握激光切割软件 LaserWork 操作方法 5. 掌握激光切割机的操作方法
2	基本技能	1. 利用二维绘图软件绘制给定零件的激光加工轮廓图 2. 运用 LaserWork 软件完成待加工零件的激光加工设置 3. 操作激光切割机完成零件加工

14.4.2　激光加工安全操作规程

① 操作者必须熟悉机床的结构和性能。

② 严格按使用说明书和操作规程正确地操作使用，并严禁超规格使用设备。

③ 操作人员要穿戴整齐，戴上防护手套。

④ 在激光切割机正在切割产品时，严禁操作人员进入切割区域。

⑤ 在激光切割机正在切割产品时，禁止有人站在操作人员前面，阻碍操作人员视线。

⑥ 在激光切割机正在切割产品时，操作人员需要位于工作台前，用眼睛余光观察切割动态。

⑦ 在激光切割机正在切割产品时，如果切割产品翘起，阻碍切割头的移动，需要及时暂停，排除问题，方能继续切割。

⑧ 严禁将身体的任何部分停留或者经过激光头之下。

14.4.3　激光加工操作训练

利用激光切割机，从有机玻璃板上，加工如图14-14所示的底板零件。

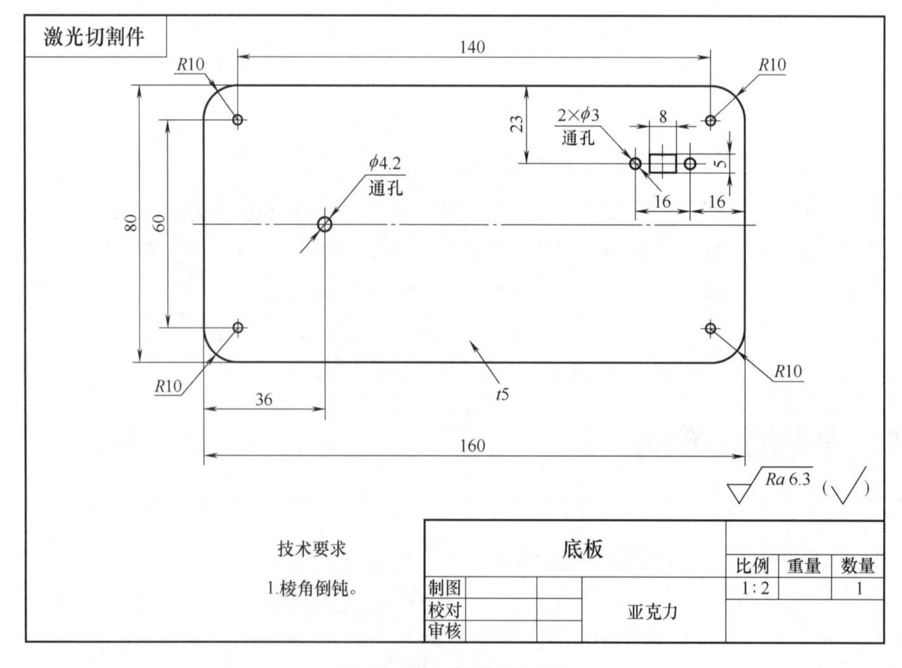

图14-14　底板零件图

底板零件的激光切割加工步骤如下：

① 采用 AutoCAD 或 CAXA 软件绘制底板零件轮廓图。并将图形文件保存为低版本 2000 的“.dxf”格式文件。

② 双击 EagleWorks 软件快捷图标，打开激光加工软件。

③ 采用“文件”菜单下的“导入”命令，将底板零件的“.dxf”格式图形文件，导入激光加工软件中，如图 14-15 所示。

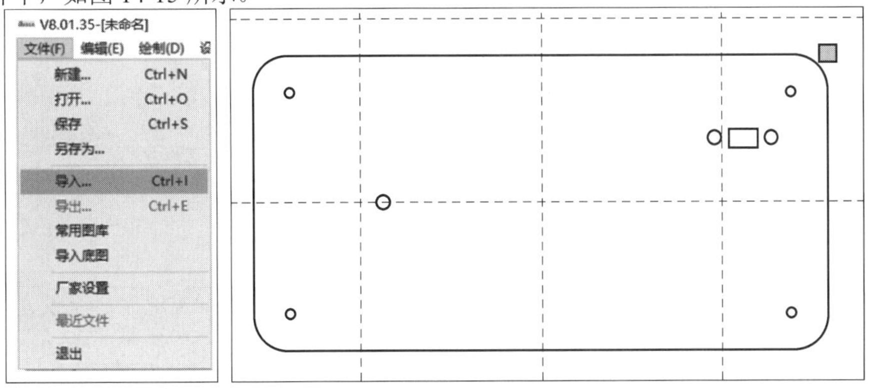

图 14-15　导入底板轮廓图形

④ 采用工具栏上的“选择”按钮，框选整个底板零件轮廓图，在工具栏上方查看底板零件的轮廓尺寸是否为设计尺寸，如图 14-16 所示。

⑤ 双击底板轮廓线所在图层，在对话框中设置激光加工参数，包括最大、最小功率和切割速度，如图 14-17 所示。激光加工参数需要根据加工材料类型以及切割深度来选取。

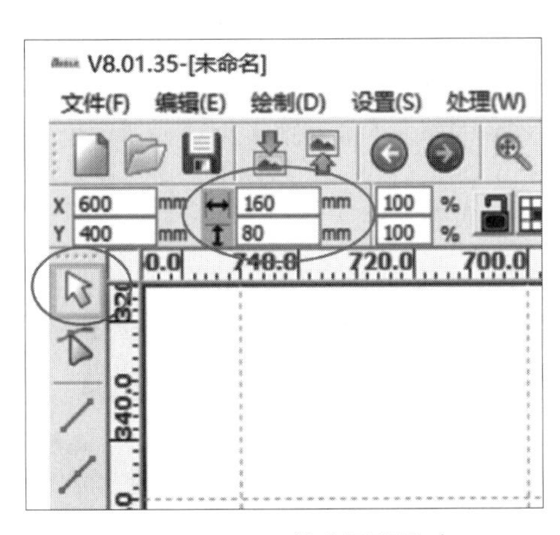

图 14-16　检查图形尺寸

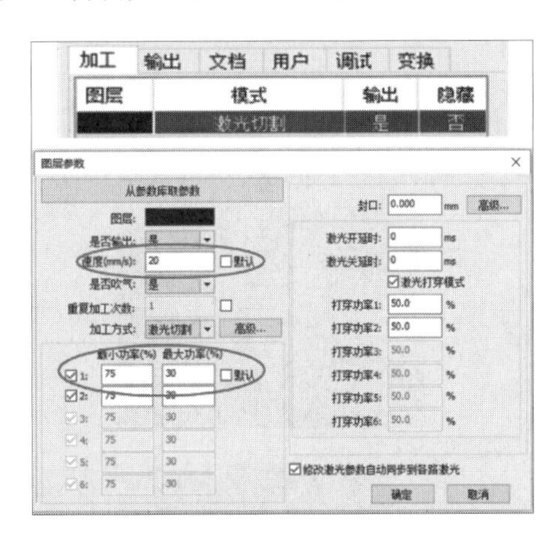

图 14-17　设置加工速度和激光功率

⑥ 打开激光切割机，将有机玻璃板放置在激光头下方，单击激光加工软件中的走边框，检查激光头按照底板最大轮廓运动的范围是否完全在有机玻璃之上，如果没有，需要调整有机玻璃摆放位置；如果完全在有机玻璃之上，可以单击“开始”，进行有机玻璃的加工，如图 14-18 所示。

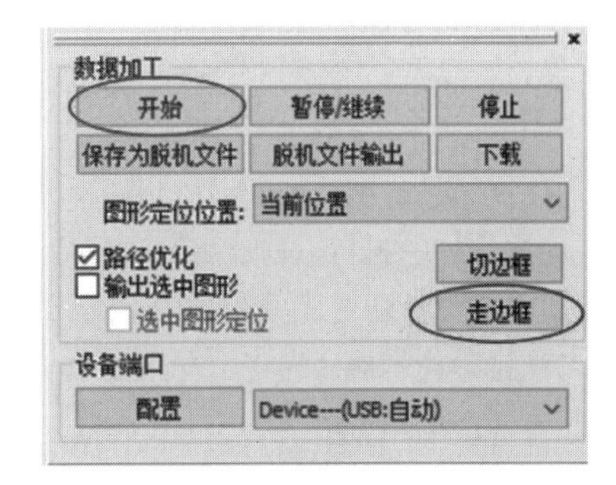

图 14-18　走边框、开始加工

增材制造技术

15.1 概述

随着全球市场一体化的形成，制造业的竞争十分激烈，产品的开发速度日益成为竞争的主要矛盾。在这种情况下，自主快速产品开发的能力成为制造业全球竞争的实力基础。同时，制造业为满足日益变化的用户需求，又要求制造技术有较强的灵活性，能够以小批量甚至单件生产而不增加产品的成本。因此，产品开发的速度和制造技术的柔性就变得十分关键了。增材制造技术作为敏捷制造技术的重要分支，为人们快速消化吸收原产品，缩短新产品的设计制造周期提供了重要的技术支撑。

15.1.1 3D 打印技术的起源及历史

增材制造是采用材料逐渐累加的方法制造实体零件的技术，如图 15-1 所示，相对于传统的切削加工技术（减材制造），如图 15-2 所示，是一种“自下而上”的制造方法。

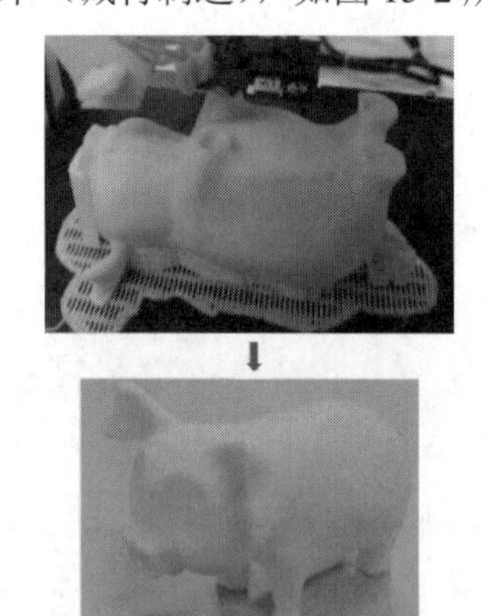

图 15-1 增材制造

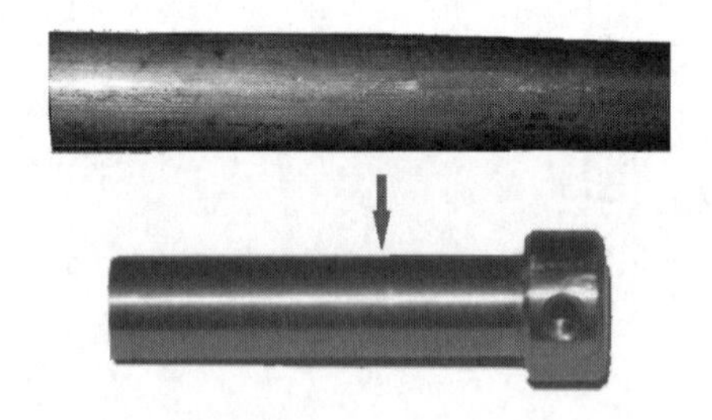

图 15-2 减材制造

3D 打印是一种典型的增材制造技术。它与普通打印的工作原理基本相同，打印机内装有液体或粉末等打印材料，与计算机连接后，通过计算机控制把打印材料一层层叠加起来，最终将计算机上的设计转变成如图 15-3 所示实物。

3D 打印技术被认为将引发第三次工业革命。它兴起于二十世纪八九十年代，发展于二十一世纪初，自 2012 年起，3D 打印技术已成为科技界、工程界关注的热点。3D 打印技术有可能革命性地改变人类制造模式，几乎可以生产未来所有的产品。

3D打印技术的核心制造思想最早起源于19世纪末的美国，到20世纪80年代后期，3D打印技术发展成熟并被广泛应用。1892年，美国登记了一项采用层合方法制作三维地图模型的专利技术。1979年，日本东京大学生产技术研究所的中川威雄发明了叠层模型造型法。1980年，日本的小玉秀男又提出了光造型法。最早从事商业性3D打印制造技术的是查尔斯·赫尔。1986年，美国发明家查尔斯·赫尔成立了一家名为3D打印的公司。1988年，查尔斯生产出世界上首台以立体光刻技术为基础的3D打印机。1988年，美国的斯科特·克朗普发明了一种新的熔融沉积成形3D打印技术。1989年，美国的德卡德发明了选择性激光烧结技术。1992年，美国的赫利塞思发明了层片叠加制造技术。1995年，美国麻省理工学院的两名学生利用当时已经普及的喷墨打印机，将墨水替换成胶水，打印出了立体的物品，他们将此打印方法称作3D打印。

图15-3　3D打印机及其打印作品

15.1.2　3D打印的特点

3D打印使制造业发生了巨大变化，以前，零部件设计必须要考虑生产工艺能否实现，而3D打印技术的出现改变了这一生产思路，使得企业在生产零部件的时候不需要考虑生产工艺问题。因为任何复杂形状的零件都可以通过3D打印来实现。3D打印不需要机械加工或模具，而是直接根据计算机图形数据生成任何形状的物体，极大地缩短了产品的生产周期，提高了生产效率。3D打印技术具有如下特点。

① 高度柔性化。3D打印技术最显著的特点就是制造柔性化，它取消了专用工具，在计算机的管理和控制下可以制造出任意复杂形状的零件，是一个拥有高度柔性化的制造系统。

② 设计制造一体化。3D打印技术另一个显著的特点是CAD/CAM一体化，在传统的CAD/CAM技术中，由于成形思想的局限性，设计制造一体化很难实现。而快速成形技术由于采用了离散/堆积分层制造工艺，能很好地将设计与制造结合在一起。

③ 制造成形快速化。由于3D打印技术是建立在高度技术集成的基础之上，从CAD设计到实体零件的加工完成只需几小时至几十小时，比传统的成形方法要快得多。这一特点尤其适用于新产品的开发过程。

④ 材料应用的广泛性。由于3D打印技术的成形方式和成形零件用途不同，多种材料得以应用，如金属、塑料、纸、光敏树脂、陶瓷、蜡等材料。

15.1.3　3D打印技术的应用

3D打印技术作为制造领域的一次重大技术突破，随着工艺和材料方面的不断发展，其应用也越来越广泛。从最初模具制造、工业设计等领域的模样制造，到当前更多新产品的立即制造，3D打印技术都有重要应用。并且，3D打印技术的应用也在向航空航天、军事、科研、建筑、影视、家电、轻工、医学、考古、文化艺术、雕刻、首饰等领域快速扩展，如图 15-4 所示。具体应用情况如下。

① 工业产品研发。利用设计制造一体化的特点，使得设计理念、造型得以快速实现，成形制品可直接用于设计验证、造型评估、功能测试、装配检验，大大缩短产品研发周期，节约开发成本。

② 快速模具制造。3D 打印制品可直接作为高精度模型用于精密铸造，也可基于此技术快速制造模具、电火花加工电极，可显著缩短模具制造周期，降低制造费用。

③ 单件和复杂零件直接制造。采用高性能工程塑料，可以直接加工单件塑料零件，也可以采用快速铸造、直接成形等方法获得复杂金属零件。

④ 医疗领域。3D 打印制品可用于人体器官的教学模型、手术规划与演练模型，也可直接制造植入人体的功能构件。

⑤ 考古及艺术创作领域。3D 打印技术还可用于文物复制、修复，建筑模型快速制造，艺术品创作和特种艺术品制造。

机械：机械零件

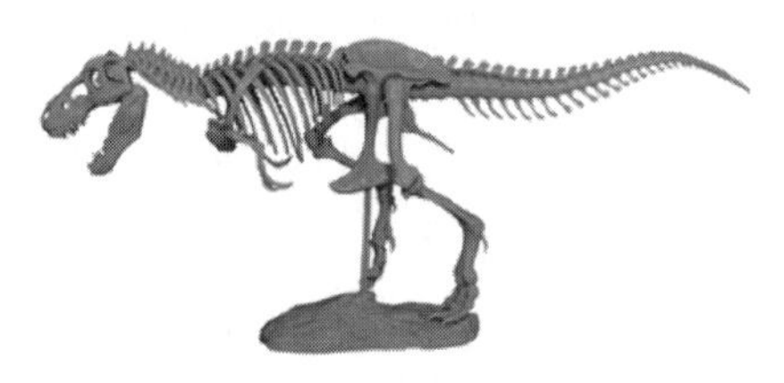
科研：化石模型

建筑：打印住房

食品：打印食物

工艺品：灯具

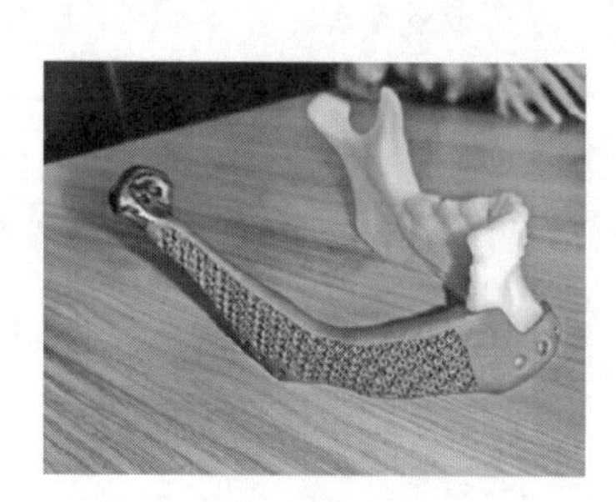
医疗：人造下颌骨

服饰：打印衣服

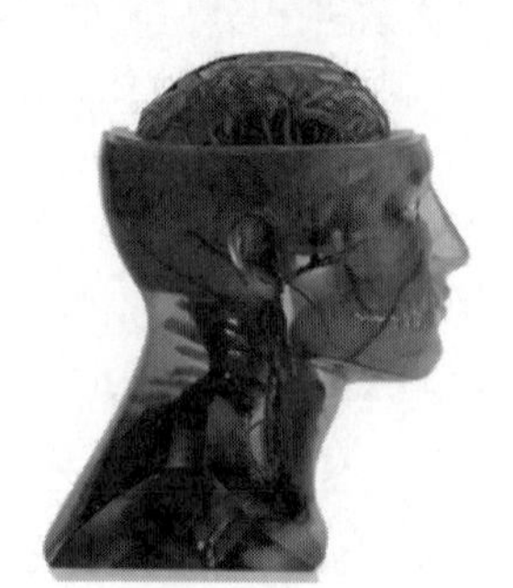
教育：人体模型教具

图 15-4　3D 打印技术应用领域

15.1.4 3D 打印技术原理

3D 打印技术综合了机械工程、计算机技术、数控技术和材料科学技术，采用增加材料而不去除材料的方式自动、快速、立体、精确地制造零件或模型，开辟了不用刀具制造零件的新途径。3D 打印技术的基本原理是：以三维 CAD 模型的分层数据为基础，运用粉末状金属或塑料等可黏合材料，对材料进行堆积（或叠加），快速地制造出任意复杂程度的产品原型或零件的一种数字化成形技术，如图 15-15 所示。3D 打印技术主要包括以下四部分。

① 零件 CAD 数据模型的构建。构建三维 CAD 数据模型的方法有两种。a. 基于构思的三维造型。设计人员应用各种三维 CAD 造型系统，如 Pro/E、UG、Solidworks 等，进行零件的三维实体造型，即将设计人员所构思的零件概念模型转变为三维 CAD 数据模型。b. 基于实体数据的三维造型。设计人员通过三坐标测量机、激光扫描仪、核磁共振图像、实体影像等方法对三维实体进行反求、计算并建立三维模型。

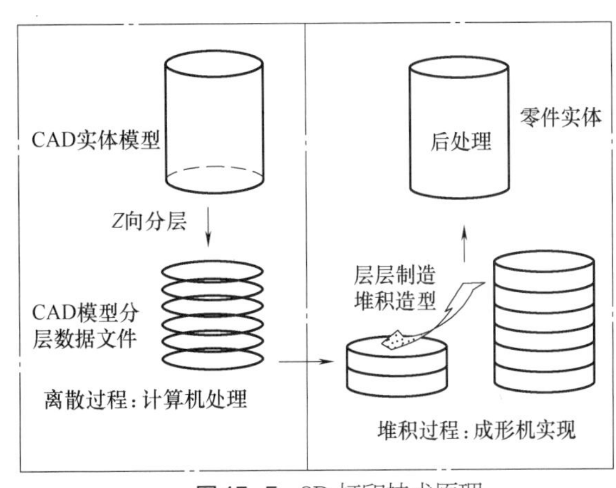

图 15-5 3D 打印技术原理

② 数据转换文件的生成。由三维造型系统将零件 CAD 数据模型转换成一种可被快速成形系统接受的数据文件，如 STL、IGES 等格式文件。STL 文件是对三维实体内外表面进行离散化后形成的文件，STL 文件易于进行模型的分层切片处理，故已成为目前绝大多数快速成形系统所接受的文件格式。目前所有 CAD 造型系统也均具有对三维实体输出 STL 文件的功能。

③ 模型的分层切片。将三维实体模型沿给定的方向（一般沿 Z 轴）切成一个个二维薄片，即进行离散化。可以根据快速成形系统的成形精度选择薄片的厚度，如 0.05~0.5mm。

④ 快速堆积成形。即以平面加工方式有序地连续叠加，得到三维实体。随着 RPM 技术的发展和人们对该项技术认识的深入，它的内涵也在逐步扩大。目前快速成形技术包括一切由 CAD 直接驱动的成形过程，而主要的技术特征就是成形的快捷性。对于材料的转移形式可以是自由添加、去除以及添加和去除相结合等形式。

15.1.5 3D 打印技术典型工艺方法

随着 3D 打印技术的发展，已经有几十种 3D 打印工艺方法相继出现并逐渐成熟，其中以光固化成形、分层实体制造、选择性激光烧结、熔融沉积造型四种工艺在实际中应用最为广泛和成熟。以下分别介绍它们的具体工艺方法及特点。

（1）光固化成形　光固化成形也称光敏液相固化、立体印刷和立体光刻，是最早出现的、技术最成熟和应用最广泛的快速成形技术，是由美国 3D Systems 公司在 20 世纪 80 年代后期推出。光固化成形工艺是基于液态光敏树脂的光聚合原理实现，这种液态材料在一定波长和功率的紫外光的照射下能迅速发生光聚合反应，相对分子质量急剧增大，材料从液态转变成固态。

光固化成形的工艺过程如下：

成形设备的树脂槽中装有液态光敏树脂，由激光器发出的紫外激光束在偏转镜的作用下，可在光敏树脂液面进行扫描，扫描轨迹及光线的有无均按照零件的各层分层信息由计算机控制，被光点扫描到的地方树脂就固化。成形开始时，升降台处于液面下一个截面层厚的高度，聚焦于液面的激光束在计算机的控制下沿液面进行扫描，被激光照射到的树脂固化，未被照射到的树脂仍呈液态，一层扫描完成后，即得到该截面轮廓的塑料薄片。然后升降台降低一个层厚的高度，已固化树脂的层面上又覆盖一层液态树脂，以便进行第二层激光扫描固化，新固化的一层牢固地黏结在前一层上，如此反复，直到整个三维零件制作完成。最后升降台升出液面，即可取出零件，进行进一步的后期处理。其工艺过程如图 15-6 所示。

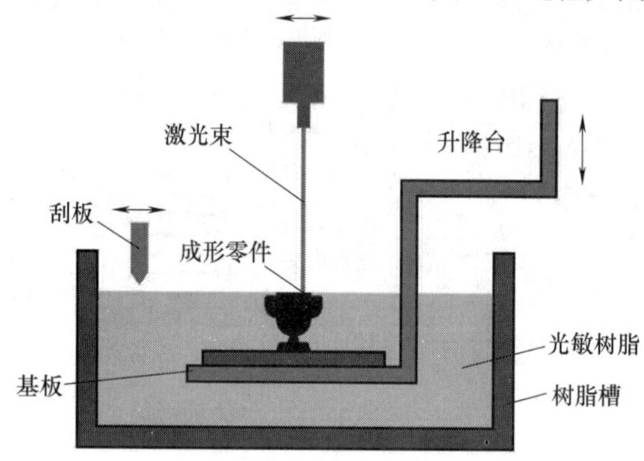

图 15-6　光固化成形工艺

（2）分层实体制造　分层实体制造工艺是采用 CAD 分层模型中所获得的数据，按照零件连续的分层几何信息切割片材，将所获得的层片黏结成三维实体。其工艺过程是：首先铺上一层箔材，然后用 CO_2 激光在计算机控制下切出本层轮廓，非零件部分全部切碎以便于去除。当本层完成后，再铺上一层箔材，用滚子碾压并加热，以固化黏结剂。使新铺上的一层牢固地黏结在已成形体上，再切割该层的轮廓，如此反复直到加工完毕，最后去除切碎部分以得到完整的零件，如图 15-7 所示。该工艺的特点是：工作可靠，模型支撑性好，成本低，效率高。缺点是：前、后处理费时费力，且不能制造中空结构件。

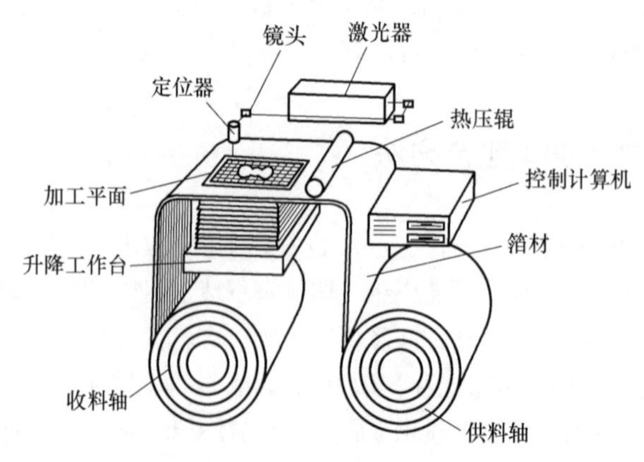

图 15-7　分层实体制造工艺

(3) 选择性激光烧结　选择性激光烧结（SLS）借助精确引导的激光束使固态粉末烧结或熔融后凝固形成三维实体。选择性激光烧结工艺原理与成形过程如图 15-8 所示。成形机按照计算机输出的成形分层轮廓，采用激光束在指定路径上有选择性地扫描并烧结工作台上很薄（0.1~0.2mm）且均匀铺层的固态粉末。由分层图形所选择的扫描区域内的粉末被激光束熔融，黏结在一起，而区域中未扫描到的粉末仍然是松散的。当一层截面烧结完成后，移动工作台，形成新的层面，铺粉压实后，再选择性地烧结新一层截面，并与前一层截面黏结起来，如此层层堆积而获得所需要的零件原型。成形过程中粉末本身可作为成形实体的支撑，不需要再设计支撑结构。该方法的粉末材料主要有蜡、聚碳酸酯、水洗砂等非金属粉和金属粉（如铁、钴、铬以及它们的合金)。因而特别适合制造复杂结构的成形零件，几乎可以成形任意形状的零件。

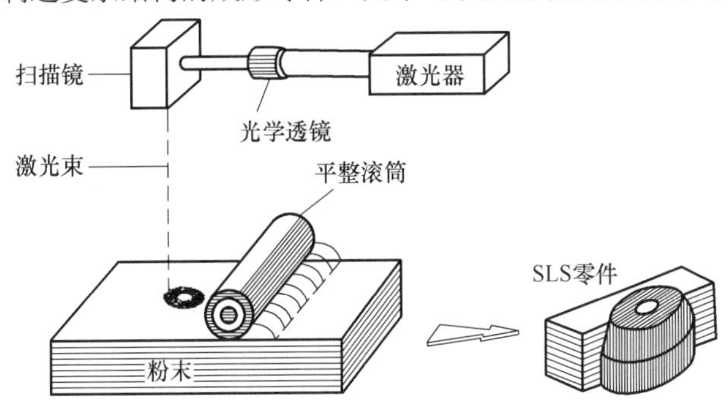

图 15-8　选择性激光烧结工艺

(4) 熔融沉积造型　熔融沉积造型（FDM）是根据 CAD 模型确定的几何信息，丝状材料由送丝机构送进喷头，并在喷头内采用一个加热器将丝状材料（丝材）加热成半流动状态。喷头在计算机的控制下根据片层参数沿零件截面轮廓和填充轨迹运动，同时挤压并控制流量，使黏稠流体均匀地铺撒在断面层上，一层层堆积，从而制造出零件原型。其工作原理如图 15-9 所示。FDM 所采用的材料有 ABS 工程塑料、蜡、聚乙烯、聚丙烯、陶瓷和尼龙等。

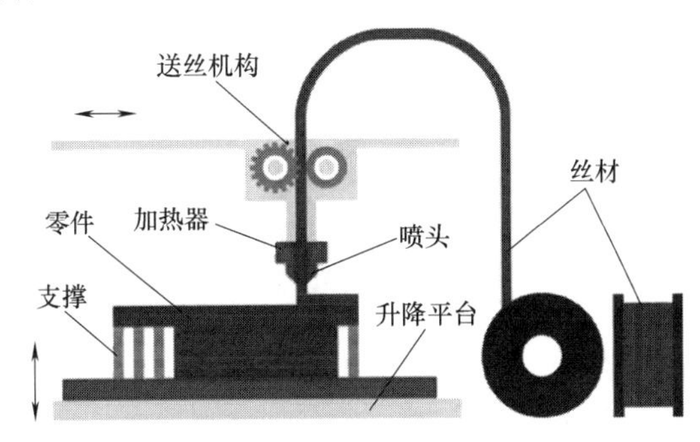

图 15-9　熔融沉积造型工艺

15.1.6　3D 打印主要步骤

利用计算机将 CAD 系统内复杂的三维实体模型切分成一系列的平面几何信息，转化为二维层面；成形时，每次打印一层具有一定微小厚度和特定形状的截面，然后采用黏结、熔接、聚合作用或化学反应等方法，逐层有选择地固化、熔结、或黏结材料从而堆积形成三维实体零件或模型。

3D 打印快速成形技术的工艺过程主要有以下步骤（图 15-10）。

① 构建零件 CAD 三维数据模型。

② 数据转换文件的生成。

③ 模型的分层切片。

④ 分层叠加成形。

⑤ 后处理。后处理包括打印零件的剥离（去除支撑）、后固化、修补、打磨、抛光和表面强化处理等。

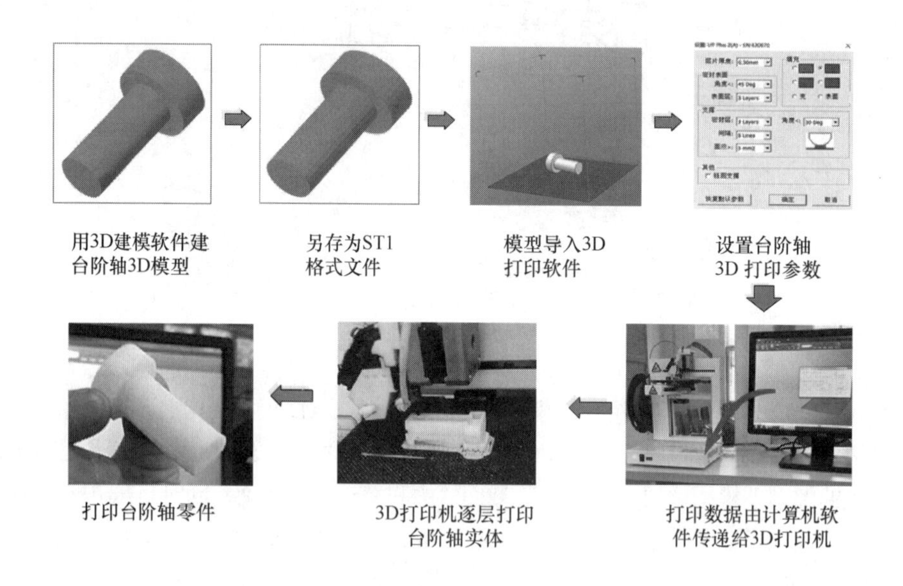

图 15-10 3D 打印主要步骤

15.2 3D 打印设备及基本操作

15.2.1 UP!3D 打印机工作原理

以太尔时代桌面级 UP!3D 打印机为例，介绍熔融沉积造型 3D 打印设备。

UP!3D 打印机采用熔融沉积造型工艺原理，材料一般是热塑性材料，如蜡、ABS、PC、尼龙等，以丝状供料。材料在喷头内被加热熔化，喷头沿零件截面轮廓和填充轨迹运动，同时将熔化的材料挤出，材料迅速冷却固化，并与周围的材料黏结。每一个层片都是在上一层上堆积而成。上一层对当前层起到定位和支撑的作用。随层高度的增加，层片轮廓的面积和形状都会发生变化，当形状发生较大的变化时，上一层轮廓就不能给当前层提供充分的定位和支撑作用，这就需要设计一些辅助结构“支撑”，对后续层提供定位和支撑，以保证成形过程的顺利实现。

15.2.2 UP!3D 打印机结构

UP!3D 打印机结构主要包括机架、工作台、丝材加热喷头、材料架、电源和数据线接口等，其正面和背面结构如图 15-11 所示。

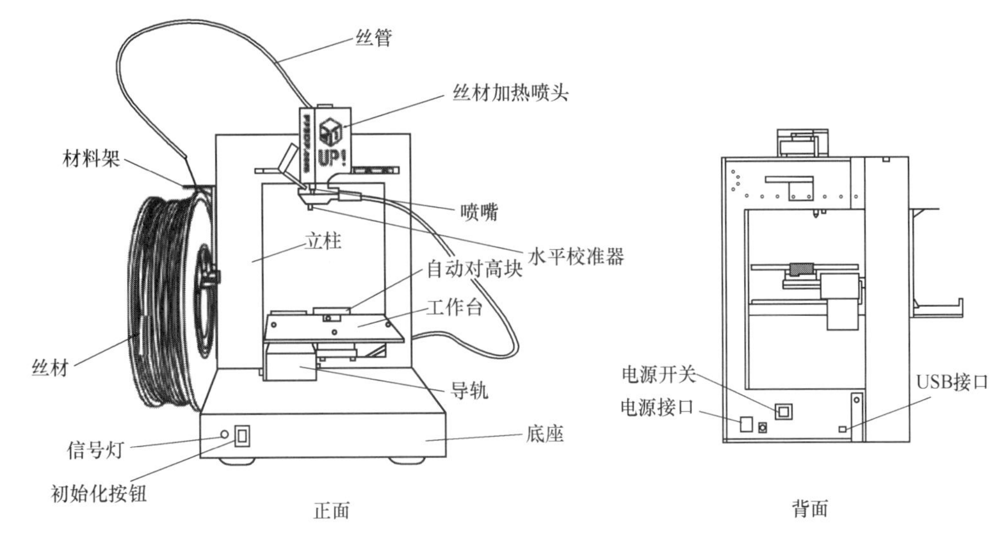

图 15-11 3D 打印机结构

15.2.3 3D 打印工具

3D 打印主要使用的工具有垫板、铲子、钳子、数据线、手套、六角扳手等，如图 15-12 所示。垫板放置于工作台上，用于承接熔融的丝材，使零件最下层支撑材料牢固地粘在垫板上，防止打印过程中，零件下层支撑材料脱粘，发生翘曲变形甚至移动，导致零件报废。铲子主要用于从垫板上铲下已经打印好的零件。钳子主要用于打印件后处理中去除支撑材料。数据线用于将计算机中生成的打印程序传输给 3D 打印机。

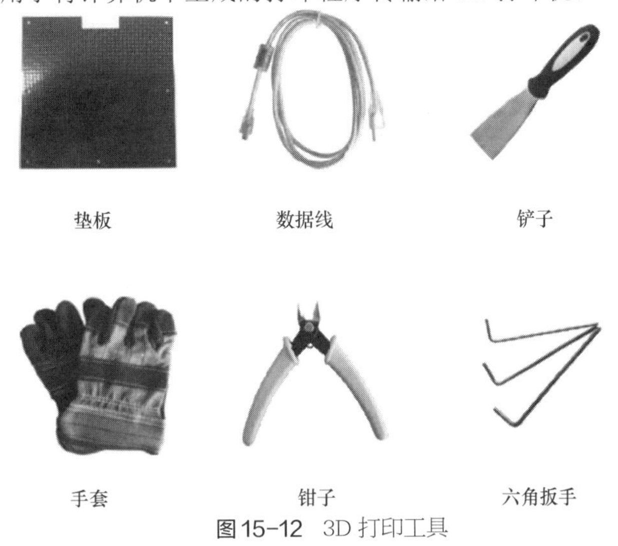

图 15-12 3D 打印工具

15.2.4 UP!3D 打印机操作步骤

① 检查确认 3D 打印机是否与安装有 UPStudio 软件的计算机正确连接。

② 打开 UPStudio 软件以及 3D 打印机。双击计算机中 UPStudio 软件快捷方式，打开软件。按下 3D 打印机背面的电源开关，打开 3D 打印机。

③ 初始化打印机。在打印之前，需要初始化打印机：单击 UPStudio 软件“三维打印”菜单下的“初始化”命令，或长按 3D 打印机正面的“初始化”按钮，当打印机发出蜂鸣声时，初始化开始。初始化过程中，喷头和打印平台会返回到打印机的初始位置。初始化结束后，3D 打印机会再次发出蜂鸣声，表明 3D 打印机已经准备好，可以进行打印工作了。

④ 校准喷嘴的初始高度。为了确保打印的模型与打印平台黏结正常，防止喷嘴与打印平台发生碰撞而对设备造成损坏。需要在开始打印之前校准并设置喷嘴的初始高度，以喷嘴与打印平台的距离在 0.2mm 以内为佳。通过 UPStudio 软件中的“维护”命令进行操作。

⑤ 载入模型。单击 UPStudio 软件中“添加”工具按钮，在弹出的对话框中选择需要打印的零件的三维模型。UPStudio 软件仅支持“.stl”格式和“.up3”格式的文件，其他三维建模软件生成的三维模型需要提前转存为“.stl”格式的文件。在打开的三维模型上单击，可以查看检查模型的详细资料。

⑥ 编辑模型。通过 UPStudio 软件中的“旋转”“缩放”等功能把模型调整到合适的尺寸。单击工具栏中的“自动布局”按钮，软件自动调整模型在打印平台上的位置。

⑦ 设置打印选项。通过 UPStudio 软件中的“设置”命令，对模型的层片厚度、支撑方式、填充方式、质量要求等打印参数进行设置。

⑧ 打印。通过 UPStudio 软件中的“打印”命令，将打印程序传输给 3D 打印机，3D 打印机喷头将材料加热至熔点后，在程序控制下开始零件打印。

⑨ 移除模型。当零件完成打印时，打印机会发出蜂鸣声，喷嘴和打印平台会停止加热。此时，从打印机平台上撤下垫板，用铲刀在模型下面铲松并铲下模型，移除模型过程中戴好手套，防止割伤或烫伤。

⑩ 移除支撑材料。打印的零件由两部分组成，一部分是零件本身，另一部分是支撑材料，支撑材料的物理性能和零件材料是一样的，只是支撑材料的密度小于零件材料，所以支撑材料很容易从零件上移除。支撑材料可以使用尖嘴钳来移除。

15.3 3D 打印加工实训

15.3.1 3D 打印实训内容与要求

3D 打印实训内容与要求如表 15-1 所示。

表 15-1 3D 打印实训内容与要求

序号	内容及要求	
1	基本知识	1. 了解 3D 打印原理、特点和加工范围 2. 了解 3D 打印机结构 3. 了解 3D 建模原理 4. 掌握 3D 打印 UP 软件操作 5. 掌握 3D 打印机基本操作
2	基本技能	1. 能够使用 3D 打印 UP 软件设置零件 3D 打印参数 2. 能够操作 3D 打印机打印零件或作品

15.3.2 3D 打印加工安全操作规程

① 操作者必须经过培训，熟悉设备的结构、性能和工作原理，熟悉设备基本操作和基本配置情况。

② 操作者操作前必须穿戴好劳动防护用品。

③ 开机前要保证打印机放置平稳，电源接通可靠。

④ 打印机上不能放置其他物品，以免损伤打印机，发生事故。

⑤ 换丝前要加热充分后轻松拉出，不能在未加热充分的情况下硬拉，以免损坏打印机。

⑥ 打印机是发热设备，打印过程要有人监看，以免乱丝后无人处理损坏打印机，甚至出现故障后无人处理，引起火灾。

⑦ 乱丝后要根据乱丝程度，暂停修复或者停止后清理干净重新打印。

⑧ 发热异常，要及时关闭打印机，关闭电源。

⑨ 禁止带电检修设备。

⑩ 打印结束待工作面冷却接近常温后，再清理打印机，打扫工作场地。

15.3.3 3D 打印加工操作训练

利用 3D 打印机打印出如图 15-13 所示的轴承座零件。

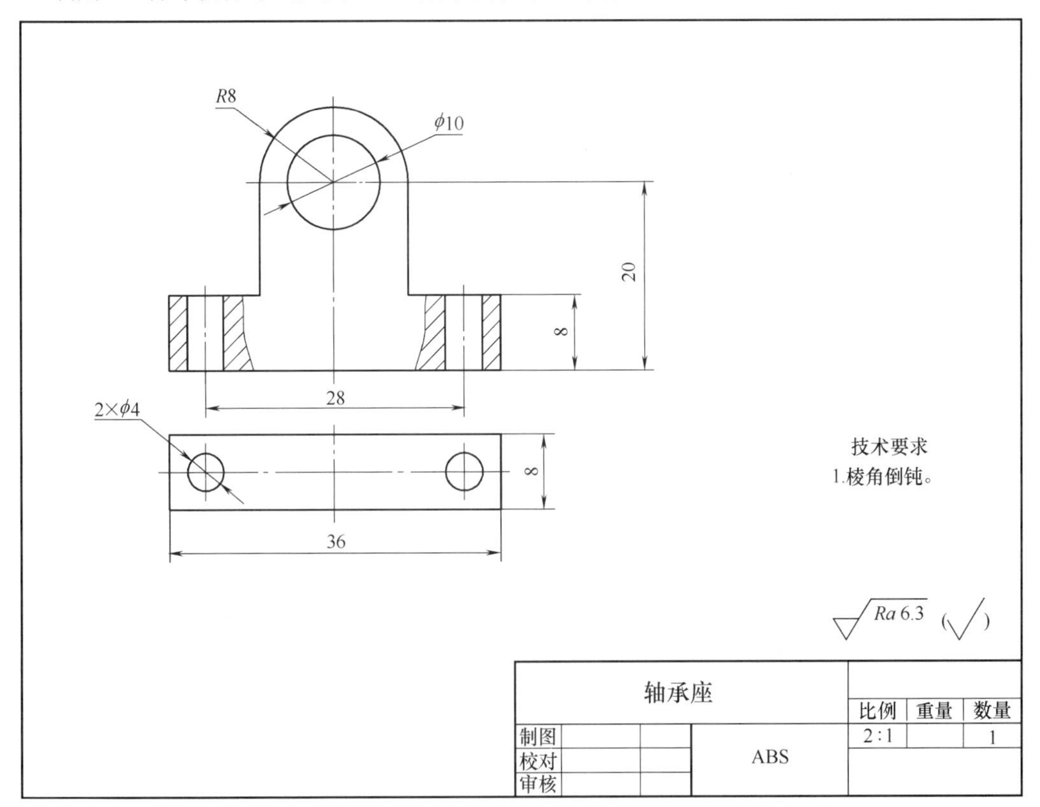

图 15-13 轴承座零件图

轴承座零件打印的具体步骤如下。

① 采用三维建模软件，建立轴承座三维模型，并将模型保存为“.stl”格式的文件。

② 双击 UPStudio 软件快捷方式，打开 3D 打印软件。

③ 采用 3D 打印软件中的“添加”工具按钮，如图 15-14 所示，找到轴承座三维模型的“.stl”格式的文件，在 3D 打印软件中打开轴承座三维模型，如图 15-15 所示。

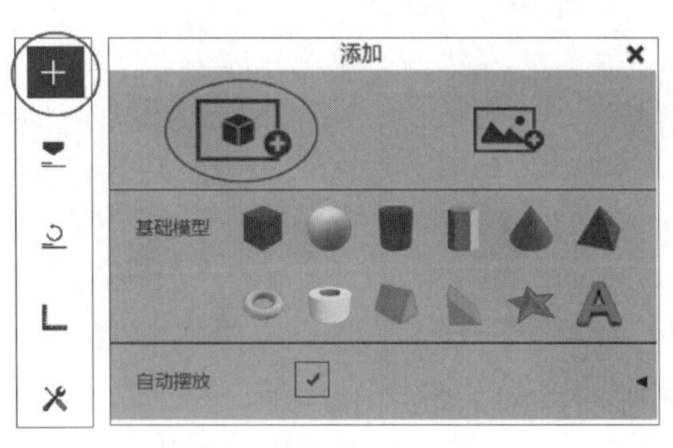

图 15-14 添加轴承座模型

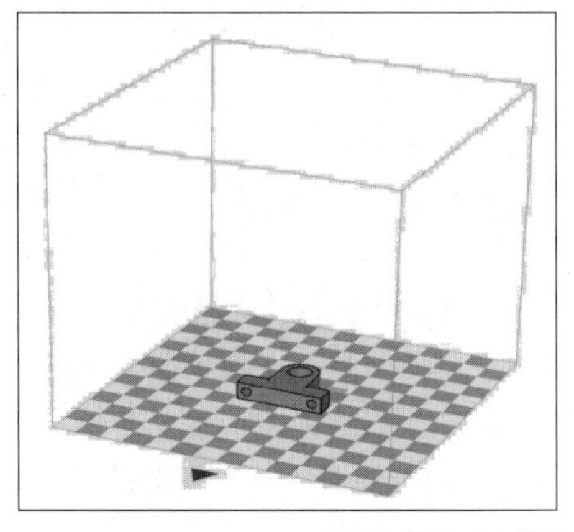

图 15-15 UPStudio 软件中的轴承座模型

④ 单击轴承座三维模型，在弹出的信息框中检查轴承座三维模型尺寸是否正确。

⑤ 打开 3D 打印机，并长按 3D 打印机上的初始化按钮，将打印机初始化。

⑥ 在 3D 打印软件中，采用“打印”工具按钮，在参数设置框中，设定打印参数，主要参数包括层片厚度、填充方式，如图 15-16 所示。

⑦ 单击“打印预览”，对轴承座零件的打印过程进行预览，可查看轴承座打印所需总时间以及需消耗的材料总重量，如图 15-17 所示。确认无误后，单击“打印”，打印软件将数据传输给 3D 打印机，经一段时间喷头加热，当喷头温度能够熔化打印材料后，开始打印轴承座。

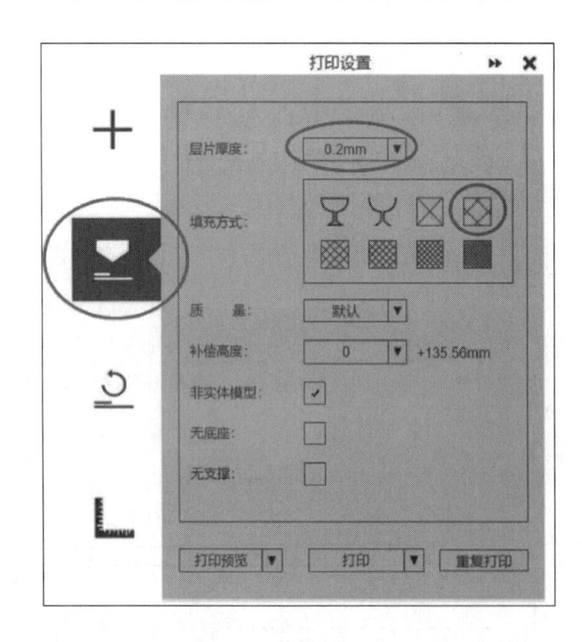

图 15-16 轴承座 3D 打印参数

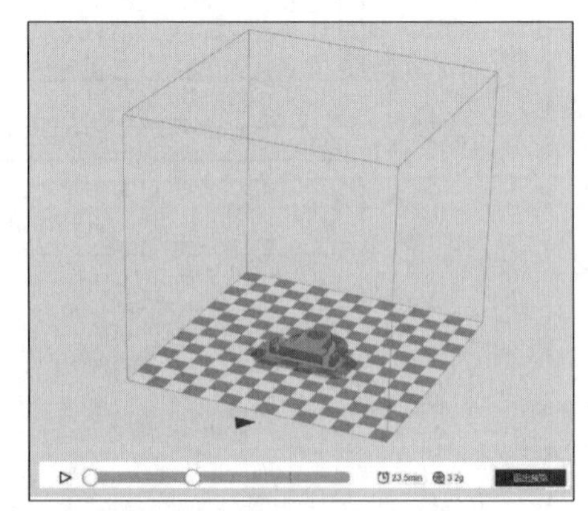

图 15-17 轴承座 3D 打印预览

第16章

机械产品制造实训

机械产品制造实训的目的是将学生在各个实训工种掌握的相对独立、单一的知识和技能加以综合应用，加深学生对产品制造过程的系统认知和培养学生综合运用已学知识分析机械零件加工工艺的能力。为了达到该目的，在原有各个工种实训内容和项目基本保持不变的情况下，增加了综合应用实训所学知识和技能，自主制造机械产品并利用所制造的产品进行竞赛的环节。实训产品的制造环节有利于将实训所学工艺知识和操作技能串联起来，加深学生对实训的印象，形成知识体系，为以后的专业学习打下坚实的工程实践基础。竞赛环节有利于增强实训的趣味性，提高学生实训热情，竞赛成绩能在一定程度上反映产品的制造质量，从而提高学生的质量意识，并且将竞赛成绩作为实训成绩的一部分，还能部分起到实训效果评价的功能。

本教程针对性设计了两个机械产品制作案例，分别是抽油机模型和风力小车模型，学生可根据课程安排情况进行选用，如图16-1所示，产品制作案例是多工种训练的载体，是小型的工程产品。该实训要求学生能了解产品的工作原理，读懂零件的工程图，分析零件加工工艺，独立加工操作，并通过装配、调试实现产品的运行。

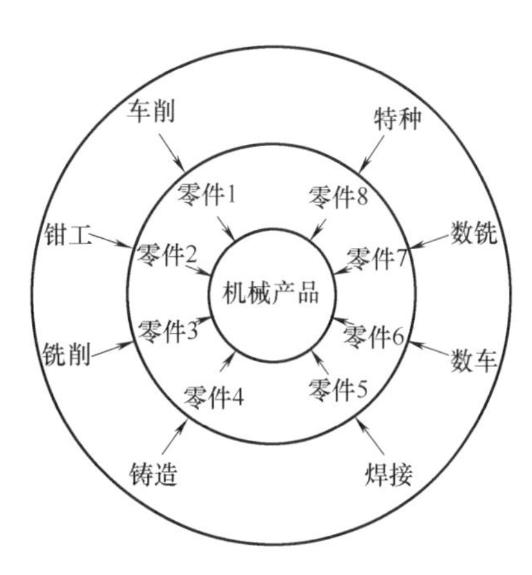

图16–1 机械产品制造训练方式

16.1 抽油机模型制作

抽油机是开采石油的一种重要机器设备，如图16-2所示，常见的游梁式抽油机，俗称“磕头机”，主要由底座、支架、电机、减速器、曲柄、连杆、游梁、驴头、悬绳器、刹车装置以及一系列附属装置构成。其中，底座、支架、曲柄、连杆、游梁等构成了机械中最常见的曲柄摇杆机构，其作用是将电机的旋转运动转换成摇杆端驴头的上下往复运动，驴头再通过安装在悬绳器上的抽油杆来驱动井下抽油泵的柱塞作往复运动，从而把井中的原油抽出。

抽油机模型是以常见游梁式抽油机的外形为参考进行设计的，它既是一个石油机械装置模型，也是一个典型的机构模型，如图16-3所示，该抽油机模型主要由底座、立柱、曲柄、连杆和摇杆等零件构成。制作该模型需要用到亚克力（有机玻璃）、ABS塑料、铝材等原材料或毛坯。

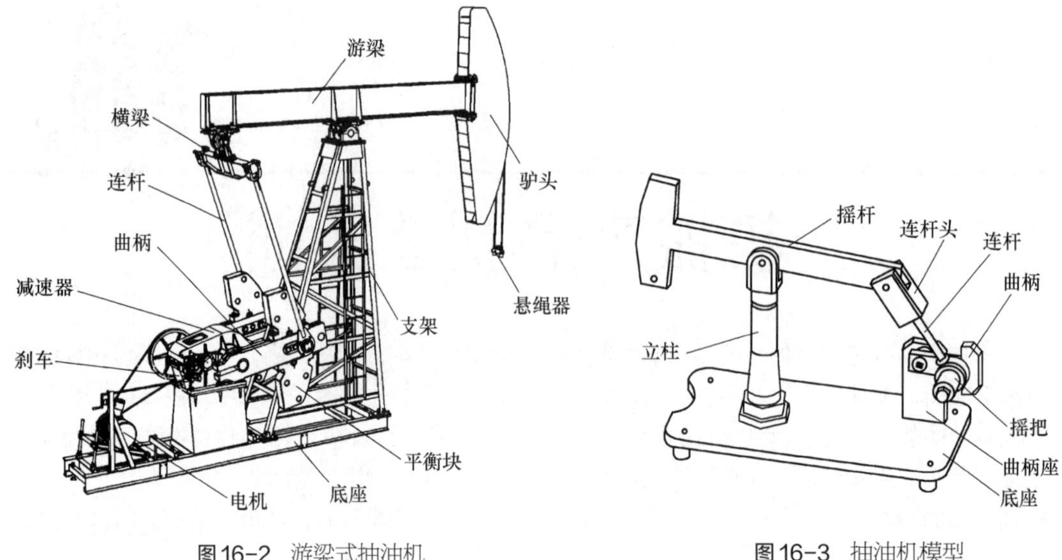

图16-2　游梁式抽油机　　　　图16-3　抽油机模型

学生在机械制造实训期间，可在各个工种依次完成抽油机模型零件的加工，再通过装配、调试后，可将模型安装于标准的实验平台进行泵水比赛，以检验各学生所制作模型的性能差异。

16.1.1　抽油机模型零件的加工

（1）摇把零件的加工　如图16-4所示，摇把是典型的轴套类零件。加工时，先车外圆和钻内孔，再钻螺纹底孔，最后攻螺纹。

（2）曲柄座零件的加工　如图16-5所示的曲柄座零件，在小批量生产中，一般采用铣削加工和钳工，也可以采用激光切割和钳工，其工艺方法有多种。为了进一步训练学生动手能力，特规定该零件均采用钳工加工。其步骤是：先下料、划线、锉削外形，再划线、钻孔，后攻螺纹。

（3）连杆零件的加工　如图16-6所示的连杆零件，用钳工加工该零件的方法是：先下料、划线，再锉削光杠，后套螺纹。

（4）连杆头零件的加工　如图16-7所示，连杆头主要由平面、沟槽和孔构成。加工时，先铣削平面和沟槽，再划线、钻孔，最后攻螺纹。

（5）摇杆零件的加工　如图16-8所示的摇杆零件，在大批量生产中，可采用铸造获得毛坯，再通过切削加工完成，其效率高，成本低。现规定用铸造铸出该零件外形，再锉削、划线、钻孔。

（6）曲柄零件的加工　如图16-9所示的曲柄零件，先将扁钢下料，再焊接点固，后钳工加工倒角和孔。

（7）立柱零件的加工　如图16-10所示的立柱，该零件在数控车床上加工。

（8）立柱座零件的加工　如图16-11所示的立柱座，该零件采用三爪卡盘装夹，在数控铣床上加工。

（9）底座零件的加工　如图16-12所示的底座零件，除了用激光切割加工外，还可以采用数控铣削加工。

（10）摇杆座零件的加工　如图 16-13 所示的摇杆座零件，若是大批量生产，该零件可采用注塑成形的方法获得，效率高，成本低；若是单件小批量生产类型，采用传统加工方法，则需要车削、铣削和钳工完成，因此，工艺流程较多，辅助时间较长，故生产成本较高。现采用 3D 打印获得，效率较高。

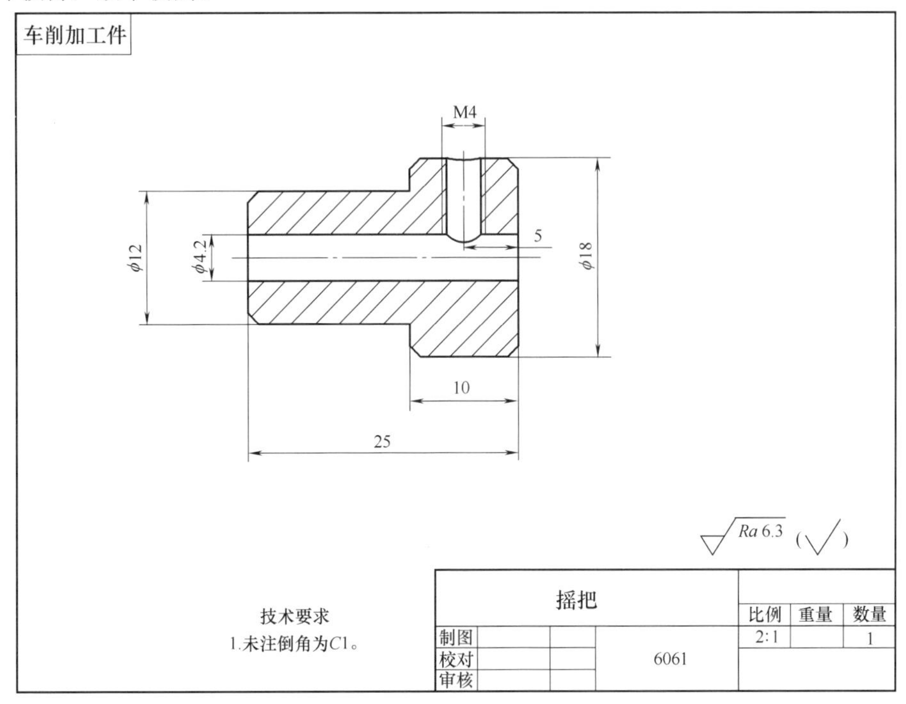

图 16-4　摇把

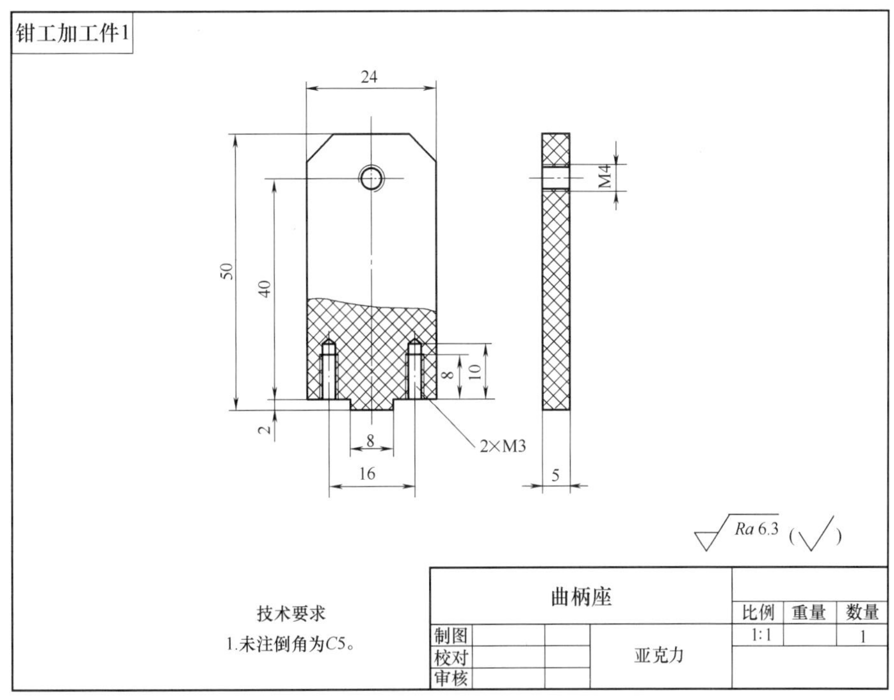

图 16-5　曲柄座

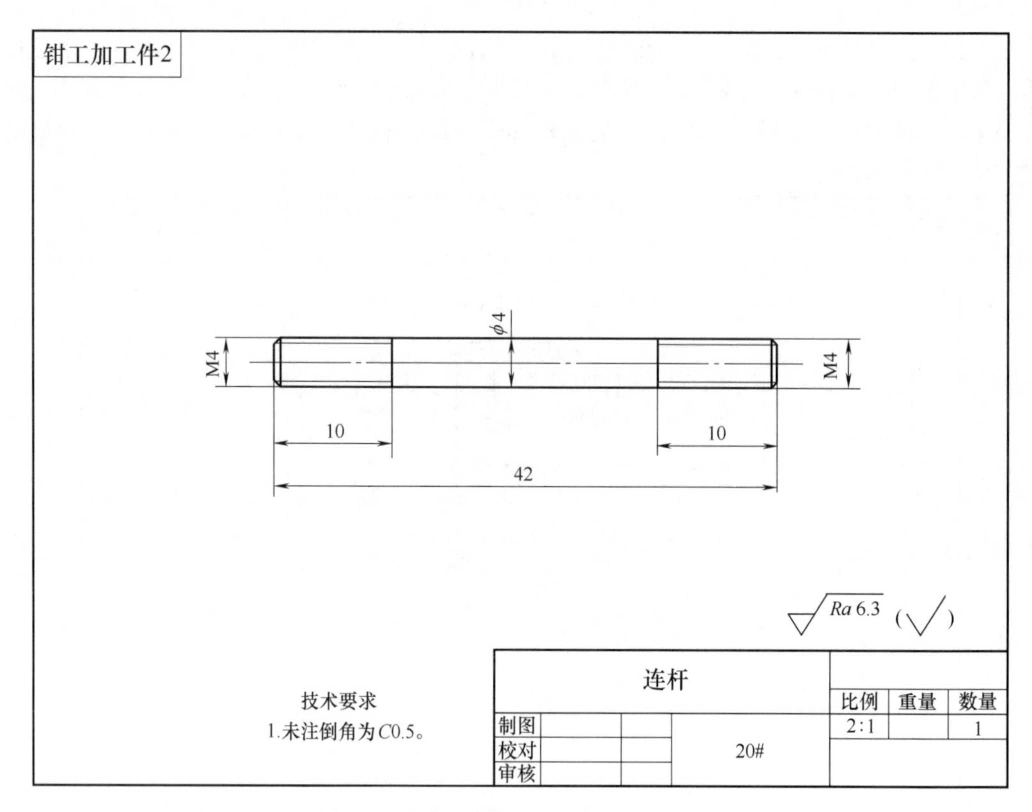

图16-6　连杆

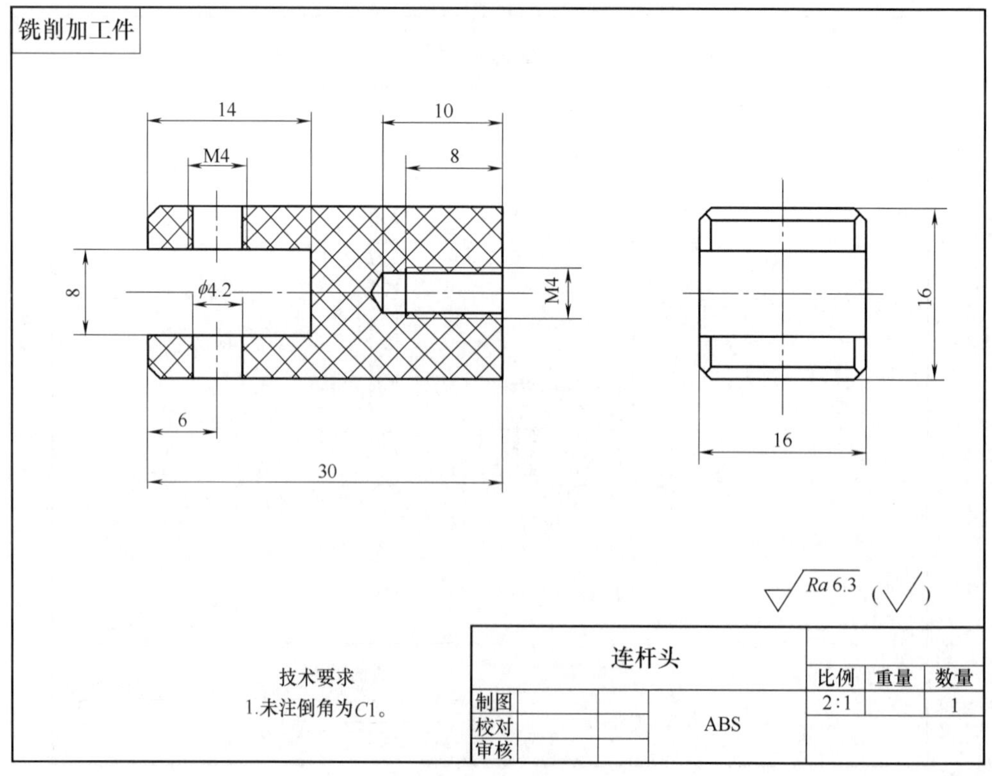

图16-7　连杆头

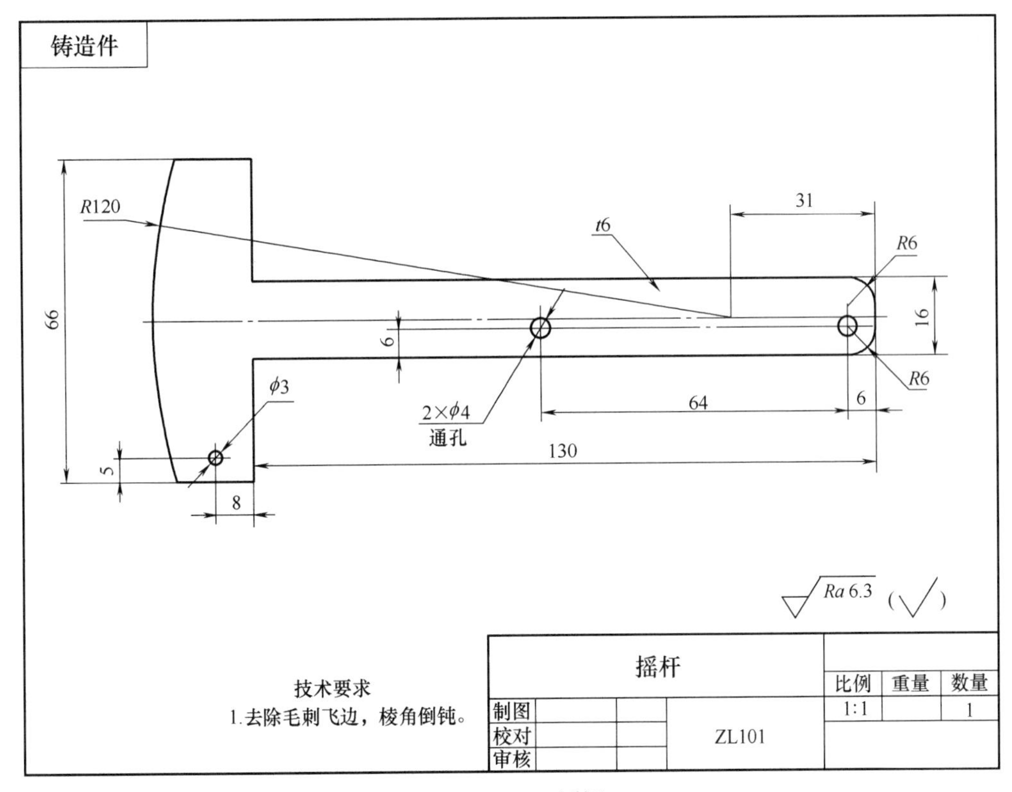

图16-8 摇杆

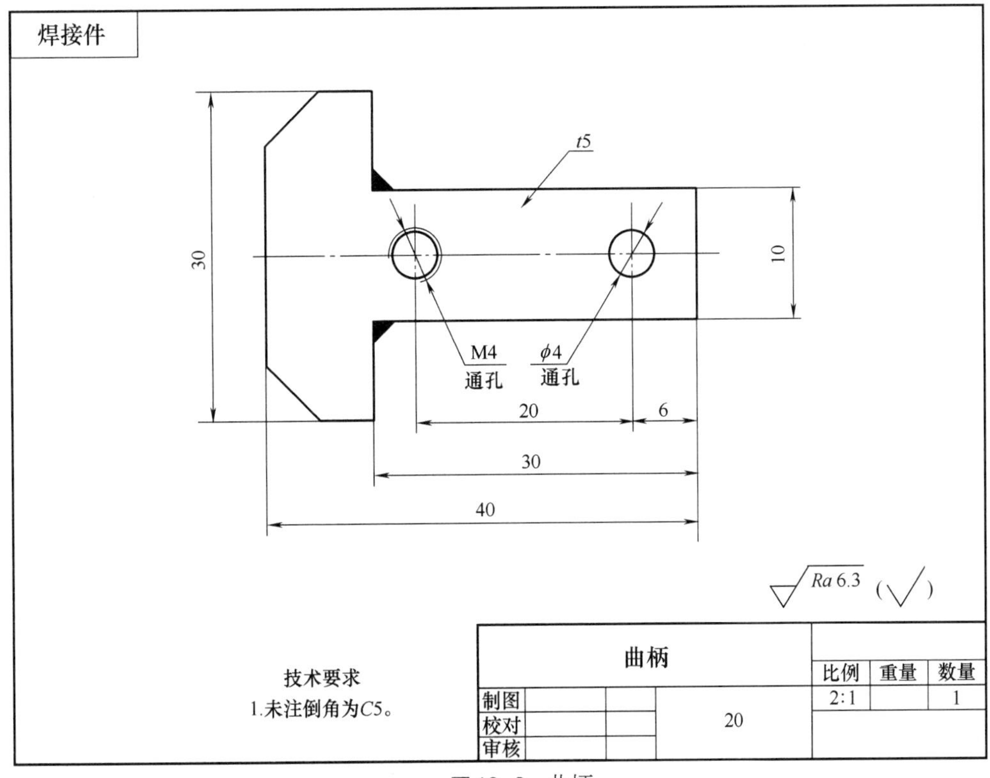

图16-9 曲柄

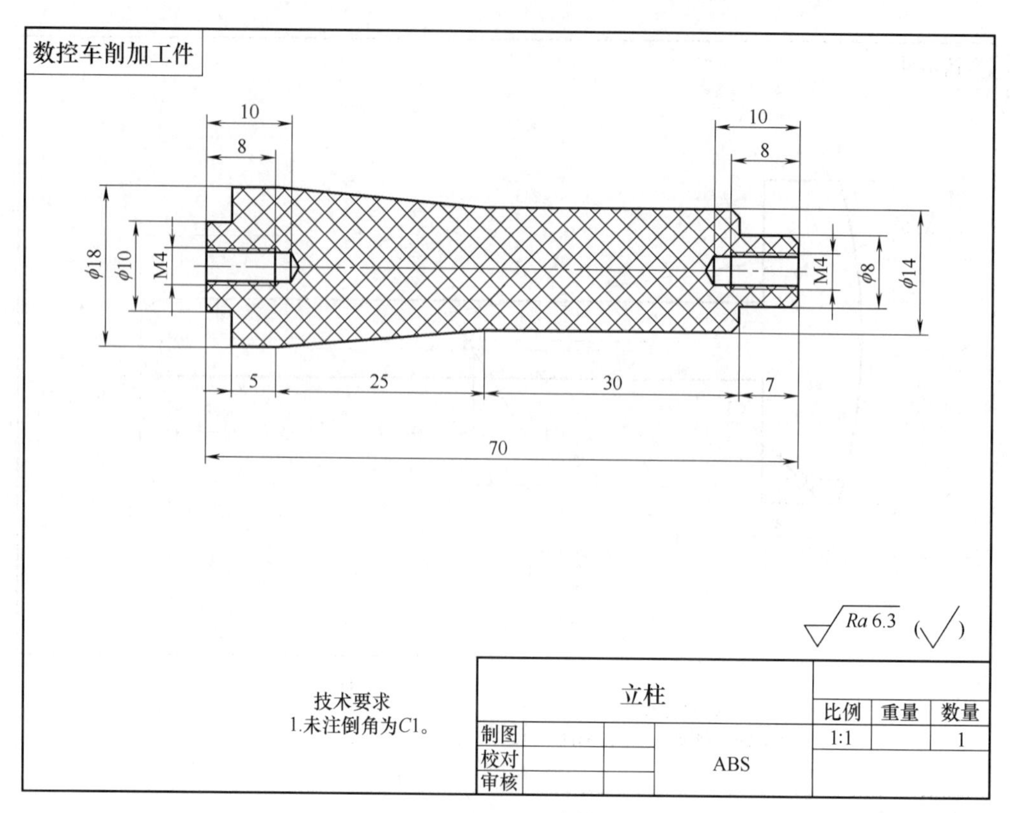

图16-10 立柱

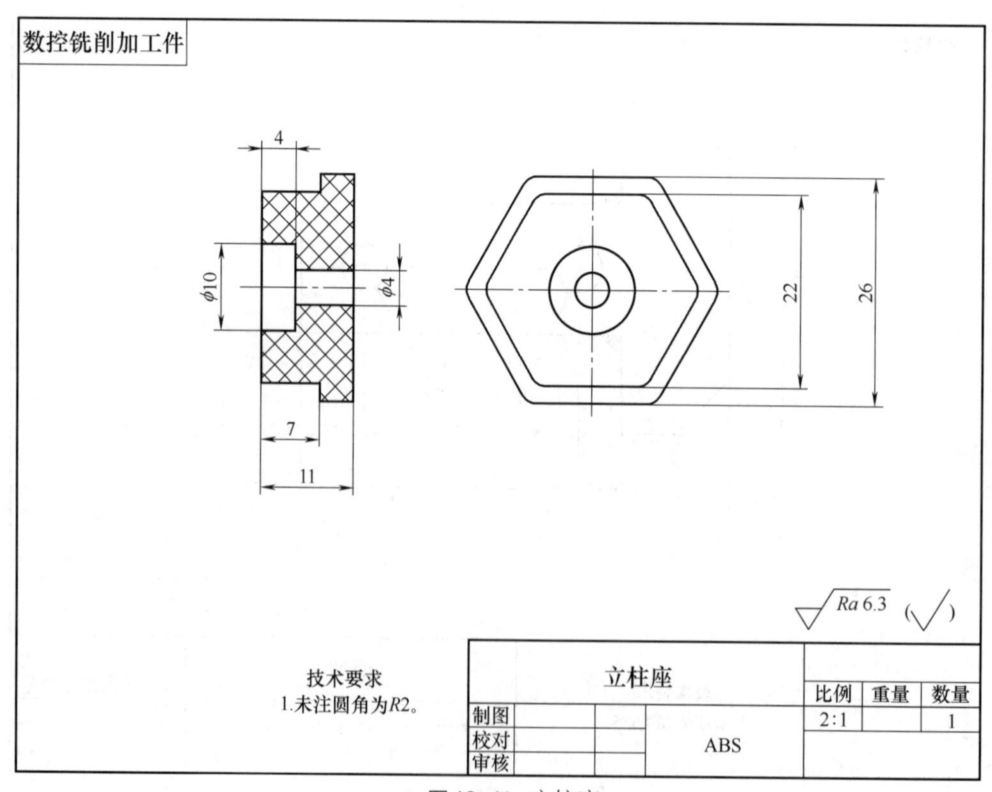

图16-11 立柱座

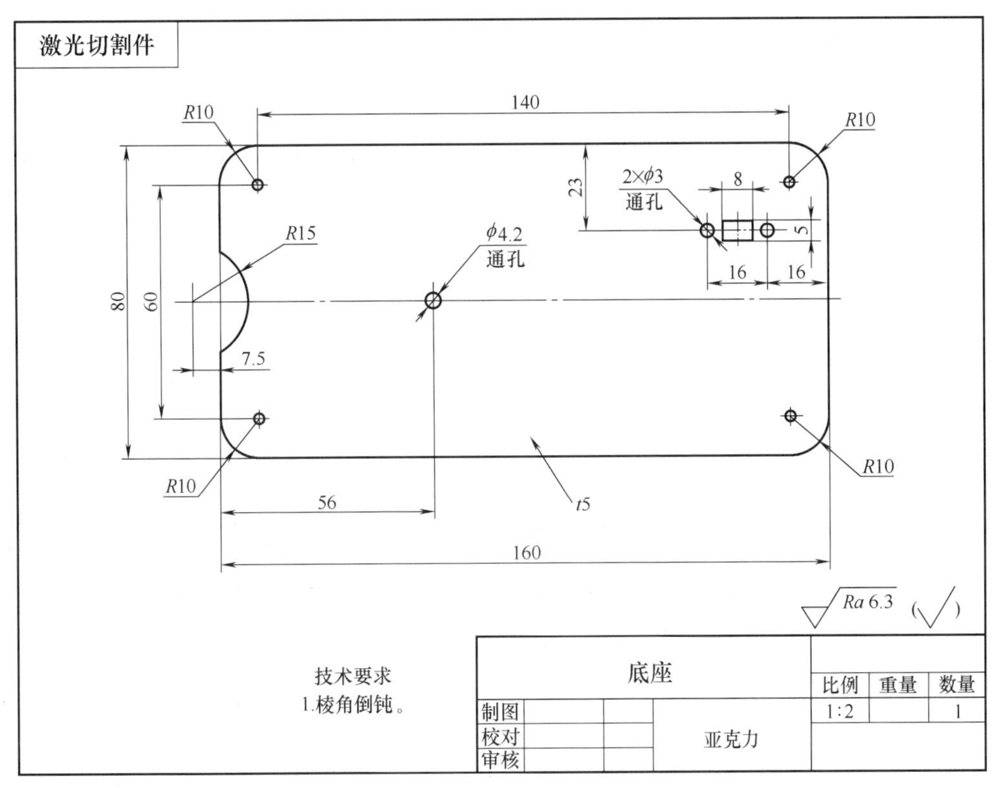

图16-12 底座

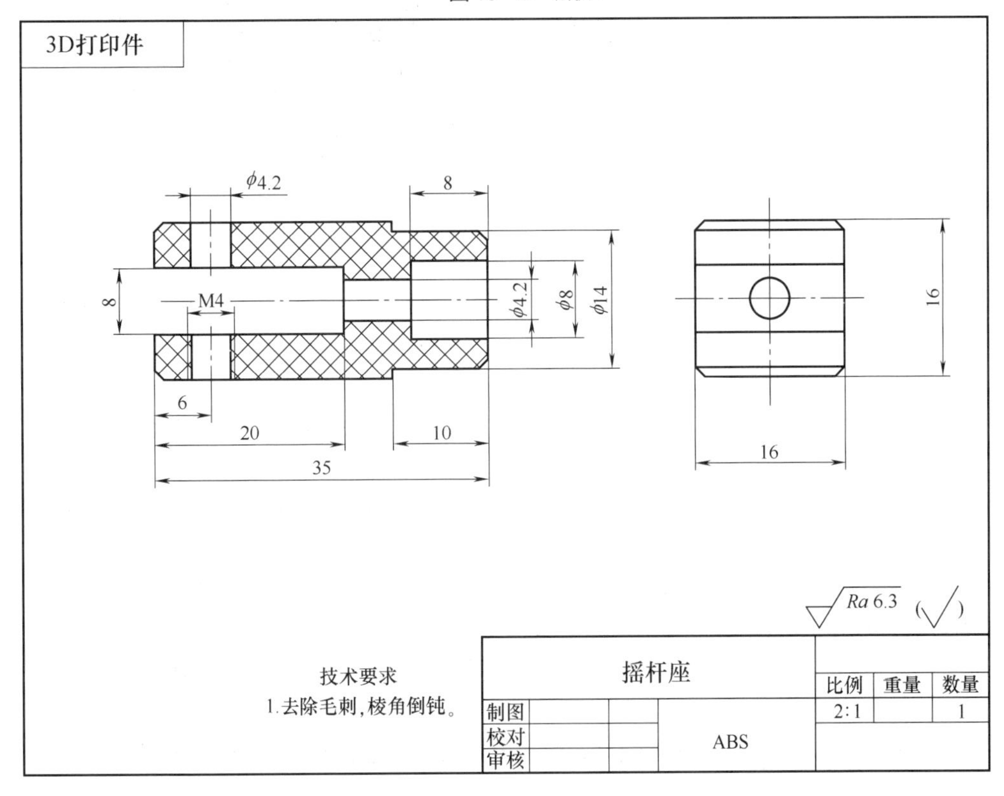

图16-13 摇杆座

16.1.2 抽油机模型的装配

图 16-14 是抽油机模型的装配图，在装配前应该对已加工零件进行去毛刺和清理，并根据装配图明细栏的要求准备标准件。装配该模型需用到十字螺丝刀一把，其步骤如下。

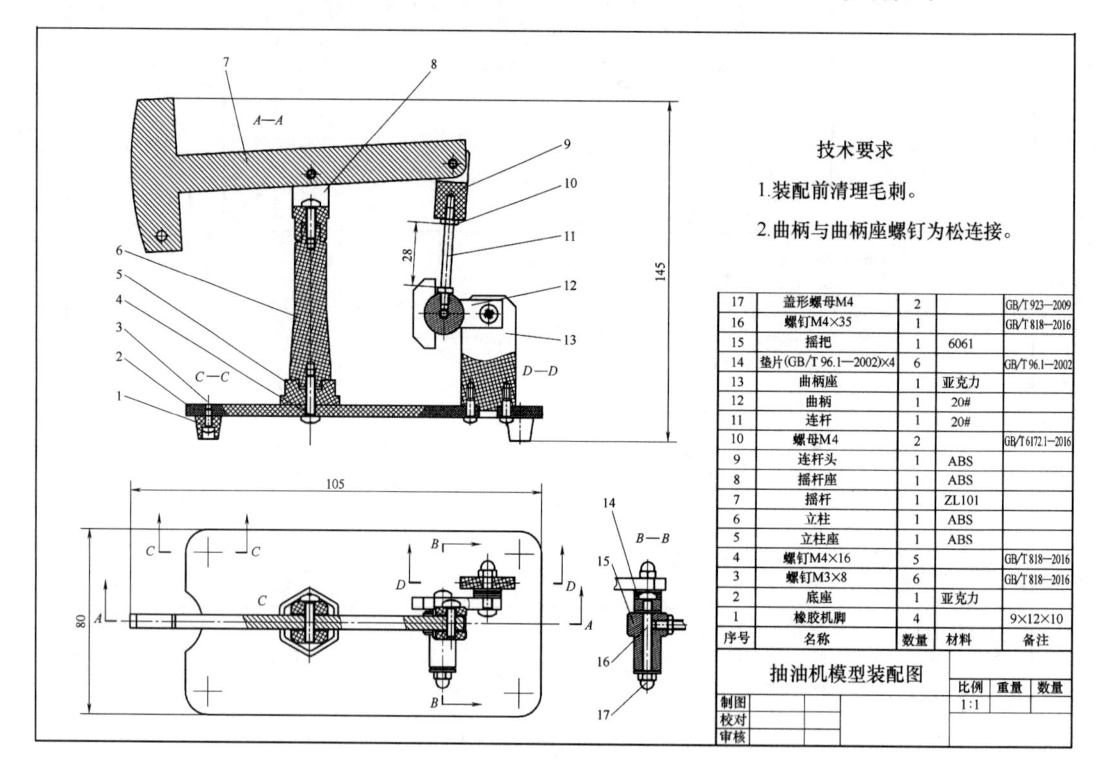

序号	名称	数量	材料	备注
17	盖形螺母M4	2		GB/T 923—2009
16	螺钉M4×35	1		GB/T 818—2016
15	摇把	1	6061	
14	垫片(GB/T 96.1—2002)×4	6		GB/T 96.1—2002
13	曲柄座	1	亚克力	
12	曲柄	1	20#	
11	连杆	1	20#	
10	螺母M4	2		GB/T 6172.1—2016
9	连杆头	1	ABS	
8	摇杆座	1	ABS	
7	摇杆	1	ZL101	
6	立柱	1	ABS	
5	立柱座	1	ABS	
4	螺钉M4×16	5		GB/T 818—2016
3	螺钉M3×8	6		GB/T 818—2016
2	底座	1	亚克力	
1	橡胶机脚	4		9×12×10

图 16-14 抽油机模型装配图

① 将橡胶机脚装入底座，如图 16-15（a）所示。

② 将曲柄装入曲柄座，在保证曲柄转动灵活，无卡阻现象后，再用盖形螺母锁紧 M4×16 螺钉，以防止螺纹松动。如图 16-15（b）所示。

③ 将曲柄组件与底座连接，如图 16-16（a）所示。

④ 先将摇杆座与立柱连接，再将立柱与立柱座配合后与底座相连，注意调整摇杆座开槽的方向与底座长边平行，如图 16-16（b）所示。

⑤ 用连杆连接摇把和连杆头，连杆两端需采用螺母进行放松，并保证装配后两螺母端面的距离为 28mm，如图 16-17（a）所示。

⑥ 如图 16-17（b）所示，将摇把插入曲柄组件的 M4×35 螺钉，用垫片调整间隙，最后装盖形螺母，保证摇把转动灵活。

⑦ 如图 16-18 所示，将摇杆分别与连杆头和摇杆座相连，安装 M4×16 螺钉时，要保证摇杆运动灵活，无卡阻现象。

⑧ 试运行。通过摇把带动曲柄旋转，观察摇杆摇动是否自如，若有明显卡阻情况，应及时调整。

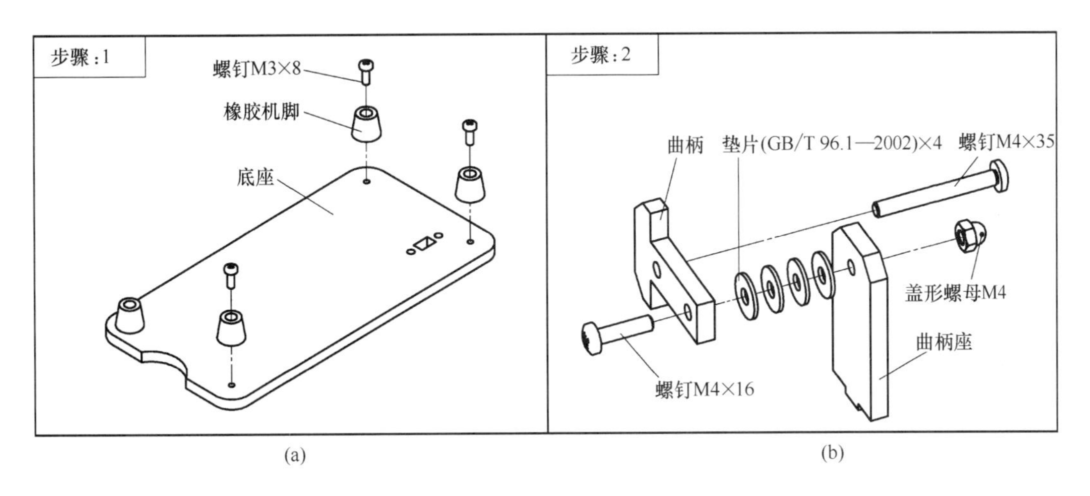

(a) (b)

图16-15 安装橡胶机脚和曲柄

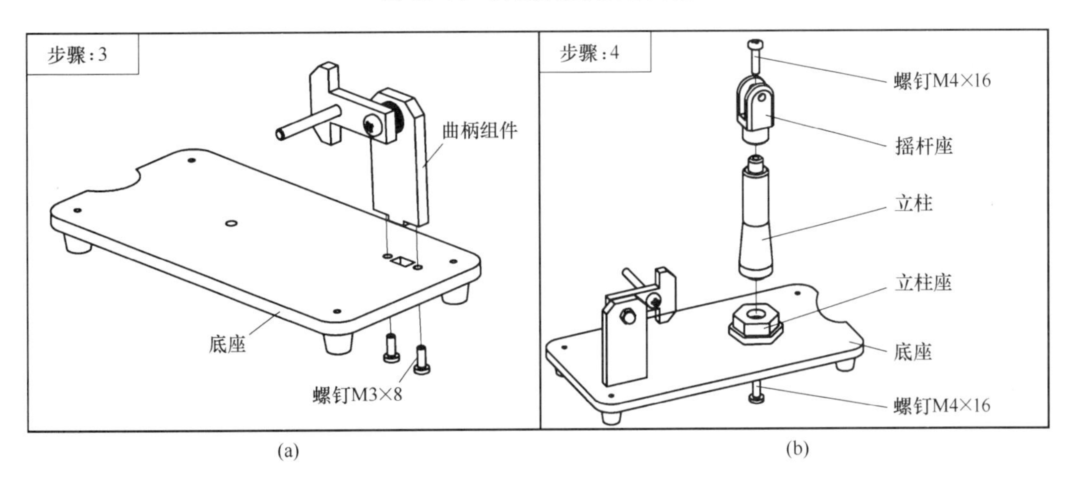

(a) (b)

图16-16 曲柄组件、立柱组件的装配

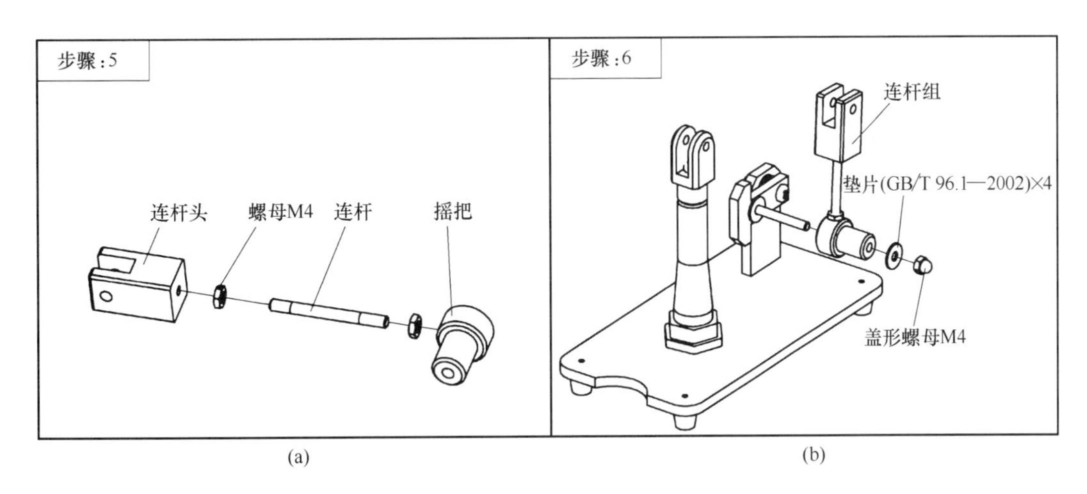

(a) (b)

图16-17 连杆组件的装配

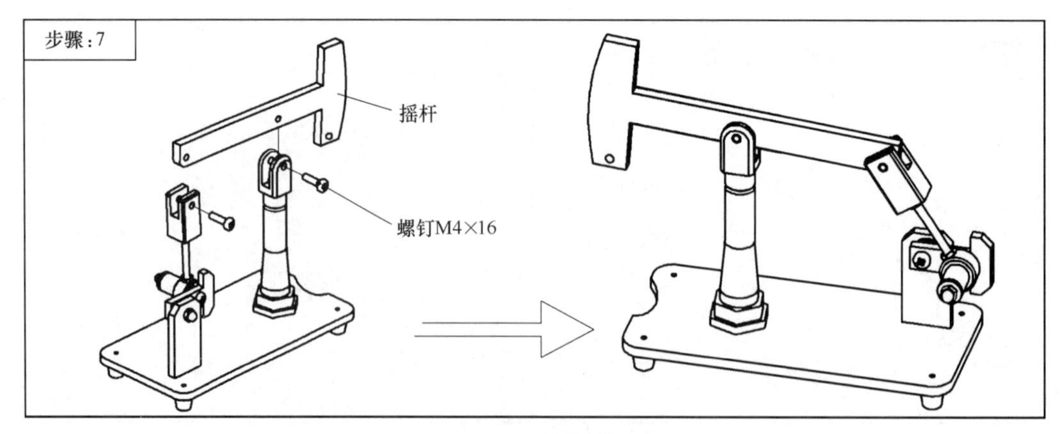

图 16-18　摇杆的装配

16.1.3　利用抽油机模型进行泵水比赛

如图 16-19 所示，将抽油机模型安装于实验平台进行泵水比赛，以检验抽油机模型零件加工和装配的质量。泵水实验台的基本结构如图 16-20 所示。

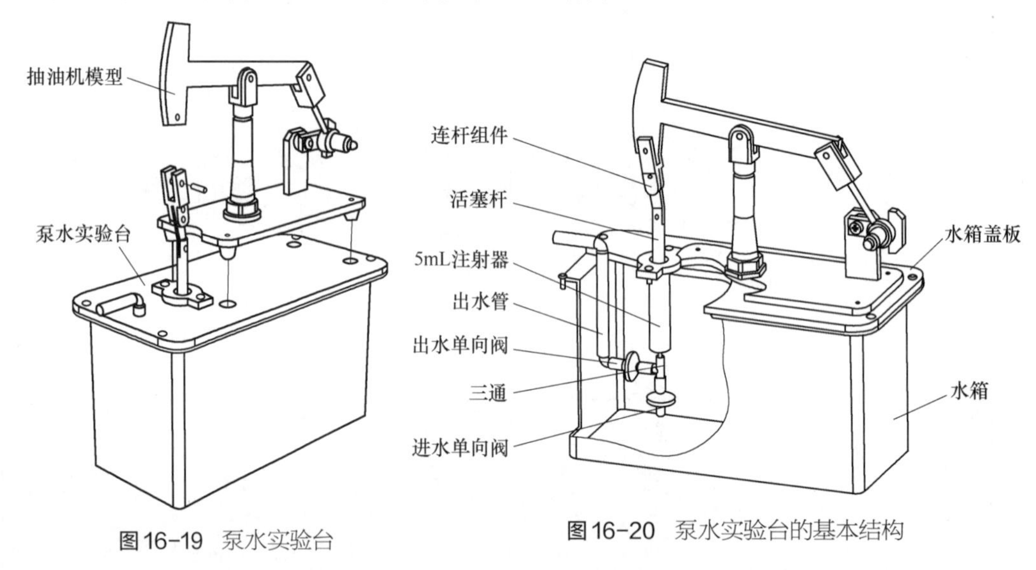

图 16-19　泵水实验台

图 16-20　泵水实验台的基本结构

进行泵水比赛的基本规则如下。

① 抽油机模型安装于实验平台后，用手驱动抽油机工作，将实验台水箱内的水抽至规定的容器。

② 比赛时统一提供城市自来水、盛水容器、计时秒表和精密电子秤（精度为 0.1g）。

③ 比赛次数为 1 次，安装抽油机模型至实验台的时间为 1min，运行时间为 1min。

④ 比赛运行时间结束后，立即取出盛泵出水的容器，并进行称重和记录，最后按质量由大到小进行排名，由名次计算模型制作成绩，其公式为

模型制作成绩 ＝100-30×（名次-1）/总参赛人数

⑤ 每次比赛结束，须用毛巾将盛泵出水的容器擦干。

⑥ 比赛超时成绩无效，比赛成绩计入机械制造实训期末成绩。

16.2 风力小车的制作

16.2.1 风力小车简介

风力小车是一种科技小制作，可用作玩具或教具，如图 16-21 所示。风力小车的工作原理是：安装于后车架上的电机带动风力螺旋桨旋转产生推力，小车的三个车轮在推力作用下滚动，从而带动小车整体往前运行。将风力小车作为机械制造实训的载体，可以激发学生对一件熟悉玩具制作过程的兴趣，增强学生实训的主动性、积极性，并且风力小车需要学生应用所有实训的工种技能完成加工制造，从而将所有工种联系起来，让实训所学的工艺知识和操作技能由产品串联起来，在学生头脑中形成体系，加深对机械制造实训的理解。

图 16-21　风力小车三维模型

16.2.2 风力小车零件的加工

小车共包含十多个零部件，如图 16-22 所示。其中电机、螺旋桨、螺栓、电池为外购件，其余零件均由学生利用所学知识加工制作完成。

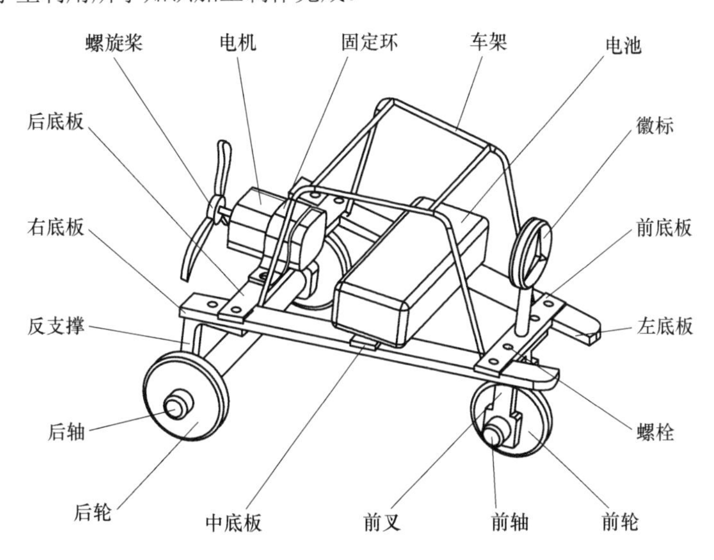

图 16-22　风力小车结构

各零件所对应的加工工种如图 16-23 所示。前轮及后轮由数控车削加工，主要包括钻孔、车端面、车外圆、倒圆角、切断等工艺；前轴及后轴由普通车削加工，主要包括车端面、车外圆、车台阶、倒角、车球面等工艺；前叉形状较复杂，由 3D 打印制作；后支撑、固定环由钳工加工，包括钣金弯制、钻孔、锯削、锉削等工艺；前底板、后底板由普通铣削加工，主要包括钻孔、铣直线轮廓、铣台阶平面等工艺；左底板及右底板由数控铣削加工，包括挖槽、钻孔、外形铣等工艺；徽标由铸造制作，采用砂型铸造整模造型方法；车架由焊接制作，结合铁艺知识，采用气焊焊接。小车各零部件基本采用螺栓连接，装配简单，在各工种车间即可完成，无需专门的装配车间。

风力小车各零件加工图纸及装配图如图 16-24~图 16-38 所示。

图16-23　风力小车零件及对应加工工种

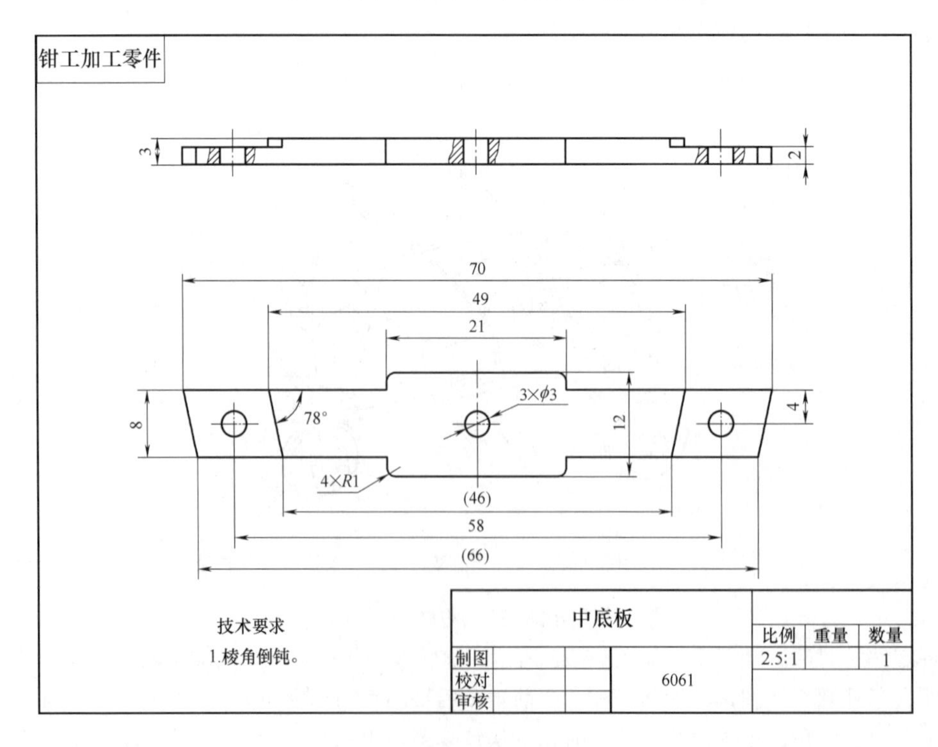

图16-24　中底板

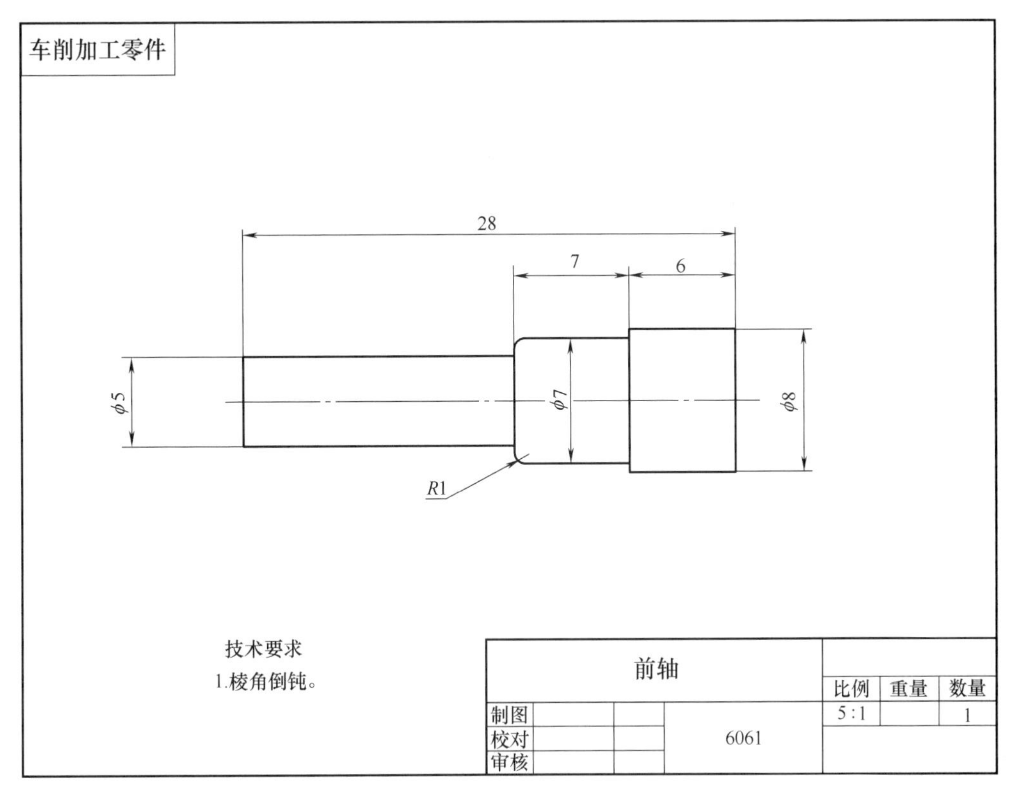

图16-25 前轴

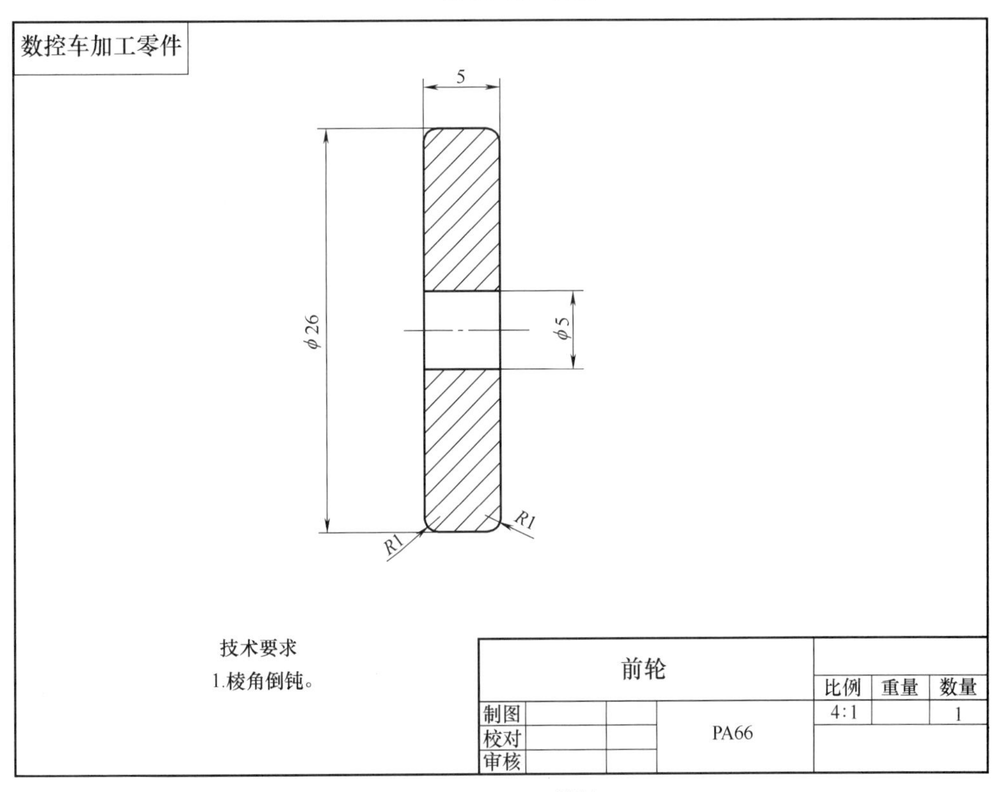

图16-26 前轮

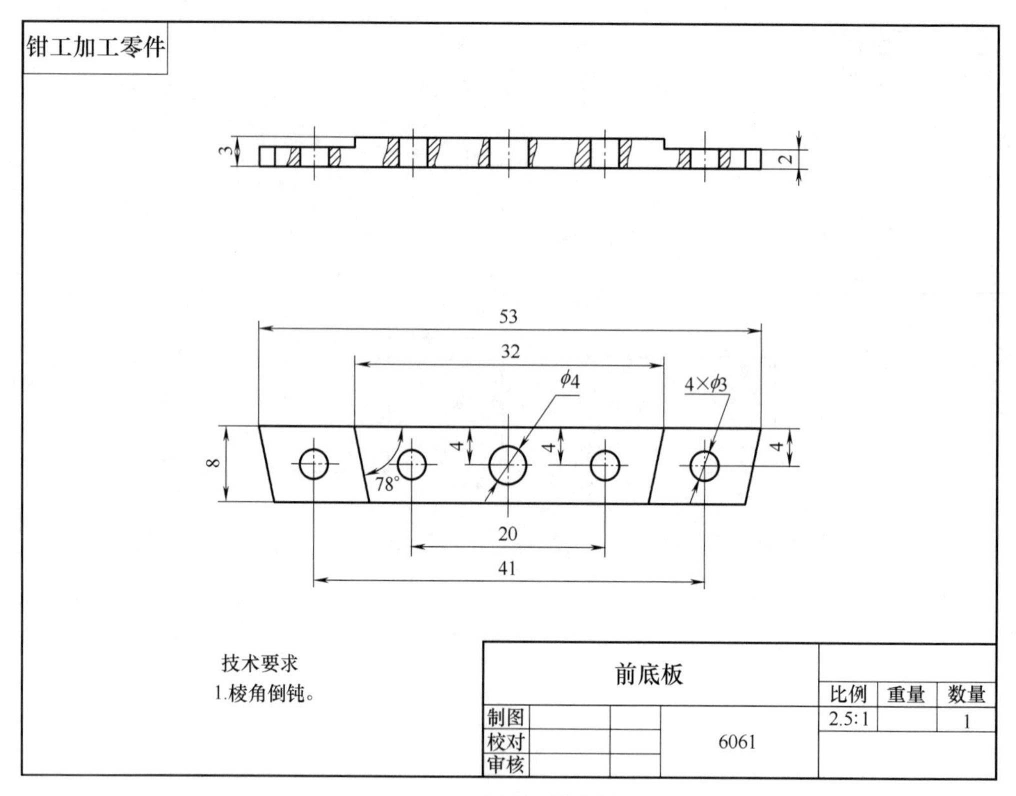

图16-27　前底板

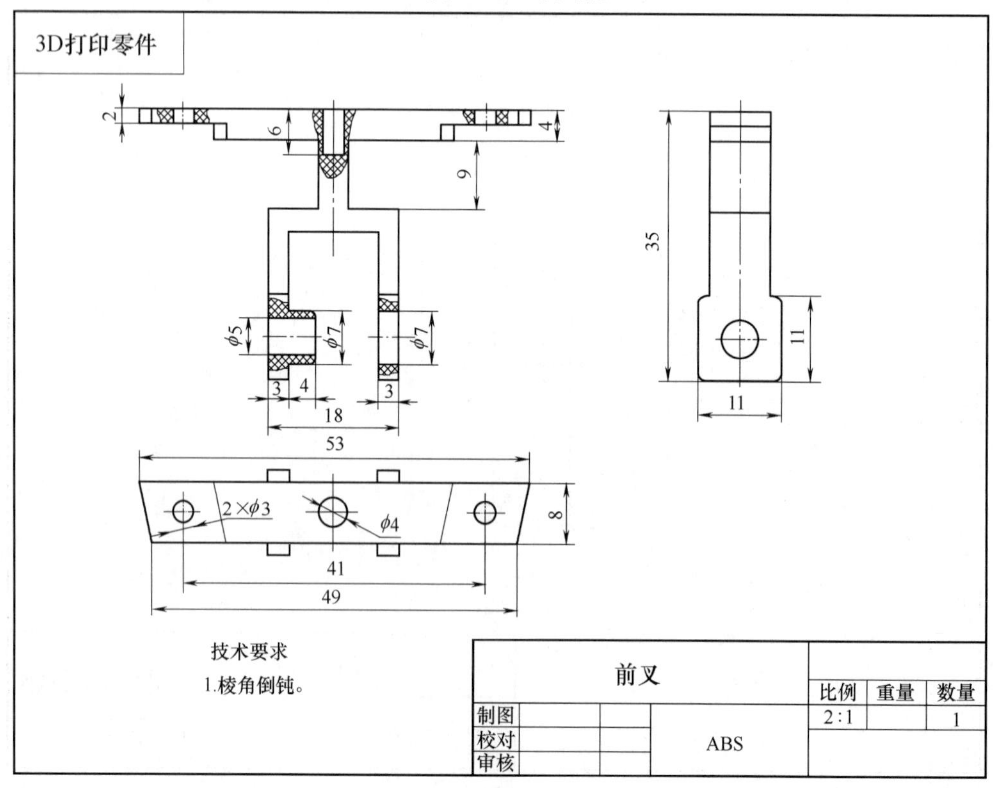

图16-28　前叉

铸造加工零件

ϕ22
4
33
ϕ4
7

技术要求
1.棱角倒钝。

徽标						
				比例	重量	数量
制图			ZL101	2∶1		1
校对						
审核						

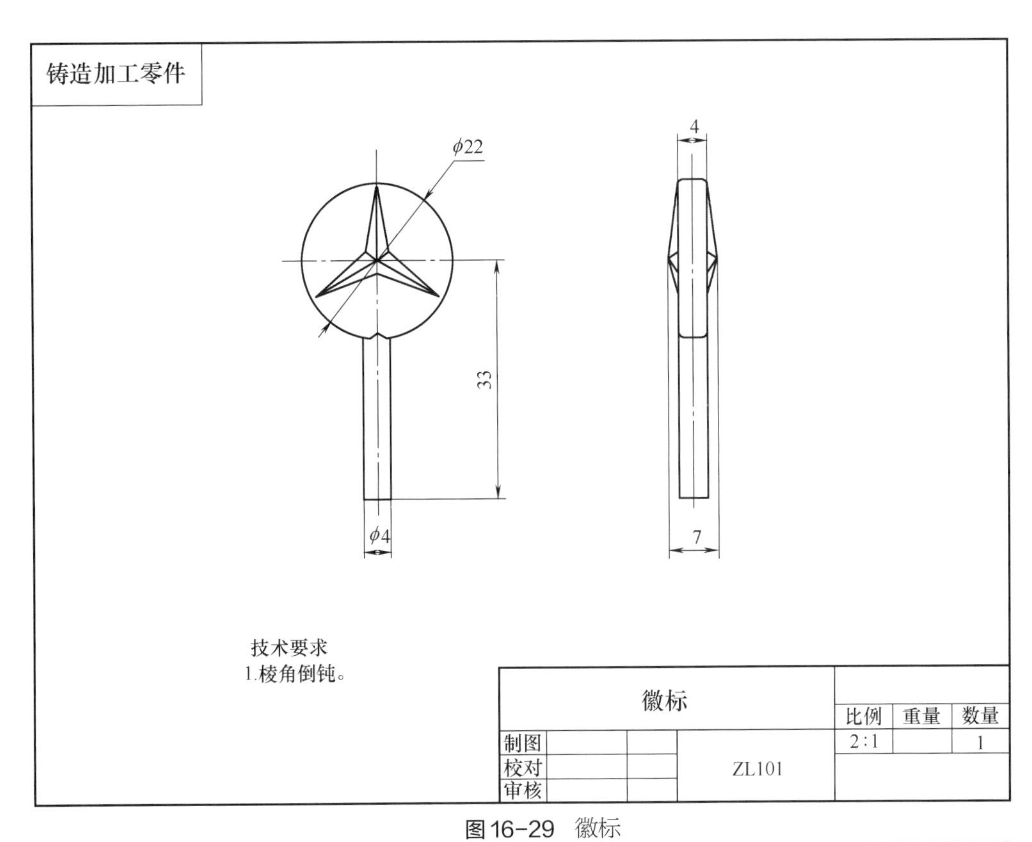

图16-29 徽标

车削加工零件

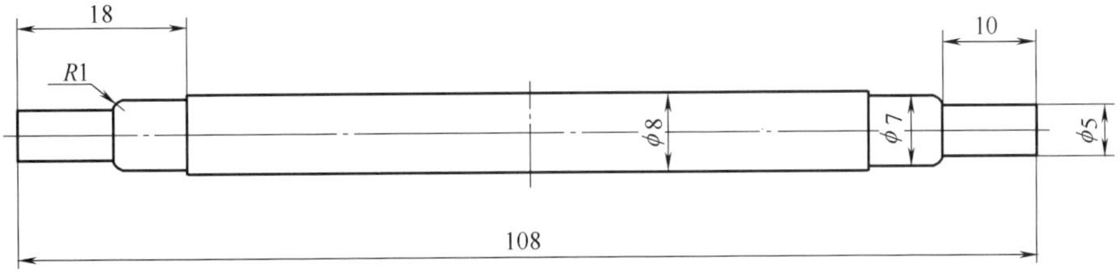

18
R1
10
ϕ8
ϕ7
ϕ5
108

技术要求
1.棱角倒钝。

后轴						
				比例	重量	数量
制图			6061	2∶1		1
校对						
审核						

图16-30 后轴

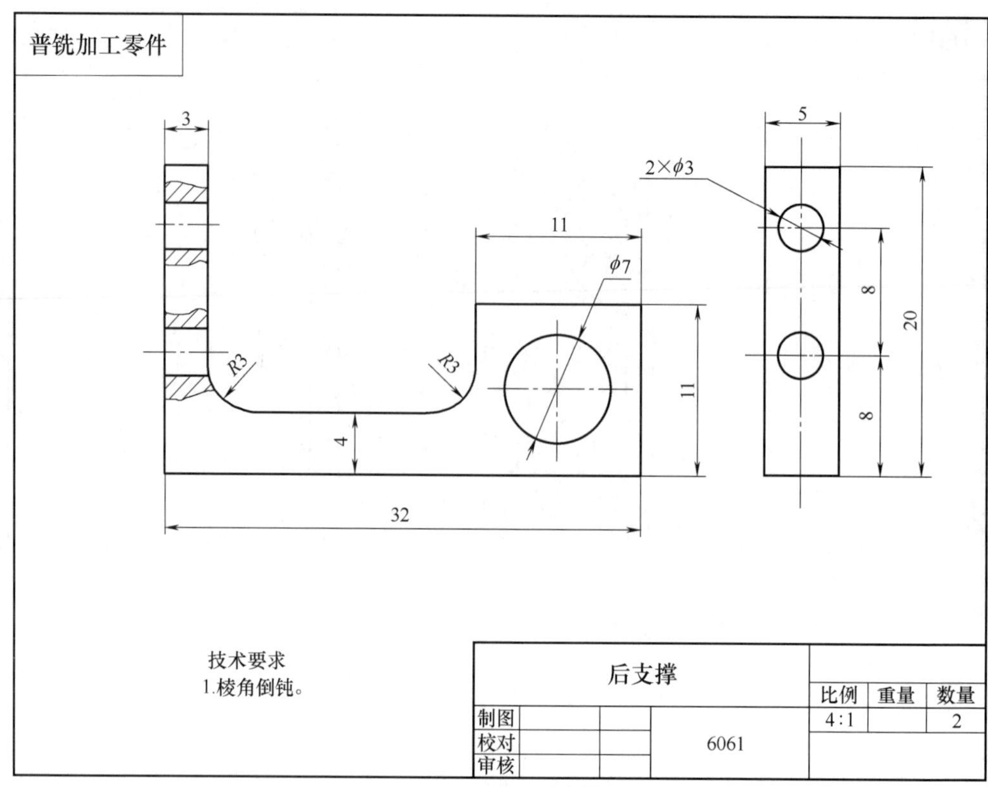

图16-31　后支撑

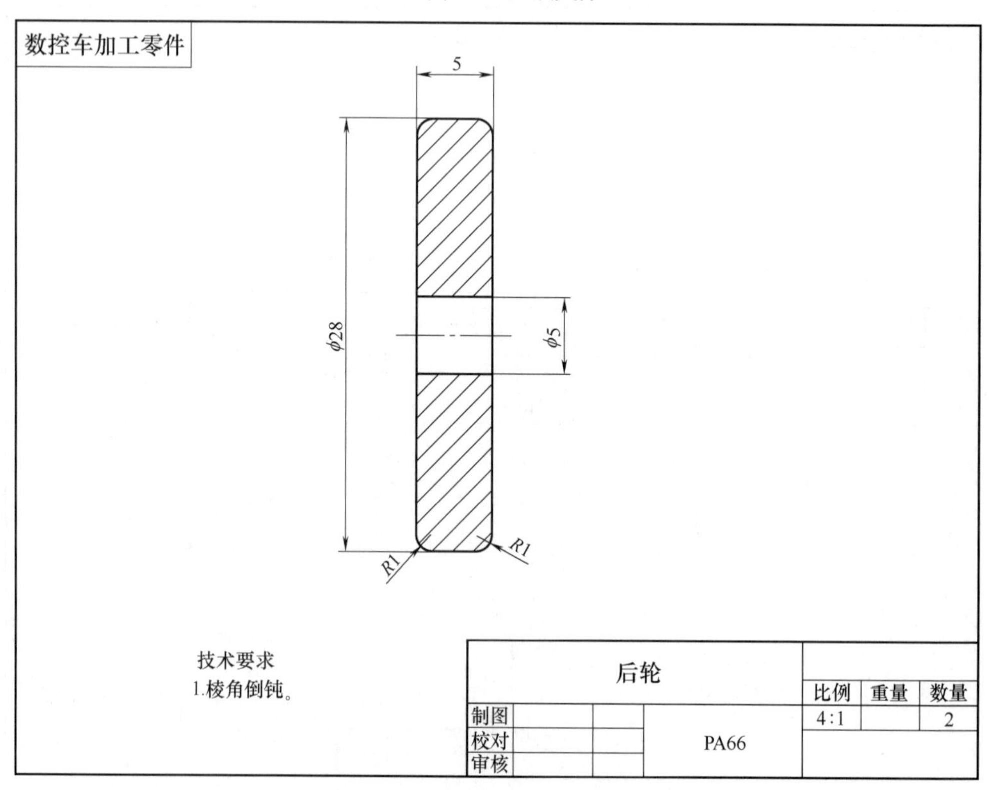

图16-32　后轮

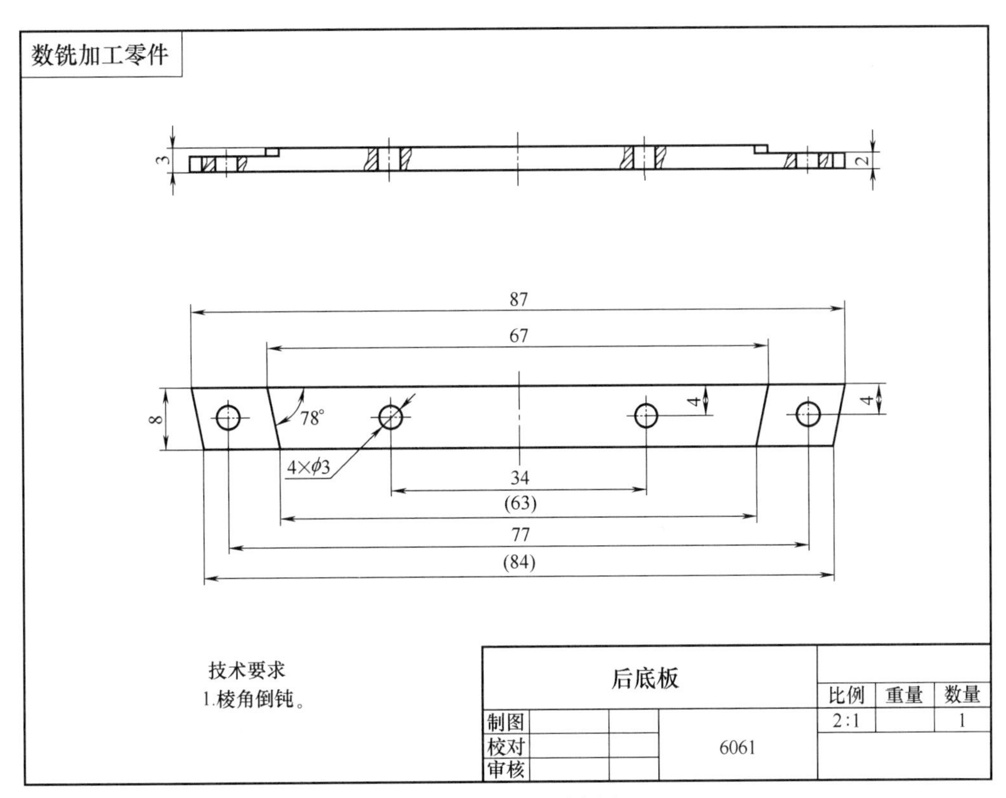

图16-33　后底板

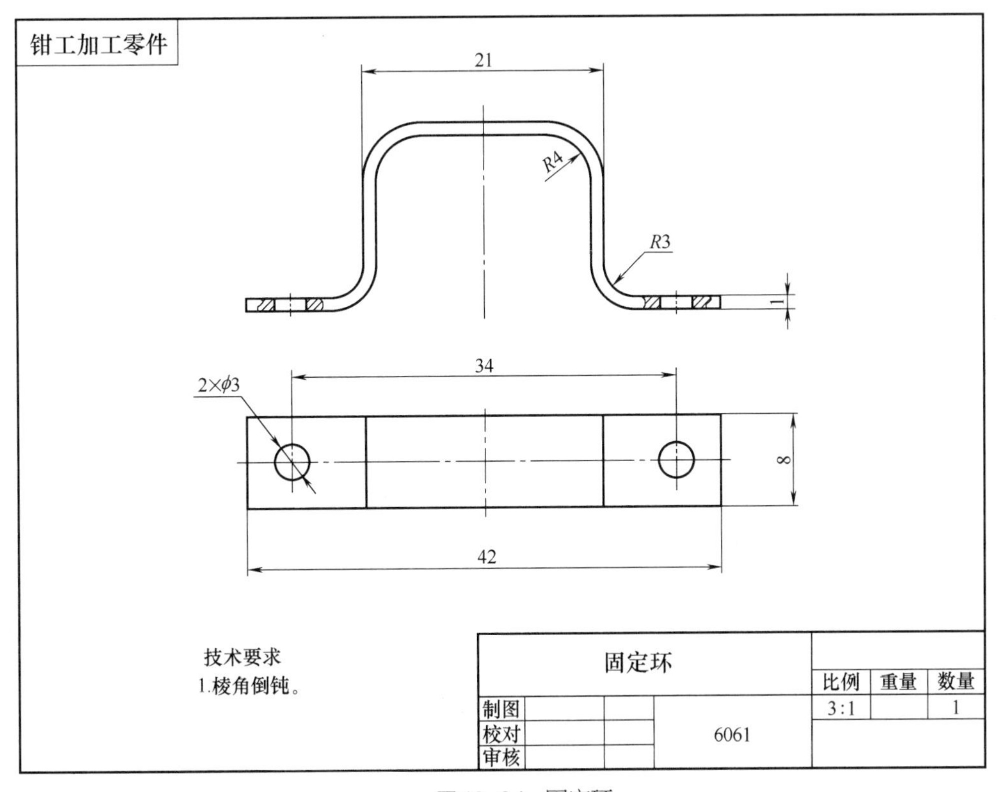

图16-34　固定环

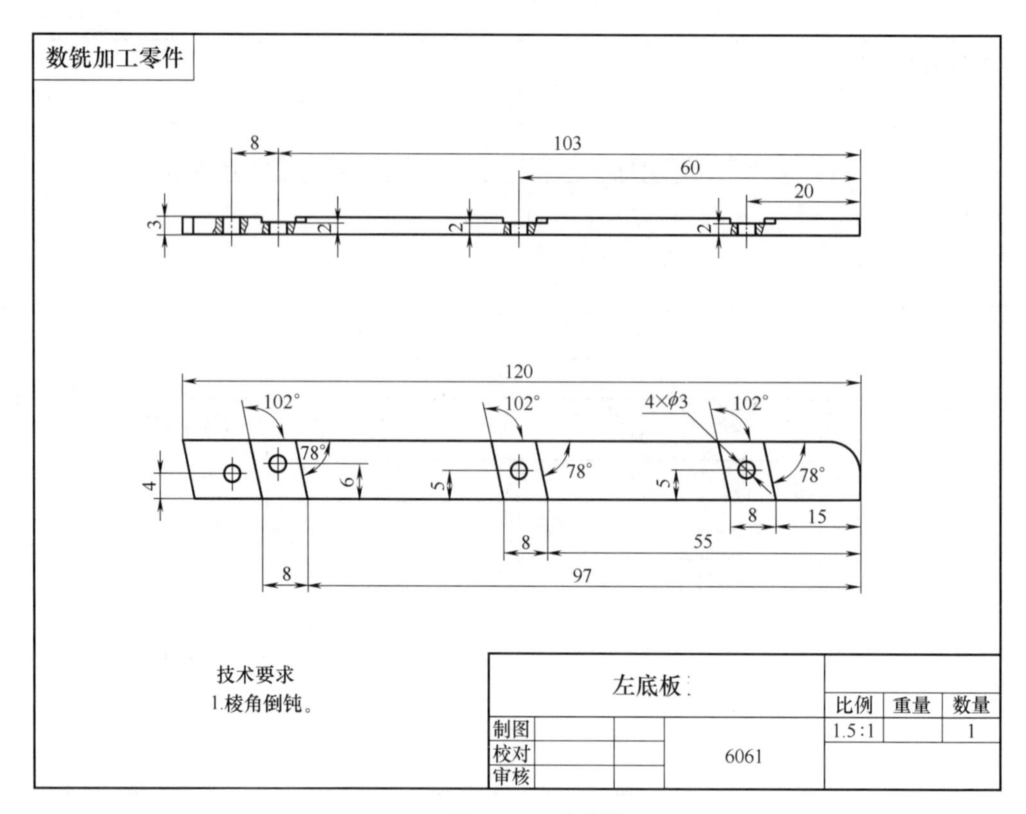

图16-35 左底板

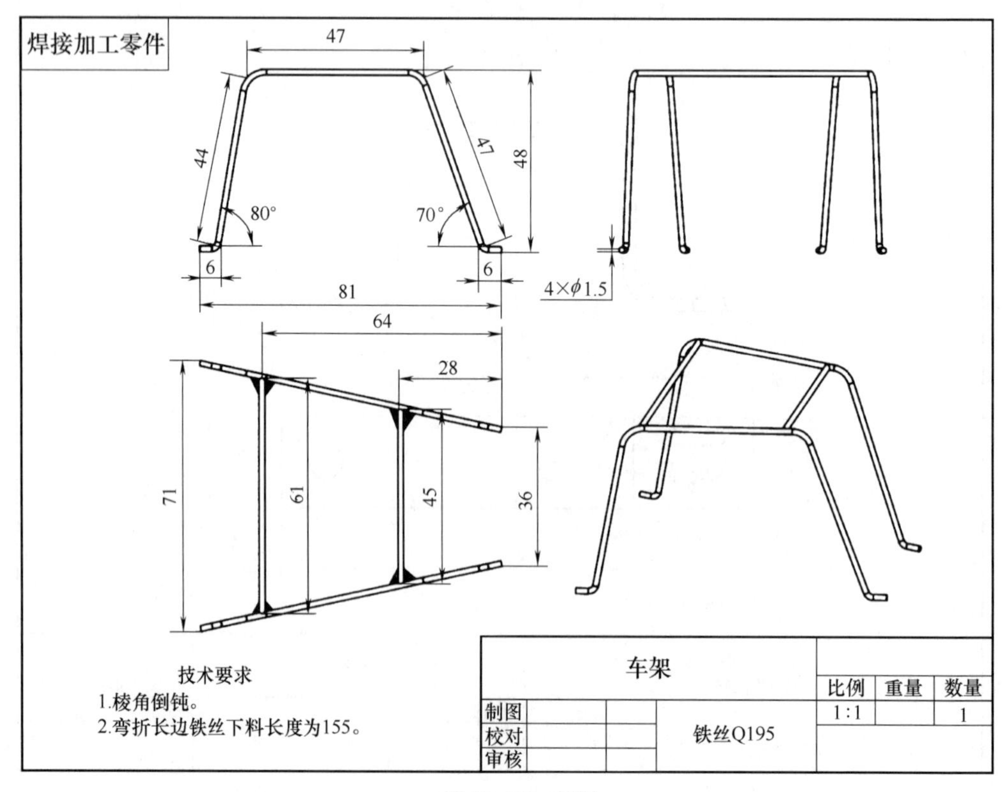

图16-36 车架

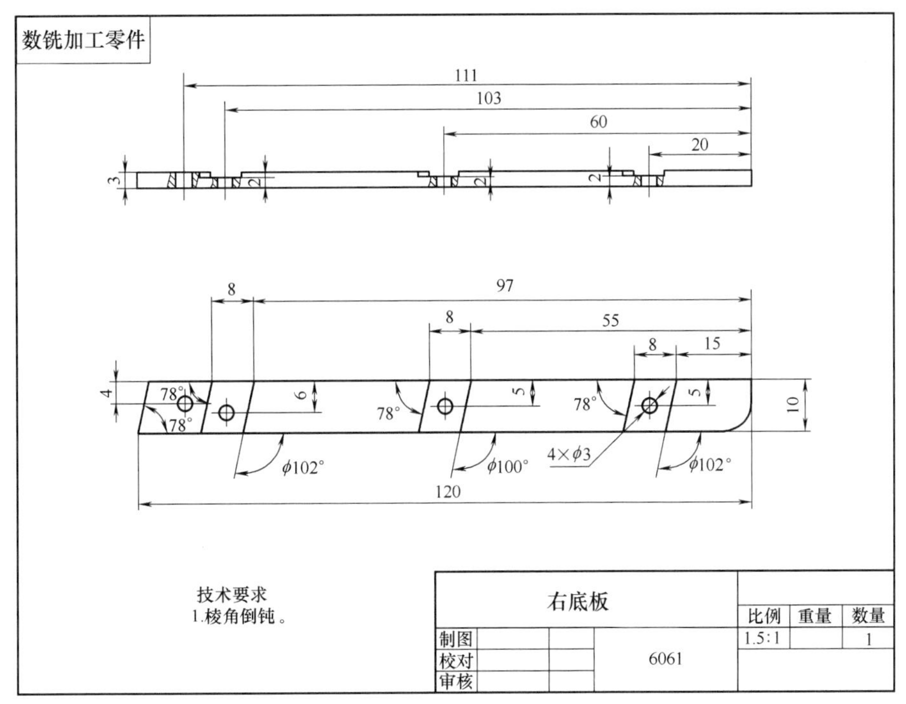

图16-37 右底板

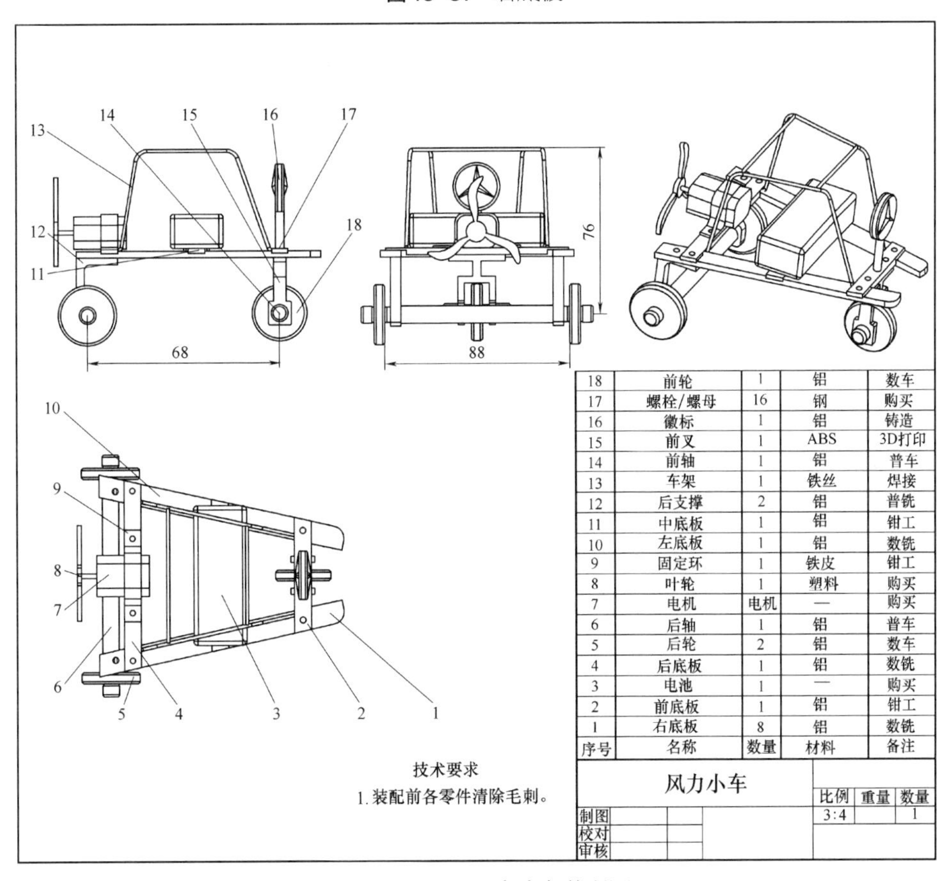

序号	名称	数量	材料	备注
18	前轮	1	铝	数车
17	螺栓/螺母	16	钢	购买
16	徽标	1	铝	铸造
15	前叉	1	ABS	3D打印
14	前轴	1	铝	普车
13	车架	1	铁丝	焊接
12	后支撑	2	铝	普铣
11	中底板	1	铝	钳工
10	左底板	1	铝	数铣
9	固定环	1	铁皮	钳工
8	叶轮	1	塑料	购买
7	电机	电机	—	购买
6	后轴	1	铝	普车
5	后轮	2	铝	数车
4	后底板	1	铝	数铣
3	电池	1	—	购买
2	前底板	1	铝	钳工
1	右底板	8	铝	数铣

图16-38 风力小车装配图

16.2.3 风力小车竞赛规则

为对风力小车的零件加工质量及装配质量进行评价，设计一种“风力小车清障”比赛。赛道如图 16-39 所示，赛道是由赛道界线围成的矩形区域，比赛时，小车仅在此区域内运行。赛道的一端为发车区，发车区有一条起始线；另一端为物料障碍区，物料障碍区放置有 6 个圆柱形物料，每个物料外有一圆形物料界线，物料放置的初始位置为物料界限中央。比赛内容是：参赛者在发车区发车，利用小车将物料障碍区中的物料推出物料界线，即“清障”成功。在规定时间内，清障数量越多，障碍全部清除所用时间越短者，比赛总成绩越好。

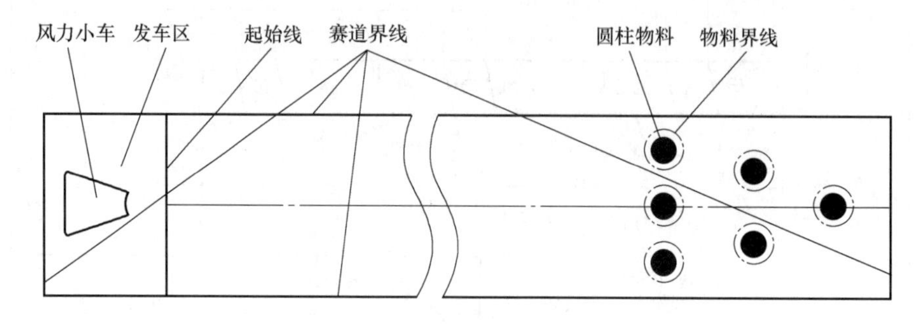

图 16-39　风力小车清障比赛赛道示意图

具体比赛规则如下。

① 参赛者在发车区内发车，发车时小车必须位于起始线之后。

② 发车后，小车在赛道界线内运行，如果小车停止或压界线，此时认定本次发车结束，参赛者可进行下一次发车，如果小车未停止或未压界线，参赛者不得提前结束本次发车而进入下一次发车。

③ 小车运行至物料障碍区，当小车将某个或某些物料完全推出该物料的物料界线时，认定为清障成功。不同位置的物料障碍对应有不同的分值，小车清障成功一个物料即可获得该物料对应的分值。被清障成功的物料在该次发车结束后由裁判移出赛道。

④ 每位参赛者比赛总时间为 2min，2min 内可多次发车，每次发车后取得的清障分值累加，作为最终的清障成绩。

⑤ 对在 2min 内完全清障成功的参赛者，记录其清障总时间。最终对完全清障成功的参赛者按清障总时间从短到长排名，排名越前，比赛时间奖励分越高。2min 内未完全清障成功的参赛者均获得比赛时间成绩的起评分。完全清障成功的参赛者的比赛时间成绩为起评分加奖励分。

⑥ 参赛者的比赛总成绩为清障成绩和比赛时间成绩之和。

参考文献

［1］ 袁名炎，魏永涛，缪宪文，等. 工程训练［M］. 南昌：江西人民出版社，2009.

［2］ 成大先. 常用工程材料［M］//机械设计手册（第五版）. 北京：化学工业出版社，2010.

［3］ 肖晓华. 机械制造实训教程［M］. 成都：西南交通大学出版社，2010.

［4］ 费从荣，尹显明. 机械制造工程训练教程［M］. 成都：西南交通大学出版社，2006.

［5］ 廖念钊，等. 互换性与技术测量［M］.北京：中国计量出版社，2007.

［6］ 北京市技术交流站. 实用钳工手册［M］. 北京：水利电力出版社，1984.

［7］ 陈洪涛. 数控加工工艺与编程［M］. 北京：高等教育出版社，2003.

［8］ 廖慧勇. 数控加工实训教程［M］. 成都：西南交通大学出版社，2007.

［9］ 广州数控设备有限公司. GSK980TDb 使用手册［Z］. 广州数控设备有限公司，2010.

［10］ 北京德美鹰华系统科技有限公司. CO_2激光切割和雕刻［Z］. http：//www.gueagle.com.cn/education/courses/.

［11］ 北京太尔时代科技有限公司. UP!3D 打印机用户使用手册［Z］. 2013.

［12］ 王维. 3D 打印技术概论［M］. 沈阳：辽宁人民出版社，2015.

［13］ 陈继民. 3D 打印技术基础教程［M］. 北京：国防工业出版社, 2016.

［14］ 闫春泽. 粉末激光烧结增材制造技术［M］. 武汉：华中科技大学出版社，2013.

［15］ 宋超英. 机械制造实训教程（下册）［M］. 西安：西安交通大学出版社，2015.

［16］ 王海文，毛洋. 金工实习教程［M］. 武汉：华中科技大学出版社，2017.